웨이퍼레벨 패키징

KB072208

웨이퍼레벨 패키징

WAFER-LEVEL CHIP-SCALE PACKAGING

시춘쿠(Shichun Qu), 용리우(Yong Liu) 공저

장인배 역

씨아이알

▲ 머리말

웨이퍼레벨 칩스케일 패키징(WLCSP)은 전기저항과 열저항이 작으며 칩과 조립될 PCB 사이의 인덕턴스도 작은 직접 땜납 연결방식을 사용하고 있기 때문에, 모든 집적회로 패키지 형태들 중에서 가장 점유면적이 작을 뿐만 아니라 탁월한 전기 및 열 특성을 가지고 있는 베어다이[1] 패키지이다. 성능은 높고 크기는 작아야만 하는 휴대용 전자기기의 경우, 열방출 방법은 PCB를 통해서 휴대용 디바이스의 케이스로만 전도된다. 이러한 경우, WLCSP가 상호 모순적인 것처럼 보이는 요구조건들을 절충하여주는 최적의 칩 패키징 방법이다.

WLCSP는 플립칩 패키지와 동일한 기원을 가지고 있지만, 충분한 크기의 땜납범프들을 반도체 칩 위에 설치하고, 이를 뒤집어 부착할 보드 위에 직접접착하는 방식을 채택하면서 큰 진보를 이루게 되었다. 납땜 조인트들이 칩과 PCB 사이의 큰 열팽창계수 차이로 인하여 발생하는 열응력과 기계적 응력을 흡수해주기 때문에, 기본적인 디바이스 사양 신뢰성 시험들뿐만 아니라, 휴대용 기기에 특화된 낙하시험, 굽힘시험 그리고 냉열시험 등과 같은 신뢰성 시험을 통해서 WLCSP의 신뢰성이 검증되었다. 이런 패키지 형태의 견실성은 휴대용 전자기기를 매일같이 사용하는 수십억 명의 소비자들에 의해서도 입증되었다. 폴리머 재-부동화된 범프온패드(BoP), 구리 재분배층(RDL), RDL 위에 앞면이 몰딩된 구리 포스트, 도전적인 실리콘 뒷면연마, 진보된 땜납합금 그리고 설계 노하우 등과 같은 범프기술의 지속적인 발전을 통해서 WLCSP는 초기에 2~3[mm] 이하의 크기에서 8~10[mm] 크기의 실리콘 칩까지 확대되었고, 이와 동시에 웨이퍼의 직경이 200[mm]에서 300[mm]로 증가하면서 단위 모듈당 가격은 지속적으로 감소하였다. 적용 가능한 패키지의 크기범위와 바람직한 가격구조 덕분에 WLCSP는 아날로그/혼합신호와 무선통신 칩들에서부터 광전칩, 전력용 칩 그리고 로직 및 메모리칩들에 이르기까지, 다양한 반도체 디바이스들에 적용 가능한 패키징 방법들 중 하나

---

1   bare die : 웨이퍼에서 잘라낸 원 상태의 다이. 역자 주.

가 되었다. 웨이퍼레벨 3차원 칩 적층 분야에서의 혁신으로 인하여 WLCSP는 MEMS와 센서 칩 패키징의 중요한 수단이 되었다.

WLCSP의 장점은 처음부터 끝까지 웨이퍼 기반의 공정을 적용할 수 있다는 점이다. 이로 인하여 반도체 웨이퍼 팹 공정과 후속적인 패키징 공정 사이의 경계가 모호해지게 되었다. 여기서는 다른 모든 유형의 칩 패키징 작업에서 전형적으로 사용되는 단일 다이 패키징이 사용되지 않는다. 범핑, 검사 및 시험을 포함하는 WLCSP 패키징 작업들은 카세트 단위로 완전자동화되어 있어서 작업효율이 매우 높다. 또한 반세기 동안 축적된 웨이퍼 공정 노하우 덕분에 (범핑이라고 부르는) WLCSP 패키징의 수율은 거의 100%에 근접해 있다. 심지어 다이 팬아웃 패키징의 경우조차도, 처음부터 200[mm]나 300[mm] 크기의 재구성웨이퍼[2]를 사용하는 웨이퍼 단위의 공정을 선호한다는 것이 전혀 놀랍지 않다.

과거 10년 동안 이동통신과 컴퓨터 디바이스 분야에서의 세계적인 수요증가로 WLCSP는 큰 성장을 하였다. 여전히 두 자릿수의 (웨이퍼 범핑, 시험 및 뒷면연마, 마킹, 절단 그리고 테이프와 릴 등의 다이공정 서비스 분야)시장규모 성장이 예상되고 있기 때문에, 모든 종류의 칩들에 대해서 WLCSP는 가장 중요한 패키징 기술들 중 하나이다.

이 책은 독자들로 하여금 일반적인 WLCSP 패키징 기술에 대한 전반적인 이해를 높이기 위해서 저술되었다. 또한 저자가 가지고 있는 아날로그 및 전력용 반도체의 WLCSP에 대한 지식을 전달하는 목적도 가지고 있다. 3차원 웨이퍼레벨 적층, 실리콘관통비아(TSV), MEMS 그리고 광전소자 등에 적용되는 진보된 WLCSP 기술에 대해서도 간략하게 소개할 예정이다.

이 책은 10개의 장으로 구성되어 있다. 1장에서는 아날로그 및 전력용 WLCSP의 수요와 기술적 도전에 대해서 개괄적으로 살펴본다. 2장과 3장에서는 팬인 및 팬아웃 WLCSP, 범핑공정, 설계규칙 그리고 신뢰성 평가 등의 기본개념에 대해서 살펴본다. 4장에서는 WLCSP를 사용하는 적층형 패키지에 대해서 살펴본다. 5장에서는 전력용 개별형 MOSFET 패키지의 설계구조에 대해서 상세하게 논의한다. 6장에서는 아날로그 및 전력용 칩을 제작하기 위한 TSV/적층다이 방식의 WLCSP에 대해서 논의한다. 7장에서는 WLCSP에서 발생하는 열의 관리, 설계 및 해석에 관련된 중요한 주제들에 대해서 살펴본다. 8장에서는 $0.18[\mu m]$ 전력기술

---

2   reconstituted wafer : 패터닝이 완성된 웨이퍼를 다이싱한 후에, WLCSP를 위하여 개별 칩들을 베어 웨이퍼 위에 간격의 띄워 접착하여 재구성된 웨이퍼. 역자 주.

에서 일렉트로마이그레이션에 대한 새로운 기술적 진보를 포함하여, 아날로그 및 전력용 WLCSP의 전기 및 다중물리학 시뮬레이션에 대해서 살펴본다. 9장에서는 WLCSP 디바이스의 조립기술에 대해서 다룬다. 10장에서는 WLCSP 반도체의 신뢰성과 일반적인 시험을 포함하여 이 책의 전반에 대해서 정리하고 있다.

반도체 패키징에 대한 경험이 축적되고, 웨이퍼레벨 패키징에 초점이 맞춰지게 되면서, 저자는 10개의 장들을 통해서 균형을 맞춰서 최신의 기술들을 정리할 수 있게 되었다. 단시간 내에 WLCSP 기술의 핵심 내용들을 배우기를 원하는 젊은 엔지니어들에게 이 책이 훌륭한 지침서가 되기를 바란다. 이와 동시에 우리는 또한 이 책이 숙련된 엔지니어들이 빠른 기술적 진보를 따라가면서 일상적으로 접하게 되는 공학적 도전과제를 해결하는 데에 도움이 되기를 바란다.

미국 캘리포니아주 산호세, **시춘쿠(Shichun Qu)**
미국 메인주 사우스포틀랜드, **용리우(Yong Liu)**

▲ 역자 서언

　반도체 산업이 시작된 이후 실리콘 웨이퍼 위에 광학식 사진노광 기법을 사용하여 패턴을 전사하고, 화학적인 가공과 표면의 개질을 통하여 반도체를 제작하는 2차원적인 제작방식을 사용하여왔으며, 패턴생성의 정밀도와 분해능의 향상을 통하여 소자의 집적도를 18개월마다 2배로 높여간다는 무어의 법칙을 거의 50년 가까이 유지시켜오고 있다. 하지만 광학식 노광기술의 발전은 1990년대 중반에 193[nm] 파장을 사용하는 노광기술이 개발된 이후 차세대 광원(157[nm])의 개발이 실패하면서 어느덧 20여 년 동안 정체되어버렸다.

　임계치수는 파장길이(λ)에 비례하며 개구수에 반비례한다는 물리적인 법칙을 거스를 수 없기 때문에, 파장의 한계를 극복하고 소자의 집적도를 높이기 위해서 액침노광, 분해능강화보조형상, 절반피치 및 사분할 피치 노광기법, 위상시프트 마스크 등 다양한 우회기술이 출현하였으며, 이를 통해서 10[nm] 대의 초미세선폭을 구현하는 단계에 이르게 되었다. 한편에서는 노광용 광원의 파장을 줄이려는 노력이 꾸준히 시도되고 있고, 최근 들어서는 13.5[nm] 극자외선을 사용하는 EUVL 기술이 상업화가 되면서 7[nm], 5[nm] 및 3[nm] 노드가 눈앞에 다가온 듯 보이고 있지만, 현재 상용화된 장비의 광원에서 발생하는 오염현상에 대한 완벽한 솔루션이 나오기 전까지는 극자외선노광의 상용화를 확신하기 어려운 것이 현실이다.

　2차원적인 집적화의 한계를 극복하고 다양한 이종칩들의 통합을 통한 성능 향상을 추구하는 과정에서 당연하게 반도체 3차원 패키징 기술이 발전하게 되었다. 절단된 개별 다이를 와이어본딩방식으로 겹쳐 적층하는 다소 원시적인 방식에서 출발한 3차원 반도체는 어느덧 볼그리드어레이와 재분배층을 사용하는 웨이퍼레벨 칩스케일 패키징(WLCSP)으로 발전하게 되었고, 다른 한편에서는 실리콘관통비아(TSV)를 갖춘 초박형 웨이퍼의 접합공정이 개발되면서 3차원 적층접합을 기반으로 하여 광원의 한계를 넘어서 초고속 대용량 메모리나 다양한 하이브리드 칩들을 생산할 수 있는 길이 열리게 되었다.

　하지만 3차원 칩 패키징은 반도체 업계에서 전통적으로 사용하던 노광 기반의 전기화학적 가공과는 전혀 다른 절삭, 연삭, 융접 등의 기계적인 제작방식을 채택하고 있고 응력, 변형률, 열팽창과 같은 역학 기반의 문제들을 해결해야 하기 때문에 기계공학적 지식을 갖춘 반도체 전문 엔지니어의 양성이 필요하지만, 반도체 업계의 기술적 은밀성으로 인하여 기계공학 전공자들의 접근이 어렵다는 것이 지금의 현실이다.

역자는 과거 10여 년 동안 세계 최대의 메모리반도체 업체에 오랜 자문과 교육을 수행해왔으며, 이를 통해서 반도체 업계에서 우리나라가 압도적인 기술력 우위를 점유하기 위해서는 전문 기술인력 교육이 반드시 필요하다는 것을 절감하게 되었다. 이 책은 반도체 분야에 종사하는 기계공학 기반의 전문 기술인력 양성을 위해서 번역하였으며, 그 목적에 충실하게 활용되기를 바라는 바이다.

2018년 6월 7일

강원대학교 **장인배** 교수

▲ 감사의 글

스프링거社의 편집자인 메리 스튜버가 원고 제출기한을 적시에 알려주고 중요한 리뷰를 수행하는 수고를 해주지 않았다면 이 책이 출간될 수 없었을 것이다. 10개의 장 모두에 대해서 중요한 법적인 자문을 수행하기 위해서 시간을 할애해준 페어차일드 세미컨덕터社의 더그 돌란에게도 각별한 감사의 말을 전하는 바이다. 저자들은 또한 이 책의 완성에 중요한 기여를 한 기술적 출간물들을 지원해준 페어차일드 세미컨덕터社에도 감사의 말을 전한다. 특히 여러 해 동안 지원을 해준 패키징 분야 임원인 수레시 벨라니, 패키징 분야 선임이사인 OS 전, 최고기술경영자였던 단 킨저, 일반고문인 폴 휴즈 등의 페어차일드社 임직원을 언급하고자 한다. 많은 동료가 이 책에 사용된 데이터들을 제공해주었으며, 시뮬레이션을 지원해준 리처드 퀴안, 종파 유안, 유민리우 박사, 웨이퍼레벨 전력용 MOSFET와 공정 분야의 퀴왕 박사, WLCSP 볼 전단시험을 수행한 (디바이스 앤 프로세스社 기술진의 시니어멤버였던) 준카이 박사와 (페어차일드社 웨이퍼레벨 공정엔지니어였던) 앤드류 쉔버거, WLCSP 볼 전단시험과 적층 시뮬레이션을 수행한 (저장기술대학의) 양지안슈 박사, 예장, 휘시안우, 0.18[μm] 전력용 연결의 웨이퍼레벨 일렉트로마이그레이션 시험을 수행한 지파하오 박사, 웨이퍼레벨 일렉트로마이그레이션 모델을 만든 (취저우대학교) 유안시앙장 박사, 납땜 조인트 일렉트로마이그레이션을 연구한 (렌슬러폴리텍) 지아민니와 안토이네트 미니아티 교수, WLCSP 패키징의 기술적 도전에 대한 중요한 논의를 수행한 에탄샤함, 디바이스 신뢰성과 팹 공정의 상호작용에 대한 통찰을 제공한 롭 트래비스와 데니스 터미, MCSP 개발을 수행한 (전 페어차일드社의 패키징 엔지니어인) 더그 호크스, 전기 시뮬레이션 방법을 개발한 윌리엄 뉴베리, WLCSP 낙하시험을 수행한 김지환 그리고 WLCSP의 조립과 시험을 지원해준 페어차일드社 내의 부천 사이트와 세부 사이트의 다양한 조직들에도 감사의 말을 전하는 바이다.

이 책의 많은 내용은 저자가 발표한 이전의 논문들과 연구노트에서 발췌한 것들이다. 저자는 이런 논문들을 발간하였으며, 이들 중 일부를 이 책에서 사용하도록 허락해준 전기전자학회(IEEE)와 이 학회의 컨퍼런스, 컴포넌트 및 패키징기술 분야와 프로시딩 및 전자 패키징 제조 분야를 포함한 저널 등 다수의 학회에도 감사의 말을 전하는 바이다. 저자는 이전에 발표된 내용들을 재편집 및 재구성하여 사용할 수 있도록 허락해준 IEEE 전자요소 및 기술 컨퍼런스(ECTC), IEEE 전자 패키징 기술과 고밀도 패키징 국제 컨퍼런스(ICEPT-HDP)컨퍼런스 그리고 IEEE 미세전자 및 미세시스템의 열, 기계 및 다중물리학 시뮬레이션과 실험 국제 컨퍼런스(EuroSimE) 등에도 감사의 말을 전한다.

마지막으로, 수많은 주말과 밤을 이 책에 투자할 수 있도록 지원해준 가족에게 특별한 감사의 말을 전한다. 시춘쿠는 아내인 샨후앙과 딸인 클레어 쿠에게, 용리우는 아내인 제인첸과 아들인 준양리우와 알렉산더 리우에게 이 책을 집필하는 2년 이상의 시간 동안 커다란 사랑과 인내를 가져준 점에 대해서 감사를 드리는 바이다.

미국 캘리포니아주 산호세, **시춘쿠(Shichun Qu)**

미국 메인주 사우스포틀랜드, **용리우(Yong Liu)**

▲ 저자 소개

시춘쿠(Shichun Qu)는 뉴욕주립대학교 스토니브룩캠퍼스의 재료과학 및 공학과에서 박사학위를 취득한 이후에 W.L. 글로어 & 어소시에이츠社의 위스콘신주 오클레어 소재의 R&D 시설에서 PTFE 기반의 저온 유전체 소재를 필두로 하여 연구개발 경력을 시작하였다. 위스콘신주 오클레어에 위치한 W.L. 글로어 & 어소시에이츠社의 IC 기판 사업부를 3M이 인수한 이후에도 그는 계속해서 유기플립칩/ BGA와 와이어본드/BGA 기판의 제조기술 개발을 계속해서 수행하였다. 그 동안 그는 플립칩 조립공정개발에 있어서 소재합성, 코팅 및 기판제조공정의 개발과 평가를 포함하는 고속 유기소재 기판용 유전체 소재의 개발 분야를 이끌었다. 이러한 노력들을 통해서 차동가열 리플로우 공정을 통한 플립칩 기판의 휨 관리 분야를 다룬 초기 기술논문을 2003년에 출간하게 되었다. 시춘쿠는 2007년에 캘리포니아주 산타클라라 소재의 내셔널 세미컨덕터社에 입사하였다. 여기서 그는 진보된 리드프레임 패키지, 고온 와이어본드 오버패드의 금속화에 대한 연구와 생산평가 그리고 핀 숫자가 많은 WLCSP 기술연구 등에 참여하였다. 2011년에 페어차일드 세미컨덕터社에 입사한 이후에는 핀 숫자가 많은 경우에 대하여 마스크 숫자를 줄인 범핑기술의 적용을 확대하여 제조비용을 절감하기 위하여 WLCSP 칩/PCB 사이의 상호작용과 미세조절 WLCSP 설계 및 범핑공정에 대한 이해에 대부분의 시간을 투자하였다. 기존 방식의 WLCSP와는 별개로, 시춘쿠는 다양한 유형의 매립식 WLCSP 전력용 모듈 설계, 시험 및 평가에서 기술 분야를 담당하였다.

시춘쿠는 칭화대학교(중국 베이징)의 재료과학 및 공학과에서 공학사와 공학석사학위를 취득하였다. 그는 뉴욕주립대학교 스토니브룩캠퍼스에서 박사과정에 진학하여 미국에서의 커리어를 시작하기 전에 중국석유대학(중국 베이징)에서 4년 반 동안 조교수로 재직하였다.

시춘쿠는 공학 분야 이외에도 다른 분야의 물리적 도전을 즐기고 있다. 그는 2013년에 처음으로 하프마라톤(산호세 로큰롤)을 완주하였으며 이후 몇 년간 풀 마라톤을 달렸다. 장거리 달리기를 하지 않을 때에는 그의 아내 및 딸과 하이킹이나 자전거타기를 즐기고 있다.

용리우(Yong Liu)는 2001년에 메인주 사우스포틀랜드 소재의 페어차일드 세미컨덕터社에 입사하여 2001년에서 2004년까지는 수석 엔지니어, 2004년에서 2007년까지 기술위원으로 재직하였으며, 2008년부터는 기술위원회 시니어멤버가 되었다. 그는 이제 페어차일드社의 전기 및 열기계 모델링과 해석 분야의 글로벌 팀 리더로 재직하고 있다. 그의 관심 분야는 진보된 아날로그 및 전력용 전자소자 패키징, 모델링과 시뮬레이션, 신뢰성 및 조립공정 등이다. 과거 몇 년간 그와 그의 팀은 칩스케일 웨이퍼레벨 패키지의 조립제조공정, 신뢰성 시험, 일렉트로마이그레이션에 의한 파손 등에 대한 선도적인 작업을 포함하여 진보된 집적회로 패키징과 전력용 모듈의 모델링과 시뮬레이션 분야의 업무를 수행하였다. 그는 EuroSim, ICEPT, EPTC 등의 국제 컨퍼런스들에서 기조 강연에 초대받았으며 미국, 유럽 및 중국의 대학교에서 강연을 하였다. 그는 3차원/적층/TSV 집적회로와 전력용 패키징 분야에서 170편 이상의 저널과 컨퍼런스 논문을 공저하였으며, 45개의 미국 특허를 취득하였다. 리우 박사는 난징과학기술대학교에서 1983년, 1987년 및 1990년에 각각 학사, 석사 및 박사학위를 취득하였다. 그는 관례를 깨고 1994년에 저장기술대학교에 정교수로 임용되었다. 리우 박사는 1995년에 알렉산더 훔볼트 펠로우십을 수상하였으며, 독일 브라운슈바이크 기술대학교에서 훔볼트 펠로우 자격으로 연구를 수행하였다. 1997년에는 알렉산더 훔볼트 유럽 펠로우십을 수상하였으며, 영국 케임브리지대학교에서 훔볼트 유럽 펠로우 자격으로 연구를 수행하였다. 1998년에는 렌슬러 폴리텍 연구소(RPI)의 세미컨덕터 포커스 센터와 컴퓨터기계센터에서 박사후 과정으로 재직하였다. 2000년에는 보스턴 소재의 노텔 네트워크스社에서 광학 패키지 엔지니어로 재직하였다. 2001년에 페어차일드社에 입사한 이후에, 그는 2008년에 페어차일드 사장상, 2006년과 2009년에는 페어차일드 핵심기술인상, 2005년에는 페어차일드 BIQ 생산혁신상 그리고 2004년에는 페어차일드 파워오브펜 1등상, 2013년에는 IEEE CPMT 탁월한 기술적 성취상 등을 수상하였다.

목차

CHAPTER 01

아날로그와 전력용 소자의
WLCSP에 대한 수요와
기술적 도전

CHAPTER 02

팬인 WLCSP

아날로그와 전력용 소자의 WLCSP에 대한 수요와 기술적 도전

CHAPTER 01

아날로그와 전력용 소자의 WLCSP에 대한 수요와 기술적 도전

이 장에서는 반도체 업계의 발전과 시장수요에 기초하여 아날로그와 전력용 **웨이퍼레벨 칩스케일 패키지**(WLCSP)[1]의 최근 발전을 살펴본다. 이 절에서는 아날로그 및 전력용 소자들의 웨이퍼레벨 패키지 팬인/팬아웃 설계가 어떻게 발전해왔으며, 3차원 집적화가 아날로그 및 전력용 디바이스의 현저한 성능 향상을 어떻게 이끌었는지에 대해서 살펴본다. 대표적인 적용 분야에 대해서 이와 동일한 경향을 연장시켜보면, 향후 몇 년간 아날로그와 전력용 스위치 기술은 더욱 발전할 것이며, 아날로그와 전력용 반도체 솔루션들의 가용성, 효율, 신뢰성들의 지속적인 전체적인 비용절감이 꾸준히 진행될 것이다. 웨이퍼레벨 아날로그 및 전력용 반도체의 차세대 패키징 설계에서 발생하는 다이크기 감소에 따른 기술적 도전에 대해서 살펴보기로 한다.

1.1 아날로그 및 전력용 WLCSP의 수요

과거 20년간 아날로그와 전력용 반도체 기술은 특히 모놀리식 출력밀도의 증가와 시스템 다중기능의 측면에서 큰 발전을 이루었다[1~6]. 아날로그와 저전압 전력용 패키지 분야에서의 중요한 성과는, 획기적이지는 않지만 서로 다른 증가하는 수요와 새로운 적용 분야에서 요구하는 소재 조성의 미묘한 변화, 두께, 금속적층구조 그리고 크기축소를 충족시키기 위해서 지속적으로 발전하고 있는 WLCSP 기술이다. **그림 1.1**에서는 아날로그, 로직, 혼합신호, 광

---

1   이후로는 WLCSP로 표기. 역자 주.

학, MEMS 그리고 센서 등과 같은 기본적인 WLCSP 디바이스의 적용 분야를 보여주고 있다 [7]. 이 책에서는 특히 아날로그와 전력용 디바이스들에 초점을 맞추고 있다.

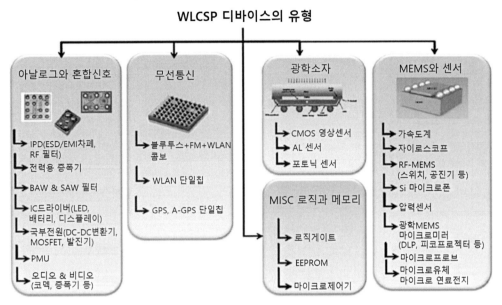

그림 1.1 WLCSP 디바이스의 기본적인 적용 분야[7]

WLCSP는 결코 최저가의 솔루션이 아니지만 점유체적이 작고, 전기적 성능이 좋아서 휴대폰과 태블릿 컴퓨터에 사용해야 하는 패키지가 되어버렸으며, 더 많은 아날로그와 전력장치들이 WLCSP를 채택하고 있다. 이로 인하여 WLCSP의 수요가 가속화되고 있다[6]. 현재 이 방식으로 대량생산이 진행되고 있지만, WLCSP의 세계적인 표준은 아직 만들어지지 않았다. 각각의 발주업체들이 특정한 사용상의 요구조건들을 제시하기 때문에, WLCSP에는 엄청난 다양성이 존재한다. WLCSP는 3[mm^2] 미만의 소형 칩에서부터 3~5[mm^2]에 이르는 중간 크기 칩의 범위에서 주로 사용된다. 현재는 5[mm^2] 이상의 크기를 갖는 다이에도 적용이 가능해지면서 WLCSP 시장의 증가율이 더 커지고 있다. 입출력단의 숫자가 50개 미만인 경우에 대한 WLCSP 기술은 성숙단계에 와 있다. 하지만 입출력단의 어레이 숫자가 100개 이상인 경우에 WLCSP의 보드레벨 신뢰성을 허용 가능한 수준으로 향상시키기 위해서 업계에서는 많은 노력을 기울이고 있다. 2010년에서 2016년 사이의 기간 동안 핸드폰과 태블릿 컴퓨터의 분야에서 연평균성장률(CAGR)을 근거로 하여, 향후 5년 동안에 WLCSP 시장은 12.6% 증가할 것으로 예상하고 있다(그림 1.2)[7].

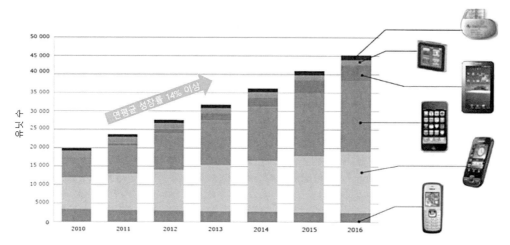

그림 1.2 모바일 및 태블릿 시장에서 WLCSP 수요의 성장추세[7]

1.2 다이축소의 영향

1.2.1 다이축소의 영향

높은 출력밀도와 높은 신뢰성 요구조건들 때문에 아날로그 및 전력용 웨이퍼레벨 패키징은 일반적인 웨이퍼레벨 집적회로 제품의 개발[8~13] 수준에 비해서 훨씬 뒤처져 있다. 전력용 반도체 디바이스의 개발 측면에서 살펴보면, 현재로는 기존의 350[nm]나 500[nm] 전력용 집적회로 기술에 비해서 180[nm] 및 250[nm] 기술이 현저한 다이크기 축소를 이끌고 있으며, 90[nm] 및 130[nm] 기술을 목표로 하여 개발이 시작되었다. 다이 내부에서 금속 상호연결 시스템이 점점 더 얇아지면서, 전류밀도가 현저하게 증가하게 되었다. **일렉트로마이그레이션**(EM) 문제가 증가하면서 새로운 상호연결방식에 대한 고찰이 시작되었다. 웨이퍼레벨 땜납범프나 Cu-스터드 범핑과 같은 현재의 기술들이 웨이퍼레벨 Cu-스터드 범핑의 금속 상호연결부 확산과 기계적 크레이터링 문제에 대한 기술적 도전을 해결할 수 있을 것으로 기대된다. 다이크기가 축소되면서, 전력용 웨이퍼레벨 **칩스케일 패키지**(CSP)의 피치가 현재의 0.5[mm]에서 0.4나 0.3[mm]로 감소할 것이다. 이에 따라서 열확산이 매우 심각하고 중요한 문제로 대두될 것이다. 이를 해결하기 위해서 고효율 열확산 기법의 개발이 필요하다.

1.2.2 웨이퍼레벨 시스템온칩과 시스템인패키지의 비교

전력용 집적 디바이스는 **쌍극성 반도체, 상보성 금속산화물반도체**(CMOS) 그리고 **이중확산 금속산화물반도체**(DMOS) 등의 최신 스마트파워 집적회로 기술들을 활용하여 BCDMOS, 지능화 개별형 전력 디바이스, 전력제어와 보호뿐만 아니라 여타의 기능적 통합을 실현하기 위한 **측면방향 DMOS**(LDMOS)와 **수직방향 DMOS**(VDMOS) 등을 구현하였다. 이를 웨이퍼레벨 **시스템온칩**(SOC)이라고 부르며, 아날로그, 디지털, MOSFET 등의 다양한 이종기술들을 단일 실리콘 칩 속에 통합하였다. 그런데 이런 웨이퍼레벨 시스템온칩 기술은 너무 비싸고 복잡하다. 이로 인하여 서로 다른 기능을 수행하는 다수의 칩들을 하나의 패키지나 모듈 속에 배치[14]하기 때문에 시스템온칩과 유사하지만, 가격은 더 저렴한 **시스템인패키지**(SIP) 기술에 큰 기회가 찾아왔다.

시스템인패키지는 다양한 세부시장에서 시스템온칩에 비해서 다양한 장점을 가지고 있기 때문에, 전자회로 집적기술에서 시스템온칩의 대안기술로 발전해왔다. 특히 시스템인패키지는 시스템온칩에 비해서 집적화 유연성이 더 높고, 시장에 빠르게 공급할 수 있으며, 연구개발비 또는 **비순환비용**(NRE)이 싸고, 제품비용이 저렴하다는 장점을 가지고 있다. 시스템인패키지는 높은 기술력을 갖춘 단일칩 실리콘 집적화의 대체기술이 아니며, 시스템온칩의 대안기술로 간주해야만 한다. LDMOSFET와 집적회로 제어기가 일체화된 전력용 시스템온칩과 같이, 생산량이 매우 큰 용도에 대해서는 시스템온칩 기술을 사용하는 것이 바람직하다. 이런 경우에는 대량생산 덕분에 두 개의 MOSFET 다이와 하나의 집적회로 제어기 다이를 사용하는 시스템인패키지에 비해서 시스템온칩의 가격이 더 싸지게 된다. 이런 경우에는 시스템온칩의 전기적 성능이 시스템인패키지에 비해서 월등히 높다. 일부 복잡한 시스템인패키지 제품의 경우에는 시스템온칩 컴포넌트들을 포함하고 있다. 웨이퍼레벨 시스템인패키지/적층은 저전력 용도의 경우 주로 사용되는 방법들 중 하나이다.

다이크기가 축소됨에 따라서 시스템온칩에 더 많은 기능이 부가되었으며, 시스템인패키지에는 더 많은 칩이 탑재되었다. 이로 인하여 시스템온칩의 열 밀도가 매우 높아지게 되었다. 하나의 칩 내에서 서로 다른 기능들을 어떻게 절연하며, 패키지를 통해서 어떻게 효율적으로 열을 방출할 것인지를 결정하는 것은 기술적 도전과제들 중 하나이다[4, 14]. 비록 시스템인패키지의 가격이 낮지만, 웨이퍼에 다수의 웨이퍼레벨 칩들을 조립하는 것도 기술적 도전과제이다. 기생인덕턴스와 같은 시스템인패키지의 내부기생효과들은 시스템온칩에 비해서 더 크게 발생한다[15]. 전력소자들에서 발생하는 열이 집적회로 구동회로의 전기적 특성에 미치는 영향을 고려해야만 한다. 낮은 가격으로 양호한 열 및 전기적 성능을 갖춘 진보된 시스템인패키지를 제작하는 것이 웨이퍼레벨 시스템인패키지가 당면한 가장 큰 과제이다. 웨이퍼레벨 시스템인패키지의 설계, 신뢰성 평가 그리고 조립공정 등에 대한 개발과정을 지원하기 위해서 모델링과 시뮬레이션이 반드시 활용되어야 한다[16].

1.3 팬인과 팬아웃

스마트폰이나 휴대용 컴퓨터와 같은 휴대용 전자기기의 경우 새로운 세대의 제품이 출시될 때마다 제한된 공간 내에 더 많은 숫자의 기능들을 통합해 넣어야만 한다. 칩 패키지의 엄청난 소형화를 통해서 이를 가능케 만들어왔다. 웨이퍼를 절단하기 전에 WLCSP를 제작하면 추가적인 형상계수 축소가 가능해지며 특히 작은 다이를 패키징하는 경우에 비용을 절감할 수 있다. WLCSP는 **팬인**[2] 웨이퍼레벨 패키지와 **팬아웃**[3] 웨이퍼레벨 패키지의 두 가지 범주로 구분할 수 있다[17]. 하지만 진정한 웨이퍼레벨 패키지는 팬인 패키지이다. 팬인 패키지의 경우에는 모든 접촉 터미널들이 다이의 점유면적 내에 위치한다. 차세대 기판(PCB, 인터포저, 집적회로 패키지)의 설계를 충족시키기 위해서 접촉 터미널들의 배치를 조정하는 과정에서 이는 심각한 제약조건으로 작용한다. 팬아웃 웨이퍼레벨 패키지는 다이레벨 패키지와 웨이퍼레벨 패키지가 절충된 형태이다. 팬인과 팬아웃의 경우 모두, 다이를 (언더필과 같은) **프린트배선판**(PWB)에 접촉시키기 위해서 기판의 적층이나 에폭시 몰드용 복합재료를 사용할 필요 없다. 땜납볼들을 실리콘 다이나 팬아웃 영역에 직접 부착한다. 팬인 웨이퍼레벨 패키지는 디바이스를 좁은 다이 속에 집어넣어야 하기 때문에 입출력단의 숫자가 비교적 작다. 팬아

---

2 fan in.
3 fan out.

웃 웨이퍼레벨 패키지는 미세피치를 사용하는 소형다이에 대해서 **재분배 레이아웃**(RDL) 기술을 사용하여 더 큰 패키지와 더 많은 숫자의 입출력단을 구현할 수 있다. 레이아웃 재분배는 미세피치 다이와 피치가 큰 팬아웃 웨이퍼레벨 패키지를 상호연결하는 방법이다. 이를 통해서 **eWLB**[4]라고도 부르는, 다이가 매립되어 있는 웨이퍼레벨 **볼그리드어레이**(BGA)에서, 땜납볼의 피치를 프린트배선판에서 쉽게 취급할 수 있는 수준으로 유지할 수 있다. 반도체 웨이퍼를 절단한 다음에 개별 집적회로들을 인위적으로 몰딩한 웨이퍼 속에 매립하게 된다. 이 웨이퍼 위에서 개별 다이들은 표준 웨이퍼레벨 패키지 공정을 사용하여 필요한 팬아웃 재분배 레이아웃을 제작할 수 있을 정도로 충분한 간극을 두고 분리되어 있다. 팬아웃 WLCSP는 미세 피치로 제작된 작은 다이들을 사용자 프린트배선판의 넓은 피치와 연결시켜주는 브릿지이다.

팬인 웨이퍼레벨 칩스케일 패키지(WLCSP)는 성숙되고 비교적 활발하게 성장하고 있는 기술로서, 이 기술의 성공은 휴대기기를 뛰어넘어 적용 분야를 확장시키는 촉매기술로 판명되었으며, 여타 유형의 웨이퍼레벨 패키지의 개발을 가속시켜주고 있다. 따라서 지금이 산업계가 웨이퍼레벨 패키지의 수평선을 바라봐야 하는 완벽한 시점이다. 과연 더 값싸고 더 신뢰성 있는 팬인 WLCSP를 만들기 위해서 더 많은 연구와 노력을 기울여야 하는가? 아니면 이런 혁신비용을 팬아웃 WLCSP나 실리콘관통비아(TSV) 기법을 사용하는 3차원 집적회로 적층과 같은 여타의 웨이퍼레벨 패키지 기술에 투입하여야 하는가? 팬인 WLCSP는 완성된 기술이며 열 사이클링 성능을 향상시키기 위한 소재개선 분야에서 개발이 주로 진행되고 있다. 현재로서는(특수한 고가의 PCB 보드 기술을 적용해야만 하는 수준까지 줄어들었기 때문에) 입출력단의 피치를 줄일 여지는 거의 없다. 팬아웃 웨이퍼레벨 패키지기술은 패키지 두께를 줄일 수 있어서 차세대 패키지온패키지(PoP)용 패키지와 수동소자의 집적화에 적용할 수 있으며, 앞으로의 설계과정에서 광범위하게 새로운 패키지 집적화를 시도할 수 있게 되었다. 현재로서는 대부분의 아날로그 및 전력용 WLCSP들은 팬인 기반의 설계를 채택하고 있는 반면에, 아날로그와 전력용 팬아웃 WLCSP는 여전히 초기개발단계에 머물러 있다. 높은 신뢰성을 갖춘 더 큰 다이와 패키지를 구현하기 위해서는 새로운 해법이 필요하다. 5~10년 이내에 현저한 개선이 이루어져야만 한다. 3차원 적층은 웨이퍼레벨 패키지와 경쟁기술이 아니며, 웨이퍼레벨 패키지의 3차원 적층도 구현이 가능하다.

---

4   Embedded Wafer Level Ball Grid Array.

1.4 전력용 WLCSP의 개발

1.4.1 일반적인 개별 전력용 패키지와 웨이퍼레벨 MOSFET의 비교

표 1.1에서는 개별적인 MOSFET 패키지의 전형적인 개발경향을 보여주고 있다. 이 표에서는 대표적인 전력용 트랜지스터 패키지를 구성하는 구성요소들의 체적비율을 보여주고 있다. 페어차일드社의 초창기 **DPAK**[5](TO252)에서 SO8 MOSFET 볼그리드어레이와 MOSFET WLCSP까지 패키지 개발이 발전됨에 따라서 몰딩용 복합재료의 체적비율이 감소하여 MOSFET 볼그리드어레이 패키지와 WLCSP에 이르러서는 0이 되어버렸다. 이와 동시에 실리콘과 상호연결 금속의 체적비율은 증가하였다. DPAK레벨의 경우, 리드프레임의 체적은 약 20%이며, 실리콘의 체적은 약 4%에 불과했던 반면에, **에폭시몰딩 화합물**(EMC)은 75%에 달하였다. 하지만 WLCSP의 경우에는 실리콘의 체적이 82%에 달하며 에폭시몰딩 화합물은 사용되지 않았다.

표 1.1 전형적인 개별 전력용 패키지를 구성하는 구성요소들의 체적비율 비교

패키지 유형	총 체적[mm³]	EMC[%]	실리콘[%]	리드프레임[%]	상호연결부[%]
TO-252[와이어]	90	75	4	20	1
SO8[와이어]	28	83	6	10	1
SO8[칩]	28	70	6	20	2
MOSFET[BGA]	20	0	40	50	10
WLCSP	20	0	82	0	18

그림 1.3에서는 비쉐이社와 페어차일드 세미컨덕터社에서 출시한 쇼트키 다이오드와 수직형 MOSFET의 개별 WLCSP를 보여주고 있다. 이러한 WLCSP들을 팬인 레이아웃이라고 부른다.

그런데 에폭시몰딩 화합물은 취급이 용이하고 기계적으로 견고하다는 장점을 가지고 있다. 이 소재는 보호성이 좋고 기계적인 무결성을 가지고 있기 때문에 다양한 세대의 픽앤드플레이스 장비에서 사용되고 있다. 따라서 현대적인 개별 전력용 패키지에서도 에폭시몰딩 화

---

5   Discrete or Decawatt Package.

합물이 밀봉용 소재로 여전히 유용하다. WLCSP의 경우, 팬아웃 웨이퍼레벨 패키지 몰딩을 통해서 주입된 에폭시몰딩 화합물을 재분배층 기판소재로 사용할 수 있다. 이를 통해서 피치가 넓고 수축이 작은 다이를 구현할 수 있다.

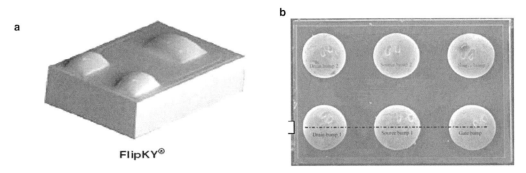

그림 1.3 개별 WLCSP의 사례. (a) 비쉐이社의 쇼트키 WLCSP, (b) 페어차일드社의 개별 WLCSP

그림 1.4에서는 웨이퍼레벨 에폭시 몰딩기술을 사용하여 제작한 팬아웃 재분배층 웨이퍼레벨 패키지 구조의 사례를 보여주고 있다.

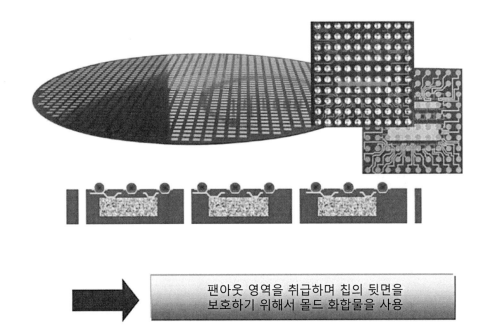

그림 1.4 인피니언社에서 제작한 팬아웃 웨이퍼레벨 패키지에서 재분배층으로 사용된 에폭시몰딩 화합물층

1.4.2 고전류 송출능력

전력용 웨이퍼레벨 개별 패키지의 경향들 중 하나는 단위 면적당 전류송출능력을 증가시키는 것이다. 이는 특히, 고전류 송출능력과 다이크기 축소에 대한 고객의 요구 때문이다. 웨이퍼레벨 전력용 패키지의 전류 송출능력이 증가함에 따라서 수반되는 열방출성능 향상을 위해서는 두 가지 방법이 사용된다. 하나는 프린트회로기판 레벨에서 열관리성능을 향상시키는 방안이며, 다른 하나는 패키지 레벨에서 다중방향으로 열을 발산시키는 방안으로, 이 방법은 웨이퍼레벨에서의 개별 전력용 패키지에 유리하다. 전력용 웨이퍼레벨 개별 패키지를 금속 프레임에 접착하는 것은 효과적인 방법이다. 사전에 에칭된 공동을 갖춘 금속 웨이퍼에 다이를 접착하는 것은 다중방향 열방출성능을 갖춘 웨이퍼레벨 패키지를 제작하기 위해서 시행되는 웨이퍼레벨 공정이다. 그림 1.5에서는 다중방향 열전달 성능을 갖춘 페어차일드社의 MOSFET 볼그리드어레이와 비쉐이社의 PolarPAK을 보여주고 있다.

그림 1.5 다중방향 열방출 패키지의 사례

1.4.3 낮은 Rds(on) 저항과 열 차폐성능에 미치는 영향

낮은 R_{ds}(on)을 구현하고 열 성능을 향상시키기 위해서, $7[\mu m]$ 두께로 실리콘 기판을 박막가공한 다음에 드레인 층으로 사용되는 구리층을 $50[\mu m]$ 두께로 증착한 기판 위에 수직방향으로 금속산화물이 증착된 웨이퍼레벨 MOSFET을 제작하였다([19] 페어차일드 웨이퍼레벨 UMOSFET 참조). 이를 통해서 $R_{ds}(on)$ 저항값을 극단적으로 줄이고 열 성능을 향상시킬 수 있었다. 그림 1.6에서는 UMOSFET의 디바이스 내부구조를 일반적인 MOSFET와 비교하여 보여주고 있다.

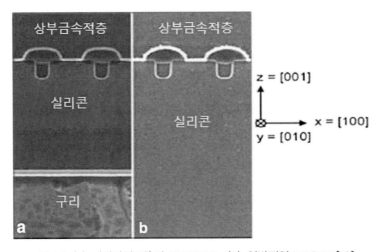

그림 1.6 (a) 페어차일드社의 UMOSFET, (b) 일반적인 MOSFET[19]

웨이퍼레벨 개별 MOSFET의 경우, 산업계의 관심을 받게 된 또 다른 경향은 MOSFET의 드레인을 다이의 앞면으로 이동시켜서 드레인, 소스 및 게이트를 동일한 다이에 배치하는 것이다. 이는 다양한 표면실장용 프린트회로기판에서 도움이 되며, 전기적 성능도 양호하다.

그림 1.7에서는 LDMOS[6] WLCSP용 드레인의 측면방향 배치도를 보여주고 있다. 드레인이 측면방향으로 배치되어 있기 때문에, 뒷면금속이 드레인과 직접 접촉하지 않으므로, 이 방법은 저전압, 저전력 분야로 활용이 제한된다. VDMOS[7] WLCSP의 경우에는 도랑 영역의 실리콘관통비아를 사용하여 앞면에 직접 연결하는 방법을 개발하고 있다. 뒷면 드레인을 앞면에 직접 연결하면 전기적 성능이 향상되고 $R_{ds}(on)$이 감소한다.

---

6   laterally diffused metal oxide semiconductor : 측면확산방식 금속산화물반도체.
7   vertically diffused metal oxide semiconductor : 수직확산방식 금속산화물반도체.

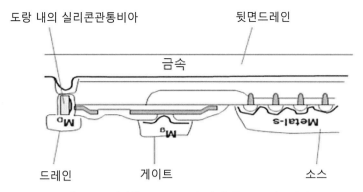

그림 1.7 드레인을 MOSFET의 앞면 측으로 이동시킴

1.4.4 전력용 IC 패키지의 경향

5~100[V]의 전압범위에 대해서, 모놀리식 방법 및 다수의 모놀리식 소자들의 기능적 통합을 사용하여 광범위한 유도성 부하에 전력을 공급할 수 있다[18]. 가장 흥미로운 적용 분야는 하나의 집적회로 드라이버를 사용하여 두 개의 전력용 스위치(고전압 측과 저전압 측)들을 결합시킨 웨이퍼레벨 전력변환기 통합시스템이다. 그림 1.8에서는 웨이퍼레벨 전력시스템을 칩 위에 구현한 사례를 보여주고 있다. 센서리스 위치검출과 저전압 측에서의 오류검출, 고전압 측에서의 적응형 운동제어 등이 통합된 진보된 디지털 운동제어기능들을 갖추고 있다.

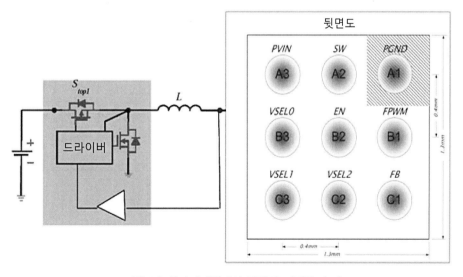

그림 1.8 웨이퍼레벨에서 통합된 전력용 소자

100~700[V]의 전압범위에서는, 고전압 모놀리식 (AC-DC) 전력변환 능력을 증가시켜주며, 실제의 경우 다수의 다이스들을 필요로 하는 형상들이 구현할 수 있는 실리콘 파괴전압의 한계에 근접하게 되면서 차세대의 집적화된 LDMOS 구조가 한계에 도달하게 되었다.

전력용 소자의 다이크기가 감소하면서 패키지의 크기도 함께 감소하게 되었으며, BCDMOS 공정이 발전함에 따라서 다이의 단위 면적당 기능이 증가하게 되면서, 패키지 레벨에서의 열전달용량을 유지하는 것이 어려워지게 되었다. 패키지 점유면적은 전반적으로 감소하는 경향을 가지고 있는 반면에, 열방출능력은 시스템의 일부분인 프린트회로기판에 더 의존하게 되었다. 그러므로 히트싱크의 보드레벨 조립과 관련되어 반전형 베어다이 방식을 사용하여 제작한 WLCSP의 기계적인 밀착성을 보장하는 것은 어려운 일이다(그림 1.9).

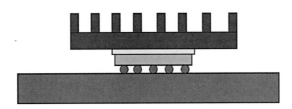

그림 1.9 히트싱크를 설치하기가 어려운 WLCSP의 사례

전력용 웨이퍼레벨 패키지의 냉각에 공기냉각방식을 사용하는 대신에, 전력용 칩 속에 웨이퍼레벨 미세유로를 성형하는 방법이 사용되기도 한다. 이 방법을 사용하여 효과적으로 전력용 칩에서 발생하는 열을 방출할 수 있다. 그림 1.10에서는 전력용 다이의 능동 영역과 뒷면 모두에 미세유로를 제작한 사례를 보여주고 있다. 미세유로가 높은 효율을 가지고 있기 때문에, 더 이상 히트싱크가 필요 없게 되었다. 이로 인하여 히트싱크가 차지하는 면적이 현저히 줄었으며, 냉각 시스템의 팬 소음도 없어지게 되었다.

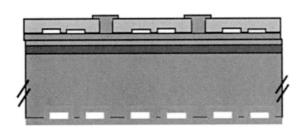

그림 1.10 능동 영역과 뒷면 모두에 설치된 미세유로[20]

1.4.5 웨이퍼레벨 수동소자들의 경향

비록 현재 사용되고 있는 웨이퍼레벨 수동소자들(저항, 커패시터 및 인덕터)은 초저전력에 적합할 뿐이지만, 이를 BCDMOS[8]나 여타의 능동형 집적회로에 적용하는 것도 가능하다. 웨이퍼레벨에서의 전력용 능동형 스위치와 수동소자들은 전기적 성능을 현저히 향상시켜주며 기생효과들을 크게 줄여준다. **벅 컨버터**[9]나 수동소자를 갖춘 DrMOS와 같이 전력용량이 비교적 큰 제품들의 경우에는 개발이 진행되고 있다. 그림 1.11에서는 전력용으로 사용되는 웨이퍼레벨 인덕터의 개발사례를 전류범위 및 주파수범위와 함께 보여주고 있다[14, 21]. 웨이퍼레벨 인덕터를 집적화하는 경우의 가장 큰 장점은 주파수를 수[MHz]에서 100[MHz]까지 높일 수 있다는 것이다. 이는 일반적인 패키지 레벨이나 보드레벨에서 구현하기 어려운 수준이다.

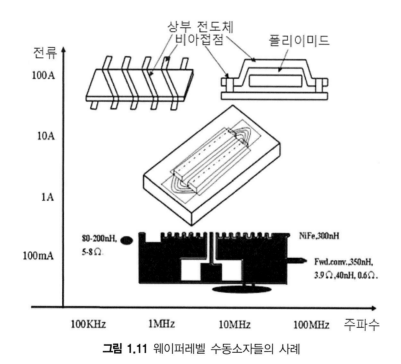

그림 1.11 웨이퍼레벨 수동소자들의 사례

---

8   binary, complementary, and depletion metal oxide semoconductor : 이진, 상보성, 확산형 금속산화물반도체.

9   buck converter : 입력전압에 비해서 출력전압을 낮추는 전압변환회로. 역자 주.

1.4.6 웨이퍼레벨 적층/3차원 전력용 다이 패키지형 시스템

전력용 다이의 시스템인패키지에는 웨이퍼상에 다이를 적층하는 방법과 두 개의 웨이퍼를 적층하는 방법과 같이, 두 가지 웨이퍼레벨 적층방법이 사용되고 있다. 그림 1.12에서는 수동형 웨이퍼 위에 능동형 집적회로 다이를 적층한 사례를 보여주고 있다. 두 개의 MOSFET과 하나의 집적회로 드라이버를 갖춘 전력용 집적회로 다이를 인덕터 L을 갖춘 수동형 웨이퍼 위에 접착하였다. 그림 1.13에서는 1번 웨이퍼의 소스와 2번 웨이퍼의 드레인을 서로 접착하여 제작한 두 개의 MOSFET으로 이루어진 웨이퍼레벨 적층형 다이 패키지 사례를 보여주고 있다. 실리콘관통비아를 사용하여 최소한 한쪽 전면에 공통소스(1번 웨이퍼)와 공통 드레인(2번 웨이퍼)을 연결할 수도 있다. 웨이퍼온 웨이퍼 방식을 사용하여 이러한 적층공정을 수행할 수 있다. 이러한 집적화의 장점은 액정디스플레이(LCD)의 백라이트용 인버터와 같이 N채널과 P채널 MOSFET를 모두 사용하는 절반 브릿지의 경우에 매우 우수한 성능을 나타낸다는 장점을 가지고 있다. 이 구조는 고전압 측 다이와 저전압 측 다이 사이의 거리가 매우 짧기 때문에, 전기적 저항과 기생효과들이 크게 감소한다.

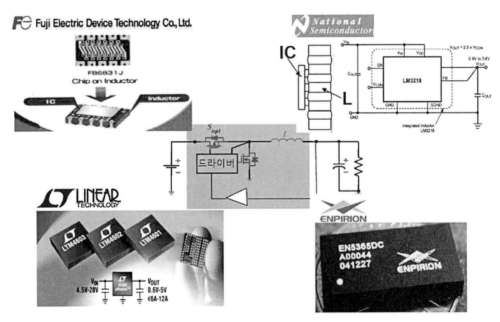

그림 1.12 수동형 웨이퍼 위에 적층한 능동형 다이의 사례[14]

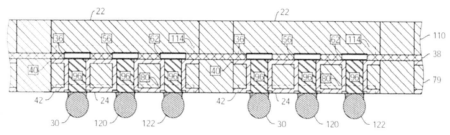

그림 1.13 적층된 두 개의 웨이퍼를 실리콘관통비아를 사용하여 조립한 전력용 웨이퍼레벨 적층형 다이의 사례

1.5 요 약

에너지 자원이 제한되어 있으며, 온난화 등으로 인하여 이동통신과 오락기기와 같이 빠르게 성장하고 있는 전자제품시장, 산업용 전력변환, 자동차, 표준 전력전자제품 등과 같은 분야의 다양한 제품들에 대해서 에너지 효율을 향상시킬 수 있는 방안들의 중요성이 점점 더 커지고 있다. 진보된 기능과 휴대의 편이성에 대한 소비자의 증가된 요구와 고효율 에너지 솔루션들을 통해서 다양한 새로운 제품들이 출현하게 되었으며, 이로 인하여 고전력밀도설계, 아날로그, 로직 및 전력회로를 결합하는 스마트 통합기술 등의 발전이 촉발되었다. 이 장에서는 아날로그 와 전력용 WLCSP의 수요, 아날로그와 전력용 다이의 크기축소에 대한 기술적 도전과 영향, 아날로그와 전력용 소자 응용 분야에서의 팬인 및 팬아웃 웨이퍼레벨 기술개발 그리고 전력용 WLCSP의 개발 등에 대해서 살펴보았다. 웨이퍼레벨 아날로그 및 전력용 패키지의 개발은 아날로그 및 전력용 집적회로 기술의 개발과 밀접한 관계를 가지고 있다. 현재 대부분의 아날로그와 전력용 WLCSP들은 팬인 설계를 채택하고 있으며, 아날로그와 전력 분야에서 팬아웃 기술은 여전히 초기개발 수준에 머물러 있다. VDMOSFET의 드레인을 앞면으로 이동시키는 것이 WLCSP의 최근 추세이며, 이를 통해서 모든 표면실장 분야에서 개별 전력용 WLCSP들을 사용할 수 있게 되었다. 전력용 웨이퍼레벨 집적회로 패키지는 다이레벨에서의 출력밀도를 높이고 점유면적을 축소하는 경향이다. 진보된 웨이퍼레벨 전력용 집적회로 기술은 아날로그 집적회로 제어기와 전력용 MOSFET 스위치들을 결합시키는 방법을 채택하는 경향이다. 웨이퍼레벨 수동소자들은 수[MHz]에서 100[MHz]에 이르는 높은 주파수로 스위칭을 수행하기 위해서 전력을 통합할 수 있어야 한다. 웨이퍼레벨에서의 전력용 3차원 기술은 실리콘관통비아를 사용하여 다이-웨이퍼와 웨이퍼-웨이퍼를 적층하는 기술에 초점이 맞춰져 있다.

참고문헌

1. Liu, Y. : Reliability of power electronic packaging. International Workshop on Wide-Band-Gap Power Electronics, Hsingchu, April (2013).

2. Liu, Y. : Power electronics packaging. Seminar on Micro/Nanoelectronics System Integration and Reliability, Delft, April (2014).

3. Kinzer, D. : (Keynote) Trends in analog and power packaging. EuroSimE, Delft, April (2009).

4. Liu, Y., Kinzer, D. : (Keynote) Challenges of power electronic packaging and modeling. EuroSimE, Linz, April (2011).

5. Liu, Y. : (Keynote) Trends of analog and power electronic packaging development. ICEPT, Guilin, August (2012).

6. Hao, J., Liu, Y., Hunt, J., Tessier, T., et al. : Demand for wafer-level chip-scale packages accelerates, 3D Packages, No. 22, Feb (2012).

7. Yannou, J-M. : Market dynamics impact WLCSP adoption, 3D Packages, No. 22, Feb (2012).

8. Shimaamoto, H. : Technical trend of 3D chip stacked MCP/SIP. ECTC57 Workshop (2007).

9. Orii, Y., Nishio, T. : Ultra thin PoP technologies using 50 μm pitch flip chip C4 interconnection. ECTC57 Workshop (2007).

10. Meyer-Berg, G. : (Keynote) Future packaging trends, Eurosime 2008, Germany.

11. Vardaman, E.J. : Trends in 3D packaging, ECTC 58 short course (2008).

12. Fontanclli, A. : System-in-package technology : opportunities and challenges. 9th International Symposium on Quality Electronic Design, pp.589~593 (2008).

13. Meyer, T., Ofner, G., Bradl, S., et al. : Embedded wafer level ball grid array (eWLB), EPTC 2008, pp.994~998.

14. Lee, F. : Survey of trends for integrated point-of-load converters, APEC 2009, Washington DC (2009).

15. Hashimoto, T., et al. : System in package with mounted capacitor for reduced parasitic inductance in voltage regulators. Proceedings of the 20th International Symposium on Power Semiconductor Devices and ICs, 2008, Orlando, FL, May, 2008, pp.315~318.

16. Liu, S., Liu, Y. : Modeling and Simulation for Microelectronic Packaging Assembly.

Wiley, Singapore (2011).

17. Fan, X.J. : (Keynote) Wafer level packaging : Fan-in, fan-out and 3D integration, ICEPT, Guilin, August (2012).

18. Liu, Y. : Power electronic packaging : design, assembly process, reliability and modeling. Springer, New York (2012).

19. Wang, Q., Ho, I., Li, M. : Enhanced electrical and thermal properties of trench metal-oxidesemiconductor field-effect transistor built on copper substrate. IEEE Electron Device Lett. 30, pp.61~63 (2009).

20. Zhao, M., Huang, Z. : Rena, Design of on-chip microchannel fluidic cooling structure, ECTC 2007, Reno, NV, pp.2017~2023 (2007).

21. Liu, Y. : Analog and power packaging, professional short course, ECTC 62, San Diego (2012).

CHAPTER 02

팬인 WLCSP

02
CHAPTER

팬인 WLCSP

2.1 팬인 WLCSP의 소개

팬인 방식 웨이퍼레벨 칩스케일 패키지(WLCSP)는 WLCSP의 첫 번째 형태이다. **팬인** (fan-in)이라는 용어는 초창기 WLCSP는 원래, 모든 접착패드가 반도체 다이의 주변을 따라서 배치되어 있는 와이어본드 디바이스로 설계했었던 것에서 유래한 것이다. 주변 접착패드 설계를 영역 어레이 WLCSP로 변환할 때에는, 재분배나 팬인 기술을 사용해야만 한다.

WLCSP는 시간이 지나면서 애초부터 WLCSP 방식으로 설계하는 휴대폰이나 태블릿 컴퓨터와 같은 휴대용 디바이스 분야에서와 같이, 점점 더 많은 반도체 디바이스를 사용하는 경우에 적용할 수 있는 성숙된 패키징 기술이 되었다. 이런 변화로 인하여 일반적으로 WLCSP라고 부르는 기술에 비해서 팬인 기술의 사용이 줄어들게 되었다.

패키지의 크기가 실리콘 칩의 크기보다 더 크며, 심지어는 칩스케일 패키지에서 일반적으로 정의되는 크기(다이크기의 1.2배)를 넘어서기도 하는 팬아웃 WLCSP는 웨이퍼레벨 패키징이 가지고 있는 스펙트럼의 반대편에 위치하고 있다. 이 경우 재구성된 패키지는 실리콘 다이크기보다 더 크므로 팬아웃은 작은 실리콘 다이에서 패키지 영역 전체로의 상호연결 경로에 대해서 적용해야만 한다. **그림 2.1**에서는 팬인과 팬아웃 웨이퍼레벨 패키지의 개념을 설명하고 있다.

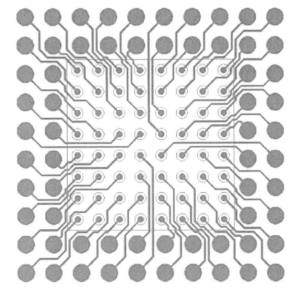
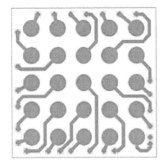

그림 2.1 와이어본드 디바이스의 주변접착패드로부터 5 × 5, 0.4[mm] 피치로 연결된 팬인 WLCSP의 사례(좌측)와 8 × 8, 0.3[mm] 피치로부터 0.4[mm] 패키지로 연결된 단일층 팬아웃 WLCSP의 사례

2.2 WLCSP의 범핑기술

과거 10년간, 땜납합금, 땜납 금속간화합물(IMC), 범프하부금속(UBM) 그리고 폴리머 재부동화 소재 등에 대한 지식의 축적과 필드성능과 가속화된 컴포넌트 레벨에 대한 지식의 축적, 그리고 광범위한 신뢰성 시험 등을 통해서 제한적으로만 사용되던 WLCSP가 패키징 기술의 주류로 나서게 되었다. 현재, 범핑 기술에서 사용되는 WLCSP는 범프온패드(BOP) 기술과 재분배층(RDL) 기술의 두 가지 기본 형태로 분류할 수 있다. 이들 두 가지 WLCSP 범핑기술들 중에서, 범프온 패키지는 칩의 상부금속에 범프하부금속이 직접 접합되는 가장 단순한 구조를 가지고 있다. 폴리머 재부동화 기술의 적용 여부에 따라서 범프온패드는 범프온 질화물(BON)과 범프온 재부동층(BOR) 기술로 세분화할 수 있다. **그림 2.2**에서는 칩 알루미늄 패드 위에 직접접착되는 범프구조와 범프온 질화물 및 범프온 재부동층 등을 구분하여 보여주고 있다.

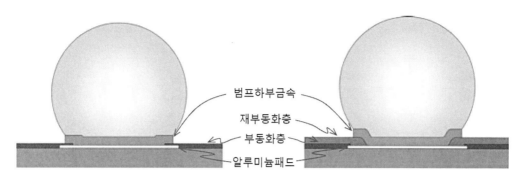

그림 2.2 범프온 질화물(BON)과 범프온 재부동층(BOR)의 단면비교. 일반적으로 이들 모두를 범프온패드 (BOP) WLCSP 범핑기술이라고 부른다.

재분배층 기술의 변형이 존재하며, 이들 모두는 WLCSP의 기계적 신뢰성을 향상시키거나 웨이퍼 범핑 비용을 줄이기 위해서 사용된다. 그림 2.3에서는 전형적인 재분배층 범프와 진보된 재분배층+몰딩된 구리기둥을 사용하는 경우의 단면도를 보여주고 있다. 몰딩된 구리기둥을 사용하는 경우에는 재분배층과 구리기둥이 설치높이를 증가시켜주며, 프린트회로기판 소재의 열팽창계수와 거의 동일한 앞면부 몰딩소재를 사용하여 실리콘 웨이퍼의 두께를 극단적으로 얇게 만들기 때문에, 월등한 신뢰성이 구현된다.

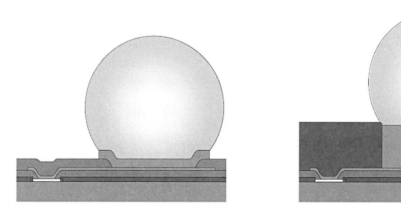

그림 2.3 전형적인 4-마스크 재분배층 범프구조와 재분배층+몰딩된 구리기둥을 사용하는 WLCSP 범프구조의 단면도. 우측의 구조는 월등한 보드레벨 신뢰성을 갖추고 있다.

2.3 WLCSP의 범프 공정과 비용고찰

특정한 디바이스에 대해서 적용할 범핑기술을 선정하는 과정에서는 많은 인자를 고려해야만 한다. 하지만 전기와 열 문제는 항상 가장 중요한 고려사항이다. WLCSP에 대한 신뢰성시험, 특히 낙하, 냉열시험(TMCL) 그리고 굽힘시험 등과 같은 기판레벨에서의 신뢰성 시험들은 일반산업표준이나 사용자 지정시험기준을 준수해야만 한다. 매우 경쟁이 심한 휴대용 컴퓨터 시장의 경우, 가격이 가장 중요한 고려사항이 되는 경우가 많으며, 이로 인하여 다양한 범핑기술들의 공정흐름과 기본 비용구조를 이해하는 것이 도움이 된다.

주류 WLCSP 범핑의 경우 예외 없이 항상 부가적인 도금패턴 생성공정을 채택하고 있다. 도금공정에서는 도금패턴을 정의하기 위해서 포토마스크 층이 사용되며, 이 공정이 WLCSP 범핑작업의 가장 핵심적인 비용상승 요인으로 작용한다. 사실 전체적인 WLCSP 범핑비용은 마스킹 작업의 횟수로 가늠할 수 있다. 특정한 범핑기술이 더 많은 숫자의 마스크를 필요로 하므로, 범핑비용이 상승하게 된다. 이런 상관관계를 사용하면, 범프온패드(범프온 질화물이나 범프온 재부동층)가 범핑비용의 측면에서 명확한 장점을 가지고 있음을 알 수 있다. 반면에, 구리기둥 몰딩기술은 단지 세 번의 마스크 작업이 필요할 뿐이지만, 구리기둥 도금에 오랜 시간이 소요되며, 추가적인 몰딩과 기둥 평탄화작업이 필요하고, 전체적으로 공정이 복잡하기 때문에 범핑비용이 가장 높다.

표 2.1에서는 WLCSP 범핑기술에서 가장 일반적으로 사용되는 네 가지 기법들의 주요 공정단계들을 요약하여 보여주고 있다. 범프온 질화물에서 구리기둥 몰딩에 이르기까지, WLCSP 보드레벨 신뢰성의 개선은 범핑작업비용의 상승을 수반하고 있음을 알 수 있다. 몰딩된 구리기둥의 경우, 실질적으로 재분배층에 비해서 마스크의 숫자가 한 장이 작을 뿐이다. 그런데 추가적인 구리기둥 도금, 앞면몰딩 그리고 기둥상부 평탄화를 위한 기계적 버핑가공 등으로 인하여 이 독창적인 범핑기술의 총 비용이 상승한다. 그림 2.4에서는 범핑공정의 이해를 돕기 위해서 구리기둥 몰딩의 공정흐름도를 보여주고 있다.

소수의 마스크를 사용하는 범핑기술에 비해서 다수의 마스크를 사용하게 되면 비용이 현저히 상승하게 되므로 저가형 범핑기술을 사용하여 가능한 한 많은 숫자의 핀을 만드는 것이 당연하다. 예를 들어, 비록 범프온패드는 핀의 개수가 작은 WLCSP를 위한 범핑기술로 인식되고 있지만, 과거에는 재분배층 기술을 사용해서만 구현할 수 있었던 핀의 숫자가 많은 경우에도 이 기술을 적용한 사례를 심심치 않게 발견할 수 있게 되었다. 온칩 금속/비아 적층, 폴리머 재부동화 소재, 범프하부금속 적층 그리고 규모법칙 등뿐만 아니라 언더필 소재 등에 대하여 최소신뢰성 요구조건들이 충족되는지를 확인할 필요가 있다. 이런 과정을 통해서 많은 비용이 소요되었던 초창기의 재분배층 범핑기술에 비해서 범핑비용을 크게 줄일 수 있게 되었다. 이와 동일한 방법이 범프온 질화물에서 범프온 재부동층으로의 전환, 범프온 재부동층에서 재분배층으로의 전환 그리고 재분배층에서 구리기둥 몰딩으로의 전환 등, 모든 범핑기술 전환과정에 적용되었다.

표 2.1 주요 범핑공정들의 스텝 비교

스텝	범프온 질화물	범프온 재부동층	재분배층	몰딩된 구리기둥[a]
1	시드층 스퍼터	폴리이미드 코팅	폴리이미드 코팅	폴리이미드 코팅
2	레지스트 코팅	폴리이미드 노광[b]	폴리이미드 노광[b]	폴리이미드 노광[b]
3	레지스트 노광[b]	폴리이미드 현상	폴리이미드 현상	폴리이미드 현상
4	레지스트 현상	폴리이미드 경화	폴리이미드 경화	폴리이미드 경화
5	범프하부금속 도금	시드층 스퍼터	시드층 스퍼터	시드층 스퍼터
6	레지스트 박리	레지스트 코팅	레지스트 코팅	레지스트 코팅
7	시드층 에칭	레지스트 노광[b]	레지스트 노광[b]	레지스트 노광[b]
8		레지스트 현상	레지스트 현상	레지스트 현상
9		범프하부금속 도금	재분배층 도금	재분배층 도금
10		레지스트 박리	레지스트 박리	레지스트 박리
11		시드층 에칭	시드층 에칭	건식필름 적층
12			폴리이미드 코팅	건식필름 노광[b]
13			폴리이미드 노광[b]	건식필름 현상
14			폴리이미드 현상	구리기둥 도금
15			폴리이미드 경화	건식필름 박리
16			시드층 스퍼터	시드층 에칭
17			레지스트 코팅	앞면몰딩
18			레지스트 노광[b]	몰드경화
19			레지스트 현상	기계적 버프연마
20			범프하부층 도금	구리에칭
21			레지스트 박리	
22			시드층 에칭	

a. 몰딩된 구리기둥은 세 가지 마스크 스텝만을 사용한다. 하지만 오랜 시간이 소요되는 구리기둥 도금과 몰딩작업이 공정의 복잡성과 비용을 증가시킨다.
b. 마스킹 스텝 – 추가되는 마스킹 스텝들은 전체적인 범핑 비용을 증가시킨다.

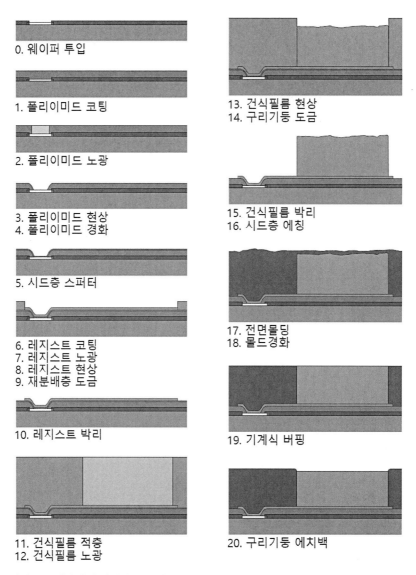

0. 웨이퍼 투입

1. 폴리이미드 코팅

2. 폴리이미드 노광

3. 폴리이미드 현상
4. 폴리이미드 경화

5. 시드층 스퍼터

6. 레지스트 코팅
7. 레지스트 노광
8. 레지스트 현상
9. 재분배층 도금

10. 레지스트 박리

11. 건식필름 적층
12. 건식필름 노광

13. 건식필름 현상
14. 구리기둥 도금

15. 건식필름 박리
16. 시드층 에칭

17. 전면몰딩
18. 몰드경화

19. 기계식 버핑

20. 구리기둥 에치백

그림 2.4 구리기둥 몰딩방식의 범핑기술 플럭스 프린트, 땜납볼 안착 그리고 리플로우 구리기둥의 에칭 등의 공정들이 도시되어 있다.

2.4 WLCSP의 신뢰성 요구조건

비용절감은 패키징 엔지니어에게 부과되는 끝없는 기술적 도전과제이며, 특정한 WLCSP 범핑기술의 평가에 있어서 신뢰성 요구조건은 반드시 충족시켜야만 한다. WLCSP의 신뢰성을 평가하기 위해서는 전형적으로 보드레벨 낙하시험, 냉열시험(TMCL) 그리고 굽힘시험 등이 수행된다. WLCSP 기술을 개별 디바이스에 적용하는 경우에는 작동수명(OPL), 고가속 스트레스시험(HAST), 정전기방전(ESD)시험 등과 같은 여타의 전형적인 디바이스 신뢰성 시험과 더불어서 요소레벨에서의 냉열시험도 고려해야만 한다.

전형적인 WLCSP 보드레벨 신뢰성 시험의 경우, WLCSP 컴포넌트들을 시험용 프린트회로기판 위에 설치한 다음, 기계적 응력이나 환경 스트레스를 부가한다. 낙하시험의 경우, 낙하과정에서 시험용 치구 위에 설치되어 있는 프린트회로기판에 기계적 충격이 부가되며, 냉열시험의 경우에는 실리콘(전형적으로 2~3[ppm/°C])과 프린트회로기판(전형적으로 17[ppm/°C]) 사이의 열팽창계수 차이로 인하여 극한의 온도가 열기계적 응력을 생성한다. 응력분포와 전형적인 파괴모드들을 이해하는 것이 WLCSP 시험을 설계하고 디바이스를 생산하는 데에 있어서 가장 중요한 사안들 중 하나이다.

2.5 낙하시험 중 발생하는 응력

합동전자장치엔지니어링협회(JEDEC)에서 제정한 시험방법인 JESD22-B111, 휴대용 전자제품 구성요소들의 보드레벨 낙하시험방법이 WLCSP 보드레벨 낙하성능 평가에 가장 기준이 되고, 널리 사용되는 산업표준이다. 이 보드는 132×77[mm] 크기의 사각형 형상으로서, 105×71[mm] 위치의 네 귀퉁이에 설치용 구멍이 성형되어 있다(그림 2.5). 또한 프린트회로기판 적층은 8개의 구리층과 7개의 절연층 그리고 양면에 땜납 마스크층이 배치되어 있다. 구리층의 두께와 포함 영역뿐만 아니라 절연층의 두께와 소재 등은 JEDEC 표준에 세세하게 정의되어 있다.

낙하시험 과정에서 프린트회로기판은 길이방향 및 폭 방향으로 휘어지며, 폭방향에 비해서 길이방향 굽힘이 지배적이다(그림 2.6). 실리콘은 크기가 작고 단단하여 프린트회로기판과 함께 변형하지 않기 때문에, 프린트회로기판의 굽힘이 WLCSP의 납땜 조인트에 응력을 생성한다.

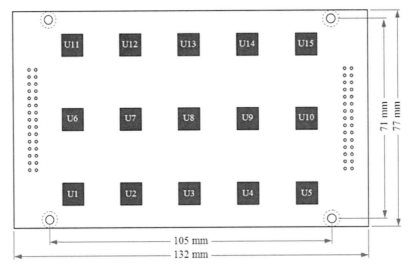

그림 2.5 15개의 시험요소들이 장착되어 있는 JEDEC 낙하용 프린트회로기판

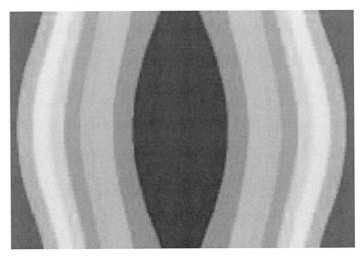

그림 2.6 낙하시험 중에 프린트회로기판에 발생하는 굽힘모드. 4개의 고정용 나사를 사용하여 낙하용 치구에 프린트회로기판을 고정했다고 가정하였다. (컬러 도판 399쪽 참조)

　　낙하 시 파괴되는 WLCSP 요소에 대한 수치해석 시뮬레이션과 파괴해석 결과에 따르면, 낙하용 보드 위에 납땜질된 WLCSP 위치에서 최대응력이 발생한다. WLCSP를 가로지르면서, 응력분포는 다소간의 편차를 나타내며, 낙하용 프린트회로기판의 길이방향(주 굽힘방향)과 직각을 이루는 양 측면에 위치하는 범프들에서 가장 큰 응력이 발생한다(그림 2.7). 시험요소의 설치위치와 시험용 보드의 형상에 따라서 이상적인 1차원 응력분포와의 편차가 예상된

다. 그럼에도 불구하고 최대응력은 모서리 부위에서 발생하게 된다.

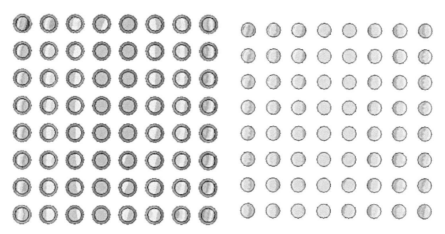

그림 2.7 WLCSP의 칩쪽 납땜 조인트에 부가되는 1차 주응력 S1의 분포와 범프온패드용 알루미늄 패드에 부가되는 수직응력 Sz. 시뮬레이션에 사용된 낙하용 프린트회로기판은 8개의 구리층을 갖추고 있으며, 길이 대 폭의 종횡비율은 1.71이다. (컬러 도판 399쪽 참조)

지배적인 응력분포가 1차원적으로 발생한다는 것은 낙하시험의 독특한 특징이며 WLCSP 디바이스나 시험용 칩을 설계할 때, 또는 WLCSP를 사용하는 프린트회로기판의 배치를 설계할 때에 심각하게 고려해야만 하는 사항이다. 실제 WLCSP 디바이스의 경우, 최대응력이 발생하는 위치에 중요 경로를 배치하지 않아야 하며, WLCSP 시험용 칩의 경우, 최대응력이 미치는 영향을 이해해야만 한다. 이는 정사각형이 아닌 WLCSP 칩을 설계하는 경우에 특히 중요하다. 직사각형 WLCSP의 경우, 프린트회로기판의 주 굽힘방향과 칩의 길이방향의 정렬을 맞추면, 낙하 시에 불필요한 응력이 초래되기 때문에 가능한 한 이를 피해야만 한다. 그런데 사각형 WLCSP 시험용 칩의 경우에는 최악의 경우에 발생하는 응력이 미치는 영향을 고찰하기 위해서 의도적으로 낙하용 프린트회로기판의 주 굽힘방향으로 정렬을 맞춘다.

2.6 냉열시험 중 발생하는 응력

낙하시험 과정에서 발생하는 응력분포와는 달리, **냉열시험**(TMCL) 과정에서 발생하는 응력은 실리콘(전형적으로 2~3[ppm/°C])과 프린트회로기판(전형적으로 17[ppm/°C])의 **열팽**

창계수(CTE) 차이에 의한 것이며, 다이 중심에 위치하는 중립점에서부터 반경방향으로 멀어질수록 더 크게 발생한다(그림 2.8). 냉열시험 과정에서 최대응력은 (실리콘과 프린트회로기판이 결합되는 땜납 경화온도와 가장 큰 온도 차이가 발생하는)최저온도에서 발생한다.

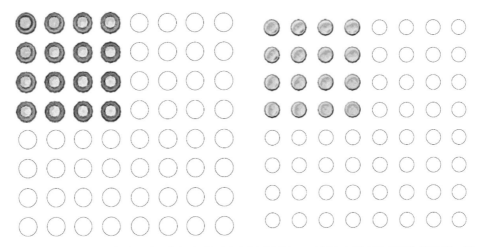

그림 2.8 WLCSP의 칩 쪽 납땜 조인트에 부가되는 본미제스응력(Svm, 좌측)과 범프온패드용 알루미늄 패드에 부가되는 1차 주응력 S1의 분포. 냉열시험 시뮬레이션에 사용된 프린트회로기판은 8개의 구리층을 갖추고 있으며, 종횡비는 1.71이다. (컬러 도판 400쪽 참조)

2.7 고신뢰성 WLCSP의 설계

신뢰성 있는 WLCSP를 만들기 위해서는 최대응력이 발생하는 위치를 찾아내고, 최대응력이 발생하는 방향을 따라서 소자를 배치하지 말아야 한다. 응력 시뮬레이션에 따르면, 모서리에 배치된 납땜 조인트에서 발생하는 응력인 인접한 납땜 조인트들에 비해서 훨씬 더 크다는 것이 명확하다. 따라서 WLCSP의 조기파손 위험을 줄이기 위해서는, 핀의 개수가 많은 WLCSP의 경우에 모서리 땜납을 제거하는 것이 일반적인 해결책이다. 그림 2.9에서는 WLCSP에서 최대응력이 발생하는 위치와 바람직하지 않은 경로생성 방향을 보여주고 있다. 그림 2.10에서는 모서리 납땜 조인트를 제거한 설계사례들을 보여주고 있다.

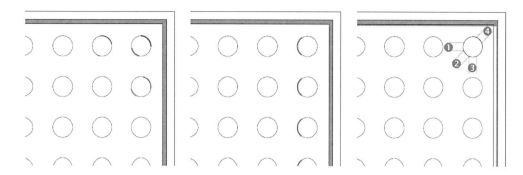

그림 2.9 냉열시험 과정에서 WLCSP에 부가되는 고응력(좌측)과 낙하시험에서 부가되는 고응력(중앙, 주 굽힘이 X 방향으로 발생한다고 가정), 그리고 피해야만 하는 응력전달방향(우측). 1번과 3번 방향은 낙하 시 고응력이 발생할 우려가 있는 방향이며, 2번과 4번 방향은 냉열시험 시 고응력이 발생할 가능성이 있는 방향이다.

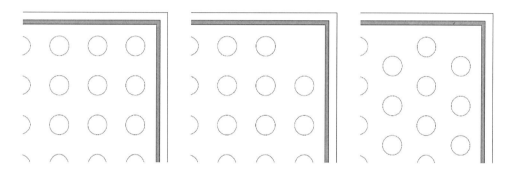

그림 2.10 어레이에 빈 곳이 없는 WLCSP 배치(좌측), 모서리 조인트가 빠진 WLCSP(중앙), 모서리 조인트가 두 개인 엇갈린 배치구조의 WLCSP 구조(우측)

　　모서리 부위뿐만 아니라 여타의 위치에서도 실제로 파손이 발생할 수 있다는 점을 WLCSP 엔지니어는 명심해야 한다. 범프온패드 WLCSP의 경우에, 예를 들어 범프금속의 두께부족, 폴리머 재부동층의 성질, 취약한 범프하부 금속층, 비아구조 및 절연체 등으로 인하여 모서리 이외의 위치에서 실리콘의 크랙이 발생할 수도 있다. 재분배층을 사용하는 WLCSP의 경우, 최적화되지 않은 재분배층 경로생성, 재분배 구리층 두께의 불충분뿐만 아니라 폴리머 소재의 성질과 층 두께 등의 문제로 인하여, 모서리 이외의 위치에서 재분배층 연결부 크랙과 같은 치명적인 파손이 발생할 수도 있다. 패키징 엔지니어의 지적인 대응을 대체할 수는 없겠지만, 일반적인 지침을 제시할 수 있다.

2.8 정밀한 신뢰성 평가를 위한 시험용 칩 설계

시험용 칩은 WLCSP 기술의 개발과정에서 대체할 수 없는 요소이다. 적절하게 설계된 시험용 칩을 통해서 주어진 패키지 크기, 높이 및 피치 요구조건에 대해서 가장 비용효율이 높고 신뢰성을 갖추고 있는 WLCSP를 선정할 수 있다. 특수하게 설계된 WLCSP는 범프온패드/칩금속 적층 사이의 상호작용의 검출을 도와주며, WLCSP 칩의 상부금속층 설계에 대한 설계지침을 제시해준다. 재분배층을 사용하는 WLCSP의 경우, 세심하게 설계된 시험용 칩은 재분배용 구리층의 두께, 배선의 폭 및 방향뿐만 아니라, 폴리머층의 소재특성과 두께와 같은 질문들에 대한 답을 제시해준다. 시험용 칩을 설계하는 과정에서 이런 모든 사항에 대해서 세세하게 결정하는 것은 불가능하지만, WLCSP 엔지니어들에게 다음과 같은 일반적인 지침을 제시할 수는 있다.

1. 다중층 대비 단일금속층을 사용한 시험용 칩의 설계

   칩의 크기가 작고 납땜 조인트의 숫자도 얼마 되지 않았으며, 실리콘 기술은 여전히 산화물 유전체를 사용한 전통적인 알루미늄 금속화에 머물렀던 초창기 WLCSP 기술개발과정에서는 단일 금속층을 사용한 시험용 칩 설계가 처음으로 사용되었다. 이 당시의 주된 고려사항은 환경 스트레스 시험과정에서 납땜 조인트의 생존성이었다. 실리콘 기술이 발전하면서 더 높은 주파수에서 원하는 성능을 구현하기 위해서 구리금속화, 금속배선의 세밀화, 조밀한 비아 그리고 κ값이 작은 다공질 내장형 유전체 등의 사용이 증가하였다. 이와 동시에 집적화에 대한 요구수준이 높아지면서 칩의 크기가 빠르게 증가하게 되었다. 반도체 유전율의 향상과 금속화 기술의 발전을 통해서 WLCSP에 사용되는 핀의 숫자를 증가시키는 과정에서, 예전의 소형 WLCSP에서는 발견할 수 없었던 다중층 실리콘의 크랙과 같은 파괴모드들이 발견되었다. **그림 2.11**에서는 100개의 땜납범프들을 갖춘 WLCSP에 수백회의 온도 사이클을 부가한 이후에 발생한 파단현상을 보여주고 있다. 이들은 모서리에서 발생하지 않았기 때문에, 전통적인 열팽창계수값 불일치를 사용하여 특정한 파단위치들에 대한 합당한 설명을 제시할 수 없게 되었다. 따라서 유일한 이성적인 설명은 다중층 금속/κ값이 작은 유전체구조가 초기 사이클에서 최대응력을 나타내지 않은 위치에서의 관통실리콘 크랙에 기여하였다는 것이다. 사전제작 보드레벨에서의 신뢰성 연구에서는

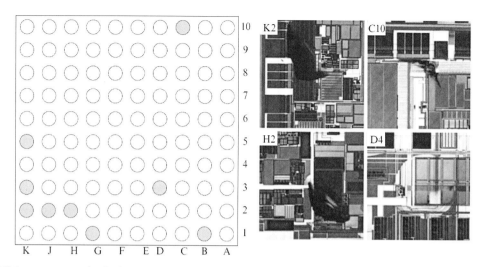

그림 2.11 10×10 범프온패드 WLCSP의 다중층 칩 적층에서의 국부적인 응력으로 인하여 모서리 이외의 위치에서 관통 실리콘 크랙이 발생하였다. 사진에서는 레이저주사현미경을 사용하여 관찰한 네 가지 영상사례를 보여주고 있다. 실리콘 크랙이 발생한 위치들을 좌측의 위치지도에서 음영색으로 표시하였지만, 사진과 동일한 칩은 아니다.

단순 금속층 데이지체인 시험용 칩이 사용되었으며, 특정한 파괴모드가 발견되지 않았다. 모든 시험의 결과가 신뢰성 수명을 충족하였으며, 냉열시험의 파괴모드는 주로 주기적인 온도조건에 따른 납땜 조인트의 크랙이었다. 따라서 이 사례로부터 최종적인 생산단계에서 파손의 발생 가능성을 없애기 위해서는, 시험용 칩은 동일하거나 유사한 다중층 금속화, 비아구조 그리고 유전체를 구비해야만 한다는 것을 알게 되었다. 이는 특히 범프하부금속이 칩 상부 금속에 직접 부착되는 범프온패드 방식의 WLCSP에서 중요하다. 재분배층 WLCSP의 경우 재분배층과 범프하부금속 구조뿐만 아니라 폴리머층에 더 많은 응력이 부가되며, 그 위로는 응력이 거의 전달되지 않는다. 따라서 재분배층을 사용하는 WLCSP 시험용 칩의 경우, 단일금속층을 사용하는 시험용 칩이 적합하며 더 비용효율이 높은 방안이다. 그림 2.12에서는 이 다중층 범프온패드와 단일층 재분배층 시험용 칩 설계의 개념을 각각 바람직하지 않은 경우와 비교하여 설명하고 있다. 앞서 논의하였듯이, 다중금속층 온칩 범프온패드 방식은 실리콘 크랙과 같은 치명적인 파단을 방지할 수 있는 매우 중요한 방법이다. 재분배층 시험용 칩의 경우 플로팅 방식의 모든 재분배층 설계는 납땜 조인트 하부의 재분배층과 금속 적층에 대한 구속이 작기 때문에, 극단적으로 뛰어난 보드레벨 신뢰성을 갖추고 있다. 따라서 어떠한 경우라도 이런 설계를 피해야만 한다.

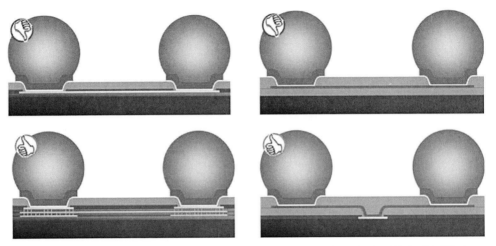

그림 2.12 다중금속층을 증착한 범프온패드 시험용 칩이 추천되지만, 단일금속층이 증착된 재분배층만으로도 의도한 WLCSP 보드레벨 신뢰성 고찰에는 충분하다.

2. 축소된 시험용칩의 설계

최종적으로 목표하는 제품과 유사한 레이아웃을 가지고 있으며 핀의 개수가 동일한 시험용 칩을 발견하는 것은 드문 일이 아니다. 그럼에도 불구하고 신속한 기술개발과 검증을 위해서 축소된 시험용 칩 설계를 채택하는 것이 비용효율이 높다. 축소된 시험용 칩의 설계가 그림 2.13에 도시되어 있다. 여기서는 핀들이 다이 내에 동일한 피치로 균일하게 배치되어 있는 기본적인 2×2 WLCSP 유닛이 웨이퍼 전체에 배치되어 있다. 6×6, 8×8 또는 10×10과 같은 특정한 숫자의 핀을 갖춘 WLCSP 시험용 칩이 필요하다면, 필요한 크기로 웨이퍼를 절단하기 위해서 이와는 다른 웨이퍼 지도가 적용된다. 이 모듈형 시험용 칩 설계에는 하계가 존재한다. 우선 핀의 개수가 짝수여야만 한다. 2×1 유닛 설계와 같이 한쪽 방향에 대해서는 홀수로 만들 수 있지만, 양쪽 방향에 대해서 홀수를 사용하는 것은 타당하지 않다. 두 번째로, 이 개념은 웨이퍼 팹의 수율과 범핑 수율이 높은 경우에만 잘 적용된다. 각 공정별 수율이 낮은 경우에는 웨이퍼 팹을 만들기가 매우 어려워진다. 다행히도 시험용 칩의 금속 배치가 단순하기 때문에 팹과 범핑에 대해서 항상 높은 수율을 기대할 수 있다. 세 번째로, 최종적인 다이 영역 내의 절단선 때문에 모듈형으로 설계된 시험용 칩은 불연속적인 **부동층**(SiN)과 **재부동층**(폴리머)으로 마감된다. 이는 부동층 (SiN)과 재부동층(폴리머)이 다이 영역 전체에 걸쳐서 연속적으로 도포되어 있으며, 다이 주변의 절단선 근처에서만 끝나는 다른 모든 일반적인 WLCSP 칩과는 매우 다른 것이다.

일부 응력변화가 수반되지만, 시뮬레이션 결과에 따르면 변화량은 최소한이며 낙하시험이나 냉열시험 간은 전형적인 보드레벨 신뢰성 시험과정에서 전반적인 칩 성능을 변화시키지 않는다.

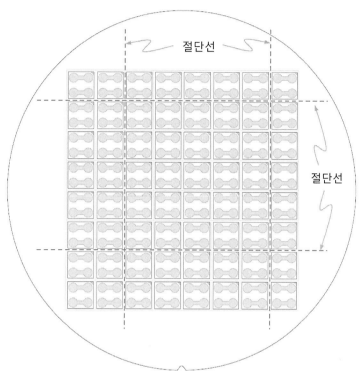

그림 2.13 모듈형 2 × 2 데이지체인 설계에 대한 도식적인 설명. 최종적으로 제작된 8 × 8개의 시험용 칩들에 대한 절단선들이 점선으로 표시되어 있다.

3. 데이지체인

땜납범프를 갖춘 시험용 칩은 보드레벨에서의 신뢰성 시험을 통해서 단지 **데이지체인** 절반에 대한 납땜 조인트 상호연결 불량을 검출할 수 있을 뿐이다. 프린트회로기판의 설계를 통해서 데이지체인의 나머지 절반에 대한 불량검출을 수행하여야 한다. WLCSP의 초창기에는 데이지체인은 칩상에 배치된 모든 단일 납땜 조인트들에 대한 시험이 가능한 전기적 경로로 간주되었다. 그런데 중앙에 위치한 납땜 조인트의 경우에는 예외적으로 모니터링 및 시험이 불가능한 경우가 발생하게 된다. 이에 대한 반론은 비교적 간단하다. WLCSP 칩의 중앙부는 응력 중립위치이므로 파손 발생 가능성이 가장 낮다.

비아와 내부금속층들을 사용하여 온칩 연결이 이루어지는 다중층 시험용 칩 설계가 도입되고, 다수의 핀들을 서로 연결하는 과정에서 데이지체인의 저항이 증가할 것으로 예상되며, 단일 데이지체인을 사용하여 모든 납땜 조인트를 연결한다면 이벤트 검출기가 제대로 작동하기에는 저항값이 너무 커져버린다. 이런 경우에는 선택된 주변부 납땜 조인트들이나 모서리 납땜 조인트만을 모니터링 및 시험하는 것이 타당한 방법일 것이다. 그림 2.14에서는 전통적인 데이지체인 배치도와 보드레벨 신뢰성 시험과정에서 상부 및 하부의 두 줄씩만 연결하여 모니터링하는 분할 데이지체인 설계를 보여주고 있다. 중앙부에 배치되어 있는 모든 납땜 조인트들은 시험이 중단된 경우에만 검사한다.

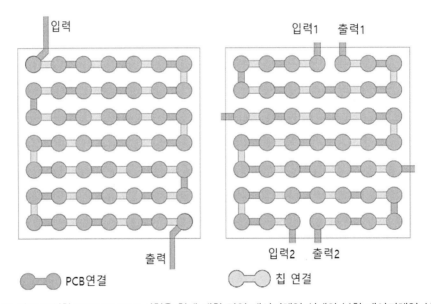

그림 2.14 서로 동일한 7×7 WLCSP 시험용 칩에 대한 단일 데이지체인 설계와 분할 데이지체인 설계. 분할 데이지체인 설계의 경우에는 상부와 하부 연결부에서만 연속적으로 모니터링을 수행하며, 중앙 연결부에 대해서는 수작업 모니터링만이 수행된다.

더 도전적인 데이지체인 레이아웃들이 제시되었다. 이들 중 하나는 연속적인 모니터링이 수행되지 않는 위치에서 발생한 납땜 조인트 결손불량에 대한 것이다. 이 문제에 대한 증거는 앞 절에서 냉열시험 과정에서 모서리가 아닌 위치에서 발생한 볼 파손(그림 2.11)사례를 통해서 설명한 바 있다. 이 문제에 대하여 살펴보기 위해서는 시험용 칩과 실제 작동하는 칩 사이의 차이를 살펴보아야 한다. 시험용 칩은 범프와 범프 사이에 균일한 온-칩 층이 적층되어 있는 반면에, 실제 칩의 경우에는 범프와 범프 사이에 서로 다른 온-칩 층이 적층되어 있다. 따라서 실제 칩의 경우에는 국부적으로 취약한 온-칩 적층으로 인하여 모서리 이외의 위치에서 최초의 파손이 발생하는 반면에, 시험용 칩의 경우에는 수치해석 모델에서와 마찬가지로 특정한 파손모드들과는 무관하게, 항상 모서리에서 최초의 파손이 발생한다.

분할 데이지체인이 가지고 있는 또 다른 제약조건들에는 추가된 시험용 네트들을 모니터링하기 위하여 더 많은 숫자의 이벤트 검출용 채널들이 필요하며, 시험용 프린트회로기판이 복잡해지고, 여분의 데이터분석이 필요하다는 점 등이다. 그런데 어떠한 단점들도 분할 데이지체인이 가지고 있는 장점을 뛰어넘지는 못한다.

분할 데이지체인을 사용하면, 다수의 온-칩 금속층들을 갖춘 다수의 핀들의 체인저항을 낮춤과 더불어서, 수동측정과 단일 데이지체인 설계에서 너무 자주 발생하는 추측과정 없이도 데이터 기반의 오류 추출이 가능하다. 예를 들어서 단일 데이지체인 설계에서 파손이 발생하면, 네 귀퉁이들 중 하나에서 발생한 것이 확실하다. 그런데 파손은 거의 항상 낙하충격이나 극한온도하에서 처음으로 기록되기 때문에, 수동측정을 통해서는 어느 모서리에서 발생했는지를 찾아내기가 어렵다. 상온에서 프린트회로기판을 굽히지 않은 상태로 측정을 수행하면, 초기 크랙은 닫혀버리며 전기적 시험을 통해서 이를 확인하는 것은 거의 불가능하다. 분할 데이지체인 설계의 경우 파손이 발생하면 데이지체인의 상부 또는 하부 위치에서 발생했다는 것을 확신할 수 있기 때문에, 수작업 측정을 시행하지 않고도 특정한 위치에서부터 **고장분석**(FA)을 시작할 수 있다. 초기 파손이 발생한 이후에 낙하시험이나 냉열시험을 수행하는 상황에서는 이 능력이 적절한 고장분석 기법들과 결합되어 파손의 진짜 원인을 찾는 데에 결정적인 역할을 하게 된다.

4. 실리콘 두께, 뒷면접합층과 앞면 몰딩

   실리콘 두께와 **뒷면접합층**(BSL)은 WLCSP의 보드레벨 신뢰성에 직접적인 영향을 미친다. 실리콘의 두께와 뒷면접합층이 미치는 영향에 대한 시뮬레이션을 위해서 여섯 가지의 경우에 대한 모델링이 수행되었으며, 약간 흥미로운 결론이 도출되었다(그림 2.15).

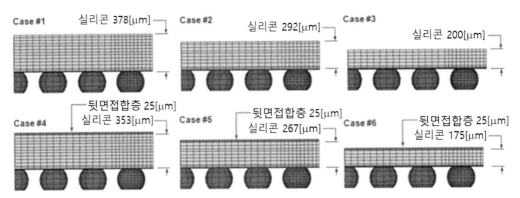

그림 2.15 실리콘 두께와 뒷면접합층이 WLCSP 보드레벨 신뢰성에 미치는 영향을 고찰하기 위한 시뮬레이션 모델들

무엇보다도 시뮬레이션 결과에 따르면 실리콘 두께가 얇아져도 낙하 시 납땜 조인트에 부가되는 응력이 감소하지 않았다. 표 2.2에 따르면, 낙하시험에 사용된 실리콘의 두께가 378[μm]에서 292[μm] 및 200[μm]로 감소하면 범프하부금속이나 알루미늄 패드에 부가되는 응력의 감소경향을 명확하게 확인할 수 있다. 실리콘이 두꺼운 경우에는 명확하지 않지만, 뒷면접합층이 낙하응력을 감소시키는 데에 도움이 되는 것을 알 수 있다.

표 2.2 보드레벨신뢰성(BLR) 낙하시험에 사용된 범프하부금속과 알루미늄 패드에 발생한 응력

시뮬레이션번호	#1	#4	Δ	#2	#5	Δ	#3	#6	Δ
다이두께[μm]		378			292			200	
Si두께[μm]	378	353	-	292	267	-	200	175	-
뒷면접합층 두께[μm]	-	25	-	-	25	-	-	25	-
범프하부금속 내의 S1	633.9	632.9	-0.16%	625.8	621.5	-0.69%	596.8	581.8	-2.51%
범프하부금속 내의 Sz	585.8	584.3	-0.26%	575.9	571.0	-0.85%	543.0	525.7	-3.19%
알루미늄 패드 내의 S1	302.1	301.6	-0.17%	298.7	297.3	-0.47%	292.4	291.5	-0.31%
알루미늄 패드 내의 Sz	278.8	277.5	-0.05%	271.9	269.0	-1.07%	255.2	247.8	-2.90%

냉열시험 시뮬레이션을 통해서 몰딩된 시편의 1차 파손 사이클과 특성 사이클을 예측하였다. 다이 두께가 서로 다른 경우를 비교해보면 실리콘이 얇을수록 사이클 수명이 증가한다는 것을 명확하게 확인할 수 있다. 그런데 모델을 사용한 결과에 따르면 뒷면접합층이 도움이 되지 못한다는 것을 알 수 있다. 이는 뒷면접합층이 WLCSP의 수명에 도움을 준다

는 일반적인 믿음과는 배치되는 결과이다(표 2.3).

표 2.3 보드레벨신뢰성(BLR) 낙하시험에 사용된 범프하부금속과 알루미늄 패드의 피로파괴

시뮬레이션번호	#1	#4	Δ	#2	#5	Δ	#3	#6	Δ
다이두께[μm]	378			292			200		
Si두께[μm]	378	353	-	292	267	-	200	175	-
뒷면접합층 두께[μm]	-	25	-	-	25	-	-	25	-
1차 파손[cycle]	521	479	-8.06%	592	538	-9.12%	694	631	-9.08%
특성수명[cycle]	848	779	-8.14%	963	875	-9.14%	1,128	1,026	-9.04%

실리콘의 두께와 뒷면접합층이 수명에 미치는 영향을 알고 있으면 시험용 칩의 설계와 모든 설계인자들의 선정에 도움이 된다. 시험용 칩의 주요 역할은 신뢰성능과 특정한 WLCSP 기술을 둘러싼 발생 가능한 모든 위험들을 확인하는 것이기 때문에, 최악의 조건에서 시험을 수행하는 것이 바람직하며, 따라서 가능하다면 두꺼운 실리콘을 시험용 칩에 사용해야 한다.

5. 프린트회로기판 트레이스의 방향

납땜용 패드 뒤에 위치하는 프린트회로기판 **트레이스**의 방향은 데이지체인 설계만큼이나 중요하다. 많은 실험과 수치 시뮬레이션 결과를 통해서 부적절한 방향으로 배치되어 있는 트레이스로 인하여 낙하시험 시 트레이스의 크랙과 납땜 조인트와 관련된 파손에서만 발생해야 하는 시험 데이터의 왜곡이 초래된다. 따라서 가장 좋은 방안은 트레이스의 방향을 가능한 한 견실하게 배치해야 한다.

사이드 등[3]은 이에 대하여 상세한 분석을 수행하였다. 기본적인 지침은 팬아웃 트레이스들을 모서리 방향이나 또는 프린트회로기판의 낙하시험 시 발생하는 주 굽힘방향과 평행하게 배치하지 않아야 한다. 일반적으로 주 굽힘방향은 프린트회로기판의 길이방향을 의미한다. 선호하지 않는 방향 또는 구리패드로부터 트레이스를 추출해야 한다면 프린트회로기판 구리패드 어레이의 중심선과 45°의 각도를 이루도록 배치할 것을 추천한다. 그림 2.16에서는 크랙이 발생한 구리 트레이스의 사례를 보여주고 있으며 사이드의 시뮬레이션 결과도 함께 보여주고 있다.

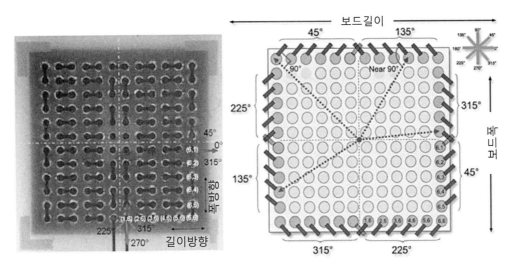

그림 2.16 시뮬레이션 연구와 실험적 검증에 기초하여 제시한 바람직한 팬아웃 트레이스의 방향과 각도의 정의. 사이드 등에 따르면 바람직한 방향은 구리 트레이스 내에서 소성변형의 누적을 저감시켜주므로 구리 트레이스 내에서의 파손발생 위험을 낮춰준다[3].

6. 과소어레이

꽉 찬 배열의 WLCSP는 모서리 납땜 조인트 위치에서 프린트회로기판에 의해서 유발되는 응력집중이 발생하며 이로 인한 조기파손이 자주 발생한다. 성능 향상이 필요한 경우에 모든 납땜 조인트에 대한 칩 설계를 변경하지 않고, 모서리 납땜 조인트만 생략하면(그림 2.9), 인접한 두 모서리의 납땜 조인트들이 하중을 분담하여 최고응력이 감소하게 된다. 이로 인한 영향을 시뮬레이션을 통하여 검증하였다. 이로 인한 이득을 검증하기 위해서 전용 데이지체인을 설계하였으며, 풀 어레이를 사용한 경우와의 비교를 수행하였다.

2.9 범프온패드 설계원칙

1. 알루미늄 패드의 크기와 형상

범프온패드 WLCSP의 전형적인 설계규칙은 공정 편차의 마진을 고려하여 알루미늄 패드로 둘러싼 범프하부금속을 사용한다. 또한 WLCSP 볼 부착공정 사용되는 땜납볼의 크기도 고려해야 한다. 크기가 큰 범프하부금속과 알루미늄 패드에는 크기가 큰 땜납볼이 자주 설치되며, 이는 보드레벨 신뢰성의 개선에 도움이 된다. 그림 2.17(a)에서는 알루미늄 패드, 폴리이미드 구멍 그리고 범프하부금속들 사이의 상관관계를 보여주고 있다. 볼 부착와 리플로우 이후에 땜납볼의 크기는 참고문헌에 제시되어 있다.

알루미늄 패드보다 크기가 큰 범프하부금속과 관련된 문제는 알루미늄 패드와 연결되는 트레이스에 응력이 집중된다는 것이다. 그림 2.17(b)에서는 알루미늄 패드의 반경보다 5[μm]만큼 더 긴 범프하부금속으로 인하여 냉열시험 과정에서 트레이스에 조기파손이 발생한 사례를 보여주고 있다. 비록 폴리이미드 재부동층에 의해서 5[μm]만큼 분리되어 있었지만, 알루미늄 내부에 발생한 응력은 트레이스와 질소 부동층의 크랙을 유발하기에 충분하였다.

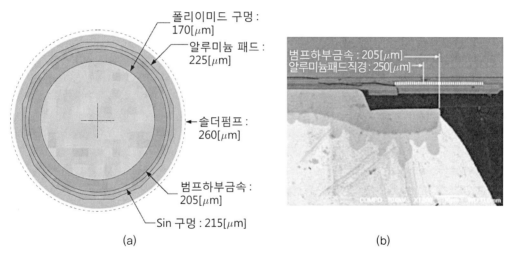

(a)   (b)

그림 2.17 범프하부금속, 폴리이미드구멍, 부동층 및 알루미늄 패드적층, 그리고 인클로저들 사이의 상관관계. 우측은 범프하부금속(260[μm])이 알루미늄 패드(250[μm])의 크기보다 큰 경우에 8×8 어레이의 냉열시험 과정에서 조기에 발생한 파손에 대한 고장분석 영상. 범프하부금속이 알루미늄 패드의 경계보다 돌출된 것이 조기파손의 근본적인 원인이다.

2. 부동층 구멍

웨이퍼 팹에서 제작된 부동층 구멍은 전형적으로 알루미늄 패드로 둘러싼다. 알루미늄 패드 위에 실제로 중첩되는 부분은 팹 공정에 의존한다. 그런데 2.5~5[mm]의 중첩이 일반적이다. 일반적으로 원형, 팔각형이나 십육각형인 알루미늄 패드와는 달리 범프온패드용 WLCSP에 사용되는 팹 부동화 구멍은 항상 원형이다.

3. 폴리머 재부동층, 비아구멍과 측벽각도

폴리머 재부동층 내의 원형 구멍은 범프하부금속과 그 아래에 위치하는 칩 층들 사이의 접촉 영역을 정의해준다. 범프하부금속과 범프 알루미늄 사이의 접착이 불충분한 WLCSP의 경우에 낙하시험과 냉열시험 성능이 저하되는 경우가 자주 발견된다. 또한 폴리머 재부동층의 적절한 측벽 기울기가 스퍼터링 챔버 내에서 **시드금속층**의 균일한 증착을 도와주며, 궁극적으로는 범프하부금속 전해도금의 균일한 전류전송을 도와준다. 시드금속층의 증착에서와 동일한 이유 때문에, 웨이퍼 팹 부동층 위에 전형적으로 폴리머 재부동층을 증착하며, 이로 인하여 종종 시드금속 증착에 적합한 측벽각도를 구현할 수 없게 된다. 그런데 무전해도금방식으로 증착한 NiAu(ENIG) 또는 NiPdAu(ENEPIG) 범프하부금속의 경우, 스퍼터링 시드가 필요 없기 때문에 ENIG나 ENEPIG 공정 이전에 증착된 폴리머 재부동층이 다시 무전해도금 공정을 수행하는 동안 폴리머 재부동층의 모서리 들뜸을 방지하기 위한 팹의 부동층 상부면으로 사용된다. 많은 경우 알루미늄 표면 위에 증착된 재부동층의 들뜸은 알루미늄 패드 사전세척단계에서부터 이미 시작된다. 그림 2.18에서는 스퍼터링/범프하부금속 도금 방식과 무전해도금방식을 사용한 공정으로 만들어진 폴리머 재부동층 구멍의 차이를 보여주고 있다.

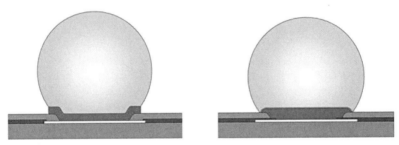

그림 2.18 스퍼터링/범프하부금속 도금 공정과 범프하부금속 무전해도금(ENIG) 공정으로 제작한 폴리머 재부동층 구멍의 비교. 스퍼터링/범프하부금속 도금공정의 경우 폴리머 구멍은 팹 부동층 구멍의 내측에 위치하는 반면에, ENIG 공정의 경우에는 폴리머 구멍이 팹 부동층 구멍의 외측에 위치하고 있다.

4. 범프하부금속의 크기와 금속 적층

범프하부금속(UBM)의 크기가 냉열성능과 직접적인 연관관계를 가지고 있는 컴포넌트 측에서의 최소 땜납범프 단면을 정의한다. 범프하부금속에 대해서는 (땜납볼 크기의) 80% 비율이 사용되며, 이 값이 측면방향 크기와 납땜 조인트 설치높이 사이의 균형이 잘 맞는

다고 평가되고 있다. 실제의 경우에는 범프하부금속의 크기가 80%의 규칙을 어기는 경우가 많으며, 이보다 더 큰 값이 채택되고 있다. 예를 들어 피치길이가 0.4[mm]인 WLCSP의 경우, 가장 자주 사용되는 땜납볼의 크기는 250[μm]이며, 80% 규칙에 따르면 범프하부금속의 적절한 직경은 200[μm]이다. 하지만 실제의 경우에는 230~250[μm] 크기의 범프하부금속이 자주 사용되고 있다. 비록 직경이 더 큰 범프하부금속을 사용하게 되면 설치높이가 줄어들지만, 납땜 조인트 단면크기와 폴리이미드 구멍크기의 증가로 인하여 범프하부금속의 크기가 작고 설치높이가 더 높은 경우에 비해서 보드레벨 신뢰성이 향상되는 것으로 보인다. 범프하부금속의 크기에 대한 또 다른 현실적인 고려사항은 땜납범프의 높이이다. 얇은 WLCSP가 필요한 경우, 현실적으로 실리콘 뒷면연삭두께에 한계가 있기 때문에, 범프하부금속의 크기를 증가시키거나, 동일한 크기의 범프하부금속에 대해서 더 작은 땜납볼을 사용하는 것이 낮은 범프와 얇은 WLCSP를 만드는 가성비높은 방법이다. 표 2.4에서는 하부가 가공된 구체모델을 사용하여 여타의 경우와 유사한 중첩규칙과 폴리머 재부동층 두께를 도출해주는 단순하지만 현실성 있는 범프하부금속의 크기와 범프높이 사이의 간단한 상관관계를 보여주고 있다.

표 2.4 동일한 중첩법칙을 적용하여 250[μm]와 200[μm]의 직경을 갖는 땜납볼들을 다양한 크기의 범프하부금속 위에 부착 및 리플로우한 후의 땜납범프 높이

범프하부금속크기[μm]	200	215	230	245	260	200	215	230
땜납볼	직경 250[μm]					직경 200[μm]		
범프직경[μm]	256	259	262	267	274	215	222	232
범프높이[μm]	208	201	194	187	179	147	139	131

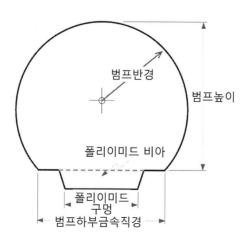

5. 땜납합금

WLCSP 보드레벨 신뢰성에 영향을 미치는 중요한 인자들 중에서, 매우 상이한 성질을 가지고 있는 실리콘과 프린트회로기판 사이에 삽입되는 땜납볼들이 신뢰성에 가장 중요한 영향을 미친다. 대부분의 소비자 제품들에서는 WLCSP 범핑에 **무연땜납**만을 사용해야 한다. 다양한 무연땜납합금 제품들 중에서 고함량/저함량 은을 사용하는 **SAC합금**[1]이 WLCSP에 가장 널리 사용되고 있다. 일반적으로 은 함량이 높은 합금이 인장강도와 파단 연실율이 더 높기 때문에 냉열시험성능이 더 좋은 반면에 은 함량이 낮은 합금은 **금속간화합물**(OMC)의 성장이 작기 때문에 낙하시험성능이 더 좋다. 그런데 출간된 다수의 논문들과 명확한 실험 데이터들을 통해서 이런 점들이 사실로 입증되었지만, 은 함량이 높은 함금에 대한 낙하시험의 경우에 금속간화합물을 통하여 크랙이 전파되는 것이 지배적인 파손모드인 평면형 Sn/Cu 계면에는 특정한 규칙이 잘 적용된다는 점을 패키징 엔지니어들이 명심해야 한다(그림 2.19(a)). 전체적인 범프하부금속 구조를 크게 변화시키지 않으면

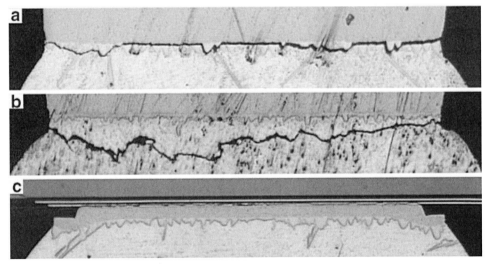

그림 2.19 (a) SAC405를 사용한 경우에 Sn/Cu 금속간화합물을 통과하여 전파된 크랙. (b) SAC1205N이 사용된 경우에 벌크 땜납을 통과하여 전파된 크랙. 여타가 동일한 구리소재 범프하부금속을 사용하는 경우에 금속간화합물의 크기와 구조는 두 땜납의 경우에 크게 다르다. (c) 폴리이미드 재부동층, 갈매기 날개 모양 범프하부금속 그리고 SAC405 등을 갖춘 범프하부 알루미늄 패드를 관통하여 전파된 크랙

---

1   SnAgCu합금.

서 성능을 개선하기 위해서는 Sn/Cu 금속간화합물의 성장을 줄이기 위해서 저함량 은 또는 불순물이 첨가된 저함량 은을 사용하는 것이 가장 명확한 해결책이다(그림 2.19(b)). 폴리머 재부동층이 사용된 경우에 Sn/Cu 계면은 더 이상 평평하지 않으며, 낙하파손모드는 범프 알루미늄 층을 통과하여 전파되는 크랙에 의해서 지배된다(그림 2.19(c)). 낙하시험에서조차도 은 함량이 높은 땜납이 은 함량이 낮은 땜납보다 더 좋은 성능을 나타낸다. 이런 경우에는 땜납합금의 선정이 용이하다. 높은 수준의 보드레벨 신뢰성능을 구현하기 위해서는 일반적으로 은 함량이 높은 땜납을 사용한다.

2.10 재분배층 설계원칙

재분배층을 갖춘 WLCSP에 대해서는 다른 방법이 사용된다. 이들 중 일부는 비용절감을 목적으로 하며, 또 다른 일부는 신뢰성을 향상시킬 목적으로 사용된다. 일반적인 방법들 중 하나는 땜납범프 영역 어레이와의 칩 재분배 연결을 위해서 전기도금된 구리 패턴을 사용하는 것이다. 그림 2.20에서는 네 가지 재분배층 적용방법을 보여주고 있다. (a)와 (b)에서는 3개의 마스크를 사용하는 전형적인 두 가지 재분배층 제작방법을 보여주고 있으며, (c)와 (d)의 경우에는 제작비용이 더 많이 소요되는 재분배층 범핑방법을 보여주고 있다. 재분배층 구리판 위에 땜납볼을 직접 부착하는 경우(그림 2.20(a)), 재분배용 구리층은 무연땜납볼 내의 주석에 의해서 모든 구리가 소모되지 않고 3× 리플로우에 견디기에 충분한 두께를 가져야만 한다. 기계적인 신뢰성을 감안하면, 세 개의 마스크를 사용하는 재분배층 제작공정이 4개의 마스크를 사용하는 재분배층 제작공정이나 몰딩된 구리지주를 사용하는 방법에 비해서 저렴한 것처럼 보인다. 몰딩된 구리지주를 사용하는 WLCSP 기술은 폴리머 위에 재분배층이 제작되기 때문에 가장 견실한 것처럼 믿어지고 있지만, 구리지주는 설치높이를 증가시키고 앞면몰딩을 하여야만 가능한 가혹한 실리콘 뒷면연마를 필요로 한다.

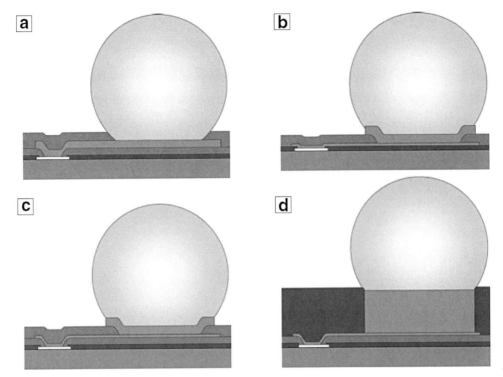

그림 2.20 (a)와 (b) 전형적인 3개의 마스크를 사용하여 제작하는 재분배층 범프구조, (c) 4개의 마스크를 사용하여 제작하는 재분배층 범프구조, 그리고 (d) 3개의 마스크를 사용하여 제작하는 재분배층과 몰딩된 구리기둥을 사용하는 WLCSP 범프구조

1. 알루미늄 패드의 크기와 형상

재분배층은 칩을 재분배층 트레이스 및 더 크기가 큰 구리패드와 연결해주는 작은 알루미늄 패드이다. 이 패드는 크기가 폴리머 부동층 비아구멍보다 크고 약간의 공정마진을 가지고 있다면, 특정한 형상적 제한이 없다. 그런데 이로 인하여 WLCSP의 신뢰성에 영향을 미치는 재분배층 구리의 방향이 결정되기 때문에, 신뢰성을 높이기 위해서는 온칩 알루미늄 패드의 위치를 세심하게 선정해야 한다. 트레이스의 방향에 대해서는 뒤에서 더 자세히 살펴보기로 한다.

2. 부동층 구멍

부동층 구멍에 대해서는 특별한 요구조건이 없다. 유일한 고려사항은 크기로서, 폴리이미드 구멍이 부동층 구멍을 완전히 둘러쌀 수 있을 정도로 커야 한다. 크기결정 시에 공정

마진도 고려하여야 한다.

3. 폴리머와 폴리머층

재분배층에는 다양한 폴리머들을 사용할 수 있다. 재분배층을 사용하는 WLCSP의 경우, 폴리이미드가 가장 일반적으로 사용되고 있다. 그럼에도 불구하고 **폴리페닐렌 벤조비속사졸**(PBO)[2]과 같이 탄성계수값이 작은 폴리머소재를 사용하여 보드레벨 신뢰성을 향상시켰다는 연구가 보고되고 있다.

알루미늄 패드의 형상과는 무관하게 1번 층과 2번 층의 폴리머 구멍은 일반적으로 원형이다(그림 2.21의 폴리이미드 비아형상 참조). 폴리머층 두께, 영상화도구 세팅 그리고 여타의 공정조건들에 따라서 폴리머 구멍크기의 축소에는 한계가 존재한다. 구멍크기의 축소가 불가능한 것만은 아니지만, 대부분의 웨이퍼 범핑 서비스업체들은 전형적으로 35[μm] 크기의 폴리머 비아를 사용하고 있다.

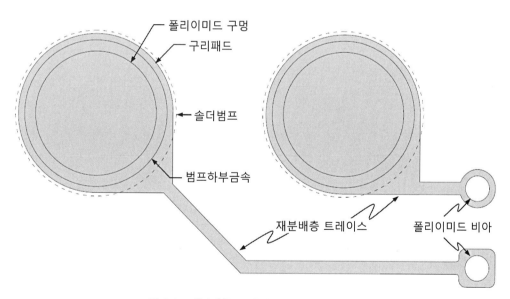

그림 2.21 재분배층 트레이스와 구리패드의 사례

---

2   Poly-phenylene benzobisoxazole.

두 번째 층의 폴리머 구멍이 범프하부금속과 구리패드 또는 전용 범프하부금속이 없는 경우에는 베이스땜납과 두꺼운 재분배층 구리 사이의 접촉면적을 정의한다. 이 크기가 신뢰성에 결정적인 역할을 하는 것으로 판명되었다. 범프온패드의 경우와 마찬가지로, 일반적으로 크기가 큰 경우가 설치높이를 증가시키기는 하지만, 크기가 작은 경우보다 더 양호한 성능을 나타낸다.

4. 재분배층 트레이스와 패드

구리 재분배층은 WLCSP의 보드레벨 신뢰성을 향상시켜주는 경로생성 층의 역할도 수행한다. 재분배층의 패턴(배선) 성형공정은 실리콘 후공정과는 매우 다르다. 재분배층의 경우, 구리배선들과 패드들은 패턴도금(덧붙임) 방식으로 만드는 반면에 실리콘 후공정의 경우 배선들은 얇은 알루미늄 층들을 식각(제거)하여 제작한다. 온칩 상호연결을 위한 배선과 간극은 일반적으로 알루미늄의 두께와 공정 최적화에 따라서, 서브마이크로미터에서 $5[\mu m]$의 범위를 갖는다. $3 \sim 5[\mu m]$의 구리층 두께를 사용하는 재분배층의 경우에, 전형적으로 사용되는 배선과 간극은 $15[\mu m]$의 범위를 가지고 있다. 따라서 재분배층 구리의 배선경로는 온칩 상호연결층보다는 덜 조밀하다.

범프온패드 WLCSP의 경우와 마찬가지로, 설치오차를 고려하여 구리패드가 범프하부금속을 완전히 덮을 수 있도록 설계하는 것이 바람직하다. 많은 경우에 원형의 구리패드가 사용되며, 얇은 구리소재로 만들어진 패드에서 트레이스로 전환되는 목부분에서 응력집중이 발생하는 것을 방지하기 위해서는 **눈물방울 형상**을 사용하여 패드와 트레이스를 연결하는 것이 바람직하다. 그런데 폭이 $35[\mu m]$ 이상이 되는 트레이스의 경우에는 설계의 유연성을 높여주기 위해서 눈물방울 형상의 전이 영역을 생략할 수 있다. **그림 2.22**에서는 미세선폭 재분배층 트레이스를 위한 직각 눈물방울 형상과 눈물방울 형상이 생략된 **광폭 트레이스** 설계를 보여주고 있다. 직각 눈물방울 형상은 CAD 소프트웨어를 사용하여 손쉽게 만들 수 있기 때문에 가장 널리 사용된다.

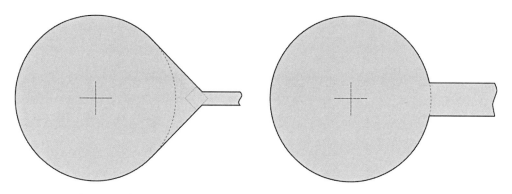

그림 2.22 직각 눈물방울 형상과 눈물방울 형상을 사용하지 않는 광폭 트레이스

90° 미만의 예각 눈물방울 형상은 예각 선단부에서 응력집중이 유발되며 구리패드에 인접한 위치에서 더 많은 문제를 유발하기 때문에, 재분배층 설계에서 피해야만 한다.

보드레벨 신뢰성의 향상을 위해서 재분배층이 가지고 있는 능력을 완전히 활용하기 위해서는, 모서리 부위나 서로 인접한 위치들에서의 트레이스 방향을 감안하여야 하며, 전류를 전송하는 재분배층 연결 트레이스와 비아들을 추가하는 방안에 대해서도 세심하게 고려해야만 한다. 그림 2.9에 도시되어 있는 고응력지도를 참조해야만 하며, 가능하다면 모서리부 구리패드에서 특정한 방향으로 연결되는 경로생성 재분배층 트레이스를 피해야 한다. 모서리 부위가 아닌 납땜 조인트 위치에 대해서는 이러한 제약조건이 완화된다. 레이아웃을 설계하는 엔지니어들은 기계적인 신뢰성과 전기적인 성능의 균형을 맞추기 위해서 추가되는 트레이스와 비아들에 적용되는 일반적인 규칙들을 숙지하여야 한다.

일반적으로 다이 측에서의 납땜 조인트와 구리패드에 대한 제약조건이 작은 경우에 최고의 납땜 조인트 신뢰성이 구현된다. 최선의 시나리오는 납땜 조인트가 구리소재 재분배층과 어떠한 연결도 없이 폴리머층 위에서 자유롭게 떠다니는 것이다. 그런데 실제의 경우에는 특정한 납땜 조인트가 순수하게 기계적인 조인트이거나 더미조인트가 아니라면, 최선의 시나리오가 거의 적용되지 않는다. 그러므로 구리소재 패드에 대해서는 재분배층과 관련된 제약조건이 존재한다. 또한 동일한 구리패드에 하나 이상의 재분배층 트레이스들이 연결되는 경우도 존재한다. 이런 경우에는 특정한 형상들이 사용된다(그림 2.23). 그런데 모서리나 테두리 납땜 조인트들과 같이 높은 응력이 발생하는 상황에서는 일반적인 규칙들이 최선의 결과를 나타낸다는 것을 명심해야만 한다. 가장 위험한 영역을 벗어나기만

하면, 기계적인 신뢰성에 대한 신경을 쓰지 않고 전기적인 성능만을 고려하면 되기 때문에 재분배층의 배치가 더 자유로워진다.

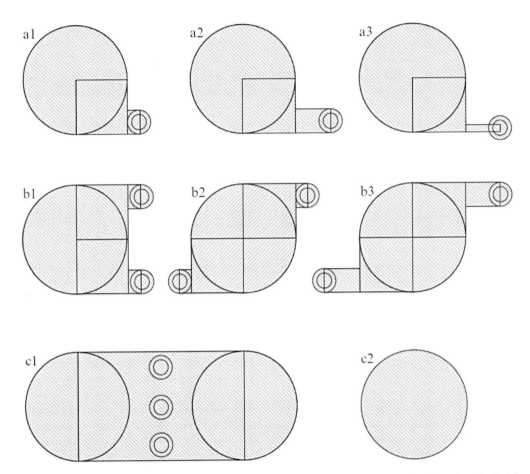

그림 2.23 재분배층 레이아웃의 사례. (a) 구리패드의 움직임에 대한 제약을 줄이기 위해서는 얇고 긴 재분배층 트레이스가 선호된다. (b) 두 개의 비아와 두 개의 트레이스를 연결하는 경우, 편측배치보다는 중심대칭 설계가 응력하에서 구리패드의 유연성을 향상시켜주기 때문에 더 선호된다. (c1) 최악의 재분배층 트레이스와 비아 배치사례. 이 설계의 경우, 응력이 부가되었을 때에, 납땜 조인트 하부의 구리패드가 모든 방향의 움직임에 대해서 구속되어 있다. (c2) 아무런 재분배층 트레이스도 구리패드에 연결되지 않은 이상적인 구리패드

2.11 요 약

이 장에서는 팬인 방식 WLCSP 기술에 대해서 자세히 살펴보았으며, 팬아웃 WLCSP에 대해서도 간단하게 소개하였다. 일반적으로 WLCSP라고만 줄여 부르는 팬인 WLCSP는 가전제품 시장의 패키징 기술로 널리 사용되고 있으며, 사용 분야가 빠르게 확대되고 있다. 최근 수년간 WLCSP 기술에 많은 변화가 있었으며, 이들 각각은 장점과 특정한 적용 분야를 가지고 있다. 하지만 낮은 가격과 높은 신뢰성을 동시에 갖춘 WLCSP 기술은 존재하지 않는다. 따라서 다양한 적용 가능한 옵션들과 WLCSP 범핑기술들의 장단점을 이해하는 것이 패키징 엔지니어가 특정한 용도의 디바이스에 대해서 신뢰성, 고성능 그리고 낮은 가격 등을 구현할 수 있는 결정을 내리기 위해서 중요하다. 이 장에서는 범프온 질화물(BON), 범프온패드(BOP), 재분배층(RDL) 그리고 몰딩된 구리기둥과 같은 팬인 WLCSP 범핑옵션들의 기본 공정흐름에 대해서 살펴보았으며, 신뢰성 및 비용의 측면에서 이들에 대한 비교를 수행하였다. WLCSP의 보드레벨 신뢰성에 대한 정확한 평가는 적합한 기술을 탐색하거나 새로운 기술을 탐색하는 과정에서 핵심적인 요인이다. WLCSP와는 무관한 파손이 시험결과에 섞여버리는 것을 방지하며, 적절한 고장분석을 위해서 파손이 발생하는 위치를 제한하기 위해서는 시험용 칩의 설계뿐만 아니라 시험용 프린트회로기판의 레이아웃에 대해서 세심하게 검토해야만 한다.

이 장에서는 범프온패드와 재분배층에 대한 설계규칙이 소개되었다. 그런데 WLCSP에 대해서 더 많은 지식이 쌓이게 되면 이 규칙이 변경될 수 있으며, 어떠한 규칙도 엔지니어의 지식과 경험을 기반으로 하는 지적인 판단을 대체할 수 없다는 점을 항상 명심해야 한다.

참고문헌

1. Novel embedded die package technology tackles legacy process challenges. CSR Tech Monthly.

2. Edwards, D. : Package interconnects can make or break performance. Electronic Design, Sept 14 (2012).

3. Syed, A., et al. : Advanced analysis on board trace reliability of WLCSP under drop impact. Microelectron. Reliab. 50, pp.928~936 (2010).

4. Fan, X.J., Varia, B., Han, Q. : Design and optimization of thermo-mechanical reliability in wafer level packaging. Microelectron. Reliab. 50, pp.536~546 (2010).

5. JESD22-B111, Board level drop test method of components for handheld electronic products.

6. JESD22-B113, Board level cyclic bend test method for interconnect reliability characterization of components for handheld electronic products.

7. IPC-7095, Design and assembly process implementation for BGAs.

CHAPTER 03

팬아웃 WLCSP

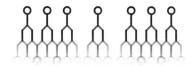

03
CHAPTER
팬아웃 WLCSP

3.1 팬아웃 WLCSP의 소개

팬아웃이라는 개념은 반도체 패키징 분야에서 전혀 새로운 것이 아니다. 반도체 산업의 초창기부터 좁은 리드피치를 가지고 있는 반도체에서 넓은 리드피치를 가지고 있는 패키지로 확장시켜주는 팬아웃 기법이 모든 칩 패키지에서 주로 사용되었으며, 예를 들어 리드프레임 패키지의 경우에는 접착용 와이어를 사용하여 칩에서 리드까지 팬아웃 방식으로 연결하며, 플립칩 패키지의 경우에는 기판 내의 내부금속층을 사용하여 칩에서 볼그리드어레이까지 팬아웃 방식으로 연결한다(그림 3.1(a), (b)).

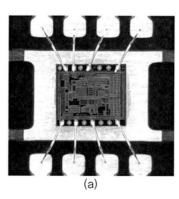

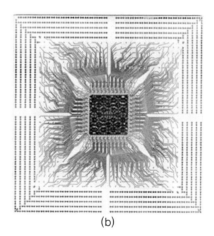

(a)   (b)

그림 3.1 팬아웃 반도체 패키지의 사례. (a) 이중플랫 무리드(DFN) 리드프레임 내에서 본딩와이어를 사용하여 70[μm] 온칩 터미널 피치에서 0.4[mm] 리드프레임 피치로 팬아웃 연결. (b) 40 × 40[mm] 크기의 플립칩 내에서 0.18[mm] 피치의 온플립칩 터미널에서 0.8[mm] 피치의 볼그리드어레이 터미널 피치로 연결하는 팬아웃 구리층

여타의 모든 패키징 기술에 비해서 팬아웃 방식의 웨이퍼레벨 칩스케일 패키지(WLCSP)가 우수한 점은, 팬아웃 WLCSP는 독특한 웨이퍼 몰딩 공정과 더불어서 반도체 웨이퍼 범핑기술을 전격적으로 채택하였으며, 모든 공정단계가 익숙한 200[mm] 또는 300[mm] 직경의 원형 웨이퍼 상태에서 이루어진다는 것이다. 그러므로 팬아웃 방식의 WLCPS는 웨이퍼 팹 제조공정의 장점으로 인하여 현대적인 반도체 수준의 높은 범핑 수율과 미세선폭 구현능력이 기대된다. 반면에 팬아웃에 대해서 논의할 때마다 문제가 되는 것은, 팬아웃 방식의 WLCSP는 반도체의 비용구조를 추가적으로 감수해야만 한다는 점이다.

휴대폰과 태블릿 컴퓨터 같은 휴대기기의 수요 증가와 더불어서 반도체의 소형화와 비용절감에 대한 요구로 인하여 팬아웃 개념이 생명력을 갖게 되었다. 원래 팬아웃은 널리 사용되는 기판 기반의 와이어본드 볼그리드어레이와 플립칩 볼그리드어레이 패키지에 비해서 작은 형상계수, 염가 그리고 고성능을 구현할 수 있는 무기판 매립형 칩 패키지로 개발되었다. 고수율 표면실장을 위한 요구조건인 최소 0.4 또는 0.5[mm]인 범프피치의 한계를 없애고 다이 크기를 공격적으로 줄일 수 있다면, 전통적인 WLCSP에서조차도 특정한 환경하에서는 팬아웃 방법이 장점을 가지고 있다는 점을 곧 깨닫게 될 것이다. 지난 몇 년간 반도체 기술의 빠른 발전으로 인하여 모든 팹 기술세대마다 실리콘 다이의 크기가 축소되었다. 기술적으로는 현대적인 반도체 제조기술을 사용하여 0.3[mm] 또는 그 이하의 피치로 특정한 WLCSP 디바이스를 제작하는 데에는 큰 어려움이 없다. 이는 특히 아날로그/전력용 반도체에 새로운 팹 기술을 적용하는 경우에 적용된다. 하지만 프린트회로기판 기술의 발전은 비교적 느리다. 예를 들어 0.4[mm] 피치의 WLCSP가 주류가 되었지만, 미세피치 프린트회로기판의 고수율 제조에 어려움이 있기 때문에, 0.35[mm]와 0.3[mm] 피치의 제품은 아직 대량생산이 이루어지지 못하고 있다. 따라서 반도체 웨이퍼 기술의 발전을 충분히 활용하고 유닛 가격을 줄이기 위해서는, 즉 더 작은 크기의 실리콘을 사용하여 동일한 기능을 구현하기 위해서는, 팬아웃 기법을 사용하여 줄어든 웨이퍼 터미널 피치에서부터 일반적으로 제작이 가능한 프린트회로기판 피치로 연결하는 것이 가성비가 높은 방법이다. 이 개념은 실리콘 다이 가격을 충분히 낮춘다면, 추가적으로 소요되는 팬아웃 WLCSP 가격을 상쇄할 수 있으며, 동일하거나 유사한 기능을 갖춘 패키지 디바이스의 전체 가격은 낮출 수 있다는 것이다.

팬아웃 WLCSP에 대한 이해를 높이기 위해서는 1층짜리 팬아웃 WLCSP 공정을 전형적인 재분배층 WLCSP 범핑공정과 비교하여 살펴보는 것이 도움이 된다. 두 공정 모두 두 개의 폴리머 부동층이 사용되며 구리 재분배층 기술, 플럭스 프린트, 볼 부착 및 리플로우뿐만 아니라 웨이퍼 단위의 레이저마킹, 다이절단, 테이핑 그리고 마지막 단계인 릴 부착까지의 모든 공정이 포함되어 있다. 그림 3.2에서는 이들 두 공정을 나란히 배치하여 서로 비교하고 있다. 동일한 생산 플랫폼에서 수행되는 공정단계들은 색이 칠해져 있지 않으며, 팬아웃 공정에서

	재분배층 WLCSP		팬아웃 WLCSP
1	1번 폴리머 코팅	1	웨이퍼 프로브검사
2	1번 폴리머 노광/현상/경화	2	웨이퍼 뒷면연삭
3	재분배층용 시드층 스퍼터링	3	웨이퍼 절단
4	레지스트 코팅	4	기지양품다이 픽앤드플레이스
5	레지스트 노광/현상	5	웨이퍼몰딩
6	재분배층 구리패턴 도금	6	1번 폴리머 코팅
7	레지스트 박리	7	1번 폴리머 노광/현상/경화
8	시드층 에칭	8	재분배층용 시드층 스퍼터링
9	2번 폴리머 코팅	9	레지스트 코팅
10	2번 폴리머 노광/현상/경화	10	레지스트 노광/현상
11	범프하부금속 시드층 스퍼터링	11	재분배층 구리패턴 도금
12	레지스트 코팅	12	레지스트 박리
13	레지스트 현상/인화	13	시드층 에칭
14	범프하부금속 패턴도금	14	2번 폴리머 코팅
15	레지스트 박리	15	2번 폴리머 노광/현상/경화
16	시드층 에칭	16	범프하부금속 시드층 스퍼터링
17	플럭스 프린트	17	레지스트 코팅
18	땜납볼 부착	18	레지스트 현상/인화
19	땜납 리플로우	19	범프하부금속 패턴도금
20	웨이퍼 프로브검사	20	레지스트 박리
21	웨이퍼 뒷면연삭	21	시드층 에칭
22	뒷면 라미네이트	22	플럭스 프린트
23	레이저마킹	23	땜납볼 부착
24	웨이퍼 절단	24	땜납 리플로우
25	테이프로 릴에 칩 부착	25	웨이퍼 프로브검사
		26	레이저마킹
		27	웨이퍼 절단
		28	테이프로 릴에 칩 부착

그림 3.2 재분배층 WLCSP와 팬아웃 WLCSP의 공정흐름 비교. 웨이퍼 몰딩은 다중공정으로서 그림 3.3의 5a~5c에서 설명되어 있다.

만 사용되는 공정은 음영색이 칠해져 있다. 그림 3.3에서는 공정에 대한 도식적인 설명이 제시되어 있다. 재분배층 WLCSP와 팬아웃 WLCSP 범핑에서 중요한 검사단계와 관련해서는, 언제 어떤 검사를 수행하는가는 제조업체에 따라서 서로 다르기 때문에, 표에 포함시키지 않았다는 점을 기억하기 바란다.

그림 3.2를 살펴보고는 팬아웃 WLCSP 공정은 4 마스크를 사용하는 재분배층 범핑에 비해서 **기지양품다이**(KGD)[1]의 픽앤드플레이스와 웨이퍼 몰딩을 수행하기 전에 웨이퍼 프로빙 단계 하나만 추가되었다고 생각한다면 이는 착각이다. 웨이퍼 몰딩 공정은 접착제가 코팅된 임시 캐리어와의 접착, 웨이퍼 몰딩, 캐리어와 접착제 제거, 세척 및 다이 위치 및 회전각도 등을 기록하기 위한 검사 등을 포함하는 다단계 공정이다. 이렇게 추가된 단계와 공정들이 팬아웃 WLCSP의 비용을 현저히 상승시키므로, 전통적인 WLCSP를 훨씬 더 작은 크기의 실리콘에 집어넣어 팬아웃에 의해서 비용이 추가되어도 최종적인 패키지 가격은 여전히 경쟁력을 갖출 수 있도록, 크기가 큰 칩에 대한 재설계를 통해서 현저한 웨이퍼비용을 절감하여야만 WLCSP를 대체할 수 있는 대안이 될 수 있다.

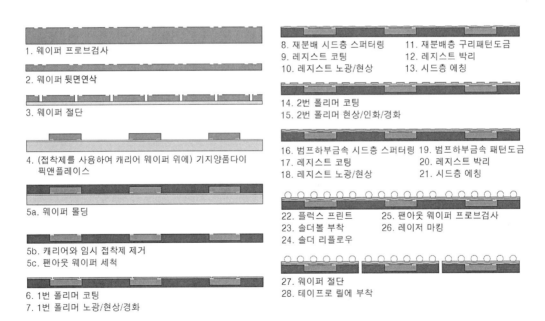

그림 3.3 전형적인 팬아웃 WLCSP의 공정흐름도

1   Known good die : 이미 양품이라는 것을 알고있는 다이라는 뜻. 역자 주.

WLCSP, 팬아웃 WLCSP 그리고 **볼그리드어레이**(BGA) 패키지들을 본체의 크기와 범프의 숫자 측면에서 살펴보면, 적용 분야 사이에는 현저한 중첩이 존재한다(**그림 3.4**). 실제의 경우 특정한 디바이스에 대한 올바른 패키지 솔루션을 선정하기 위해서는 비용, 범프피치, 패키지 높이, 범프 레이아웃, 출하시간 등과 같은 여타의 인자들도 고려할 필요가 있다. 앞서 설명했 듯이, 팬아웃 WLCSP는 전통적인 와이어본딩이나 플립칩 볼그리드어레이 패키지를 제외하 고는 최종적으로 전체적인 패키지 비용과 신뢰성이 능가하는 경우에만 적용이 가능한 대안이 지만, 별도의 웨이퍼 범핑, 기판빌드, 플립칩 부착/리플로우 또는 와이어본드와 오버몰딩 공 정단계들을 필요로 하지 않는 훌륭한 대안이다.

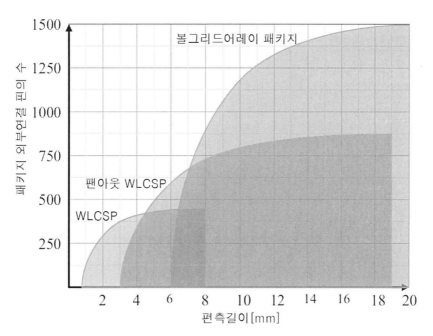

그림 3.4 WLCSP, 팬아웃 WLCSP 그리고 볼그리드어레이 패키지의 적용 영역

팬아웃 WLCSP는 반도체 패키징을 재구성 웨이퍼의 범핑공정에 통합시켜주며, 다이와 시 스템 패키징 솔루션들을 매력적인 박형 패키지로 만들어준다. 팬아웃은 와이어본딩, 패키지 기판 그리고 플립칩 범핑 등을 없앰으로써, 기존의 패키징 기술들이 가지고 있는 한계에 접근 하였다. 그림 3.5에서는 단면도를 통해서 팬아웃 WLCSP를 와이어본드 및 플립칩 볼그리드어 레이 패키지와 비교하여 보여주고 있다. 그림에 따르면 와이어루프 및 플립칩/기판 납땜상호

연결을 위한 추가적인 기판 두께와 공간이 필요 없으므로 팬아웃 WLCSP는 볼그리드어레이 패키지에 비해서 패키지 두께가 얇을 수밖에 없다. 두께 이외에도 팬아웃은 패키지 조립을 단순화시켜주므로 전형적인 볼그리드어레이 패키지에 비해서 가격 경쟁력이 높다.

진보된 웨이퍼 제조공정은 κ값이 작은 층간 절연체를 사용하며, 이 소재의 취약한 소재특성으로 인하여 패키지 엔지니어들은 심각한 기술적 난관에 봉착하게 된다. κ값이 작은 반도체 디바이스가 와이어본딩과 플립칩 다이부착 공정을 견뎌야만 하기 때문에, 과도한 기계적 응력이 부가되지 않는 팬아웃 WLCSP 기법이 볼그리드어레이 패키지에 비해서 좋은 대안이 된다.

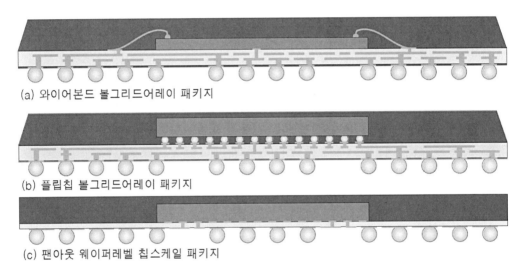

(a) 와이어본드 볼그리드어레이 패키지

(b) 플립칩 볼그리드어레이 패키지

(c) 팬아웃 웨이퍼레벨 칩스케일 패키지

그림 3.5 와이어본드 볼그리드어레이 패키지, 플립칩 볼그리드어레이 패키지 그리고 팬아웃 WLCSP의 단면도. 팬아웃 WLCPS는 기판, 본딩와이어 그리고 플립칩 납땜 조인트 등이 필요 없기 때문에 두 가지 볼그리드어레이 패키지들에 비해서 패키지 프로파일을 얇게 만들 수 있다.

3.2 고수율 팬아웃 패턴생성

볼그리드어레이 기판의 제조와 팬아웃 WLCSP는 모두 도전성 (구리) 배선을 생성하기 위해서 패턴도금공정을 사용한다. 그럼에도 불구하고 팬아웃 WLCSP는 전형적인 기판에 비해서 더 높은 배선경로 밀도를 구현한다. 예를 들어, 팬아웃 WLCSP의 직선/간극은 10[μm]인 반면에 볼그리드어레이 기판의 직선/간극은 25[μm]이다. 이러한 중요한 차이점 때문에 전형적인 기판에서 둘 또는 그 이상의 층으로 구현할 수 있는 것과 동일한 기능을 팬아웃에서는 단 하나의 경로생성층을 사용하여 구현할 수 있다. 다음 두 가지 주요 인자들로 인하여 팬아웃의 미세선폭을 구현할 수 있다. (1) 엄청나게 매끄럽고 얇게 스퍼터링된 증착/시드금속은 계면점착을 유발하지 않으면서 미세직선들 사이의 좁은 간극을 에칭 및 세척할 수 있다. (2) 유체유동을 정밀하게 제어하는 반도체 웨이퍼 공정장비를 사용하면 200[mm] 또는 300[mm] 직경범위에 대해서 훨씬 더 균일한 도금과 에칭을 수행할 수 있다. 반면에 전형적인 기판공정은 허용 접착력이 기계적인 미세 맞물림 구조에 의존하는 도금용 시드층을 갖춘, 한 변의 길이가 600[mm] 이상인 패널에 대해서도 수행이 가능하다. 기판의 시드층 위에 생성된 기계적 결합구조는 간극이 좁은 경우에 배선들 사이를 세척하기 어렵게 만든다. 더욱이 기판 도금 및 에칭장비의 성능은 비록 여러 해 동안 지속적으로 개선된 것처럼 보이지만, 전형적인 단일 웨이퍼공정장비가 구현해야 하는 균일성에 비해서는 여전히 한참 뒤처진 수준이다. 그림 3.6에서는 팬아웃 WLCSP와 전통적인 볼그리드어레이 기판의 패턴생성을 위한 시드층(접착층)의 차이를 보여주고 있다. 따라서 다양한 기술모임에서 팬아웃이 중요한 주제로 논의되는 것은 놀라운 일이 아니다. 반도체 제조기술을 사용하는 웨이퍼레벨 팬아웃 이외에도 전통적인 프린트회로기판 제조기술과 인프라를 활용하는 팬아웃이 제작되고 있으며, 이 기법은 다중칩 패키지와 시스템인패키지를 위한 가격경쟁력을 갖춘 방법일 뿐만 아니라 열 성능도 향상시킬 수 있다.

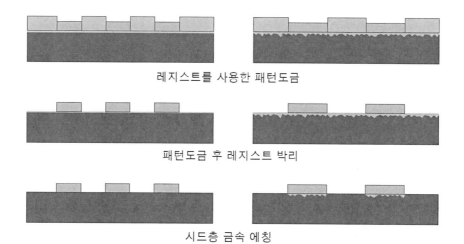

레지스트를 사용한 패턴도금

패턴도금 후 레지스트 박리

시드층 금속 에칭

그림 3.6 팬아웃 WLCSP와 전형적인 유기소재 칩 패키징 기판의 패턴생성방법 비교. 중요한 차이점은 시드층 금속이다. 팬아웃 WLCSP의 경우, 스퍼터링된 시드금속과 매끄러운 접착계면을 갖는다. 기판의 경우에는 시드금속과 거친 기계적 결합구조를 형성한다.

3.3 재분배된 칩 패키징과 매립된 웨이퍼레벨 볼그리드어레이

재분배식 칩 패키지(RCP)[2]는 2006년에 처음으로 소개되었다. **매립된 웨이퍼레벨 볼그리드어레이**(eWLB)[3]는 2007년에 발표되었다. 이 두 기술들은 유사한 개념과 유사한 기본공정을 가지고 있으며 대부분 팬아웃 WLCSP 기술이라고 부른다. 전형적인 eWLB 패키지의 단면과 비교해보면, 재분배식 칩 패키지는 eWLB에서는 볼 수 없는 매립된 구리소재 접지층을 갖추고 있다(그림 3.7). 시창이 성형된 반도체 디바이스용 매립된 구리층이나 재분배식 칩 패키지에 통합된 패시브들은 웨이퍼 몰딩 시 칩의 움직임을 막아주고 디바이스의 전자기 실드, 최종 제작된 칩 패키지의 강도보강 등의 역할을 한다. 실제의 경우 재분배식 칩 패키지에 매립식 구리층을 추가하면 패키지에 사용되는 소재량과 공정비용이 증가하는 반면에, 몰딩과정에서 발생하는 칩의 움직임을 방지하여 제조수율을 향상시켜준다. 선정된 소재와 공정, 다이와 패키지 설계, 성능 요구조건 그리고 여타의 제조비용인자 등에 따라서 전반적인 득실에 차이가 발생한다.

재분배식 칩 패키지(RCP)

매립된 웨이퍼레벨 볼그리드어레이(eWLB)

그림 3.7 재분배식 칩 패키지(RCP, 프리스케일社)와 매립된 웨이퍼레벨 볼그리드어레이(eWLB, 인피니언社) 방식으로 제작된 팬아웃 WLCSP의 비교. RCP 단면에는 매립된 구리소재 접지층이 사용되었으며, 이는 특정한 방식의 팬아웃 WLCSP만이 가지고 있는 독특한 특징이다.

---

2   Redistributed chip package(RCP)는 프리스케일 세미컨덕터社가 보유한 패키징 기술의 명칭이다.
3   Embedded wafer level ball grid array(eWLB)는 인피니언 테크놀로지社가 보유한 패키징 기술의 명칭이다.

3.4 팬아웃 WLCSP의 장점

팬아웃 WLCSP는 매우 민감한 아날로그 디바이스와 디지털 플랫폼에 적합하다. 이 기술은 소형이나 대형의 패키지에 적용할 수 있다. 팬아웃에는 단일층 경로생성 또는 패키지 크기, 성능, 입출력 다이의 크기 그리고 비용 등을 최적화하기 위한 다중층 경로생성을 적용할 수 있다. 팬아웃 WLCSP의 장점들을 살펴보면 다음과 같다. (1) 배선경로 길이의 축소와 접촉저항의 감소로 인한 전기적 성능 향상. (2) 기판, 와이어본드, 플립칩 상호연결 또는 오버몰딩 등의 배제, 조립공정 제거, 와이어본드와 플립칩 조립에서 사용되었던 전형적인 스트립 포맷보다 현저히 커진 대형 웨이퍼포맷 배치공정 채택 등과 같은 진보된 반도체 제조기술을 통해서만 구현할 수 있는 다이크기 축소로 인한 비용절감. (3) 현대적인 반도체 다이에서 점점 더 일반화되어가고 있는 유전율상수 κ값이 작은 소재를 사용한 패키징을 가능케 해준 낮은 조립응력.

팬아웃 WLCSP를 통한 전기적 성능 향상의 경우, 주요 성능 향상은 접착용 와이어의 대체와 구리소재 비아연결을 사용하는 플립칩 땜납 상호연결기구를 통해서 이루어진다. 경로생성 층의 감소와 공격적인 배선과 간극 규칙의 적용을 통한 패키지 크기의 축소도 패키지 저항과 인덕턴스 감소에 기여하였다. 인피니언社에서 수행한 연구에서는 와이어본딩된 볼그리드어레이 패키지, 플립칩 볼그리드어레이 패키지 그리고 매립된 웨이퍼레벨 볼그리드어레이(eWLB)를 사용한 팬아웃 WLCSP 위에 유사한 기능성을 갖춘 전기적 피언스를 몰딩하였다 (그림 3.8). 팬아웃 WLCSP의 장점은 전반적인 패키지 기생효과들의 저감이라는 점이 명확하다(표 3.1 및 표 3.2).

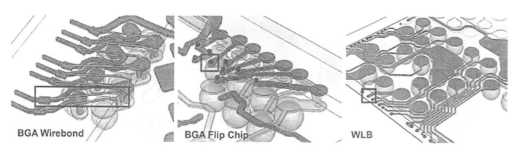

BGA Wirebond　　**BGA Flip Chip**　　**WLB**

그림 3.8 와이어본딩 볼그리드어레이, 플립칩 볼그리드어레이 그리고 매립된 웨이퍼레벨 볼그리드어레이를 사용한 팬아웃 WLCSP의 전기적 모델링. 칩과 패키지 사이의 연결은 사각형으로 강조하였다.

표 3.1 칩과 패키지 사이의 상호연결에 대한 전기적 모델링

패키지	와이어본딩	플립칩	팬아웃
직류저항	76[mΩ]	7.5[mΩ]	3.2[mΩ]
교류저항 5[GHz]	375[mΩ]	41[mΩ]	15[mΩ]
인덕턴스	1.1[nH]	52[pH]	18[pH]

표 3.2 칩 패키지에 대한 전기적 모델링

패키지	와이어본딩	플립칩	팬아웃
직류저항	89[mΩ]	22[mΩ]	23[mΩ]
교류저항 5[GHz]	629[mΩ]	248[mΩ]	91[mΩ]
인덕턴스	1.79[nH]	0.95[pH]	0.34[pH]

3.5 팬아웃 WLCSP의 기술적 도전요인

비용절감과 패키지 크기감소 같은 팬아웃 WLCSP가 가지고 있는 가장 큰 장점을 활용하기 위해서는 반도체 디바이스나 패키지에서 미세피치를 사용할 필요가 있다. 피치가 좁아지면, 적절한 수율과 비용목표를 충족시키는 팬아웃 공정을 만들기 위한 기술적 도전에 당면하게 된다. 팬아웃 WLCSP의 두 가지 가장 큰 기술적 도전요인들은 다음과 같다. (1) 몰드공정을 수행하는 동안 발생하는 칩 이동. (2) 저온공정에 적합한 몰딩 화합물. 이는 재분배층 구리에 대해 사용할 수 있는 폴리머 재부동화 소재의 선정폭을 몇 가지 이내로 국한시켜버린다.

트랜스퍼 몰딩에서는 일반적으로 사용되는 고온 레진의 측면방향 흐름을 최소화해야 하기 때문에, 팬아웃 WLCSP 웨이퍼 몰딩에는 액상 레진이나 알갱이 형태의 건식 파우더를 사용하는 압축식 몰딩이 사용된다. 건식레진 기반의 몰딩 화합물은 보관수명이 길다는 장점을 가지고 있는 반면에 액상 레진은 낮은 점도와 좁은 공극 충진성능이 뛰어나다는 장점을 가지고 있다. 어떤 종류의 레진이 사용되던 관계없이 다른 모든 가열식 레진과 마찬가지로, 몰딩 화합물은 (몰딩 및 경화단계에서) 교차링크가 진행되면서 체적수축이 일어난다. 또한 경화온도로 인한 몰딩 화합물의 열수축(열팽창계수>8[ppm/°C])은 항상 실리콘(열팽창계수= 2~3[ppm/°C])보다 크게 발생한다. 경화체적 수축과 몰딩온도와 상온 사이의 온도 차이에 의한 열수축에 따른 몰딩 화합물의 치수변화는 재구성된 팬아웃 WLCSP 웨이퍼의 실리콘 다이의 위치에 영향을

미친다. 초기 설치위치로부터의 다이 위치이동과 회전은 피할 수 없으며, 웨이퍼 몰딩 이후에 수행되는 범핑공정에서 즉각적으로 문제를 일으킨다.

전형적인 웨이퍼 범핑의 경우 폴리머 재부동층, 재분배층 그리고 범프하부금속과 같은 각 범핑층을 정밀하게 제작하기 위해서 주로 스테퍼나 얼라이너 형태의 표준 노광장비가 사용된다. 웨이퍼 전체에 대한 노광(얼라이너)을 수행하지 않는다면 개별 다이 어레이들에 대해서 노광을 수행한다(스테퍼). 노광필드 전체에 대해서 약간의 회전이나 이동을 통한 노광장비의 조절이 가능하지만, 어떠한 장비도 노광필드 내의 개별 다이들에 대한 이동이나 회전을 통한 보상이 가능하도록 설계되어 있지 않다. 또한 플럭스 프린팅과 땜납볼 부착도 단일 웨이퍼 레이아웃에 알맞도록 제작된 스텐실을 사용한다. 팬아웃 WLCSP에서 다이간 위치편차가 특정한 문턱값 이내로 관리되지 않는다면, 미세피치 상호연결, 플럭스 프린트 그리고 플럭스가 잘 도포된 땜납범프 등을 구현하는 것이 어려워진다. 최악의 경우 다이 위치가 심하게 어긋나게 된다면, 제작된 상호연결의 신뢰성을 보장할 수 없게 되어버린다. 따라서 고수율 팬아웃 WLCSP 웨이퍼 범핑에 사용되는 반도체 웨이퍼 노광장비의 경우에는 다이 위치이동의 조절이나 관리가 가능해야만 한다.

다이의 위치이동에 대한 요구조건은 설계된 형상의 피치와 크기에 크게 의존하기 때문에, 넓은 피치와 큰 형상치수를 사용하는 경우가 좁은 피치에 비해서 범핑 수율을 희생시키지 않으면서도 더 큰 다이 위치이동 편차를 허용한다. 그림 3.9에 도시되어 있는 사례의 경우, 다이의 위치이동이 없는 경우와 한쪽 방향으로 30[μm]의 위치이동이 발생한 경우에 대하여 비교

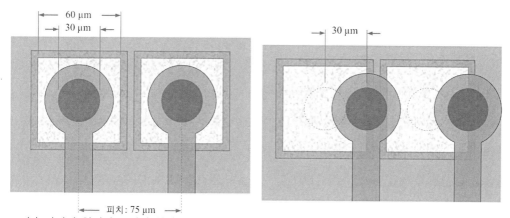

(a) 다이의 위치이동 없이 완벽한 중심맞춤 (b) 30[μm] 다이 위치이동 발생

그림 3.9 다이의 위치이동이 구리 재분배층에 대한 칩 금속층 위치정렬에 미치는 영향

하여 보여주고 있다. 그림의 두 번째 경우를 살펴보면, 75[μm] 피치를 가지고 있는 칩 금속층에 대해서 30[μm] 직경의 구리 재분배층 비아가 실리콘 칩 위에서 인접한 두 패드를 단락시키는 경계선에 위치하고 있다는 것을 알 수 있다. 미세피치를 사용하는 경우에 많은 이점을 가지고 있는 WLCSP의 경우, 다이 위치이동을 분석하고 이를 최소화하거나 없앨 수 있는 방안을 탐색하는 것이 팬아웃 방식을 제조할 가치가 있는 방식으로 만들어주는 가장 중요한 인자들 중에 하나이다.

팬아웃 WLCSP 웨이퍼 몰딩과 화합물 경화단계에서 발생하는 다이 위치이동 현상에 대해서 이해하기 위해서 광범위한 연구가 수행되었다. 다이 위치이동 연구에 가장 널리 사용되는 방법은 재구성 웨이퍼 전체에 대해서 개별 다이들의 위치이동 지도를 만드는 것이다. 샤르마 등[3]이 2011년에 발표한 "웨이퍼레벨 압착식 몰딩과정에서 발생하는 다이 위치이동 문제에 대한 해결방법"이라는 논문에서는 그림 3.10에 도시되어 있는 십자형 표적이 설치된 시험용 칩을 사용하여 연구를 수행하였다. 알루미늄 위에 제작된 십자형 표적 위에 구리층을 중첩하면서 동일한 크기의 십자형 표적을 쌓으면 다이의 위치이동을 명확하게 확인할 수 있다. 다이 위치이동에 대한 추가적인 연구는 다음과 같이 세 가지 범주로 나눌 수 있다. (1) 일반적인 접착성 테이프만을 사용한 경우에 발생하는 다이 위치이동. (2) 실리콘 캐리어를 사용하는 경우에 접착성 테이프에서 발생하는 다이 위치이동. (3) 실리콘 캐리어와 저열팽창계수, 저수축 몰딩 화합물을 사용하는 경우에 발생하는 다이 위치이동. 그림 3.11의 (a)~(c)에서 볼 수 있듯이, 다이 위치이동은 실리콘 캐리어의 사용과 몰딩용 화합물의 성질에 따라서 큰 영향을 받는다. 기지양품다이(KGD)의 배치를 위한 단면접착테이프에 부착된 실리콘 캐리어가 없다면, 몰딩온도(150[℃] 이상)에서 접착테이프의 열팽창(열팽창계수>20[ppm/℃])은 몰딩 화합물(열팽창계수>8[ppm/℃])의 열수축에 의해서 완전히 상쇄되지 않는다. 따라서 전체적으로 다이들이 중심위치로부터 멀어지는 방향으로 이동하게 된다(그림 3.11(a)). 양면접착테이프를 사용하여 기지양품다이들이 부착된 실리콘 캐리어웨이퍼를 사용한다면, 실리콘 캐리어(열팽창계수=3[ppm/℃])와 여기에 접착된 다이들의 열수축은 몰딩 화합물에 의한 열수축에 비해서 작게 발생한다. 몰딩 화합물의 경화와 실리콘 캐리어의 제거를 통해서 전체적으로 웨이퍼 중심을 향해서 다이들의 위치가 이동한다(그림 3.11(b)). 수축률과 열팽창계수가 작은 몰딩 화합물을 사용하면 이런 다이 이동을 현저히 줄일 수 있지만(그림 3.11(c)), 다이의 이동방향은 실리콘 캐리어를 사용한 경우와 유사하다.

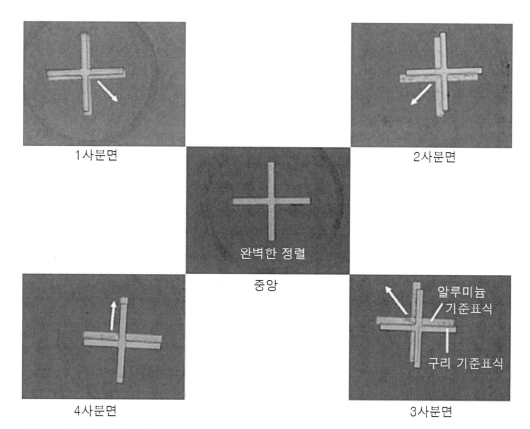

1사분면   2사분면

완벽한 정렬

중앙

알루미늄
기준표식

구리 기준표식

4사분면   3사분면

그림 3.10 십자선 표적을 사용하여 검증한 팬아웃 몰딩 공정에서 발생한 다이 위치이동. 200[mm] 직경의
팬아웃 웨이퍼의 5개 위치에 대해서 칩 상부면과 범핑층에 십자선 표식을 성형하였으며, 이를 통해
서 몰딩/경화과정에서 다이의 위치이동 방향을 확인할 수 있다.

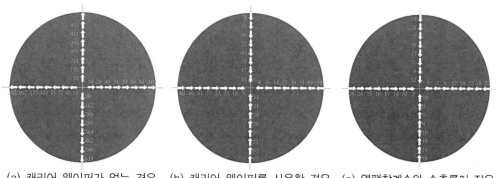

(a) 캐리어 웨이퍼가 없는 경우 (b) 캐리어 웨이퍼를 사용한 경우 (c) 열팽창계수와 수축률이 작은
몰드 화합물을 사용한 경우

그림 3.11 직경이 200[mm]인 웨이퍼를 사용한 팬아웃 WLCSP에서 발생한 다이 위치이동량[μm]

팬아웃 WLCSP의 웨이퍼 몰딩 및 경화공정을 수행하는 동안 다이의 위치이동이 발생한다는 것을 알고 있기 때문에 이는 관리의 문제로 전환되며, 더 구체적으로 말해서 재구성 및 몰딩된 팬아웃 웨이퍼의 최종제품상에서 다이의 위치이동을 저감하거나 없애기 위해서 이를 보상하여야 한다. 개념은 매우 간단하다. 만일 웨이퍼 몰딩 과정에서 특정한 방향으로의 다이 위치이동량을 알고 있다면, 최종적으로 목표하는 위치와는 반대의 방향으로 다이의 위치를 이동시켜야 한다. 샤르마는 이 방법을 채택하였으며 다음에 제시된 세 가지 시나리오에 대하여 검증을 수행하였다. (1) 위치이동 보상 없음. (2) 1번 사례서의 측정값에 기초하여 위치이동 보상 수행. (3) 절반 거리만큼 위치이동 보상 수행. 그림 3.12에서는 세 가지 시나리오를 사용한 다이들의 위치이동 지도를 보여주고 있다. 다이의 위치이동은 캐리어에서 테두리까지의 구간에서 완전한 선형관계를 가지고 있지 않으며(그림 3.11(a)~(C)), 다이의 위치이동거리도 위치를 이동한 다이의 정확한 위치를 사용하여 측정한 값이 아니기 때문에, 절반 거리만큼 위치이동보상을 수행한 시편이 가장 좋은 결과를 나타내었다.

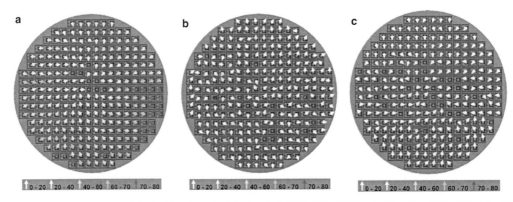

그림 3.12 (a) 보상을 수행하지 않은 경우의 몰딩 후 다이 위치이동. 화살표가 없는 다이들은 측정 가능한 수준의 다이 위치이동이 발생하지 않은 다이들이다. 모든 다이가 중앙 쪽으로 이동하는 경향을 보였다. 이동량은 웨이퍼 중심으로부터의 거리에 비례하였다. (b) 픽앤드플레이스 공정을 수행하는 과정에서 몰딩 후 다이 위치이동에 대해서 100% 보상을 수행하였다. 특정한 다이 위치에 대해서 x, y 방향으로 (a, b)만큼의 위치이동이 발생하였다면, 팩앤플레이스 공정에서 (−a, −b)만큼의 사전 위치보상을 수행하였다. (c) 픽앤드플레이스 공정을 수행하는 과정에서 몰딩 후 다이 위치이동에 대해서 50% 보상을 수행하였다. 특정한 다이 위치에 대해서 x, y 방향으로 (a, b)만큼의 위치이동이 발생하였다면, 팩앤드플레이스 공정에서 (−a/2, −b/2)만큼의 사전 위치보상을 수행하였다. (컬러 도판 400쪽 참조)

표 3.3에서는 그림 3.12에서 도시한 결과를 요약하여 보여주고 있다. 보상을 수행한 경우와 보상을 수행하지 않은 경우를 비교하여 보면 보상의 효용성을 명확하게 확인할 수 있다. 최적화된 다이 위치이동 보상을 통해서 200[mm] 웨이퍼의 전체 영역에 대해서 30[μm] 미만으로 평균 다이 위치이동량을 저감할 수 있다는 것이 명확하다. 이는 75[μm] 피치를 사용하는 칩에서 허용 가능한 수준이다. 이보다 더 좁은 피치설계의 경우에는 더 세밀한 연구가 필요하다. 궁극적인 공정 최적화를 위해서는 시행착오적인 반복작업이 필요하다.

표 3.3 팬아웃 WLCSP의 다이 위치이동 보상결과

다이 이동거리	사전 다이 위치보상 없음		100% 사전 위치보상		50% 사전 위치보상	
	누적%	평균편차[μm]	누적%	평균편차[μm]	누적%	평균편차[μm]
<20[μm]	6%	15±9	41%	14±7	55%	12±6
<40[μm]	38%	28±10	89%	24±9	99%	19±10
<60[μm]	81%	40±14	99%	26±12	99.8%	19±10
<70[μm]	92%	43±16	100%	27±12	100%	19±10
<80[μm]	100%	45±17				

몰딩 화합물 레진의 경화 시 발생하는 체적수축과 고온인 경화온도에서 상온까지 식는 과정에서 발생하는 경화후 열수축에 의해서 다이의 위치이동이 유발되기 때문에, 팬아웃 WLCSP 다이의 위치이동은 다이와 레진 사이의 면적비율에 크게 의존한다. 다양한 다이크기와 다양한 팬아웃 WLCSP 설계들에 대해서 적용 가능한 하나의 간단한 공식을 개발하는 것은 불가능하지는 않다고 하여도 결코 쉬운 일이 아니다. 더욱이 몰딩 화합물 레진의 소재, 충진재의 유형과 함량 등도 최종 소재의 열팽창계수와 수축에 영향을 미친다. 높은 몰딩온도에서 테이프와 캐리어 그리고 칩과 테이프 사이의 접착특성도 다이 위치이동 관리에 있어서 또 다른 고려사항이다.

웨이퍼 몰딩과 경화를 수행하는 동안 발생하는 다이의 위치이동과는 별개로 구리 재분배층 팬아웃 공정도 표준 WLCSP 재분배층 공정과는 다르게 다시 재구성해야만 한다. 표준 WLCSP의 경우 히타치 케미컬社의 HD-4100 시리즈와 같은 폴리이미드가 폴리머 재부동화 소재로 가장 널리 사용되고 있다. 일단 350[°C] 근처의 온도에서 경화가 이루어지고 나면, 소재는 구리 재분배층과 완전히 결합되며 SiN, 폴리이미드 및 구리 등의 하부소재와 양호한 접

착성을 나타낼 뿐만 아니라, 화학적 저항성과 더불어서 뛰어난 기계적 강도와 박막크랙에 대한 저항성을 갖는다. 가장 널리 사용되는 WLCSP 폴리이미드 소재들은 솔벤트로 현상한다. 즉, 불필요한 영역의 폴리머를 제거하기 위해서 유기용매가 사용된다. 솔벤트를 이용한 현상 기법이 실리콘 웨이퍼에서 한 번도 문제가 된 적이 없지만, 에폭시 기반의 팬아웃 몰딩 화합물에 대해서는 바람직하지 않다. 솔벤트 문제 이외에도 전형적인 WLCSP에 사용되는 재부동화 폴리머의 높은 경화온도는 팬아웃 몰딩 화합물의 허용온도범위를 넘어선다. 팬아웃 방법은 시스템인패키지(SIP)에 더 적합하기 때문에, 높은 공정온도는 고성능 집적회로 내에 매립된 메모리 소자들의 실제적인 회로 생존성 문제를 유발하며 특히, κ-값이 작은 유전체를 사용하는 집적회로는 온도에 민감하다. 따라서 팬아웃 WLCSP의 경우 솔벤트를 필요로 하지 않으며, 경화온도가 낮은 폴리머 재부동화 소재를 사용하는 것이 필수적인 조건이다. 솔벤트를 필요로 하지 않는 소재는 환경문제에 초점을 맞춘 많은 제조공정에서 바람직하므로 유기용매의 사용을 저감하기 위해서 많은 노력을 기울이고 있다.

유기용매의 사용을 저감하기 위한 노력을 통하여 폴리페닐렌 벤조비속사졸(PBO)을 기반으로 하는 유전체를 개발하게 되었다. 이 소재에는 수성 현상액을 사용할 수 있다. 실제로 동일한 소재가 포토레지스트에도 사용되고 있다. 폴리페닐렌 벤조비속사졸(PBO)은 폴리이미드와 유사한 성질을 가지고 있지만, 폴리이미드에 비해서 높은 공정온도를 견딜 수 없기 때문에 낮은 온도에서 완전경화가 일어나며, 휴대용 디바이스의 낙하시험에서 요구되는 재분배층 WLCSP의 생존성에 도움이 되는 물성을 갖추고 있다. 팬아웃 WLCSP의 경우 경화온도가 200[°C]까지 낮아진 폴리페닐렌 벤조비속사졸(PBO) 제제가 개발되었다. 저온경화 폴리페닐렌 벤조비속사졸(PBO)은 비록 유전율과 같은 기계적·화학적 저항성이 감소하였지만, 견실한 대량생산공정을 구현하기에 적합한 공정용 화학물질들의 개발과 더불어서 팬아웃 WLCSP을 실현하기 위한 길을 열어주었다.

3.6 팬아웃 WLCSP의 신뢰성

팬아웃 WLCSP는 휴대용 디바이스에 사용되는 반도체들과 동일한 신뢰성 요구조건의 적용을 받고 있다. 팬아웃 기술은 낙하시험 및 냉열시험과 같은 보드레벨 신뢰성에 대한 의심을 가장 많이 받고 있다. 다행히도 팬아웃은 프린트회로기판의 유전체와 소재특성이 거의 일치하는 몰딩 화합물을 사용하여 가능한 한 작은 크기로 제작한 실리콘을 둘러싸고 있기 때문에, 유사한 크기의 WLCSP들에 비해서 항상 더 높은 신뢰성을 가지고 있다.

16 × 16 범프와 실리콘 하부에 0.5[mm] 피치로 3 × 3[mm] 크기의 범프를 갖춘 팬아웃 WLCSP에 대한 시뮬레이션 연구를 통해서 판 등[8]은 보드레벨 냉열시험에 해당하는 실리콘 칩의 모서리에서 발생하며, **중립점으로부터의 거리**(DNP)에 따라서 급격하게 감소하고, 외부몰딩 화합물 영역에서는 증가하는 최대 비탄성 변형률 에너지 밀도를 구하였다(그림 3.13). 몰딩 화합물의 열팽창계수는 프린트회로기판의 열팽창계수와 거의 일치하기 때문에(두 소재 모두 유리입자 충진재나 유리섬유 강화제를 사용하는 에폭시 소재이다), 몰딩 화합물 영역의 경우 실리콘 경계를 벗어나자마자, 비탄성 변형률 에너지 밀도는 중립점으로부터의 거리에 따라 변하지 않는다.

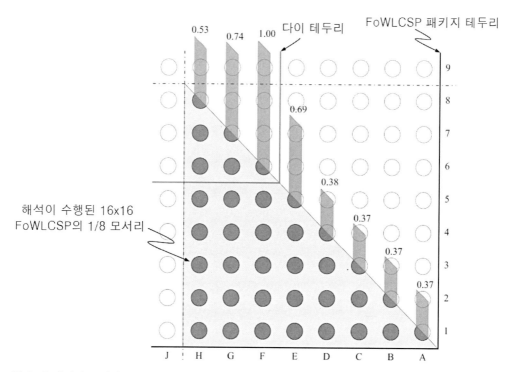

그림 3.13 패키지 중앙에 3 × 3[mm], 0.5[mm] 피치의 실리콘 다이가 매립된 16 × 16 크기의 범프 팬아웃 WLP 패키지의 정규화된 비탄성 변형률 에너지 밀도. 비탄성 변형률 에너지 밀도가 높은 부위가 냉열시험에서 조기파단을 일으킨다.

따라서 팬아웃 WLCSP의 경우, 응력과 분포 그리고 그에 따른 패키지 보드레벨 신뢰성은 매립된 실리콘의 크기와 위치에 의존한다. 고응력 영역은 실리콘의 모서리와 테두리에 위치한다. 팬아웃 범프와 같이 패키지의 크기가 실리콘의 크기보다 더 커져도 다른 모든 전형적인 실리콘 WLCSP의 경우에서와 마찬가지로 패키지의 수명에 영향을 미치지 않으며, 이를 통해서 중립점으로부터의 거리와 납땜 조인트 내에서 발생하는 비탄성 에너지밀도 사이의 간단한 관계를 알 수 있다(그림 3.14). 팬아웃 WLCSP를 설계할 때에 고응력 영역 내에 범프의 배치를 의도적으로 회피하므로서, 팬아웃 WLCSP의 견실한 신뢰성을 구현할 수 있을 것으로 기대된다. 팬아웃 WLCSP에 대하여 수분민감도, 고가속 스트레스시험, 고온보관 그리고 냉열시험 등의 통과 여부를 통해서 표준 WLCSP의 컴포넌트 신뢰성을 표시한다. 신뢰성에 대한 관심이 필요한 영역은 대부분이 실리콘과 몰딩 화합물 사이와 저온경화형 폴리머 사이의 열팽창계수 불일치로 인하여 문제가 발생하는 실리콘/몰딩 화합물 인접 영역과 재분배층 구리 트레이스들 사이의 좁은 공간이다. 그런데 이들 두 영역 모두 WLCSP의 공통적인 요구조건에 대해서 충분히 견딜 수 있는 견실성을 가지고 있다.

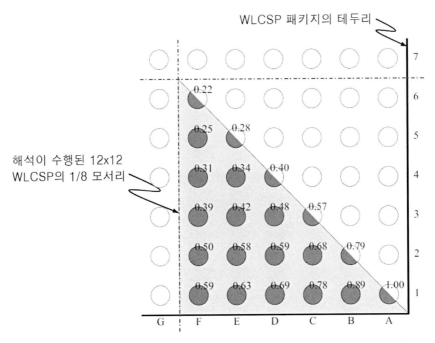

그림 3.14 12 × 12 범프 WLCSP의 1/8 모서리에 대한 사이클당 정규화된 비탄성 변형률 에너지 밀도. 비탄성 변형률 에너지 밀도가 높은 부위가 냉열시험에서 조기파단을 일으킨다.

3.7 팬아웃 설계규칙

웨이퍼 몰딩과 몰딩된 팬아웃 웨이퍼의 취급 등의 문제 이외에도, 팬아웃 범핑공정은 오랜 기간 동안 사용되어왔던 재분배층 공정과 많은 것을 공유한다. 팬아웃의 설계규칙은 본질적으로 재분배층 설계규칙과 동일하다. 직선과 간극에 대한 규칙은 범핑기술을 평가하는 기본 도구이다. 다양한 개발 로드맵들에서는 15 또는 20[μm L/S]에서부터 10 또는 8[μm L/S]를 목표로 하고 있다. 실제의 경우, 스퍼터링으로 구리도금된 시드층에 대한 포토레지스트의 접착력이 약하며 공정 바이어스를 고려하면, 구리도금 덧붙임 방식을 사용하는 재분배층 패턴 생성 공정을 사용하여 구현할 수 있는 현실적인 직선과 간극의 한계는 10[μm] 내외이다. 이보다 더 좁은 간극을 구현하기 위해서는 소재 혁신과 근본적인 공학적 혁신이 필요하다. 미세 선폭으로의 형상축소는 결코 단순한 일이 아니다.

팬아웃 WLCSP는 일반적인 WLCSP 설계책에서는 언급하지 않는 독특한 설계규칙을 가지고 있다. 예를 들어, 웨이퍼의 휨과 자동화된 웨이퍼 처리공정의 견실성 사이의 균형을 맞추기 위한 다이와 패키지 두께나 최적의 열 또는 전기적 성능을 구현하기 위해서 팬아웃 패키지 내에서 실리콘의 배치 등에 대한 특별한 요구조건이 존재한다. 다이 테두리와 팬아웃 패키지 테두리 사이의 최소거리는 무결함 웨이퍼절단을 위해서 필요한 팬아웃만이 가지고 있는 또 다른 요구조건이다. 실리콘 다이의 모든 테두리에 대해서 최소한 0.6[mm](한 변에 대해서는 0.3[mm])의 길이가 추가되어야 한다. 그런데 팬아웃의 장점을 극대화하기 위해서는 허용 가능한 최대 크기의 패키지 본체 속에 최소 크기의 다이를 장착하는 것이 바람직하다. 따라서 다이 테두리와 패키지 테두리 사이의 최소거리에 대한 요구조건은 대부분의 다중다이 팬아웃 패키지에서 충족되고 있다.

3.8 팬아웃 WLCSP의 미래

팬아웃 WLCSP는 패키징 기법이 활발하게 개발되고 있는 분야이다. 팬아웃 WLCSP에 대한 초기연구는 공정의 이해, 공학적 해결책 탐색 그리고 제조수율 향상 등에 초점이 맞춰져 있었다. 하지만 점차로 적용 분야의 확장으로 연구방향이 전환되었다. 이와 관련된 개발들 중 하나는 하나 또는 다수의 다이들을 포함하며, 심지어는 패키지의 뒷면에 수동소자들을 매립 또는 표면 접착한, 다중층 시스템인패키지(SIP) 기법을 활용한 팬아웃 패키지이다. 전형적인 시스템인패키지에서는 더 복잡한 경로생성을 위해서 다수의 경로생성층들이 필요하며, 시스템 레벨에서의 상호연결을 증가시키기 위해서 패키지 면적 전체에 범프어레이를 가득 채워 넣는다. 이 설계는 전형적으로 팬아웃 영역에만 땜납범프들이 배치되어 있으며, 일부의 경우에는 약간의 범프들이 다이 영역 하부에 배치되어 있는 단일층 팬아웃 설계에 비해서 많은 장점을 가지고 있다(그림 3.15). 흥미로운 점은 다이 영역에도 범프들이 배치된 설계는 전통적인 팬인 WLCSP 설계와 현대적인 팬아웃 칩 패키지 설계를 하나로 통합한 기법이라는 점이다.

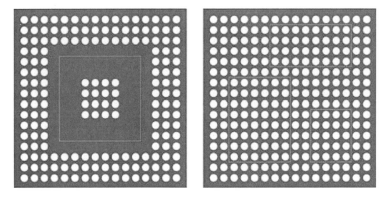

그림 3.15 다이의 중앙부와 주변부(팬아웃 영역)에 범프들이 성형된 전형적인 단일칩/단일층 팬아웃 WLCSP의 뒷면도. 그런데 피치와 트레스 경로생성의 제약 때문에 매립된 다이 영역(사각형 점선)에는 일반적으로 땜납범프가 생략된다. 그런데 다중층/다중칩 팬아웃의 경우에는, 다중 경로생성층과 비아배치를 사용하므로 일반적으로 전체 면적을 범프로 채워 넣을 수 있다.

다중층 팬아웃에서 고려해야만 하는 경제요인이 존재한다. 현재에는 선도적인 범핑 하도급업체들이 최대 4층을 사용하는 팬아웃을 시연하고 있다. 산업계가 고사양 시스템을 지향하면서 비용, 성능 및 패키지 형상계수 등의 모든 측면에서 팬아웃 패키지 솔루션을 선호하기 때문에 하위 시스템 집적화, 다중층 및 다중칩 팬아웃을 통해서 더 멋진 틈새를 찾아낼 것이다. 그림 3.16에서는 단일금속층, 이중금속층 그리고 4중 금속층 팬아웃 패키지를 보여주고 있다. 매립된 접지평면을 사용하는 실리콘(재분배식 칩 패키지 기술)과 수동소자들이 다중층 팬아웃만이 가지고 있는 패키지 레벨 시스템의 집적화 기법이다.

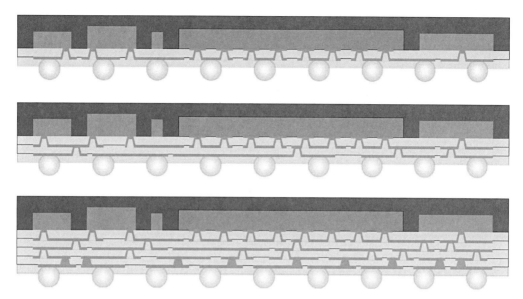

그림 3.16 단일금속층, 이중금속층 그리고 4중 금속층 팬아웃 시스템인패키지의 개략적인 단면도. 여기서는 매립된 구리기판 그룹을 사용한 팬아웃이 예시되어 있다. 구리기판 내의 열린 시창을 통해서 패키지에 설치된 수동소자들과 연결된다.

고도의 집적화를 실현하기 위해서는, **몰드관통비아**(TMV)와 패키지 뒷면회로를 사용한 팬아웃 WLCSP의 3차원 적층은 필수적인 것으로 보인다. 팬아웃 영역 내의 몰딩 화합물에 레이저로 구멍을 뚫는 몰드관통비아(TMV)는, 측벽 가공을 통제하기 위해서 에칭과 부동화 사이클을 반복하여 수행하는 보쉬공정에 의존하는 실리콘관통비아(TSV)보다 훨씬 더 가성비가 높다. 몰드관통비아 속에 금속을 채워 넣고 나면, 앞면 재분배층에서 사용하는 것과 유사한 방법을 사용하여 팬인 형태로 하나 또는 다수의 뒷면회로층을 추가한다. 이는 패키지 내부의 하나 또는 다수의 다이들로 이루어진 팬아웃 패키지의 유연성과 더불어서, 인터포저를 기반으로 하는 2.5차원이나 실리콘관통비아를 사용하는 3차원 실리콘 적층에 비해서 3차원 팬아웃 WLCSP가 가지고 있는 비할 수 없는 장점이다. **그림 3.17**에서는 몰드관통비아, 뒷면회로 그리고 표면실장형 2차 다이를 사용하는 팬아웃 패키지와 수동소자들이 사용된 3차원 팬아웃 패키지의 사례를 보여주고 있다. 동일한 팬아웃 WLCSP 위에 일정한 크기의 소자들을 쌓아올리는 더 혁신적인 3차원 패키지 개념이 존재한다. 그런데 이 기법은 가성비의 밸런스가 잘 맞춰진 반도체 기술을 제공할 수 있는 패키지 기술을 필요로 한다.

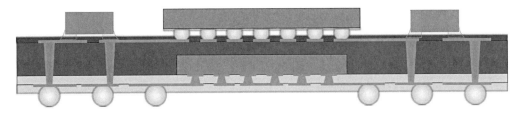

그림 3.17 팬아웃 WLCSP 위에 설치된 3차원 패키지. 몰드관통비아를 통해서 반도체 디바이스들과 수동소자들로 이루어진 추가적인 회로를 뒷면에 장착할 수 있게 되었다.

전기, 열 및 신뢰성의 측면에서 전반적인 성능을 관리하면서 비용을 절감하는 것은 전자회로 패키지 엔지니어에게 기술적 도전과제이다. 팬아웃 WLCSP는 아직 초기기술이기 때문에, 주로 비용의 측면에서 항상 철저한 검토가 수행된다. 이로 인하여 필요한 경제적 축적계수를 구현하기 위해서 팬아웃 기술은 200[mm] 웨이퍼 팬아웃에서 300[mm] 웨이퍼 팬아웃으로 전환을 강요받고 있다. 그런데 300[mm] 이상으로의 전환에 대해서는 다른 관점이 필요하다.

생산성을 높이면서도 비용을 절감한다는 측면에서, 패널 기반의 팬아웃 패키지가 새로운 관점에서 조명을 받게 되었다. 그림 3.18의 사례에서 200[mm]와 300[mm] 웨이퍼를 사용해서는 25×25[mm] 크기의 팬아웃 패키지를 각각 33개와 89개를 생산할 수 있는 반면에, 450[mm] 크기의 사각형 패널을 사용해서는 동일한 크기의 팬아웃 패키지를 225개 생산할

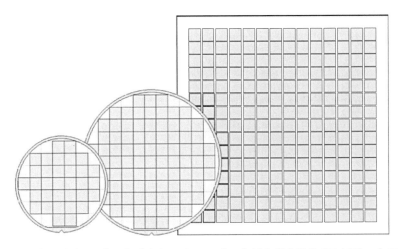

그림 3.18 200[mm] 웨이퍼, 300[mm] 웨이퍼 그리고 450[mm] 사각패널 위에 25×25[mm] 크기의 팬아웃 패키지들을 배치한 경우의 면적활용사례. 웨이퍼 테두리 간격은 5[mm]이며, 플랫/노치 높이는 10[mm]로 설정되었다. 패널 테두리의 배제 영역은 25.4[mm]로 설정되었으며, 이는 패널공정에서 전형적으로 사용되는 값이다.

수 있다. 이 사례에서는 테두리 배제 영역이 25.4[mm]임에도 불구하고, 패널 활용비율이 70.1%에 달하여, 200[mm] 웨이퍼의 66.3%와 300[mm] 웨이퍼의 79.5%의 중간에 해당한다. 웨이퍼의 경우에는 5[mm]의 배제 영역과 10[mm]의 플랫/노치 높이를 가정하였다.

다양한 집적회로 패키지 기법들에서와 마찬가지로 패널 기반의 팬아웃도 제조성능과 비용 관리의 측면에서 다양한 기법이 시도되었다. 이들 중 일부는 유기소재 기판 제조기술과 저가형 구조를 채택하고 있다. 또 다른 사례에서는 적층 정확도를 높이고 선폭을 미세화하기 위해서 프린트회로기판 적층과 캐리어 기반의 TFT-LCD 패널패턴 공정을 사용하는 하이브리드 방식을 채택하였다. 두 개의 캐리어를 사용하는 TFT-LCD 패널 팬아웃도 얇은 패키지 프로파일을 구현할 수 있어서 휴대용 기기와 3차원 적층식 시스템인패키지에서 중요한 기술이 되었다. 그림 3.19에서는 하이브리드 TFT-LCD 패널 기반의 팬아웃에서 사용되는 기본적인 공정흐름을 보여주고 있다. 웨이퍼 팬아웃에 1번 캐리어가 사용되지만, 2번 캐리어는 대형패널의 휨을 방지하고 미세선폭 재분배층의 공정수행에 도움이 된다.

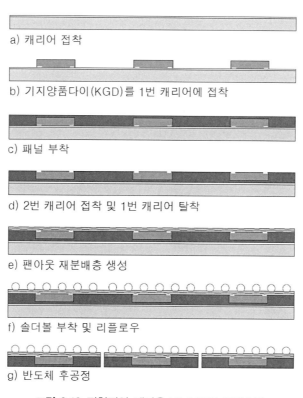

a) 캐리어 접착

b) 기지양품다이(KGD)를 1번 캐리어에 접착

c) 패널 부착

d) 2번 캐리어 접착 및 1번 캐리어 탈착

e) 팬아웃 재분배층 생성

f) 솔더볼 부착 및 리플로우

g) 반도체 후공정

그림 3.19 전형적인 팬아웃 WLCSP의 공정흐름

패널 팬아웃을 적용한 프린트회로기판 팹 기술은 전형적으로 웨이퍼레벨 팬아웃에 비해서 덜 공격적인 직선/간극 설계규칙을 사용한다. 즉, 프린트회로기판의 경우에는 20/20[μm] 또는 그 이상의 선폭/간격을 사용하는 반면에, 웨이퍼 팬아웃은 15/15[μm] 또는 그 이하의 선폭/간격을 사용한다. 반면에, 밀봉 과정에서 발생하는 다이 이동은 웨이퍼레벨 팬아웃에 비해서 패널 팬아웃에서는 조금 발생한다. 이는 주로 밀봉과정에서 측면방향으로 발생하는 용융레진의 흐름이 매우 제한적이며, 레진경화 수축을 제한하는 환경을 제공해주는 시트형 유전체의 진공부착공정을 사용하기 때문이다. 패널 유전체의 밀봉과정에서도 경화수축이 여전히 발생하지만, 팬아웃 WLCSP의 경우보다는 전형적으로 1/10 미만에 불과하다. 200[mm] 팬아웃 웨이퍼의 경우에는 직경에 대해서 평균 10[μm] 이상의 수축이 발생한다.

웨이퍼의 경우는 팬아웃 재부동화를 위한 저온경화 수용성 폴리머를 스핀코팅 방식으로만 도포하는 데 반해, 패널 팬아웃의 경우는 수축과 휨에 대한 관리성을 향상시키기 위해서 성능이 조절된 다양한 유전성 소재들을 사용할 수 있다. 예를 들어, 구리 재분배층 이전에 패널 팬아웃 재부동층을 위해서 B-스테이지 유전체(부분적으로 교차결합된 **프리프레그**[4] 또는 레진코팅 구리판)를 사용할 수도 있다. 이는 패널 몰딩 화합물과 열팽창계수가 거의 일치하는 충진소재로서, 특히 가장 자주 사용되는 단면 팬아웃 패키지 설계에서 대형 패널의 휨을 저감해준다.

다이 이동이 저감되면, 더 넓은 직선/간극 규칙을 사용하는 패널 팬아웃을 사용해서 더 공격적인 직선/간극 규칙을 사용하는 웨이퍼레벨 팬아웃에서의 배선성능보다 낮지는 못하더라도 유사한 수준을 구현할 수 있다. 대형 정사각형/직사각형 패널공정을 통해서 200[mm] 또는 300[mm] 크기로 제한되어 있는 원형 웨이퍼보다 생산성을 훨씬 더 높일 수 있기 때문에, 패널 팬아웃에 소요되는 비용도 또 다른 매력 중 하나이다. 356개의 입출력단을 갖춘 9 × 9[mm] 크기의 단일 재분배층 팬아웃 패키지 내부에 6 × 6[mm] 크기의 칩이 밀봉되어 있는 팬아웃 칩 패키지를 서로 비교하여보면, 2.5세대 TFT-LCD 패널(370 × 470[mm])을 사용해서는 1,862개(49 × 38)의 팬아웃 패키지를 제작할 수 있다. 웨이퍼를 사용한 팬아웃보다 약 1.5배(300[mm] 웨이퍼의 경우 738개의 패키지 제작)의 패키지를 더 제작할 수 있을 뿐만 아니라, 300[mm] 웨이퍼의 면적 활용률이 85%에 불과한 반면에 패널 팬아웃의 면적 활용률은

---

4   prepreg : 강화섬유에 매트릭스 수지를 함침한 성형재료. 역자 주.

95%에 달한다.

기판기술에 기초한 프린트회로기판 패널 팬아웃의 경우에도 열 및 전자기간섭(EMI) 차폐 성능을 개선하기 위하여 사용된 뒷면금속층을 갖춘 앞면 팬아웃이 유연성을 가지고 있다. 웨이퍼레벨 팬아웃에서와 마찬가지로, 3차원 적층(시스템인패키지나 패키지온패키지)을 위해서 앞면과 뒷면금속층을 서로 연결할 수 있다(그림 3.7). 패널 팬아웃의 초기기법에 따르면, 2층이나 3층 패널 팬아웃을 사용하여 전형적인 6층 기판을 즉시 대체할 수 있으며, 이와 동시에 패키지 칩 상호연결을 위한 땜납범프나 와이어본드, 패키지 기판 및 조립공정 등이 모두 필요 없기 때문에, 현저한 비용절감이 가능하다.

요약해보면 웨이퍼 기반이나 패널 기반의 팬아웃 칩 패키지는 기판이 필요 없는 매립식 칩 패키지로서, 와이어본드 볼그리드어레이와 플립칩 볼그리드어레이 패키지를 대체할 수 있는 값싸고 성능이 높은 집적화 방법이다. 팬아웃 공정에서 반도체 디바이스들은 웨이퍼나 패널의 형태로 밀봉되며 재구성 웨이퍼나 패널 위에 신호, 전력 및 접지의 경로가 직접 제작된다. 팬아웃 칩 패키지는 웨이퍼 범핑, 기판제작, 플립칩이나 와이어본드 칩 조립, 패키지 오버몰딩 그리고 볼그리드어레이 볼부착 등의 모든 공정을 하나의 고도로 효율성이 높은 웨이퍼나 패널 포맷 공정으로 통합시켜주는 염가의 패키징 기법이다. 칩과 기판 사이의 납땜 조인트를 제외하면 이 패키지는 본질적으로 납을 사용하지 않는다. 구리소재 재분배층으로 인하여 칩 내부에 발생하는 응력이 저감되었기 때문에, κ-값이 매우 작은 유전체를 사용하는 반도체에 매우 적합하다.

팬아웃 WLCSP 기술은 본딩 와이어, 기판 그리고 플립칩 범프 등을 사용하지 않기 때문에, 얇은 프로파일을 구현할 수 있다. 2차원 다중칩 패키지도 다중 재분배층의 유연성을 높여주었다. 두께가 얇고 다수의 칩들을 수용할 수 있으므로 팬아웃은 고밀도 2차원 및 3차원 이종시스템 집적화를 위한 뛰어난 플랫폼이다. 팬아웃은 소형 패키지의 열, 전기 및 신뢰성과 더불어서 고주파 무선주파수 모듈, 고효율 전력관리, 저전력 마이크로컨트롤러뿐만 아니라 광학센서/MEMS 등을 포함하는 다양한 도전적인 용도에 사용되는 단일다이, 다중다이 그리고 2차원 및 3차원 시스템인패키지(SIP) 등 다양한 패키지 구조에서 발견할 수 있는 다재다능한 패키지이다. 사실 소재 호환성 및 공정능력과 더불어서 팬아웃 상호연결특성은 전통적인 패키징 기술이나 시스템온칩(SOC)만으로는 불가능한 새로운 시스템인패키지 솔루션을 가능케 만들어주었다. 그럼에도 불구하고 팬아웃의 성공은 앞으로 우리의 생활방식을 변화시켜줄 더 가볍고, 작고, 빠른 전자부품의 개발을 가능케 할 것으로 기대된다.

참고문헌

1. Keser, B., Amrine, C., Duong, T., et al. : Advanced packaging : the redistributed chip package. IEEE Trans. Adv. Packaging 31(1), pp.39~43 (2008).

2. Ramanathan, L.N., Leal, G.R., Mitchell, D.G., Yeung, B.H. : Method for controlling warpage in redistributed chip package, United States Patent US7950144B2, May (2011).

3. Sharma, G., Kumar, A., Rao, V.S., et al. : Solutions strategies for die shift problem in wafer level compression molding. IEEE Trans. Compon. Packaging Manuf. Technol. 1(4), pp.502~509 (2011).

4. Hasegawa, T., Abe, H., Ikeuchi, T. : Wafer level compression molding compounds. 62nd Electronic Components and Technology Conference (ECTC), San Diego, CA (2012).

5. Itabashi, T., Dielectric materials evolve to meet the challenges of wafer-level packaging. Solid State Technol., November 01 (2010).

6. Iwashita, K., Hattori, T., Minegishi, T., Ando, S., Toyokawa, F., Ueda, M. : Study of polybenzoxazole precursors for low temperature curing. J. Photopolym. Sci. Technol. 19(2), pp.281~282 (2006).

7. Hirano, T., Yamamoto, K., Imamura, K. : Application for WLP at positive working photosensitive polybenzoxazole. J. Photopolym. Sci. Technol. 19(2), pp.281~282 (2006).

8. Fan, X.J., Varia, B., Han, Q. : Design and optimization of thermo-mechanical reliability in wafer level packaging. Microelectron. Reliab. 50, pp.536~546 (2010).

9. Olson, T.L., Scanlan, C.M. : Adaptive patterning for panelized packaging, United States Patent Application Publication, No. US2013/0167102 A1.

10. Oh, J.H., Lee, S.J., Kim, J.G. : Semiconductor device and method of forming FO-WLCSP having conductive layers and conductive vias separated by polymer layers, US Patent 8,343,810B2, Jan. 1 (2013).

11. Braun, T., Becker, K.-F., Voges, S., et al. : From wafer level to panel level mold embedding, 63rd Electronic Components and Technology Conference (ECTC), Las Vegas, NV (2013).

12. Liu, H.W., Liu, Y.W., Ji, J., et al. : Warpage characterization of panel fan-out (P-FO) package, 64th Electronic Components and Technology Conference (ECTC), Orlando, FL (2014).

적층형 웨이퍼레벨
아날로그 칩스케일 패키지

04 CHAPTER

웨이퍼레벨 패키징

적층형 웨이퍼레벨 아날로그 칩스케일 패키지

4.1 서 언

 적층은 반도체 패키징 업계에 흥분을 가져다주었으며 이는 현재도 마찬가지이다. 패키지를 적층하는 원동력은 고도의 집적화와 작은 패키지 점유면적, 신호전송경로의 단축으로 인한 전기적 성능개선 그리고 전력분산 등이라고 자주 거론된다. 드물기는 하지만 전반적인 열성능 향상도 가끔씩 언급된다. 하지만 열발산 문제는 적층형 패키지에서 가장 고민되는 분야들 중 하나이다. 더 공격적으로 3차원 패키지 개념을 널리 적용하는 데에는 3차원 구조의 제조비용이 가장 큰 장애물이다.

 무어의 법칙은 고든 무어가 1965년에 최초로 논문을 발표한 이래로, 반도체 칩 크기 축소(성능 향상)를 이끄는 동력으로 알려져 있다. 다이나 패키지 형태의 반도체 적층은 고밀도 집적화의 대안이며, 때로는 시스템인패키지(SIP)라고도 알려져 있다.

 단일 집적회로 내에 모든 기능을 집적화한 시스템온칩(SOC)과는 달리, 적층방식의 경우에는 단일기능의 집적회로 칩이나 패키지들을 수직방향으로 적층하여 작은 패키지 점유면적 내에서 집적화를 구현한다. 적층된 패키지 내에서 칩들 사이의 통신에는 마치 이 칩들이 일반적인 회로기판에 설치된 개별 패키지들인 것처럼, 외부신호전송기법을 사용한다. 다이레벨에서의 적층을 사용하여 가장 작은 형상계수와 성능 향상을 구현할 수 있지만, 적층방식의 패키지(패키지온패키지)는 3차원 반도체 패키지에서 매력적인 옵션으로 남아 있다. 다이레벨 적층이 형상계수 최소화와 성능 향상이라는 궁극적인 이득을 가지고 있지만, 적층(패키지온패키지)형 패키지는 여전히 3차원 반도체 패키징의 매력적인 옵션으로 남아 있다. 이런 방법들과는 무관하게 3차원 적층에 중요한 요소들은 (1) 공격적인 실리콘 박막가공과 얇은 패키지,

(2) 와이어본딩, 패키지(기판) 관통비아, 몰드관통비아, 실리콘관통비아 그리고 유리관통비아 등을 포함하는 수직방향 상호연결 생성 등이 있다.

비아를 관통시켜야 하는 기판의 유형에 따라서 습식 또는 건식 화학적 식각, 노광방식 비아 그리고 레이저드릴 비아 등과 같은 많은 옵션이 존재한다. 광폭피치, 대구경 비아 등과 같이 제한된 분야에서는 기계식 드릴가공도 사용할 수 있다. 비아를 생성하는 후속공정에서는 비아를 충진하는 도전성 소재가 필요하다. 화학적 기상증착(CVD)이나 물리적 기상증착(PVD)을 사용한 금속증착, 무전해 또는 전해식 구리도금 등이 비아 금속충진에 일반적으로 사용된다. 적층된 층들 사이에서 신호, 전력, 심지어는 열의 전송을 위해서, 비록 저전력 디바이스의 경우에는 이방성 도전성 접착제를 사용할 수도 있지만, 납땜 조인트가 주로 사용된다. 금속 간 저온 직접접착 방법에 대해서도 많은 연구가 수행되고 있다.

패키지 기판 속에 웨이퍼레벨 칩스케일 패키지(WLCSP)를 매립하는 것도 3차원 패키징의 또 다른 방법이다. WLCSP가 매립되어 있는 기판의 내부나 표면에 수동소자들을 적층할 수 있을 뿐만 아니라, 이와 동일한 기법을 사용하여 다중다이들도 기판에 적층할 수 있다. 비교적 저가인 프린트회로기판 인프라를 활용함에 따르는 비용경쟁력을 제외하고도, 대형 프린트회로기판을 사용하는 패널공정을 사용하여 생산성을 향상시킬 수 있다는 점도 매립기술의 매력들 중 하나이다.

제조공정과 각 접근법들의 장단점을 중심으로 하여 고수준 집적화 방법들과 3차원 패키징을 위한 방법들에 대해서 우선 자세히 살펴보기로 한다. 매립된 WLCSP 모듈, 팬아웃 WLCSP의 적층 그리고 WLCSP의 적층 등에 대해서 살펴보기 전에 우선 WLCSP와 관련된 3차원 적층을 위한 3차원 집적회로의 빌딩블록들에 대해서 요약해놓았다. 다양한 3차원 WLCSP의 기반이 되는 초박형 기판의 취급과 마이크로비아 생성뿐만 아니라 두 개 또는 그 이상의 개별기판들에 대한 금속결합에 대해서도 논의한다.

4.2 다중칩 모듈 패키지

고수준 패키지 집적화의 필요성은 원래 반도체나 수동소자들로 이루어진 인접한 부품들을 서로 연결하는 전기경로 단축을 통한 성능 향상 때문이다. 다이나 패키지를 적층하기 오래전부터, 고수준 집적화는 **다중칩 모듈**(MCM)의 형태를 취하였다. 다중칩 모듈은 다수의 반도체 다이들이나 여타의 개별소자들을 단일기판 위에 집적시켜서 단일 패키지처럼 사용하는 특수한 패키지이다. 다중칩 모듈의 집적화된 특징을 설명하기 위해서 이 자체를 칩이라고 부르기도 한다.

다중칩 패키징은 현대적인 전자부품 소형화의 중요한 기법들 중 하나이다. 다중칩 모듈은 복잡성과 패키지 설계자의 개발철학에 따라서 다양한 형태를 나타낸다. 가장 중요한 형태는 다수의 다이들을 **고밀도 상호접속**(HDI) 기판 위에 집적화한 커스텀 칩 형태를 갖는다. 다중칩 모듈은 보통, MCM-L(적층), MCM-D(증착) 및 MCM-C(세라믹 기판)와 같이, 고밀도 상호접속 기판을 만들기 위해서 사용된 기술에 따라서 분류한다.

인텔社의 펜티엄-프로는 와이어본드와 세라믹 **핀 그리드어레이**(PGA)가 여전히 패키징 기술을 지배하고 있던 시절에 만들어진, 초창기 다중칩 모듈의 좋은 사례이다. 펜티엄-프로(최대 512k L2 캐시)는 세라믹 다중칩 모듈에 패키징된다. 다중칩 모듈은 **마이크로프로세서 다이**와 이를 지원하는 **캐시다이**로 이루어진 두 개의 하부공동을 포함하고 있다. 이 다이들은 **히트슬러그** 위에 접착된다. 이 히트슬러그의 노출되어 있는 상부는 다이로부터 패키지 상부에 부착되어 있는 **히트싱크**로 직접 열을 전달해준다. 외장형 히트싱크에 의해서 냉각성능이 더욱 강화된다. 이 다이들은 **다중티어**[1] 골드와이어 접착을 사용하여 패키지에 연결된다. 공동들은 세라믹 판을 사용하여 밀봉한다. 이 다중칩 모듈은 387개의 핀들을 갖추고 있는데, 이들 중 대략 절반은 핀 그리드어레이(PGA) 속에 배치되어 있으며, 나머지 절반은 **핀 그리드 중간 어레이**(IPGA)에 배치된다(그림 4.1).

그림 4.1 인텔사에서 제작한 펜티엄-프로의 히트싱크가 부착된 상부면과 핀 그리드어레이 및 납땜 그리고 골드와이어 접착으로 조립된 두 개의 다이가 도시되어 있는 하부면(덮개판 제거)

---

1   multitier.

예전의 개별 패키징된 반도체들에 비해서 다중칩 모듈이 가지고 있는 장점들에는 작은 점유면적, 개선된 전기적 성능, 개발시간 감소, 설계오류 발생위험의 저감 그리고 단순화된 **부품표**(BOM) 및 생산관리 등이 있다. 다음의 요인들로 인하여 다중칩 모듈의 높은 유닛비용을 상쇄하고도 전체적인 시스템 비용이 절감된다.

- 생산비용 감소 : 다중칩 모듈은 설치할 소자의 숫자가 감소하므로 층의 숫자와 프린트회로기판의 면적이 줄어든다. 많은 경우 시스템 프린트회로기판 내에서 둘 또는 그 이상의 금속층을 줄일 수 있다.
- 부품표 감소 : 다중칩 모듈에 포함되어 있는 모든 소자를 다중칩 모듈 공급업체에서 대량으로 공급하므로 비용이 절감될 가능성이 있다. 또한 모든 소자를 개별 공급업체들에서 각각 구입하는 것보다 물류관리가 용이하다.
- 생산수율의 증가 : 조립에 소요되는 소자의 숫자가 줄어들기 때문에 수율이 증가한다.

시스템 설계의 단순화를 위해서 다중칩 모듈을 사용한 사례는 리눅스 시스템에 내장되어 있는 애크미 시스템스社의 FOX 보드를 통하여 설명할 수 있다. 이 보드는 인터넷 게이트웨이, 접근통제장비, 산업용 자동제어기 등에 사용된다. 하드웨어와 소프트웨어 호환성이 100%인, 다중칩 모듈 패키지를 갖춘 보드인 ETRAX100X MCM 4＋16은 엑시스 커뮤니케이션社의 ETRAX 100LX CPU, 4MB 플래시 메모리, 16MB SDRAM, 이더넷 트랜시버 등을 갖추고 있으며, 다중칩 모듈을 갖추지 않은 보드보다 훨씬 단순하지만, 다중칩 모듈 내에는 동일한 칩세트들이 내장되어 있다. 하지만 앞서 언급했던 모든 이점을 갖춘 시스템에서 하위 시스템으로 설계의 복잡성과 비용의 중심이 단순히 이동했다고 단언할 수 있다(그림 4.2).

엑시스社의 ETRAX 100LX 다중칩 모듈은 기술적으로는 완벽하게 작동하는 리눅스 컴퓨터를 단일 칩으로 만든 것으로서, 이를 사용하여 소형에 가격경쟁력을 갖춘 매립형 디바이스를 구현할 수 있다. 이 다중칩 모듈은 베어다이들(ETRAX 100LX, SDRAM, 플래시 등의 밀봉되지 않은 칩들)과 여타 소자(저항 등)들을 통합하는 **고밀도 패키징**(HDP) 기술을 사용하여, 소형, 경량에 가격경쟁력을 갖추었다. 다중칩 모듈은 ETRAX 100LX 시스템온칩 프로세서 주변에 네트워크 디바이스를 구축하기 위해서 필수적으로 필요한, 4MB 플래시 메모리, 16MB SDRAM 메모리, 이더넷 트랜시버, 리셋회로 그리고 약 55개의 수동소자들(저항과 커패시터)과 같은 소자들을 배치하였다. 이 다중칩 모듈은 다양한 용도에 적용하기에 충분한 플래시 메모리와 RAM을 구비하였다. 이 다중칩 모듈의 외부에 추가적으로 플래시 메모리와 SDRAM을 추가할 수 있다. 이 다중칩 모듈의 외부에 필수적으로 구비해야만 하는 소자는 3.3[V] 전원과 20[MHz] 크리스털 발진기뿐이다.

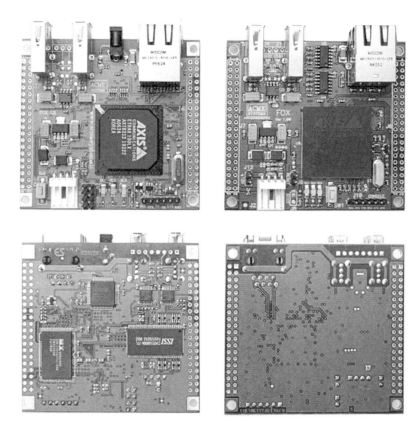

그림 4.2 리눅스 시스템이 내장된 애크미 시스템스社의 FOX 보드. 좌측의 시스템은 개별 패키지된 칩 세트를 사용한 설계이며 우측의 시스템은 메모리와 이더넷 리시버를 하나의 패키지로 제작한 다중칩 모듈을 사용하여 제작한 보드이다.

다중칩 모듈 패키지(ETRAX 100X MCM4+16)은 27 × 27 × 2.76[mm] 크기의 패키지 내에 256핀 플라스틱 볼그리드어레이(PBGGZ)를 갖추고 있으며, 열발산율은 (출력 개방 시) 전형적으로 900[mW]이며, 최대는 1,100[mW]이다. 이 다중칩 모듈 패키지는 CPU만이 구비된 패키지(ETRAX 100LX, 27 × 27 × 2.15[mm])보다 두께만 약간 더 두꺼울 뿐, 동일한 면적을 사용하며 전력을 약간 더 사용한다(출력 개방 시 전형적으로 360[mW], 최대 610[mW])(그림 4.3).

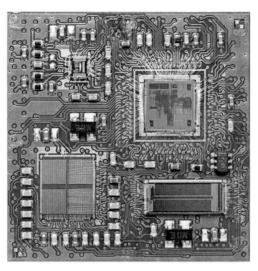

그림 4.3 몰딩되지 않은 ETRAX 100LX 다중칩 모듈에서는 메모리칩, 이더넷 트랜시버, 리셋회로 그리고 수동 소자들을 볼 수 있다.

4.3 적층된 다이 패키지와 적층된 패키지

패키지 내에서 다이의 적층은 **칩 적층형 다중칩 모듈**이라고 부른다. 이 패키지에서는 전통적인 다중칩 모듈에서와 같이 다이들이 측면으로 배치하는 것이 아니라 위로 쌓아올린다. 모든 기술발전의 진보적인 특성을 감안할 때에, DRAM 칩에서 골드 와이어본드 기술을 사용하여 다이적층을 처음으로 시도한 것은 놀라운 일이 아니다.

다이적층은 특히 오래 전부터 사용되어왔던 골드 와이어본드 기술을 사용하는 경우에, PC 메모리의 밀도를 높이는 경제적인 방법이다. 웨이퍼 박막가공과 초박형 실리콘 칩의 취급술 발전, 높이가 낮은 와이어본딩 그리고 적층된 다이들 사이의 좁은 간극 사이에 주입되는 와이어 스윕이 작은 수지 등이 모두 이 기술을 메모리 모듈과 같이 상호연결이 비교적 단순하며 길이가 긴 골드도선의 기생효과에 과도하게 민감하지 않은 칩의 대량생산에 적용하기 위한 방안으로 사용된다. 2007년 초기에 놀랍게도 20개의 다이들이 내부에 적층된 1.4[mm] 높이의 다중칩 모듈을 높은 수율과 경쟁력 있는 가격으로 생산하였다(그림 4.4).

와이어본딩방식을 사용하여 칩을 적층하는 다중칩 패키징 기술은 와이어 배선을 위하여 항상 층간 간극이 필요하다는 제약을 가지고 있다. 다이 연결용 와이어를 배치하기 위해서 패키지 기판상에 수백 마이크로미터 길이의 수평방향 간극도 필요하다. 수백 개의 와이어들 중에서 단 하나만 합선이 발생하여도 고가의 모듈 파손이 초래되며, 이를 발견하기가 매우 어렵고, 수리하는 것은 더욱더 어렵다. 스윕이 작은 몰딩 화합물과 공정은 와이어본딩 적층방식 다중칩 모듈을 가능케 해주는 또 다른 기반기술이다.

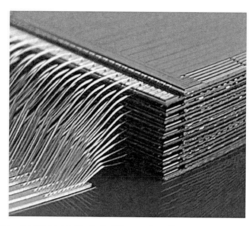

그림 4.4 20개의 다이들이 적층되어 있는 1.4[mm] 두께의 다중칩 모듈(엘피다社)

다양한 문헌에 따르면, 플립칩과 와이어본드 기술이 조합된 하이브리드 적층방식 다이 패키지의 구현이 가능하다. 비용과 성능 사이의 균형에 매우 민감한 가전제품의 대량생산에 대해서는 아직 불명확하다. 그림 4.5에서는 와이어본드 다중칩 패키지와 플립칩/와이어본드 다중칩 패키지의 기본개념을 보여주고 있다.

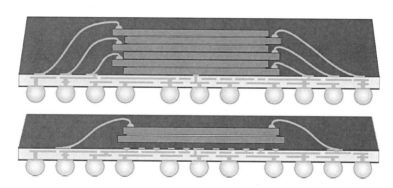

그림 4.5 기판을 사용하는 와이어본드 다중칩 패키지와 플립칩/와이어본드 다중칩 패키지

칩 적층형 패키지의 대안으로서 패키지온패키지(PoP)는 완성된 개별 패키지들을 위로 쌓아 올려서 공간을 절약한다는 점은 유사하지만, 적층된 칩의 패키지와 관련된 기지양품다이(KGD), 공정 중 손상, 조립의 복잡성 그리고 (로직 및 메모리 시스템인패키지)시험의 복잡성 등과 같은 문제가 발생하지 않는다. 초창기부터 패키지온패키지를 받아들인 분야는 물론, DRAM 모듈로서 테세라社에서 개발한 유비쿼터스 μZ^{TM} 볼 패키지온패키지에 **박소형 패키지**[2](TSOP)를 적층하였다(그림 4.6).

패키지온패키지(PoP)의 경우, 반도체들을 개별적으로 사전에 패키징하며 결합 전에 시험하므로, 시스템인패키지의 활용 분야에서 예측 가능한 결과를 제공할 수 있는 것으로 증명되었기 때문에, 복잡한 기술들이 혼합된 기능들을 높은 수율로 생산할 수 있다. 널리 사용되고 있는 구조들은 (1) 순수한 메모리 적층(메모리로만 이루어진 두 개 이상의 패키지들을 서로 적층)(그림 4.6), (2) 로직-메모리 혼합적층(로직(중앙처리장치) 패키지가 바닥에 배치되며, 메모리 패키지는 상부에 배치된다). 로직 패키지는 마더보드와 다수의 볼그리드어레이 연결을 필요로 하기 때문에 바닥에 배치된다.

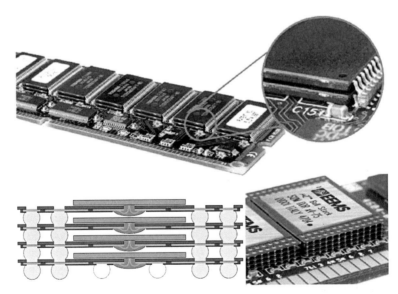

그림 4.6 (위) 메모리모듈에 사용된 박소형 패키지(TSOP)를 사용한 패키지온패키지. (아래) 테세라社의 μZ^{TM} 볼 PoP와 단일 인라인 메모리모듈(SIMM) 위에 실제로 적층된 μZ^{TM} 볼 패키지온패키지의 사진

---

2   thin small outline package.

가장 일반적인 패키지온패키지 칩의 경우, 합동전자장치엔지니어링협회(JEDEC)의 표준 어레이 패키징 포맷을 사용하여 패키지 영역을 설계한다. 기판형 볼그리드어레이의 기본 기능은 상부(칩)에서 바닥(볼그리드어레이)으로의 상호연결이며 일반적으로는 추가적인 메모리/로직 상호연결에 거의 사용되지 않는 상부의 주변 영역을 활용하는 것이 비교적 용이하기 때문에, 기판형 볼그리드어레이 패키지가 패키지온패키지에 적합할 것처럼 보인다.

와이어본딩된 볼그리드어레이 패키지의 상부에 와이어본딩된 메모리칩이 적층된 패키지를 만들 수 있지만, 하부 패키지에 플립칩 기술을 사용하는 것이 패키지온패키지 적층의 유연성 측면에서 더 바람직하다. 하부 볼그리드어레이 패키지의 경우, 와이어본드 다이레벨 상호연결을 플립칩으로 대체하면 와이어본딩을 위한 배제 영역이 필요 없어지기 때문에 상하 연결의 숫자를 증가시키거나 프로세서 칩의 크기를 증가시키는 등을 통하여 X/Y 공간활용도를 높일 수 있다. 언더필이 시행된 플립칩 하부 패키지를 사용하여 신뢰성을 희생시키지 않은 채로 상부몰드를 제작할 수 있기 때문에, 상부와 하부 패키지 사이의 간극 높이를 더 줄일 수 있으며, 더 작은 땜납볼을 사용하여 상호연결 피치를 더 좁게 만들 수 있다. 패키지 전체높이 조절이 더 용이해지며, 이는 휴대용 전자기기의 경우에 큰 이득이다. 그림 4.7에서는 패키지온패키지 방식으로 하부 패키지 위에 플립칩 볼그리드어레이를 적층한 개념을 보여주고 있다. 또한 다음 사진에서는 애플社의 A7 마이크로프로세서/메모리 패키지온패키지 적층의 실제 사례를 보여주고 있다.

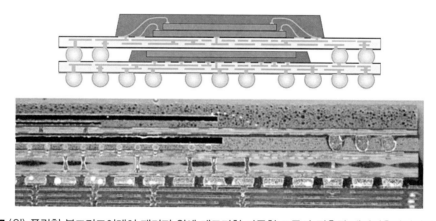

그림 4.7 (위) 플립칩 볼그리드어레이 패키지 위에 메모리칩 다중칩 모듈이 적층된 패키지온패키지의 단면도. (아래) 애플社 A7 프로세서의 단면도. 전체 크기는 14 × 15.5 × 1.0[mm]이며, 0.4[mm] 피치로 배열된 1,330개의 볼그리드어레이 범프를 갖추고 있다. 바닥 패키지 : GPU와 L1, L2 및 L3 캐시 플립칩 SoC가 내장된 듀얼코어 ARM CPU. 플립칩의 범프피치는 150/170[μm]이다.

4.4 3차원 집적회로

3차원 집적회로는 궁극적인 칩 레벨에서의 집적화 개념으로서, 두 개 또는 다수의 능동 전자소자들이 수평 및 수직방향으로 통합되어 하나의 회로를 구성한다. 이 이름 자체는 패키징 전에 모든 웨이퍼 팹이 적층된다는 것을 의미하며, 반도체 업계는 오랜 기간 동안 다양한 형태로 이 기술을 추구하여왔다. 하지만 아직도 그 꿈이 실현되지 않고 있다. 패키지 적층과 와이어본드 다이적층에서 시작하여 오랜 여정을 달려온 3차원 패키징은 실리콘관통비아(TSV) 다이적층에 이르러서, 그 어느 때보다도 진정한 3차원 집적회로의 개념에 근접한 것처럼 보인다. 현재 금속 간 직접접착을 사용하는 실리콘관통비아 다이적층 칩을 통해서 반도체 칩들의 능동층 사이의 간극이 0에 접근하고 있다. 실리콘관통비아를 사용한 다이적층이 다수의 칩들을 하나로 통합하는 방법이라는 점에 대해서는 논쟁의 여지가 있다. 하지만 2000년 후반에 실리콘관통비아가 실현된 이래로 3차원 집적회로에 대한 개념이 그 어느 때보다도 널리 퍼지게 되었다. 실리콘관통비아를 사용한 칩 적층을 포함하여, 3차원 집적회로를 제작하는 데에는 두 가지 방법이 있다.

1. 모놀리식 3차원 집적회로

   모놀리식 3차원 집적회로의 경우에는 전자소자와 이들의 연결(배선)을 단일 반도체 웨이퍼 위에서 제작한 다음에 이들을 3차원 집적회로로 절단한다. 이 경우에는 기판이 단 하나뿐이며, 층들 사이를 연결하는 실리콘관통비아가 사용되지 않는다. 최근의 혁신을 통해서 트랜지스터 제조를 두 단계로 분할하여 공정온도의 한계를 극복하였다. 고온공정(이온주입과 활성화 : 800[℃] 이상)은 층 전달공정 전에 수행하며, 저온공정(에칭과 증착 : 400[℃] 이하)은 층 전달공정 이후에 수행된다. 층 전달공정에서는 하부(베이스) 웨이퍼 위에 얇은 단결정 층을 전달하기 위해서 **스마트절단**이라고도 알려져 있는 수소주입을 사용한 **이온절단**을 사용한다. 층 전달은 과거 20여 년간 실리콘 온 절연체(SOI) 웨이퍼를 제작하기 위해서 주로 사용한 방법이다. 저온(400[℃] 이하) 산화물결합과 분할 기법을 사용하여 무결함 실리콘으로 이루어진 다수의 얇은 층들을 생성할 수 있으며, 이를 활성 트랜지스터회로의 상부에 배치할 수 있다. 그런 다음 저온 에칭과 증착공정을 사용하여 트랜지스터를 완성한다.

모놀리식 3차원 집적회로는 진정한 3차원 집적회로 기술이며 DARPA의 지원하에서 스탠퍼드 대학에서 연구를 수행하였으며, 지금은 모놀리식 3D社에서 판매하고 있다. 그림 4.8에서는 최고수준의 집적공정을 보여주고 있다. 회로들의 완성을 위한 자세한 내용들은 그림에서 생략되어 있다.

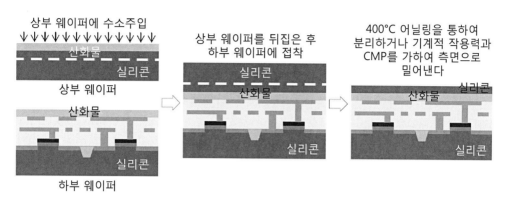

그림 4.8 모놀리식 3차원 집적회로의 이온절단과 층 전달 공정흐름도

2. 실리콘관통비아 3차원 집적회로

실리콘관통비아를 기반으로 하는 3차원 집적회로에서는, 언제 칩 층들을 접착할지에 따라서 세 가지 공정흐름을 사용할 수 있다.

웨이퍼온 웨이퍼(WoW) 공정 : 적층할 컴포넌트층들을 개별 반도체 웨이퍼에서 제작한 다음에 이들을 정렬, 접착 및 절단하여 3차원 집적회로를 만든다. 접착 이전이나 이후에 각각의 웨이퍼들에 대한 박막화 가공을 수행한다. 수직방향 연결수단은 접착을 수행하기 전에 웨이퍼에 제작해놓거나, 접착을 수행한 다음에 적층구조를 가공한다. 실리콘관통비아는 능동층들 사이나 능동층과 외부에 접착된 패드 사이의 실리콘 기판을 관통한다. 웨이퍼온 웨이퍼 접착의 경우에는 N개의 3차원 집적회로들 중 단 하나만 결함을 가지고 있어도 3차원 집적회로 전체를 버리기 때문에 수율이 낮아진다. 더욱이 웨이퍼들이 동일한 크기를 가져야만 하는데, 많은 신소재(III-V족)는 (전형적으로 300[mm] 웨이퍼를 사용하는)CMOS 로직이나 DRAM보다는 훨씬 더 작은 웨이퍼를 사용하여 제조하기 때문에 이종 칩들의 조립이 어려워진다.

다이온 웨이퍼(DoW) 공정 : 개별 반도체 웨이퍼들을 사용하여 컴포넌트 층들을 제작한다. 상부층 웨이퍼들은 박막화 가공과 절단을 수행하는 반면에 하부 웨이퍼는 웨이퍼의 형태를 유지한다. 개별 절단된 다이들을 하부 웨이퍼의 다이 위치에 대해서 정렬을 맞춘 후에 접착한다. 웨이퍼온 웨이퍼 방법에서와 마찬가지로, 박막화 가공과 실리콘관통비아의 생성은 일반적으로 웨이퍼 접착 이전에 수행하지만, 접착 이후에 수행할 수도 있다. 다이온 웨이퍼 공정의 경우 기지양품다이만을 적층하기 때문에 웨이퍼온 웨이퍼 공정에서와는 달리 수율저하의 위험이 최소화된다.

칩온칩(CoC) 공정 : 개별 웨이퍼 위에 설치된 컴포넌트 층들을 박막화 가공한 다음에 절단한다. 이들을 하나의 패키지 기판에 대해서 차례대로 정렬을 맞춘 후에 접착한다. 박막화 가공과 실리콘관통비아의 생성은 접착 이전에 수행되어야만 한다. 다이온 웨이퍼의 경우와 유사하게, 기지양품다이만을 사용하여 칩온칩을 제작한다. 더욱이 전력소모와 성능 최적화를 위해서 3차원 집적회로 내의 각 다이들을 혼합 및 매칭하여 사전에 통합시킬 수 있다(예를 들어 휴대용 기기에서 저전력 프로세스 코너에 대해서 다수의 다이들을 매칭시킨다).

4.4.1 실리콘관통비아

3차원 칩 패키징 기술은 다중칩 모듈에서 다이적층 그리고 패키지 적층 패키징을 거쳐서 **실리콘관통비아**(TSV)에 이르게 되었다. 실리콘관통비아는 칩들 사이의 가장 짧은 상호연결을 가능케 해주었으며, 신호손실을 최소화하면서 가장 빠른 신호전송이 가능하게 되었다. 중앙처리장치와 메모리들 사이의 데이터 전송 또는 플래시 메모리와 제어기 사이의 데이터전송의 경우 빠른 속도가 특히 중요하다. 항상 소형화와 기능성을 추구하는 휴대용 전자기기의 경우에, 실리콘관통비아는 가장 작은 시스템인패키지를 구현해주며 기술의 시장적용을 이끌고 있다.

실리콘관통비아라는 이름이 의미하듯이 전기도전성 경로가 앞면(능동층)에서 뒷면으로 실리콘을 관통하여 연결된다. 예전에 3차원 집적회로를 제작하기 위해서 기판이나 와이어본드를 사용하여 적층하던 것을, 실리콘관통비아는 최소한의 간극만을 가지고 반도체 칩들을 수직으로 적층할 수 있게 해주었다. 동일한 반도체 기판 위에 측면방향으로 소자를 배치해야 하는 기존의 시스템온칩에 비해서 실리콘관통비아는 상호연결 길이가 단축되어 더 많은 장점을 갖게 되었다. 실리콘관통비아 기술의 발전으로 인하여 공간이 축소된 패키지 속에 이종 반도체들을 조합하여 2.5D 집적회로의 기초가 된, 진정한 시스템인패키지 개념을 구현할 수 있게 되었다.

비아 생성, 비아 충진, 웨이퍼 박막화 가공 그리고 실리콘관통비아칩/웨이퍼 접착 등이 실리콘관통비아 기술을 구성하는 기본 공정들이다. 설계자동화, 조립 및 시험 등도 실리콘관통비아가 당면하고 있는 기술적 도전 분야이다. 오랜 시간이 소요되는 실리콘관통비아의 생성 및 충진공정과 직접 연관되는 가격과 생산성이 실리콘관통비아 기술이 주류 생산방식으로 자리 잡는 데에 있어서 가장 큰 장애요인이다.

4.4.2 실리콘관통비아의 생성

레이저드릴링, 반응성이온 심부식각(DIRE, 일명 보쉬공정), 극저온 반응성이온 심부식각 또는 다양한 등방성 및 이방성 화학식각 등의 기법을 사용하여 실리콘관통비아를 생성한다. 전형적인 실리콘관통비아의 크기는 설계와 용도에 따라서 다르지만 일반적으로 직경 5~100[μm]이며, 깊이는 10~100[μm]이다. 치수균일성, 생산성 그리고 비아 청결성에 대한 민감도 등이 모두 실리콘관통비아 생성방식의 선정에 영향을 미친다.

- **레이저드릴** 방식 비아생성공정

레이저 미세구멍 드릴링기술은 1980년대 중반에 시작되었다. 초점이 맞춰진 레이저 빔으로부터 에너지를 흡수한 소재가 용융 및 기화(**용삭**[3]이라고 부른다)를 일으키면서 가공이 이루어진다. 공동 영역 내에서 기화에 의해서 빠르게 생성되는 가스압력으로 인하여 이루어지는 용융방출이 소재를 기화시키는 데에 필요한 에너지보다 작기 때문에, 소재제거의 주 공정으로 사용된다. 용융방출을 일으키기 위해서는 용융층이 형성되어야 하며, 기화로 인하여 표면에 작용하는 압력편차가 표면장력을 극복하고 용융된 소재를 구멍 밖으로 밀쳐낼 수 있을 정도로 충분히 커야만 한다. 부정적인 측면은, 비아구멍의 측벽과 구멍 주변 영역에 용융방출로 인하여 생성된 잔해물들이 생성되므로 별도의 공정을 통해

---

3 ablation : 融削.

서 이를 세척하여야 한다. 실리콘관통비아를 만들기 위해서 레이저드릴을 사용하면, 능동소자들이 영향을 받지 않도록 하기 위해서는 비아 주변에 배제 영역이 필요하다. 직경 $25[\mu m]$ 미만으로 실리콘관통비아를 제작하는 것은 어려우며, 실리콘관통비아의 숫자가 최소한인 경우에 국한하여 제한적으로 레이저드릴 방식을 사용한다. 레이저드릴 방식으로 제작한 실리콘관통비아에서 발생하는 측벽의 기울기는 전형적으로 1.3~1.6° 정도이다.

- 보쉬방식 **반응성이온 심부식각**(DIRE)

펄스식 에칭 또는 **시분할 다중에칭**이라고도 부르는 **보쉬공정**은 이 공정에 대한 특허권을 보유하고 있는 독일의 로버트 보쉬社의 이름을 딴 가공방법이다. 이 공정은 임의의 결정 배향을 가지고 있는 실리콘 기판에 대해서 **종횡비**[4]가 높은 구멍을 가공할 수 있다. 보쉬 공정의 첫 번째 단계에서는 마스킹 층에 성형된 구멍을 통해서 실리콘 기판에 등방성 플라즈마 에칭을 수행한다. 그런 다음 고밀도 플라즈마를 사용하여 노출된 모든 표면 위에 테프론과 유사한 소재를 증착한다. 부동층을 생성한 다음에는 에칭할 표면에 증착되어 있는 부동층을 제거하기 위해서 이방성 플라즈마를 조사하며, 그런 다음 등방성 플라즈마 에칭을 시작으로 하여 새로운 에칭－부동층 생성 사이클이 시작된다. 깊고 수직인 에칭 프로파일을 생성하기 위해서 에칭과 증착공정을 여러 번 반복하여 수행한다.

보쉬공정에서는 이온과 자유 라디칼의 세밀한 평형을 유지하는 **고밀도 플라즈마**(HDP)로 **유도결합 플라즈마**(ICP)가 가장 널리 사용된다. 고밀도 플라즈마에 의해서 분자결합이 쉽게 분해되는 **6불화황**(SF_6)이 실리콘 에칭과정에서 불소 자유 라디칼을 생성하는 가스로 사용된다. 측벽의 부동화와 마스크의 보호에는 8불화시클로부탄($c-C_4F_8$)이 사용된다. 이 환형 불화탄소는 고밀도 플라즈마에 의해서 분해되어 CF_2와 더불어서, 테프론과 유사한 폴리머 부동층을 형성하는 긴 체인형 라디칼들을 생성하며, 기판 전체를 추가적인 화학적 공격으로 인한 에칭으로부터 보호한다. 후속 에칭단계에서 기판과 충돌하는 방향성 이온들이 트렌치 바닥의 부동층을 공격한다(측벽은 공격하지 않는다). 이들이 바닥과 충돌하여 스퍼터링이 이루어지면, 기판이 화학적 에칭에 노출된다. 각각의 에칭/증착 공정들은 수 초 동안 수행된다. 이러한 에칭/증착공정들을 여러 차례 반복하면 바닥의

---

4   aspect ratio.

에칭된 트렌치 속에서만 다수의 매우 작은 등방성 에칭공정이 발생한다. 예를 들어, 0.5[mm] 두께의 실리콘 웨이퍼를 식각하여 관통시키기 위해서는 100~1,000번의 에칭/증착 공정이 필요하다. 2단계로 이루어진 공정으로 인하여 측벽에는 약 100~500[nm] 높이의 스캘럽(굴곡)이 생성된다(그림 4.9와 그림 4.10). 주기시간은 조절이 가능하다. 주기시간이 짧으면 매끈한 벽면이 만들어지며, 주기시간이 길어지면 에칭률이 높아진다.

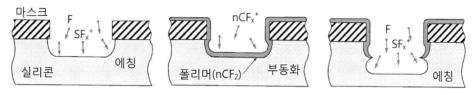

그림 4.9 보쉬방식 반응성이온 심부식각

그림 4.10 보쉬공정으로 인하여 생성된 측벽의 스캘럽 형상

• 극저온 반응성이온 심부식각

극저온 반응성이온 심부식각의 경우 웨이퍼는 −110[°C](163[K])까지 냉각된다. 실리콘 에칭을 위한 불소 라디칼을 생성하기 위해서 SF_6가 여전히 사용된다. 이온들은 위로 향하고 있는 마스크가 덮여 있지 않은 영역을 공격하여 휘발성 SiF_4 형태로 실리콘을 식각한다. 극저온 반응성이온 심부식각의 경우에 측벽 보호를 위해서는 불화탄소 폴리머를 사용하는 대신에 측벽에 생성된 (약 10~20[nm] 두께의)산화물/불화물(SiO_xF_y)층에 의존한다. 극저온과 함께 이 층들로 인하여 불소 라디칼들에 의한 등방성 이온에칭을 유발하는 화학반응이 늦춰지며, 이로 인하여 거의 수직인 측벽이 생성된다.

보쉬공정을 사용해서는 구현할 수 없는 매끄러운 측벽형상이 극저온 반응성이온 심부식각의 가장 중요한 특징이다. 매끄러운 측벽은 금형이나 광학장치 등의 특수한 용도에 매우 유용하게 활용할 수 있다. 보쉬공정을 사용하여 수직의 측벽을 만드는 방식과는 달리, 극저온 에칭에서는 측벽 프로파일에 대한 약간의 미세조절이 가능하다는 점도 특정한 용도에 있어서는 매우 유용한 옵션 중 하나이다(그림 4.11). 극저온 반응성 심부식각에서의 핵심 이슈는 극저온에서 기판 위에 도포된 표준 마스크가 크랙을 일으킨다는 것과 식각 부산물들이 인접한 (기판이나 전극 등의) 차가운 표면에 증착된다는 것이다. 이방성 에칭을 유지하기 위해서 에칭공정 전반에 걸쳐서 낮은 온도를 관리해야만 한다는 점도 고려해야 할 사항이다.

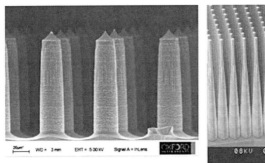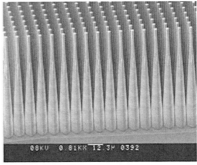

그림 4.11 보쉬공정과 습식 에칭을 사용하여 제작한 마이크로니들(좌측)과 극저온 반응성이온 심부식각을 사용하여 제작한 야구방망이 모양의 기둥 어레이(우측)

4.4.3 선비아, 후비아, 중간비아

실리콘관통비아와 3차원 집적회로 이전에는 반도체를 제작하기 위해서는 반도체 제조공정이 전단 웨이퍼공정과 후단 칩 패키징 공정과 같이, 두 개의 명확하게 구분된 영역으로 나누어져 있었다. 웨이퍼레벨 칩스케일 패키징(WLCSP)은 전공정에서 반도체 웨이퍼를 처리하는 것과 유사한 방식을 사용하여 후공정을 웨이퍼 상태에서 수행할 수 있게 만들어주었다. 그런데 실리콘관통비아와 3차원 집적회로는 전통적인 전공정과 후공정 사이의 경계를 모호하게 만들어버렸다.

기능적인 측면에서 보면, 실리콘관통비아는 다중칩 모듈이나 칩/패키징 적층, 비아 와이어본드 또는 플립칩/기판 상호연결 등을 포함하여 집적회로 패키징에서 전통적으로 사용되어 왔던 상호연결 방법들을 변화시켰다. 후공정 중 패키징이 실리콘관통비아 생성공정들 중에서 전부는 아니더라도 일부를 대체할 수 있다는 점은 의심할 여지가 없다. 하지만 실리콘관통비아 공정들 중에서 핵심 공정은 반도체 전공정의 웨이퍼 공정단계들 중 하나로 수행되어야만 한다.

사용한 실리콘관통비아기술과 제조공정의 순서에 따라서 실리콘관통비아는 선비아, 중간비아 및 후비아와 같이 세 가지로 구분할 수 있다. **선비아**는 CMOS 공정을 시작하기 전에 실리콘관통비아를 생성하는 방법이다. 뒤에 이어지는 고온의 CMOS 공정을 견디기 위해서는 비아 속을 충진하는 도전성 소재로 폴리실리콘을 사용해야 한다. **중간비아**는 CMOS 공정을 수행한 이후에 상호연결층을 제작하기 전에 실리콘관통비아를 생성하는 방법이다. 고온의 CMOS 공정을 견딜 필요가 없기 때문에, 비아충진에 구리소재를 사용할 수 있어서 전기적 성능이 향상된다. 구리소재의 열팽창계수와 종횡비가 큰 비아 내를 구리소재로 충진하면서 발생하는 공동이 문제가 되는 경우에는 텅스텐(W)과 몰리브덴(Mo)을 충진소재로 사용한다. **후비아**는 반도체 웨이퍼공정이 끝나고 난 다음에 실리콘관통비아를 생성하는 방법이다. 후비아 방식의 실리콘관통비아는 전형적으로 크기가 크기 때문에 전형적으로 비아충진에 구리소재를 사용한다. **그림 4.12**에서는 선비아, 중간비아 및 후비아 공정의 흐름도를 보여주고 있다.

비록 실리콘관통비아가 전통적으로 후단 패키징 공정에서 만들어지는 상호연결의 기능을 수행하지만, 선비아 공정과 중간비아 공정은 모두 웨이퍼 팹에서 수행된다. 반응성이온 심부식각은 비아를 생성하기 위한 방법들 중 하나이다. 크기범위는 전통적으로 직경 $20[\mu m]$ 미만이며 최소 직경은 $2{\sim}5[\mu m]$ 수준이다. $1[\mu m]$ 이하의 크기를 갖는 비아는 현재 개발 중에 있다. 그런데 이조차도 CMOS 칩의 상호연결층에서 사용되는 전형적인 배선/간극의 치수보다는 훨씬 큰 것이다. 선비아 방식으로 제작하는 실리콘관통이아의 경우에 전형적인 비아의 깊이는 목표로 하는 3차원 집적회로의 종류에 따라 다르며, $15{\sim}25[\mu m]$의 범위를 갖는다.

후비아의 경우 반도체 웨이퍼 공정이 모두 끝나고 난 다음에 실리콘관통비아를 생성한다. 후비아 방식으로 제작하는 실리콘관통비아의 경우에는 반응성이온 심부식각(DIRE)이 주로 사용된다. 하지만 레이저드릴 방식이 낮은 비용과 빠른 드릴속도로 인하여 매력적인 대안으로 대두되고 있다. 그런데 레이저로 가공이 가능한 비아의 직경은 $15{\sim}50[\mu m]$의 범위를 가지고 있다. 위치 정확도와 순차공정의 특성 때문에 레이저드릴은 센서나 플래시 메모리와 같이 실리콘관통비아의 숫자가 작은 경우에 적합한 가공방법이다. 웨이퍼 뒷면연삭두께에 따라서 레이저드릴 방식으로 $200[\mu m]$의 깊이와 $10:1$의 종횡비를 갖는 비아를 가공할 수 있다. 비아의 충진에는 구리도금 방법이 주로 사용된다.

반도체 업계, 파운드리, 패키징 하청업체 그리고 대학 등이 실리콘관통비아의 연구개발에 많은 투자를 하고 있다. 실리콘관통비아는 반도체 혁신의 초기단계부터 꿈꿔왔던 3차원 집적회로의 이정표이다.

선비아방식 실리콘관통비아 제조공정

실리콘관통비아 에칭	실리콘관통비아 충진	전공정 1000°C	후공정 450°C	뒷면 박막화가공 +표면처리

중간비아방식 실리콘관통비아 제조공정

전공정 1000°C	실리콘관통비아 에칭	실리콘관통비아 충진	후공정 450°C	뒷면 박막화가공 +표면처리

후비아방식 실리콘관통비아 제조공정

전공정 1000°C	후공정 450°C	뒷면 박막화가공	실리콘관통비아 에칭	실리콘관통비아 충진 +표면처리

그림 4.12 선비아, 중간비아 및 후비아 방식의 실리콘관통비아 생성을 위한 공정흐름도, 연회색으로 채워진 칸들은 웨이퍼 팹 공정을 나타내며, 노란색으로 채워진 칸들은 후단 패키징 공정들을 나타낸다. (컬러 도판 401쪽 참조)

4.4.4 실리콘관통비아의 충진

일단 실리콘관통비아를 생성하고 나면, 도전성 비아와 실리콘 기판 사이를 분리하기 위해서 절연층을 증착한다. 열화학기상증착 산화물, 실란 그리고 **테트라에톡시실란**(TEOS) 기반의 플라즈마증강 화학기상증착 산화물이나 저압화학기상증착방식으로 증착한 질화물 등이 일반적으로 사용된다.

절연이 끝나고 나면 폴리실리콘, 구리 또는 텅스텐과 같은 도전성 소재를 비아충진재로 사용한다. 전기도금된 구리는 뛰어난 전기도전성을 가지고 있기 때문에 비아충진소재로 선호된다. 상향식 도금이 바람직하며 적절한 종횡비와 직경을 가지고 있는 비아에 잘 작용한다. 무공동 비아충진 문제 이외에도 비아충진용 소재의 선정과정에서 구리(16~17[ppm/°C])와 실리콘(2~3[ppm/°C])의 열팽창계수 차이를 고려해야만 한다. 비아가 깊은 경우에는 내부 절연층 내에서 열팽창계수 차이와 선형치수의 함수인 열기계적 응력이 크랙을 유발하기에 충분할 정도로 증가할 수 있다.

이런 응력을 저감하기 위해서는 텅스텐(W, 4.5[ppm/°C])이나 몰리브덴(Mo, 4.8[ppm/°C])과 같이 열팽창계수값이 작은 소재를 사용하여 실리콘관통비아의 속을 충진한다. 텅스텐이나 몰리브덴의 증착에 대해서는 **물리적 기상증착**(PVD) 기술이 잘 정립되어 있다. 느린 공정속도와 무공동 비아충진이 물리적 기상증착 공정이 당면한 기술적 도전요인이다. 이론상으로는 기체상 전구체를 사용하여 몰리브덴이나 텅스텐을 고속으로 증착할 수 있는 레이저보조 화학적 기상증착 방법이 대형 실리콘관통비아의 충진에 있어서 희망을 보여주었다. 그런데 레이저 비아 드릴링의 경우와 마찬가지로 순차가공방식을 사용하기 때문에, 실리콘관통비아의 숫자가 작은 경우에 국한하여 이를 적용할 수 있다.

대구경 실리콘관통비아의 경우에는 실리콘관통비아의 절연에 2~5[μm] 두께의 폴리머 절연체를 사용하는 방안이 실험되고 있다. 연질 폴리머 절연층은 실리콘관통비아를 둘러싸고 있는 구조물들에 부가되는 열기계적 응력을 저감시켜줄 뿐만 아니라, 산화물보다 낮은 유전율 상수값과 더 두꺼운 절연층으로 인하여 정전용량값이 감소된다. 폴리머 절연체를 사용하기 위해서는 공정온도와 시간 등의 공정적합도에 대한 확인이 필요하다.

4.4.5 3차원 집적회로의 접착

실리콘관통비아의 생성과 뒷면비아의 노출 및 표면처리가 끝나고 나면, 반도체 디바이스의 층들을 적층 및 접합하여 설계된 3차원 구조물을 완성해야 한다. 적층은 웨이퍼 단위나 다이 단위에서 진행할 수 있으며, 다음과 같이 구분할 수 있다. (1) 웨이퍼-웨이퍼 접착, (2) 다이-웨이퍼 접착, (3) 다이-다이 접착. 접착방법에는 산화물 융합접착, 금속-금속접착 그리고 폴리머 접착 등이 사용된다. 금속-금속 접착의 경우 금속융합접착과 더불어서 Cu-Sn 공융접착과 같은 금속 공융접착이 사용된다.

• 산화물 접착

산화물 접착은 실리콘 온 절연체(SOI) 웨이퍼에서 살펴보았던 것과 같은 직접 웨이퍼 접착 방법이다. 이 공정의 경우 1차로 접착표면에 저압 화학적 기상증착 산화물을 증착한 다음에, 원자수준의 평탄도(Ra<0.4[nm])로 표면을 폴리싱한다. H_2O_2와 초순수를 사용하여 웨이퍼를 세척한 다음에 N_2 환경하에서 스핀건조를 시행한다. 이런 공정을 거치고 나면 접착 표면에 SiOH(실라놀) 부유그룹이 생성된다. 접착할 두 웨이퍼들을 정렬을 맞추어 나란히 놓으면, 두 개의 초평탄 표면들 사이의 원자접촉으로 인하여 수소결합이 생성된다. 그런 다음 진공풀림을 시행하여 두 표면상에서 Si-OH와 HO-Si의 농축반응을 통해 H_2O 분자들을 배출시키며 두 표면을 결합시키는 Si-O-Si 공유결합을 생성한다.

• Cu-Sn 공융접착

Cu-Sn 공융접착은 구리소재 실리콘관통비아와의 3차원 집적화를 구현하기 위해서, 용융온도가 낮은 주석을 사용하여 비교적 낮은 온도에서 확산 또는 땜납융합을 통해서 접착이 이루어진다. Cu/Sn-Cu 접착과 Cu/Sn-Sn/Cu 접착의 두 가지 접착 방식이 널리 사용된다. 용융온도가 676[°C]이며, 열동력학적으로 안정된 이중금속인 Cu_3Sn 합금이 생성되면 공융접착이 완료된다. 접착 이전에 Sn의 소모를 조절하기 위해서 Cu와 Sn 사이에 Au 또는 Ni 소재의 얇은 버퍼층을 삽입할 수 있다. Cu-Sn 공융접착을 사용하여 50[μm] 피치의 구리소재 실리콘관통비아를 제작하였다.

• Cu-Cu 직접접착

저온 구리확산 접착은 모든 상호연결방법 중에서 최고의 전기적 성능과 열 전도성을 가지고 있기 때문에, 3차원 집적회로에서 매우 매력적인 기법이다. 이 공정에서는 접착할 구리표면을 평탄화(Ra<2[nm]), 세척 또는 산화가 발생하지 않도록 부동화시켜놓아야 한다. 그런 다음 두 표면을 가압하여 접촉시킨다. 구리의 상호확산을 증진시켜서 결정의 성장과 재결정화를 통해서 접착공정을 완성하기 위해서 전형적으로 저온(350[°C] 이하) 풀림열처리가 수행된다. 적절한 표면 활성화를 통한 상온 구리접착 방법도 발표되었지만, 접착된 표면의 상호확산은 제한적이다. Cu-Cu 확산 접착의 강도는 구리산화, 압착력, 풀림 열처리 온도상승률 그리고 시간 등에 영향을 받는 것으로 판명되었다. 이 기법

을 사용하여 10[μm] 피치를 제작하였다. 미세피치나 전기 및 열 성능 이외에도, 합금소재를 사용하지 않고 순수한 구리만으로 상호연결을 형성하였기 때문에 강한 전기이동저항이 예상된다.

• **폴리머 접착제**를 이용한 접착

앞서 논의했던 모든 접착방법과 비교하여 폴리머 접착제를 이용한 접착이 가지고 있는 장점은 접착표면의 평탄도나 청결도에 대한 요구조건이 훨씬 여유롭다는 것이다. 접착제를 이용한 접착공정은 매우 간단하다. 우선 솔벤트에 용해된 접착제를 스핀코팅한 다음에, 가열하여 솔벤트를 제거하거나 접착제를 부분적으로 경화시킨다. 진공 중에서 접착할 두 표면의 정렬을 맞추어 압착한 후에 폴리머의 교차결합을 증가시키기 위해서 가열한다. 이 기법에서는 열가소성수지나 열경화성 폴리머 접착제들을 사용할 수 있다. 특수한 목적의 접착에 대해서는 건식식각이나 감광성 소재들도 사용할 수 있다.

벤조시클로부텐(BCB), 파릴렌 그리고 폴리이미드 등의 사용 가능한 폴리머 접착제들 중에서 벤조시클로부텐이 다양한 표면상태에 대해서 가장 견실한 접착을 형성하는 것으로 판명되었다. 이 소재들은 뛰어난 화학저항성과 접착강도를 나타내었다.

폴리머 접착제를 이용한 접착은 저온접착방법이며, 전형적인 집적회로 후공정과 패키징/조립공정에 해당한다. 하지만 이 공정을 이종 반도체의 3차원 집적화에 사용할 수 있으며, 동시에 응력불균일을 수용하는 버퍼로도 활용할 수 있다. 그런데 최종적인 경화단계에서 발생하는 접착제의 리플로우는 정밀한 정렬에 있어서 기술적 도전과제이다. 코팅균일성과 접착제의 적절한 부분경화도 최종적인 경화과정에서 웨이퍼의 정렬을 유지하기 위해서 중요한 인자이다.

4.4.6 실리콘관통비아를 사용하는 3차원 집적회로의 조립

반도체 칩에서는 전통적으로 2차원 크기축소를 통해서 신호전송속도를 향상시켜왔다. 그런데 상호연결의 신호전송속도가 트랜지스터만큼 빨라지지 않았으며, 전력밀도의 한계에 봉착하게 되면서 제조공정 개선과 칩 설계를 통한 크기의 축소가 점점 더 어려워졌다. 2차원 다이들을 적층한 후에 수직방향으로 이들을 연결하는 3차원 집적회로가 크기축소에 활용되기 시작하였다. 이를 통하여 평면형 배치에 비해서 층상화된 칩들 사이의 통신속도 향상이 가능해졌다.

2004년에 인텔社는 펜티엄4 중앙처리장치의 3차원 버전을 발표하였다. 이 칩은 면대면 접착을 사용하여 두 개의 다이들로 제작하였으며, 이를 통해서 조밀한 비아구조를 실현하였다. 입출력과 전력공급에는 뒷면 실리콘관통비아들이 사용되었다. 전력 절감과 성능 향상을 실현하는 3차원 플로어 배치를 위해서 설계자들은 수작업을 통해서 각 다이들의 기능블록들을 배치하였다. 열점의 형성을 제한하기 위해서 대형 고전력 블록들에 대한 세심한 재배치를 수행하였다. 3차원 설계를 통해서 2차원 펜티엄4에 비해 (파이프라인 스테이지의 제거를 통해서) 15%의 성능 향상과 (리피터의 제거와 배선길이 축소를 통해서) 15%의 전력절감을 실현하였다.

인텔社가 2007년에 소개한 테라플롭 리서치 칩은 실험적인 80코어 칩으로서, 적층형 메모리를 갖추고 있다. 높은 메모리대역폭에 대한 요구 때문에 전통적인 입출력 방법은 10~25[W]의 전력을 소모한다. 이를 개선하기 위해서 인텔社에서는 실리콘관통비아를 기반으로 하는 메모리버스를 제작하였다. 각 코어들은 SRAM 다이 내에서 12[GB/s]의 대역폭을 구현하는 링크를 통해서 하나의 메모리타일에 연결되어 있으며, 총 대역폭은 1[TB/s]에 이르지만 2.2[W]의 전력을 소모할 뿐이었다.

위의 실험결과는 정말로 인상적이었으며, 이들은 3차원 집적화가 단지 성능을 향상시키기 위해서 프로세서의 위에 메모리를 적층하는 것 이상의 의미를 가지고 있다는 것을 극적으로 보여주었다. 프로세서를 3차원 방식으로 설계하는 데에는 명확한 동기가 있다. 그러나 이런 칩들이 대량으로 판매하기 위해서는 생산과정에서 극복해야만 하는 장애물이 존재하며, 일련의 새로운 모든 가능성과 제약조건들을 고려하기 위해서는 설계용 **툴체인**[5]을 재편해야 한다.

3차원 집적회로들은 다음에 열거되어 있는 것처럼, 많은 측면에서 반도체를 변화시킬 것이다.

- **점유면적** : 적층된 패키지 속에 더 많은 기능을 집어넣어서, 근본적으로 XY 스케일을 정의했던 무어의 법칙을 확장시키며 작지만 파워풀한 디바이스의 새로운 세대를 가능케 해준다.

---

5   tool chain : 임베디드 시스템 개발을 위한 도구들의 모임. 역자 주.

- **가격** : 커다란 칩을 다수의 작은 다이들로 분할하면 웨이퍼의 수율을 향상시킬 수 있으며, 기본제조비용을 저감시켜준다. 3차원 집적회로에 기지양품다이들만을 사용하면, 높은 적층수율과 제작된 집적회로의 총 수율을 향상시켜준다.
- **이종 집적화** : 서로 다른 공정들을 사용하거나 서로 다른 유형의 웨이퍼를 사용하여 회로층들을 제작할 수 있다. 만일 이들을 단일 웨이퍼로 제작한다면, 구성요소들을 훨씬 더 최적화할 수 있다. 더욱이 양립할 수 없는 제조공정이 필요한 구성요소들을 하나의 3차원 집적회로로 결합시킬 수 있다.
- **상호연결 길이 단축** : 연구자들에 따르면 일반적으로 평균배선길이를 10~15% 정도 줄일 수 있다. 그런데 3차원 적층을 활용하면 상호연결 길이가 길수록 배선길이 단축률을 더 높일 수 있다는 장점이 있다. 이를 통해서 회로지연을 크게 줄일 수 있다. 부정적인 측면으로는, 3차원 배선은 기존의 평면다이 배선보다 정전용량이 크므로, 전체적인 회로지연 저감에는 약간의 절충이 존재한다.
- **전력** : 신호를 칩 내부에서만 주고받으면 전력소모를 10~100배나 줄일 수 있다. 배선의 길이를 줄이면 기생정전용량이 저감되어 전력소모가 줄어든다. 전력수요를 줄이면 열 발생이 감소하며, 배터리 수명이 늘어나고, 작동비용도 절감된다.
- **설계** : 수직치수는 연결도를 높여주며 새로운 설계가능성을 제공해준다.
- **대역폭** : 3차원 집적화를 통하여 많은 수의 비아를 사용할 수 있게 되었다. 이로 인하여 서로 다른 층의 기능블록들 사이에 광대역 버스의 구축이 가능해졌다. 전형적인 사례는 프로세서의 상부에 캐시 메모리가 적층되어 있는 프로세서＋메모리 3차원 적층이다. 이 배치를 통해서 캐시와 프로세서 사이에 전형적으로 사용되는 128 또는 256 비트보다 훨씬 더 많은 숫자의 버스들을 구축할 수 있다.

3차원 집적회로 기술도 다음과 같은 기술적 도전요인들을 가지고 있다.

- **실리콘관통비아에 의한 오버헤드** : 실리콘관통비아는 게이트보다 더 크며, 플로어 배치에 영향을 미친다. 45[nm] 기술노드의 경우, $10 \times 10[\mu m]$ 크기의 실리콘관통비아는 게이트 크기 50개에 해당한다. 더욱이 랜딩패드와 배제 영역에 대한 가공 요구조건으로 인하여 실리콘관통비아의 점유 영역이 더욱 증가한다. 사용하는 기술에 따라서 실리콘관통

비아는 레이아웃 자원의 하위세트 중 일부를 가로막는다. 이들은 디바이스 층을 차지하여 배치방해가 초래되며, 최악의 경우에는 디바이스와 금속층을 차지하여 배치와 경로생성 방해가 초래된다. 실리콘관통비아를 사용하면 일반적으로 배선길이의 감소가 기대되지만, 이는 실리콘관통비아의 숫자와 이들의 특성뿐만 아니라 설계블록의 구획 등에 의존한다.

- **시험** : 수율을 높이고 비용을 절감하기 위해서는 각각의 다이들에 대한 개별시험이 필수적이다. 그런데 3차원 집적회로 내의 인접한 능동층들 사이의 조밀한 조립을 통해서 서로 다른 다이들에 분산되어 있는 동일한 회로모듈의 서로 다른 영역들 사이에 현저한 숫자의 상호연결이 수반된다. 필요한 숫자의 실리콘관통비아로 인하여 요구되는 엄청난 오버헤드는 차치하고라도, 전통적인 기법을 사용해서는 모듈 내의 **멀티플라이어**와 같은 구획들을 개별적으로 시험할 수 없다. 이는 특히 3차원으로 배치되어 있는 타이밍이 중요한 경로들에 적용된다.

- **수율** : 여분의 제조단계로 인하여 결함과 수율저하의 위험이 높아진다. 3차원 집적회로를 상업적으로 생산하기 위해서는 결함을 관리 가능한 수준까지 낮춰야만 한다.

- **발열** : 적층된 집적회로 내에서의 발열과 방열문제는 혁신적인 방법으로 해결해야 한다. 이는 적층형 집적회로에서 가장 중요한 문제이다. 특정한 열점에 대해서는 세심하게 관리해야만 한다.

- **설계의 복잡성** : 3차원 집적화의 장점을 극대화하기 위해서는 세련된 설계기법과 새로운 CAD 및 시뮬레이션 도구들이 필요하다.

- **표준의 미비** : 실리콘관통비아 기반의 3차원 집적회로 설계, 제조 및 패키징과 관련되어서는 기술적 문제들이 논의되고 있지만, 표준은 거의 제정되어 있지 않다. 게다가 후비아, 선비아, 중간비아, 인터포저 또는 직접접착 등과 같은 다양한 조립방법들에 대한 연구가 수행되고 있다.

- **이종칩 공급망** : 다중칩 패키징의 경우와 마찬가지로, 한 부품의 지연이 제품 전체의 공급지연을 초래하며 개별 3차원 집적회로 부품 공급업체의 수익저하로 연결된다.

- **불분명한 소유권한** : 3차원 집적회로의 통합과 패키징 및 조립을 누가 소유하는가와 파운드리, 조립업체 및 제품 OEM 업에의 역할은 무엇인가가 불명확하다.

4.5 웨이퍼레벨 3차원 집적화

특수한 웨이퍼 범핑/패키징 공정으로 인하여 모든 3차원 패키지나 3차원 집적회로들에 대해서 WLCSP를 적용할 수는 없다. 예를 들어 모듈 기판 위에 옆으로 나란히 WLCSP 칩들을 함께 패키징할 때에만 와이어본드 적층이 타당성을 갖는다. 패키지온패키지는 몰드관통비아를 사용한 팬아웃 WLCSP의 경우에 가치를 높여주는 방법이지만, 팬아웃 WLCSP에는 적용하기 어렵다. 또한 실리콘관통비아는 추가적인 공간이 필요하며 WLCSP의 구성요소 가격에 시장이 민감하게 반응하기 때문에, 일반용도의 팬인 WLCSP에는 적용하기 어렵다.

WLCSP 위의 3차원 칩은 유일한 베어다이 집적회로 패키지이기 때문에, 특별한 목적에 대해서 잘 적용할 수 있으며, 이에 대한 깊은 논의가 필요하다. 우선 WLCSP의 특징들에 대해서 살펴보기로 한다. (1) WLCSP는 전 공정이 웨이퍼 기반으로 이루어지는 패키지 기술이다. (2) 이 기법은 10×10[mm] 이하의 크기, 특히 6×6[mm] 이하의 크기를 가지고 있으며 입출력 단자의 숫자가 작은(범프 숫자 400개 이하) 경우에 적용된다. 그리고 (3) WLCSP는 미세피치 (0.5[mm] 이하) 땜납범프 어레이를 사용하며, 이 피치는 사용 가능한 프린트회로기판 기술에 의해서만 제한된다. 작은 크기와 전체가 실리콘이라는 특성으로 인하여, 팬인 WLCSP에 3차원 적층기법을 적용한 사례는 CMOS 영상화 센서나 MEMS 패키지와 같은 특수한 분야에 서만 찾을 수 있다. (열팽창계수 편차로 인한 열기계응력으로 인한)패키지 크기의 한계를 볼 그리드어레이 기판 패키지 크기까지 크게 확장시켜준 팬아웃 WLCSP의 경우, 그림 4.13에 도시되어 있는 실리콘관통비아를 사용한 패키지온패키지 기반의 팬아웃에서 볼 수 있는 것처럼, 볼그리드어레이 기판 패키지에 대해서 초기에 개발된 3차원 개념을 팬아웃 패키지에 적용하였다.

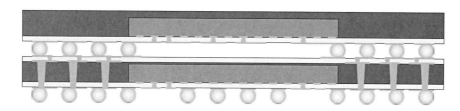

그림 4.13 패키지온패키지 기반의 팬아웃 WLCSP의 개념도. 팬아웃패키지의 바닥을 관통하여 몰드관통비아를 뚫어서 앞면(능동회로 측)과 뒷면을 연결하는 상호연결을 생성하였다. 상부 칩과의 연결을 위해서 뒷면 경로생성이 필요하다. 전 영역 어레이를 사용하는 경우, 하부 패키지의 뒷면에 팬인 경로생성을 수행할 수 있다.

4.5.1 3차원 MEMS와 센서의 WLCSP

실리콘관통비아가 출현하기 오래 전에는 미세전자 집적회로의 진보된 패키징 기술을 개발, 제조 및 판매하는 이스라엘 회사인 쉘케이스社가 WLCSP 위에 3차원 칩을 적층하는 방안을 개척하였다. 2005년 12월에 테세라社는 **쉘케이스®**과 관련된 특정한 지적재산권을 구입하였다. 이 매입으로 인하여 테세라社는 광학시장에 진출할 수 있게 되었다.

3차원 칩의 핵심 기술은 앞면(능동회로 측)과 뒷면 사이의 상호연결이다. 쉘케이스는 칩/패키지의 경사진 측벽에 배선경로를 성형한 다음에 칩 테두리 접촉에 대한 앞면노광을 시행하였다. 팬인 재분배를 사용하면 패키지의 뒷면에 어레이 영역을 배치할 수 있기 때문에 앞면에는 유리 실드로 보호되는 영상센서를 위한 공간을 확보할 수 있으며, 패키지 레벨 상호연결 인터페이스로부터 자유로워진다. 그림 4.14에서는 ShellOP, ShellOC, ShellBGA 등 세 가지 쉘케이스 패키지들을 사용하여 최종 완성된 CMOS 영상센서의 형상을 보여주고 있으며, 그림에서 각각의 설계들은 반도체 영상센서의 특징적인 수요를 충족시켜주고 있다. ShellOP 광학 패키지는 기본형태로서, 앞면과 뒷면 테두리 경로생성을 구현하고 있으며, 민감한 능동측 센서 영역을 완전히 보호하고 있다. ShellOC는 광학공동을 추가하였으며, 유리와 센서영역 사이의 접착제를 제거하였기 때문에 광선포집능력이 향상되었다. ShellBGA는 **후방조사**(BSI) CMOS 센서를 위해서 설계되었으며, 이 칩에서 광선은 공격적으로 박막화 가공을 수

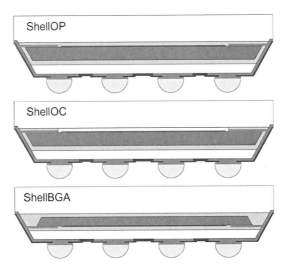

그림 4.14 쉘케이스社에서 개발한 광학 패키지의 세 가지 유형

행한 실리콘 기판을 통과하여 광전셀에 도달한다. 이 설계는 온칩 금속층에 의한 산란을 방지해주므로 광선포집량을 증가시켜주며 센서의 저조도 성능을 향상시켜준다.

그림 4.15에서는 ShellOP 패키지의 공정흐름도를 보여주고 있다. ShellOC는 광학공동을 생성하기 위해서 특수한 적층공정을 필요로 한다. 반면에 ShellBGA는 패키징을 제작하기 위해서 매우 다른 순서를 사용한다. 그런데 기본적인 개념은 ShellOP와 크게 달라지지 않았다.

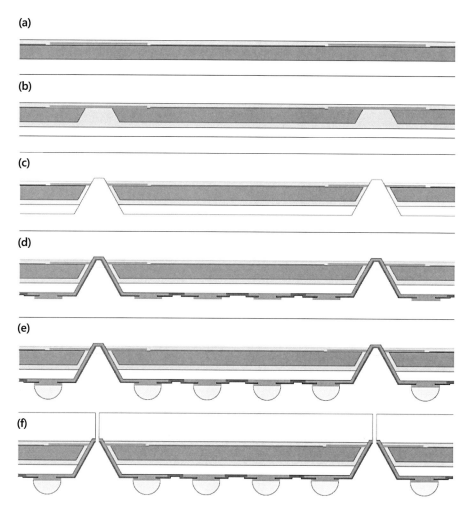

그림 4.15 ShellOP의 개략적인 공정흐름도. (a) 실리콘을 유리 캐리어에 접착한 다음에 뒷면연삭을 수행한다. (b) V형 도랑을 가공한 다음에 하부 유리기판을 접착한다. (c) 패드금속을 관통하여 V 형상을 가공한다. (d) 뒷면금속 도금과 재분배층 및 범프하부금속을 제작한다. (e) 땜납 프린트 또는 볼부착과 리플로우를 수행한다. (f) 다이들을 절단하여 분리한다.

셀케이스®의 모든 공정은 웨이퍼레벨 패키징 공정으로 이루어진다. 이 공정은 절단선 안쪽까지 확장되어 있는 접착용 패드 확장 영역이 유리 웨이퍼와 접착되어 있는 실리콘 집적회로 웨이퍼를 사용하여 시작한다. 이 공정에서는 영상센서를 위해서 광학 접착제가 사용된다. 유리 기판은 이후의 공정에서 실리콘 웨이퍼를 50~100[μm] 두께까지 박막화 가공한 다음에 패드 확장 영역 아래로 도랑가공을 하는 동안 기계적 캐리어로 사용된다. 그런 다음 두 번째 유리 기판을 접착하여 섬처럼 분리된 실리콘들을 접착제로 완전히 밀봉한다. 이 단계에서 미래에 땜납범프 하부에 위치하게 되는 유연 폴리머층을 생성하여 패키지의 기계적 신뢰성을 향상시킨다. V-형상의 절단날을 사용하여 절단선 영역 내에서 노치를 생성한다. 각 다이의 주변 부위에 노출된 패드 확장 영역들을 하부 납땜기판 위에 배치되어 있는 땜납볼 어레이의 재분배층으로 사용한다. 이 공정은 알루미늄 층에 대한 스퍼터링과 패터닝을 수행한 다음에 땜납마스크 증착과 땜납 페이스트 증착을 통한 땜납범프 생성 또는 땜납구체 부착 등의 순서로 진행된다. 이 공정은 절단톱을 사용하여 제작이 완료된 웨이퍼를 개별 다이들로 절단하면 완료된다.

잘 알려진 반도체 패키징 관련 특허 보유기업인 테세라社에서 셀케이스® 패키지 개념에 대한 특허를 구입한 이후에 많은 개선이 이루어졌다. 개선은 주로 패키지 크기와 높이의 축소뿐만 아니라 효율적인 제조기술에 집중되었다. 가격경쟁력이 높은 셀케이스®RT는 하부유리를 사용하지 않으며 300[mm] 웨이퍼에 직접 패키징을 수행하여 얇은 구조를 실현하였다. 셀케이스®MVP의 경우에는 앞면과 뒷면 사이의 수직방향 상호연결에 실리콘관통비아를 사용하였다. 전통적인 셀케이스 테두리연결과 비교하여 실리콘관통비아 패키지 설계는 웨이퍼 직경, 접착패드 크기, 피치나 위치 등에 대한 제약조건이 작기 때문에 대부분의 현존하는 CMOS 영상센서들에 직접 적용할 수 있다. 실리콘 설계규칙이 허용하는 한도까지 절단선의 폭을 좁힐 수 있게 되어서, 웨이퍼당 다이의 숫자를 극대화시키며 유닛가격을 절감할 수 있다. 패키징된 영상센서의 두께는 500[μm]에 불과하여서, 극한의 두께절감을 요구받고 있는 휴대용 전자기기 제품에 적합하였다.

2010년 후반기에 출시된 옴니비젼® OV14825는 셀케이스® 3차원 패키징 기술이 영상센서에 적용된 실제 사례로서 그림 4.16에 도시되어 있다. OV14825는 전체 해상도하에서 15[fps]의 속도로 작동하는 4,416 × 3,312개의 후방조사 픽셀 능동 어레이를 갖추고 있으며, 높은 민감도를 구현하기 위해서 **비닝방식**을 사용하면, 60[fps]의 속도로는 1080p HD 비디오를 송출할 수 있다. 풀HD 비디오 모드의 경우 이 센서는 **손떨림보정**(EIS)을 위한 추가적인 픽셀을 제공한다. 116핀을 사용하는 칩스케일 패키지를 마주보는 실리콘의 뒷면에 이 센서가 패키징된다. 쉘케이스 패키지의 테두리 연결이 특별하다는 점은 명확하다.

그림 4.16 쉘케이스 패키지를 사용하여 제작된 옴니비전® OV14825 영상센서

영상센서 이외에도 MEMS는 3차원 패키징이 특별한 가치를 가지고 있는 또 다른 분야이다. MEMS 제조공정에 전통적인 반도체 제조방법을 적용하는 것이 기술적인 도전에 직면하게 되면서, 다양한 측정에 사용되는 복잡한 3차원 기계구조를 제작하기 위해서 반응성이온심부식각(DIRE)에 의존하게 되었다. 따라서 MEMS 분야에서는 3차원 구조가 당연한 것처럼 생각되지만 가격경쟁력을 갖춘 방법을 사용하여 MEMS와 ASIC 패키징을 제작하기 위해서는 설계엔지니어들의 노력이 여전히 필요한 실정이다.

3차원 MEMS 웨이퍼레벨 패키징에서 반드시 MEMS 웨이퍼와 여타의 반도체들을 실리콘관통비아만을 상호연결 수단으로 사용하여 웨이퍼 단위에서 적층할 필요는 없으며, 칩온웨이퍼나 웨이퍼온 웨이퍼 방식으로 웨이퍼 방식 적층을 수행한 다음에 이들을 개별 패키지로 절단하기 전에 상호연결 공정이나 시험을 수행하면 된다.

일반적인 MEMS에서 설계, 제조 및 패키징을 수행하는 것과 매우 유사하게, 3차원 MEMS 웨이퍼레벨 패키징도 매우 특별한 방법을 사용할 수 있다. **그림 4.17**에서는 MEMS 다이에 면대 면으로 접착된 ASIC 플립 칩을 사용하는 3차원 MEMS 패키지 적층의 개념도를 보여주고 있다. 개별 패키지로 절단하기 전에 이 칩에는 땜납볼 범프가 부착된다.

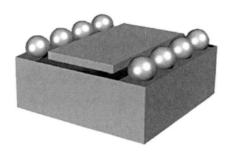

그림 4.17 3차원 MEMS 패키지의 개념도

일반적인 용도의 WLCSP 3차원 패키징의 경우에는 가격이 기술적용의 가장 큰 장애요인이다. WLCSP 디바이스는 전형적으로 크기가 작으며, 특별한 용도에 사용된다. 따라서 수직방향 집적화에 대한 시급성이 그리 크지 않다. 하지만 이것이 이 분야의 혁신활동이 필요 없다는 것을 의미하지는 않는다.

그림 4.18에서는 개념적인 3차원 WLCSP의 단면도를 보여주고 있다. 여기서는 실리콘관통비아 드릴링과 도금공정이 필요 없다. 기존의 미니범프 플립칩 부착기법을 사용하여 CoW 상호연결이 이루어진다. 구리기둥, 앞면 웨이퍼 몰딩 그리고 재분배층은 모두 WLCSP에서 안정화된 기술이지만, 이들을 통합하여 특수한 용도에 사용할 수 있는 특별한 패키지를 만들어냈다.

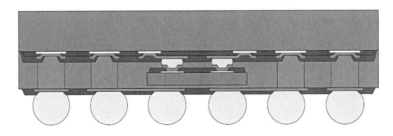

그림 4.18 실리콘관통비아를 사용하지 않는 웨이퍼레벨 3차원 패키지

4.6 매립형 WLCSP

매립형 WLCSP는 사실상 기본적인 WLCSP 칩들과 여타의 능동 및 수동소자들을 사용하는 3차원 패키지이다. 하지만 웨이퍼 포맷의 공정을 사용하지 않기 때문에 3차원 WLCSP로 간

주되지는 않는다. 대신에 매립형 WLCSP 모듈의 생산에는 프린트회로기판 패널공정이 사용
된다.

WLCSP를 매립식으로 만드는 데에는 충분한 이유가 있다. 우선, WLCSP 범프의 피치는 프
린트회로기판 레이저 비아공정의 능력을 고려한 결과이다. 두 번째로, 구리소재 범프하부금
속을 사용하는 WLCSP는 전형적인 프린트회로기판 시드금속 공정(무전해 구리도금)과 후속
적인 구리 전해도금에 적합한 금속화 공정이다. 세 번째로, WLCSP 위에 설치되는 구리소재
범프하부금속의 크기는 전형적으로 직경이 200[μm] 이상이므로 레이저드릴로 가공된 랜딩
패드의 크기와 완벽하게 일치한다. 이 외에도 범프하부금속만을 사용하는 WLCSP 웨이퍼에
대해서는 웨이퍼의 두께가 매립층 두께(50[μm] 이상)로 감소할 때까지는, 올바른 공구와 공
정을 조합한다면 앞면연삭과 뒷면연삭 그리고 절단을 즉시 시행할 수 있다. 이런 모든 요인으
로 인하여 WLCSP를 실리콘 측에 매립하는 방향으로 쉽게 이동하게 되었다.

WLCSP를 프린트회로기판에 매립하는 것도 앞서와 마찬가지로 명확한 이유가 있다. USB-
OTG 부스트 레귤레이터 모듈을 갖춘 충전기에 대한 목업 연구에서는, WLCSP와 수동소자들
을 모두 표면에 장착하는 설계에서 WLCSP와 표면실장형 수동소자들을 매립하는 방식으로
설계를 변경하여, 패키지의 높이 증가나 열발산 성능의 저하 없이 44% 이상의 크기를 축소하
였다(그림 4.19).

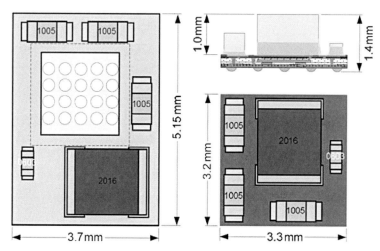

그림 4.19 표면실장형 패키지(좌측)를 매립형 WLCSP(우측)로 바꾸어 모듈 크기를 44% 이상 축소하였다.
실리콘의 두께를 공격적으로 얇게 가공하여 전체적인 패키지 높이는 동일하게 유지하였다.

매립형 WLCSP 모듈의 신뢰성은 견실하다. 수동소자의 무게가 추가되었지만, 보드레벨 낙하성능과 냉열시험 성능은 동일한 크기의 WLCSP에 비해서 향상되었다. 성능 향상의 주요 이유는 다음과 같다. (1) 실리콘 두께의 공격적인 감소와 매립을 통하여 모듈 기판의 유효 열팽창계수를 보드레벨 시험을 위하여 설치되는 프린트회로기판과 유사하게 만들었다. 따라서 땜납에 부가되는 응력은 프린트회로기판 위에 설치된 WLCSP보다 실질적으로 더 감소하였다. (2) 매립으로 인하여 실리콘은 프린트회로기판으로부터 오히려 더 멀어지게 되었다. 이는 서로 열팽창계수가 일치하지 않는 두 소재 사이의 설치거리를 더 증가시키는 것과 동일한 효과를 나타낸다. 그러므로 열팽창계수가 서로 일치하지 않는 두 요소들과 이들을 연결하는 상호연결기구에서 발생하는 응력과 변형률이 감소하였다. 여기서 모듈 기판과 프린트회로기판 사이의 연결에는 납땜 조인트가 사용되었다.

패키징 개발에서는 매립 방식이 활발하게 적용되고 있다. 실리콘이나 수동소자들을 매립하면, 층간관통비아와 같은 여타의 용도로 사용할 일부 공간을 차지해버리기 때문에, 3차원 모듈 패키지 설계에서는 제약조건으로 작용한다. 따라서 모든 용도에 대해서 매립방식을 사용하지는 못한다. 다량의 열을 발산해야만 한다면 매립된 모듈의 열성능에 대해서도 세심하게 평가해야 한다. 하지만 칩으로부터 모듈이 설치되어 있는 프린트회로기판 쪽으로 열이 통과하는 것을 도와주는 매립된 구리평면과 비아 및 납땜 조인트 등으로 이루어진 열전달 경로가 존재하기 때문에, 열 문제는 그리 자주 문제가 되지는 않는다.

4.7 요 약

오늘날 소형화, 효율, 집적화 및 낮은 가격 등이 미세전자기술의 개발을 이끄는 주요 추진 동력이다. 패키지 소형화는 박소형 패키지(TSOP), 칩스케일 패키지(CSP), 웨이퍼레벨패키지(WLP) 등을 거쳐서 패키지온패키지(PoP)와 시스템 레벨의 통합을 더 강조한 시스템인패키지(SIP)로 발전하였다. 3차원 패키징은 다중칩 모듈(MCM)에서 적층된 패키지와 다이적층형 패키지로 먼 길을 돌아왔다. 가장 작은 점유면적에 대해서 시스템 기능을 극대화한다는 동일한 목적을 가지고 있는, 3차원 집적회로는 고도의 집적화를 추구한 다년간의 노력의 궁극적인 결과이다. 실리콘관통비아, 웨이퍼 접착 그리고 극한의 웨이퍼 박막화 가공 등이 시스템인칩 3차원 반도체를 가능케 한 주요 기술들이다. 실리콘관통비아가 이 기술의 발전을 이끌어왔지만, 전기/열관리설계, 웨이퍼 박막화 가공과 취급, 웨이퍼 접착, 수율관리 및 시험 등의 모든 분야가 3차원 집적회로 기술을 시장에서 받아들이는 과정에 영향을 미쳤다.

실리콘관통비아의 미래는 MEMS와 실리콘관통비아를 위한 깊은 형상 에칭 생산성의 큰 향상을 요구받고 있다. 현재의 반응성이온 심부식각은 가공속도가 비교적 느리기 때문에 가격 경쟁력을 갖춘 대량생산의 병목구간으로 작용하고 있다. 현재로는 최신장비조차도 노출표면적에 따라서 식각률이 50[$\mu m/min$]을 넘어서지 못하고 있다. 이는 자동차용 디바이스의 경우에는 충분하지만, 대량생산되는 가전제품에 사용되는 센서와 반도체의 경우에는 제약조건으로 작용한다. 3차원 상호연결 공정의 경우, 실리콘관통비아 에칭은 시간당 단지 몇 장의 웨이퍼만을 처리할 수 있기 때문에 특히 한계를 가지고 있다. MEMS보다 시장규모가 훨씬 더 큰 집적회로 에칭시장의 경우, 시장의 수요를 충족시키기 위해서는 생산성이 더 높은 장비가 필요하다. 대량생산 속도의 향상은 MEMS 디바이스의 가격을 낮추어서 제품 적용 분야의 확대와 웨이퍼레벨 패키징의 사용을 증가시킬 뿐만 아니라 실리콘관통비아를 사용한 3차원 상호연결의 실용성을 높여준다. 최근 들어 기본 보쉬공정이 개선되어 식각률이 100[$\mu m/min$]에 도달했기 때문에, 생산성이 크게 향상될 것으로 기대된다.

실리콘관통비아가 3차원 패키징/3차원 집적회로의 발전에 영향을 미치는 유일한 인자가 아니다. 이들은 소재와 공정 그리고 패키징과 조립 등과 같은 일련의 개발 분야들 중에서 하나의 부분에 불과하다. 초박형 웨이퍼의 연삭과 취급은 실리콘관통비아와 3차원 집적회로 패키징의 성공을 위한 또 다른 중요한 영역이다.

3차원 집적회로는 매우 얇은 웨이퍼를 필요로 한다. 실리콘관통비아는 두 가지 측면에서 얇은 수직방향 두께의 도움을 받는다. (1) 비아 드릴가공 깊이의 단축과 에칭시간 단축. (2) 종횡비가 작은 비아일수록 무공동 비아충진이 용이해진다. 웨이퍼 박막화 가공을 통해서 미리 웨이퍼에 제작된 비아들을 노출시키거나(선비아, 중간비아), 비아드릴가공을 위하여 웨이퍼를 준비(후비아)한다. 수직형 MOSFET의 와이어본딩을 위해서 최소한 100[μm]의 두께가 필요한 기존의 집적회로 패키징과 비교하여, 3차원 집적회로 적층은 전형적으로 100[μm] 미만의 실리콘 두께를 필요로 하며, 30[μm]나 15[μm]의 두께조차도 요구되고 있는 실정이다. 반도체 웨이퍼가 종이두께보다 얇아지면(50[μm] 이하) 투명해진다(그림 4.20). 이토록 얇은 웨이퍼는 깨지기 쉬우므로, 특히 에칭 및 금속화 공정에서 발생하는 고온과 응력하에서 웨이퍼 구조를 유지하기 위해서는 고도로 특화된 임시접착과 탈착장비가 필요하다. 접착 후에는 웨이퍼 뒷면에 대해서 실리콘관통비아 공정을 수행한 다음에 탈착을 수행한다. 이런 특정한 공정은 수율을 높여주어 더 가격경쟁력이 높은 대량생산을 가능케 해준다.

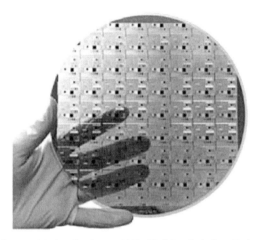

그림 4.20 종이두께 정도로 얇은 실리콘 웨이퍼는 투명하다.

실리콘관통비아나 웨이퍼 박막화 가공과 더불어서 접착이 연구개발 투자가 필요한 또 다른 중요한 분야이다. 웨이퍼온 웨이퍼가 가장 생산성이 높지만 적층 후 전체수율을 보장하기 위해서는 웨이퍼 수율이 매우 높아야만 한다는 점이 산업계의 공감을 얻고 있다. **칩온웨이퍼**(CoW)의 경우에는 기지양품다이만을 사용하기 때문에, 적층 수율이 향상된다. 칩온웨이퍼의 수율은 웨이퍼온 웨이퍼의 경우보다 낮지만, 수율 때문에 이 방식을 채택하고 있다. 실리콘관통비아의 크기가 더 줄어들면, 오래지 않아서 정렬 문제도 기술적 도전에 직면하게 될 것이다. 또한 접착을 통해서 3차원 집적회로의 층간 상호연결이 이루어지기 때문에 이 분야에 대한 관심이 필요하다.

3차원 집적회로는 반도체 업계의 흥미로운 개발 영역이다. 대량소비시장이 휴대용기기와 웨어러블 기기 쪽으로 이동하면서 저전력 소자에 대한 수요가 높아지고 있으며, 더 작은 패키지나 제품 속에서 더 빠른 연산능력을 갖춰야만 한다. 전자기기의 스마트화와 상호연결화의 추세로 인하여 더 작고 환경에 대한 저항성은 더 높은 패키지 속에 더 많은 측정과 통신능력을 추가해야 하는 상황이다. 이런 모든 요인으로 인하여 3차원 패키지/집적회로는 이제 시작일 뿐이며, 미래는 아직 밝아오지 않았다. 이것은 반도체 패키지 업계에는 좋은 소식이다.

참고문헌

1. Moore, G.E. : Cramming more components onto integrated circuits. Electronics Magazine, p.4 (1965), Retrieved 2006-11-11.

2. Doe, P. : Bosch : deep etch tools on target for 100μm/min throughput in 2-3 years. Solid State Technology (2013).

3. Allan, R. : 3D IC technology delivers the total package. Electronic Design (2012).

4. Katske, H., Damberg, P., Bang, K.M. : Next generation PoP for processor and memory stacking. ECN, March (2010).

5. Solberg, V., Gary, G. : Performance evaluations of stacked CSP memory modules. Electronics Manufacturing Technology Symposium (2004). IEEE/CPMT/SEMI 29th International, August 1, (2010).

6. Leng, R.J. : The secrets of PC memory, December 2007. www.bit-tech.com.

7. JEDEC Publication 95-4.22. Package-on-package design guide standard.

8. Solberg, V. : Achieving cost and performance goals using 3D semiconductor packaging. Solid State Technology, August 1, (2010).

9. IFTLE 24 IMAPS National Summary Part 1-3D Highlights. Solid State Technology, November 20, (2010).

10. Tummala, R.R., Swaminathan, M. : System on Package : Miniaturization of the Entire System pp.127~137 (2008).

11. Christensen, C., Kersten, P., Henke, S., Bouwstra, S. : Wafer through-hole interconnects with high vertical wiring densities. IEEE Trans. Compon. Packaging Manuf. Technol. A 19, 516 (1996).

12. Gupta, S., Hilbert, M., Hong, S., Patti, R. : Techniques for producing 3DICs with high-density interconnect. In : Proceedings of the 21st International VLSI Multilevel Interconnection Conference, Waikoloa Beach, HI, pp.93~97 (2004).

13. Hsu, D., Chan, J., Yen, C. (2010) TSV manufacturing technology integration. Semiconductor Technology (Taiwan), May (2010).

14. Mannava, S.R., Cooper Jr. E.B. : Laser-assisted chemical vapor deposition, US Patent 5,174,826, December (1991).

15. Williams, K.L. : Laser-assisted CVD fabrication and characterization of carbon and tungsten microhelices for microthrusters, Acta Universitatis Upsaliensis, Uppsala. ISBN 91-554-6480-7.

16. Greenberg, M., Bansal, S. : Wide I/O driving 3-D with through-silicon vias. EE Times, February (2012).

17. Euronymous : 3D integration : a revolution in design. Real World Technologies, May (2007).

18. Dally, W.J. : Future directions for on-chip interconnection networks, p. 17. Computer Systems Laboratory Stanford University (2006) http : //www.ece.ucdavis.edu/~ocin06/talks/dally.pdf.

19. Woo, D.H., Seong, N.H., Lewis, D.L., Lee, H.S. : An optimized 3D-stacked memory architecture by exploiting excessive, high-density TSV bandwidth. In : Proceedings of the 16th International Symposium on High-Performance Computer Architecture, Bangalore, India, pp.429~440, January (2010).

20. Kim, D.H., Mukhopadhyay, S., Lim, S.K. : Through-silicon-via aware interconnect prediction and optimization for 3D stacked ICs. In : Proceedings of International Workshop on System-Level Interconnect Prediction, pp.85~92 (2009).

21. SEMI International Standards Program Forms 3D Stacked IC Standards Committee. SEMI press release December 7, (2010).

22. Bartek, M., Sinaga, S.M., Zilber, G., et al. : Shellcase-type wafer-level-packaging solutions : RF characterization and modeling, IWLPC, October, 2004.

23. Humpston, G. : Setting a new standard for through-silicon via reliability, Electronic Design, October (2009).

24. Robert, D., Gilleo, K., Kuisma, H. : 3D WLP ofMEMS : market drivers and technical challenges. Advanced Packaging, February (2009).

CHAPTER 05

웨이퍼레벨 전력용 개별형 MOSFET 패키지 설계

05
CHAPTER

웨이퍼레벨 전력용 개별형 MOSFET 패키지 설계

개별형[1] 전력공급장치는 다양한 용도에서 전력관리 및 변환에 사용되는 기본 유닛이다. 전형적인 개별형 제품에는 다양한 다이오드, 쌍극성 및 **금속산화물반도체 전계효과트랜지스터**(MOSFET) 그리고 **절연게이트 쌍극성 트랜지스터**(IGBT) 등이 포함된다. 소형화에 대한 필요성 때문에, 전력용 개별형 MOSFET 패키지는 표면적을 증가시키기 위해서 다양한 웨이퍼레벨 칩스케일 패키지를 활용하는 개별형 전력 디바이스로 전환되는 경향을 가지고 있다. 개인용 컴퓨터, 서버, 네트워크 그리고 통신 시스템 등과 같은 다양한 유형의 제품에서 전력레벨과 전력밀도에 대한 요구조건이 지속적으로 높아짐에 따라서 전력관리시스템을 구성하는 요소부품에서부터 성능을 향상시켜야 할 필요가 있다. 이 장에서는 개별형 전력 패키지의 설계와 웨이퍼레벨 개별형 전력 패키지 성능해석에 대해서 살펴보기로 한다.

5.1 서언과 전력용 개별형 WLCSP의 경향

개별형 제품이 만들어지기 시작한 이래로, 대부분의 전력용 개별형 제품들은 패키지 형태로 몰딩되었다. 전형적인 몰딩된 전력용 **개별형 패키지**에는 **소형윤곽트랜지스터**(SOT)와 같은 3터미널 패키지가 포함된다[1]. TO 패밀리에는 DAP(TO-252), D2PAK(TO-263)이 포함된다. **소형윤곽**(SO) 패밀리와 같은 듀얼인라인 패키지에는 **박소형 패키지**(TSOP) 패밀리와 **수축박소형 패키지**(TSSOP) 패밀리가 포함된다. 그리고 쿼드인라인 패키지에는 **4변 노리드**

---

1   discrete.

(QFN) 패밀리, 노출된 히트싱크용 다이패드를 갖춘 **전력용 4변 노리드**(PQFN) 패밀리 그리고 **노리드몰딩패키지**(MLP) 패밀리 등이 포함된다. 그림 5.1에서는 8개의 리드를 갖춘 전력용 소형윤곽 패키지를 보여주고 있다. 8개의 리드를 갖춘 소형윤곽 패키지에는 4개의 리드들과 전력용 MOSFET 다이의 드레인을 연결하는 다이부착패드를 갖춘 리드프레임이 포함된다. 전력용 반도체 다이의 소스단은 본딩용 와이어를 사용하여 세 개의 소스 리드들과 연결된다. 하나의 게이트 와이어는 MOSFET 게이트와 게이트 리드 사이를 연결한다. 패키지 전체는 에폭시 몰딩 화합물(EMC) 소재를 사용하여 밀봉된다. 에폭시 몰딩 화합물은 전력용 개별형 패키지의 주요 밀봉소재로 사용된다. 이는 에폭시 몰딩 화합물이 여러 세대의 픽앤드플레이스 장비들에서 구성요소들을 보호하고 기계적인 위치유지능력을 제공해주었기 때문이다. 그런데 에폭시 몰딩 화합물은 열 성능이 금속에 미치지 못하다는 단점을 가지고 있다. 그러므로 휴대용 전자기기에서와 같이 높은 전류밀도와 작은 크기가 요구되는 경우에는 에폭시 몰딩 화합물을 사용하는 방안은 충분치 못하다. 이러한 요구조건들을 충족시키기 위해서, 최근들어서 전력용 개별형 디바이스에 MOSFET 볼그리드어레이와 웨이퍼레벨 칩스케일 패키지(WLCSP)가 출현하게 되었다. 그림 5.2에서는 전력용 개별형 디바이스의 발전방향을 보여주고 있다. 그림 5.2(a)는 전력용 디바이스의 초기 패키지들 중 하나인 TO-263으로서, 현재에도 개별형 디바이스에 널리 사용되고 있다. 그림 5.2(b)와 (c)는 각각 본딩용 와이어를 사용하는 경우와 사용하지 않는 경우의 8리드 소형윤곽 패키지를 보여주고 있다. 본딩용 와이어를 사용하지 않는 SO8 패키지의 경우 금속 클립을 사용하여, 이로 인하여 전기 및 열 성능이 향상된다. 그림 5.2(d)에서는 페어차일드社의 MOSFET 볼그리드어레이를 보여주고 있다. 여기서는 에폭시 몰딩 화합물을 사용하지 않고 전력용 MOSFET의 드레인을 절곡된 리드프레임에 직접 부착하였다. 절곡된 리드프레임 설계로 인하여 MOSFET의 드레인은 MOSFET의 앞면에 위치하고 있는 리드프레임의 핀들을 통하여 연결된다. 그림 5.2(e)에서는 전형적인 전력용 개별형 WLCSP의 다양한 형상들을 보여주고 있다. 그림 5.2에 따르면, 그림 5.2(d)와 (e)에 도시되어 있는 설계들은 다이크기와 패키지 크기가 줄어들며, 표면실장형 패키지처럼 손쉽게 설치할 수 있기 때문에, 매우 양호한 전기적 성능을 가지고 있음을 알 수 있다. WLCSP는 높은 집적도와 자동화 및 가성비 높고 뛰어난 전기적 성능 등으로 인하여 전력용 개별형 패키지의 주류로 자리 잡게 되었다.

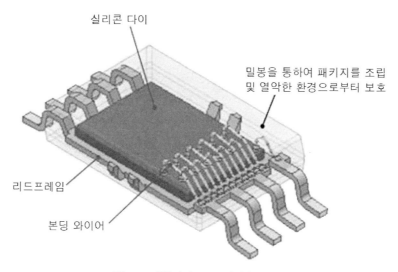

그림 5.1 전형적인 SO8 전력용 패키지

그림 5.2에서는 또한 초창기 DPAK(TO-252)에서부터 SO8을 거쳐서 MOSFET 볼그리드어레이와 MOSFET WLCSP에 이르기까지의 대표적인 개별형 전력용 트랜지스터 패키지의 개발순서를 보여주고 있다. MOSFET의 볼그리드어레이와 WLCSP에 이르러서는 몰딩화합물의 체적비율이 0까지 감소하게 되었다.

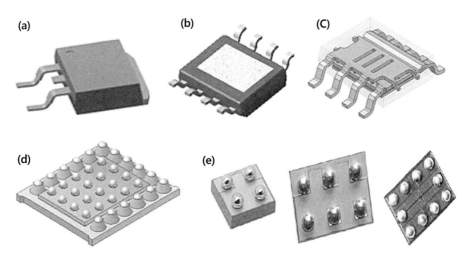

그림 5.2 전력용 개별형 패키지의 발전방향. (a) TO-263 패키지, (b) 본딩용 와이어를 사용하는 SO8 패키지, (c) 금속클립을 사용하는 SO8 패키지, (d) MOSFET 볼그리드어레이, (e) WLCSP 방식의 전력용 MOSFET

5.2 전력용 개별형 WLCSP의 설계구조

이 절에서는 세 가지 전형적인 전력용 개별형 WLCSP 설계구조에 대해서 살펴보기로 한다. 첫 번째는 표준 전력용 개별형 WLCSP 설계에 대해서 살펴본다. 두 번째는 MOSFET 볼 그리드어레이로서, 리드프레임을 갖춘 개별형 WLCSP를 사용하여 MOSFET의 드레인을 WLCSP의 앞면에 위치하고 있는 게이트와 소스와 연결하는 설계를 채택하고 있다. 세 번째는 구리 스터드 범핑 방식의 WLCSP이다(5.4절 참조).

5.2.1 전형적인 전력용 개별형 WLCSP의 설계구조

그림 5.3에서는 **수직확산**(VD) MOSFET의 소스 위에 설치되는 전력용 개별형 범프 시스템의 설계를 보여주고 있다. 뒷면에는 이 MOSFET의 드레인이 위치한다. 게이트의 범핑구조는 그림 5.3과 유사하다. 그림 5.3의 경우, 땜납범프의 일반적인 높이는 150~300[μm]이며, 납이나 무연소재를 사용한다. 이 땜납범프들은 MOSFET의 소스를 외부의 표면실장 기판과 연결시켜준다. 알루미늄 표면에 부착된 범프하부금속은 땜납 연결이 가능한 계면의 역할을 한다. **비스벤조시클로부텐**(BCB)은 열발산 과정에서 부동층의 역할과 응력해지층의 역할을 수행한다. SiON이 범프패드의 구멍크기를 결정하며, 알루미늄의 부식을 방지한다. 알루미늄 패드는

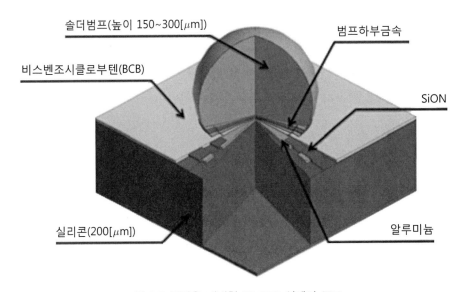

그림 5.3 전력용 개별형 WLCSP 설계의 구조

일반적으로 2.5~5[μm]의 두께를 가지고 있으며, MOSFET 실리콘 소스로부터 범프로의 전류흐름경로가 된다. MOSFET에 사용되는 실리콘은 일반적으로 200~300[μm]의 두께를 갖는다. 이 설계에서는 게이트와 소스는 WLCSP의 앞면에 배치되어 있는 반면에, MOSFET의 드레인은 WLCSP의 뒷면에 위치하고 있다.

5.2.2 전력용 MOSFET 볼그리드어레이

대부분의 경우 수직확산 MOSFET의 드레인은 표준 전력용 개별형 MOSFET에서와 마찬가지로 MOSFET의 뒷면에 위치하기 때문에 WLCSP 방식으로 제작된 MOSFET를 표면실장 환경에서 사용하기가 어렵다. WLCSP 방식으로 제작된 수직확산 MOSFET의 뒷면에 위치하는 드레인을 앞면에 위치한 능동 측과 연결시키기 위해서, 스탬핑 또는 에칭 가공된 리드프레임을 WLCSP의 뒷면에 부착한다. 이것이 MOSFET 볼그리드어레이의 개념이다. MOSFET 볼그리드어레이의 설계구조에는 그림 5.4에 도시되어 있는 것처럼, 범프를 갖춘 MOSFET, 리드프레임 캐리어, 땜납볼 그리고 페이스트 등이 포함된다.

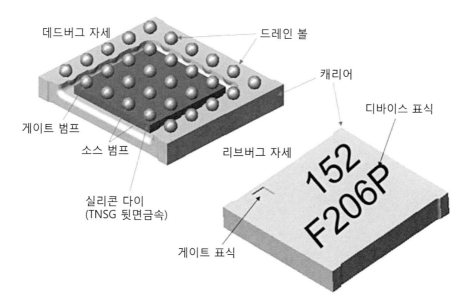

그림 5.4 MOSFET용 볼그리드어레이의 구조

MOSFET 볼그리드어레이의 전형적인 조립공정이 그림 5.5에 도시되어 있다. 첫 번째 단계는 리드프레임 위에 플럭스를 도포하는 것이다. 그런 다음 땜납볼들을 부착하고 리플로우를 시행한다(그림 5.5(a)). 두 번째 단계에서는 리드프레임 다이-부착패드 위에 땜납 페이스트를 도포하고 MOSFET 다이를 부착한다(그림 5.5(b)). 세 번째 단계에서는 시험을 수행한 다음에 레이저 마킹을 한다(그림 5.5(c)). 마지막 단계에서는 펀칭공정을 사용하여 리드프레임으로부터 MOSFET 볼그리드어레이를 분리하여 테이프와 릴을 제작한다(그림 5.5(d)). MOSFET 볼그리드어레이 설계의 장점은 표준 전력용 개별형 WLCSP를 표면실장이 가능한 형태로 바꿔줄 뿐만 아니라, 여러 방향으로 열을 발산할 수 있게 된다는 점이다.

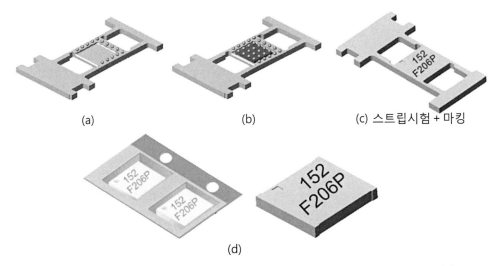

그림 5.5 MOSFET 볼그리드어레이의 조립공정. (a) 플럭스 도포, 땜납볼 부착 및 리플로우, (b) MOSFET 다이부착 및 2차 리플로우, (c) 스트립 시험 및 마킹, (d) 다이분할, 테이프 및 릴 부착

5.2.3 개별형 전력용 WLCSP에서 MOSFET의 드레인을 앞면으로 이동

웨이퍼레벨 개별형 MOSFET의 경우, 산업계의 주목을 받는 또 다른 경향은 웨이퍼 공정에서 직접 MOSFET의 드레인을 다이의 앞면으로 이동시켜서 드레인, 소스 및 게이트를 동일한 면에 위치시키는 것이다. 이를 통하여 리드프레임 기판을 사용하는 MOSFET 볼그리드어레이를 사용하는 방법에 비해서 전기적 성능을 향상시킬 수 있다. 이는 다양한 프린트회로기판에 대한 표면실장에 도움이 된다.

그림 5.6에서는 측면방향으로 배치되어 있는 **측면확산**(LD) MOSFET의 드레인 배치방식들

중 하나를 보여주고 있다. 드레인이 측면에 배치되어 있기 때문에 수직확산 MOSFET에 비해서 비교적 저전력 및 저전압으로 적용 분야가 제한된다.

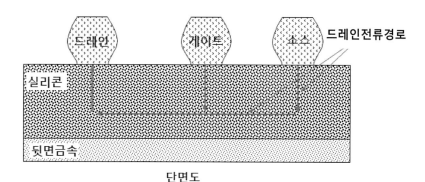

그림 5.6 측면확산 MOSFET의 드레인을 앞면으로 이동시킨다.

현재 전력기술은 실리콘관통비아(TSV)를 사용하여 수직확산 MOSFET의 뒷면에 위치하는 드레인을 앞면의 MOSFET와 연결하는 방법을 개발할 수 있다. 도랑 내에서 뒷면금속과 앞면관통비아를 연결한 사례가 그림 5.7에 도시되어 있다. 그림 5.8에서는 드레인, 소스 및 게이트 모두가 앞면의 능동회로 측에 배치되어 있는 전력용 개별형 WLCSP의 핀 배치가 도시되어 있다. 이 칩은 특히 휴대용 전자기기와 같은 표면실장 용도에 매우 유용하다.

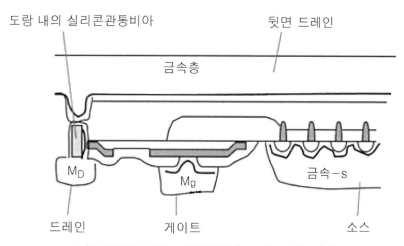

그림 5.7 MOSFET의 드레인을 앞면으로 연결하는 방법

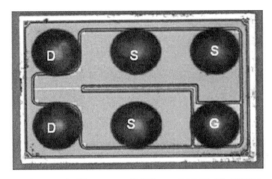

그림 5.8 전력용 2×3 개별형 WLCSP의 핀 배치도

5.3 웨이퍼레벨 MOSFET용 직접 접촉 드레인의 설계

표준 수직확산 MOSFET WLCSP의 경우, 드레인은 WLCSP의 뒷면에 배치된다. 이 MOSFET의 드레인을 앞면으로 이동시키기 위한 방법들 중 하나는 앞면과의 직접연결방법을 개발하는 것이다. 측면확산 MOSFET WLCSP(그림 5.6)와의 차이점은 직접접촉 드레인 설계는 수직확산 MOSFET의 뒷면에 위치하는 드레인 금속과의 연결에 실리콘관통비아를 사용한다는 점이다.

5.3.1 직접 접촉 드레인 MOSFET용 WLCSP의 구조

뒷면금속을 앞면과 직접 연결하는 경우의 장점은 전기적 성능이 양호하며 드레인－소스 간 단락저항이 낮다는 점이다. 이것은 수직확산방식으로 제작한 금속산화물반도체이기 때문에, 그림 5.6에 도시되어 있는 구조에 비해서 비교적 전력범위가 넓다. 그림 5.9에서는 실리콘 기판, 두꺼운 뒷면 드레인 금속, 실리콘관통비아, 앞면 드레인 그리고 드레인, 소스 및 게이트의 범프들로 이루어진 전력용 개별형 WLCSP에서 직접 드레인 연결을 구현하기 위한 설계구조를 보여주고 있다. 그림 5.9에 따르면, 실리콘관통비아를 사용하여 드레인을 앞면으로 옮겨놓았다. 개별형 WLCSP의 조립공정에는 다음 단계들이 포함된다. (1) 소스와 게이트를 제작하기 위한 일반적인 MOSFET의 앞면 능동층 제작공정. (2) 비관통비아 가공공정. (3) 비관통비아의 충진과 레이아웃에 기초하여 앞면 드레인 금속 영역을 생성하기 위한 앞면 도금공정. (4) 실리콘관통비아를 생성하기 위한 실리콘 기판의 뒷면 연삭공정. (5) 뒷면 드레인 금속 도금. (6) 드레인, 소스 및 게이트에 땜납볼 부착. (7) 개별형 수직확산 MOSFET WLCSP를 완성하기 위한 웨이퍼 절단.

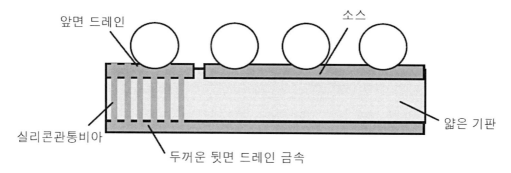

앞면 드레인

소스

실리콘관통비아

두꺼운 뒷면 드레인 금속

얇은 기판

그림 5.9 개별형 수직확산 MOSFET WLCSP의 뒷면 드레인 직접연결 사례

5.3.2 직접 드레인 MOSFET용 WLCSP의 여타구조

수직확산형 웨이퍼레벨 MOSFET는 그림 5.10에 도시되어 있는 것처럼, 기판의 앞면에 위치하는 전력용 MOSFET 디바이스의 소스와 게이트들을 기판의 바닥에 위치하며 수직확산 MOSFET의 드레인과 연결되어 있는 뒷면 금속층과 연결해주는 소스와 게이트 금속층을 갖춘 실리콘 기판으로 이루어진다.

그림 5.9에 도시되어 있는 직접 드레인 방식 수직확산 MOSFET WLCSP의 설계구조 이외에도, 실리콘 기판의 앞면에 뒷면의 금속층을 노출시키기에 충분한 깊이를 가지고 있는 공동이 사용되는 또 다른 구조가 존재한다. 드레인 공동의 레이아웃은 그림 5.11에 도시되어 있다. 그림 5.12에서는 이 설계의 개념을 보여주고 있다. 그림 5.12(a)에 도시된 평면도에서는 소스, 게이트 및 두 개의 드레인 범프들이 도시되어 있다. 그림 5.12(b)에서는 새로운 구조의 단면을 보여주고 있다. 구멍 벽면의 금속층과 실리콘 기판 사이에는 절연층이 형성되어 있다. 땜납 마이크로범프는 구멍 속에서 스스로 정렬을 맞추기 때문에, 마이크로범프는 바닥에서 뒷면금속층(드레인)과 접촉을 이루며 옆면에서는 구멍금속층과 접촉을 이룬다. 땜납 마이크로범프는 뒷면금속층과 접촉을 이루기 때문에, 전력용 개별형 수직확산 MOSFET WLCSP의 드레인으로 작용하게 된다. 직접접촉방식 WLCSP와 같은 구조를 사용하면 초박형 디바이스를 만들 수 있으며, 디바이스의 단락저항을 줄일 수 있을 뿐만 아니라 기생정전용량과 기생인덕턴스를 저감할 수 있다. 대부분의 소스 영역은 프린트회로기판 위에 직접 부착할 수 있기 때문에, 열방출능력도 함께 향상된다. 이를 통해서 가장 얇은 디바이스를 구현할 수 있기 때문에, 매우 유망한 전력용 기술이다. 이를 통해서 높은 주파수에서 매우 높은 효율을 구현할 수 있다.

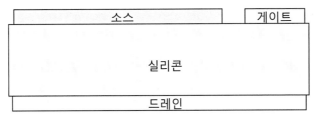

그림 5.10 수직확산형 MOSFET의 금속 레이아웃

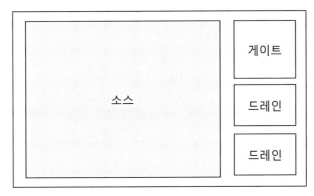

그림 5.11 새로운 수직확산형 MOSFET의 앞면 레이아웃

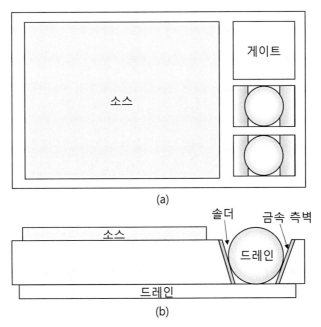

(a)

(b)

그림 5.12 새로운 수직확산형 MOSFET WLCSP의 구조. (a) 드레인 공동에는 땜납볼이 삽입된다. (b) 새로운 수직확산형 MOSFET의 단면도

5.4 구리소재 스터드 범프를 사용한 전력용 수직확산 MOSFET의 WLCSP

5.4.1 전력용 WLCSP에 사용되는 구리소재 스터드 범프의 구조

두 가지 주요 기술들이 범핑에 사용되고 있다(그림 5.13). 첫 번째 기술(그림 5.13(a))은 일반적인 범프하부금속을 사용하는 범핑방법으로써, 리플로우 상태에서 범프의 높이를 유지하기 위해서 납 함량이 높은 땜납 소재를 사용한다. 두 번째 기술(그림 5.13(b))은 구리 스터드 범핑 방법으로써, 구리소재 스터드 범프 위에 땜납 소재를 부착하는 방법을 사용한다. 범프하부금속을 기반으로 하는 땜납범프는 구리소재 스터드 범핑 공정에 비해서 훨씬 더 비싸다. 게다가 사용자가 구리 스터드를 요구하며, 전력용 WLCSP에 무연땜납을 사용하는 경향이기 때문에, 구리소재 스터드 범핑에는 무연 SAC[2] 땜납을 사용한다. 그림 5.14에서는 전력용 칩의 금속 위에 설치된 구리소재 스터드의 범프구조를 보여주고 있다. 여기에는 땜납볼, 구리소재 스터드, SiON 부동층, 알루미늄 금속 그리고 실리콘 기판 등이 포함되어 있다. 그림 5.14(a)에서는 이 구조의 단면도를 보여주고 있으며, 그림 5.14(b)에서는 땜납이 없는 구리소재 스터드 범프를 보여주고 있다.

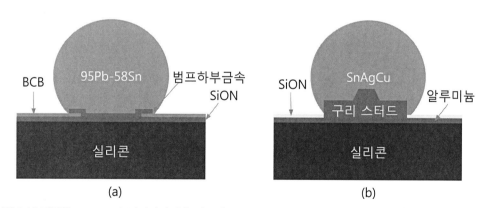

그림 5.13 전력용 WLCSP의 범핑방법. (a) 범프하부금속을 사용하는 일반적인 전력용 WLCSP. (b) 구리소재 스터드 범프와 땜납을 사용하는 WLCSP

---

2   SAC : Sn/Ag/Cu 합금을 의미함. 역자 주.

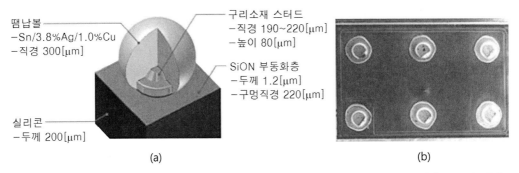

(a)   (b)

그림 5.14 WLCSP의 구리소재 스터드 범핑 패키지. (a) 구리소재 스터드 범프의 구조. (b) 소스와 게이트 위에 배치되어 있는 구리소재 스터드의 레이아웃

5.4.2 구리소재 스터드 범핑 공정을 수행하는 동안 알루미늄 층 하부에서의 BPSG 프로파일

구리소재 스터드 범프의 장점들 중 하나는 낮은 가격이다. 그런데 구리소재 스터드 범프의 생성공정과 구리소재의 단단한 특성 때문에, **붕소인규산염 유리**(BPSG) 프로파일에서와 같이, 실리콘 표면에 크레이터를 생성할 뿐만 아니라 디바이스 층에 크랙을 유발할 우려가 있다 (그림 5.15).

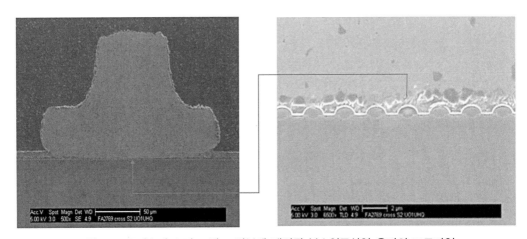

그림 5.15 구리소재 스터드 범프 하부에 배치된 붕소인규산염 유리의 프로파일

구리소재 스터드 범핑 공정에서 와이어본더의 모세관 밖으로 돌출된 와이어의 선단부에 **프리에어볼**(FAB)을 생성한다. 이 모세관을 작업 표면에 압착하여 볼을 접착시킨다. 전형적

인 와이어본딩공정에서처럼 와이어 루프를 생성하는 운동을 수행하는 대신에, 이 모세관은 상승 및 전단방향 운동을 수행하여 와이어를 절단한 다음에 새로운 볼을 생성한다. 디바이스가 필요한 범프 숫자만큼 이 공정이 반복된다. 구리소재 스터드 범프 생성공정은 두 개의 구분된 단계로 나누어진다. 그림 5.16에 도시되어 있는 것처럼 하나는 구리소재 와이어본딩공정이며, 다른 하나는 전단공정이다. 스터드 범핑공정에서는 일반적인 와이어본딩을 위한 움직임이 필요 없기 때문에, 와이어본딩보다 훨씬 빠르다. 플립칩의 구리소재 스터드 범프 생성공정에 와이어본드 기술을 접목시키는 방안은 기존의 설비와 인프라를 활용할 수 있기 때문에 일반적인 플립칩공정에서 필수적으로 사용되는 고가의 스퍼터링 및 도금설비의 구입에 필요한 높은 비용을 절감할 수 있어서 매력적이다. 이 기술은 범프하부금속 관련 공정이 필요 없으며, 범핑비용이 낮고 미세피치와 칩 레벨 범핑이 가능하다는 장점들을 가지고 있다.

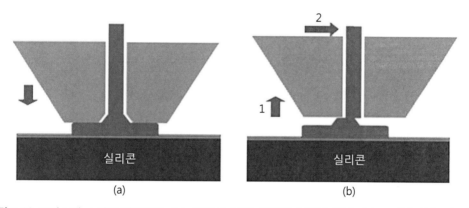

그림 5.16 구리소재 스터드 범핑공정. (a) 와이어본딩을 위해서 모세관 하강. (b) 모세관 상승 및 전단

구리소재 스터드 범핑공정을 수행하는 동안 웨이퍼에 크레이터가 생성될 우려가 있다. 크레이터란 구리소재 스터드가 돌출하여 실리콘이나 접착패드 하부의 중간절연층에 국부변형 영역을 유발하는 것을 의미한다[2]. 상용 유한요소 해석코드인 ANSYS®을 사용하여 구리소재 스터드 접착과 전단공정에 대한 수치해석이 수행되었다. 돔 형상, 사각형상 그리고 M 자 형상 등의 세 가지 붕소인규산염 유리 프로파일과 190[μm] 및 145[μm]의 프리에어볼 직경이 미치는 영향에 대한 해석이 수행되었다. 이들 세 가지 서로 다른 붕소인규산염 유리 프로파일들을 갖춘 웨이퍼를 사용한 접착 크레이터 시험 결과가 논의되었다.

5.4.2.1 범핑모델[3~5]

그림 5.17에서는 전력용 다이, 구리소재 와이어 그리고 모세관 등이 포함되어 있는 2차원 유한요소해석을 위한 범핑모델이 도시되어 있다. 전력용 디바이스는 실리콘 층, 붕소인규산염 유리층, TiW 층 그리고 알루미늄 금속층 등이 포함되어 있다(알루미늄 하부의 국부구조는 그림 5.18 참조). 구리소재 범핑공정을 수행하는 동안, 볼 접착을 생성하기 위해서 모세관에는 초음파 동력이 공급된다.

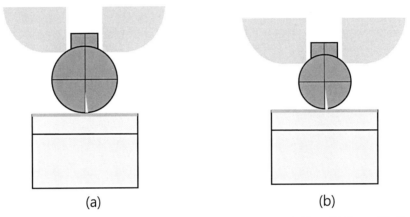

(a)   (b)

그림 5.17 두 가지 크기의 프리에어볼과 실리콘, 구리와이어 그리고 모세관을 포함하는 2차원 유한요소해석 모델. (a) 190[μm], (b) 145[μm]

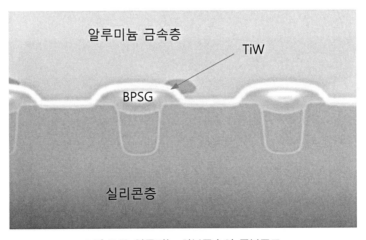

그림 5.18 알루미늄 하부금속의 국부구조

프리에어볼 직경이 190[μm] 및 145[μm]인 경우에 대한 2차원 유한요소해석 모델이 그림 5.17에 도시되어 있다. 돔 형상, 사각형상, M자 형상 등 세 가지 서로 다른 붕소인규산염 유리소재의 프로파일을 사용하는 실리콘 구조가 실제 붕소인규산염 유리소재에 대한 주사전자현미경 영상화와 함께 그림 5.19에 도시되어 있다.

구리소재 스터드 범핑공정은 접착과 전단으로 이루어진다. 다음 절에서는 시뮬레이션 과정과 결과에 대한 논의를 개별적으로 수행하기로 한다.

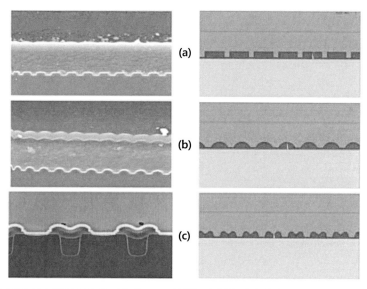

그림 5.19 서로 다른 붕소인규산염 유리소재 프로파일을 사용한 웨이퍼의 구조. (a) 사각형상, (b) 돔 형상, (c) M자 형상

5.4.2.2 본딩공정에 대한 시뮬레이션

접착과정을 수행하는 동안 초음파 동력으로 인하여 모세관은 측면방향으로 진동하며, 프리에어볼을 아래로 압착하여 볼 접착을 생성한다. 세 가지 서로 다른 형상의 붕소인규산염 유리소재 프로파일에 대한 유한요소모델은 그림 5.20에 도시되어 있다.

1. 프리에어볼의 크기가 붕소인규산염 유리소재 프로파일에 미치는 영향

   그림 5.21에서는 190[μm] 및 145[μm]의 두 가지 서로 다른 프리에어볼 직경이 접착공정이 끝난 이후의 변형형상에 미치는 영향을 보여주고 있다. 시뮬레이션 결과에 따르면, 최종

적인 볼 접착형상이 적합한 모양을 갖추려면 190[μm] 크기의 프리에어볼은 더 많이 변형해야만 한다는 것을 보여주고 있다.

그림 5.22에는 붕소인규산염 유리/TiW 층의 응력분포가 도시되어 있다. 그림에 따르면 프리에어볼의 크기가 작을수록 붕소인규산염 유리/TiW 층 내부에 생성되는 응력이 작기 때문에, 접착공정을 수행하는 과정에서 이 층의 파손이 덜 발생한다.

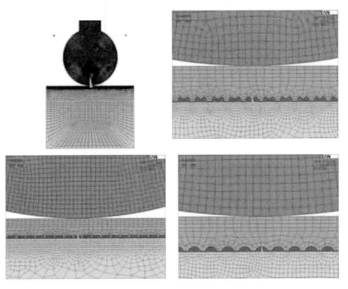

그림 5.20 서로 다른 형상의 붕소인규산염 유리소재와의 접착에 대한 유한요소 메쉬모델

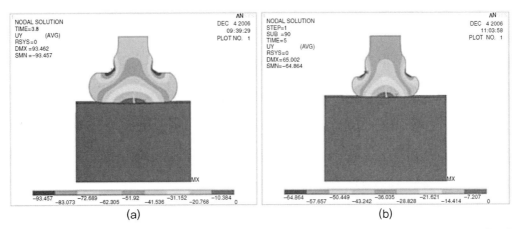

그림 5.21 서로 다른 크기의 프리에어볼을 사용한 접착공정에 대한 변형모델. (a) 190[μm], (b) 145[μm] (컬러 도판 401쪽 참조)

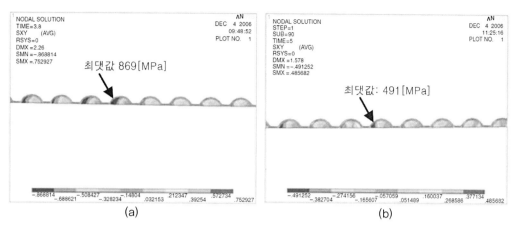

그림 5.22 서로 다른 크기의 프리에어볼에 대한 붕소인규산염 유리/TiW 층 내에서의 응력분포. (a) 190[μm], (b) 145[μm] (컬러 도판 402쪽 참조)

2. 붕소인규산염 유리소재 프로파일의 영향

　　그림 5.23에서는 145[μm]의 직경을 가지고 있는 구리소재 프리에어볼을 사용하는 경우에 사각형상과 M자 형상의 프로파일을 가지고 있는 붕소인규산염 유리와 TiW 층의 전단응력 분포를 보여주고 있다. 그림 5.23(a), (b)를 돔 형상 붕소인규산염 유리 프로파일과 비교해보면, M자 형상의 붕소인규산염 유리가 접착공정을 수행한 이후에 붕소인규산염 유리/TiW 층 내에서 가장 큰 응력이 생성되었음을 알 수 있다.

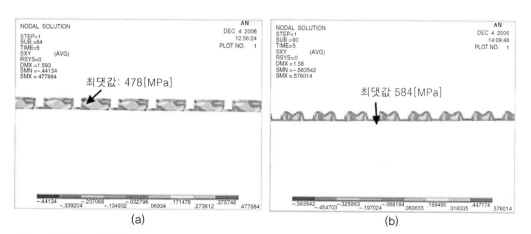

그림 5.23 서로 다른 붕소인규산염 유리 프로파일에 대한 붕소인규산염 유리/TiW 층 내에서의 응력분포. (a) 사각형상, (b) M자 형상 (컬러 도판 402쪽 참조)

5.4.2.3 전단공정에 대한 시뮬레이션

구리소재 스터드를 사용한 범핑공정의 경우, 5.4.2.2절에서 설명되었던 것처럼 접착공정에서는 우선 볼 접착이 이루어지며, 그런 다음 모세관이 상승하고 볼 접착부 위에서 와이어를 전단시킨다. 이를 **전단공정**이라고 부른다. **그림 5.24**에서는 전단공정에 대한 유한요소모델을 보여주고 있다. 전단 높이는 **그림 5.24(b)**에 도시되어 있는 실제 절단된 구리소재 스터드의 사진을 기초로 하였다. 전단력을 부가하기 위해서 모세관을 수평방향으로 $75[\mu m]$만큼 이동시켰다. 볼은 알루미늄 층과 이상적으로 접착하고 있어서 전단 시뮬레이션 과정에서 분리가 일어나지 않는다고 가정하였다.

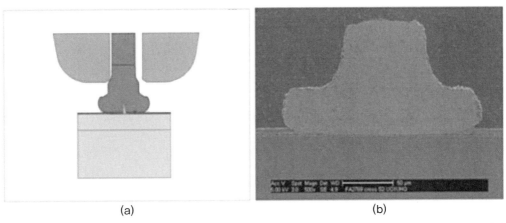

(a)   (b)

그림 5.24 (a) 전단공정에 대한 유한요소모델, (b) 전단가공된 구리소재 스터드의 실제 주사전자현미경 영상

1. 프리에어볼의 크기가 붕소인규산염 유리소재에 미치는 영향

   그림 5.25에서는 두 가지 크기의 프리에어볼에 대해서 전단공정을 수행하였을 때에 붕소인규산염 유리/TiW 층에 생성되는 전단응력 분포를 보여주고 있다. 프리에어볼의 직경이 $145[\mu m]$인 경우에 전단공정을 수행하는 동안 현저히 큰 전단응력이 유발된다는 것을 확인할 수 있다.

2. 붕소인규산염 유리소재 프로파일의 영향

   그림 5.26에서는 사각형상과 M자 형상을 가지고 있는 붕소인규산염 유리소재 프로파일에 직경 $145[\mu m]$인 구리소재 프리에어볼을 사용한 경우에 붕소인규산염 유리/ TiW 층과 붕소인규산염 유리층에 발생하는 전단응력을 보여주고 있다. 그림 5.25(b)의 결과를 돔 형상

을 가지고 있는 붕소인규산염 유리 프로파일과 비교해보면, 돔 형상의 경우가 붕소인규산염 유리/TiW 층에서 발생하는 전단응력이 가장 작다는 것을 확인할 수 있다.

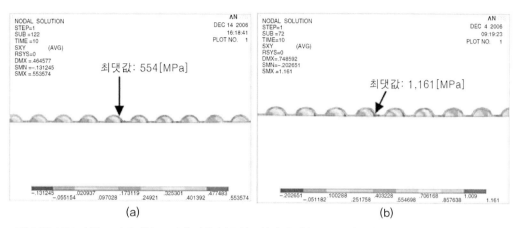

그림 5.25 서로 다른 프리에어볼 크기에 따른 붕소인규산염 유리/TiW 등 내부의 전단응력 분포. (a) 190[μm], (b) 145[μm] (컬러 도판 402쪽 참조)

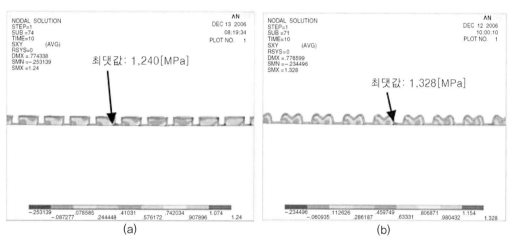

그림 5.26 서로 다른 붕소인규산염 유리소재 프로파일에 대한 붕소인규산염 유리/TiW 층 내에서 발생하는 전단응력 분포. (a) 사각형상, (b) M자 형상 (컬러 도판 403쪽 참조)

5.4.2.4 실험결과와 논의

붕소인규산염 유리소재 프로파일이 실리콘의 크레이터 생성에 미치는 영향에 대하여 고찰하기 위해서 실험이 수행되었다.

표 5.1에서는 실험 결과를 보여주고 있다. 세 가지 유형의 붕소인규산염 유리소재 프로파일에 대해서 구리소재 스터드 범프를 접착하고 땜납볼 리플로우를 수행한 다음에 크레이터를 검사하였다. 세 가지 서로 다른 붕소인규산염 유리소재 프로파일들과 표 5.1에 제시되어 있는 세팅에 대해서는 접착 크레이터가 발생하지 않았다. 따라서 이 실험에 사용된 공정의 경우에는 붕소인규산염 유리소재 프로파일은 구리소재 스터드 제작공정이 실리콘 크레이터 생성에 대해서 민감하지 않다는 것을 의미한다. 이 결과는 유한요소해석 시뮬레이션 결과와 일치한다.

표 5.1 접착크랙검사의 실험결과

붕소인규산염 유리소재 프로파일 시험			
접착 크레이터 시험(구리소재 스터드 범핑 이후)	0/128	0/128	0/128
접착 크레이터 시험(땜납볼 리플로우 이후)	0/128	0/128	0/128

서로 다른 형상을 가지고 있는 붕소인규산염 유리소재 형상 실리콘 다이스에 생성되는 응력(그림 5.22(b), 그림 5.23(a), (b))은 동일한 프리에어볼 직경($145[\mu m]$)을 사용하는 구리소재 스터드 범프에 대해서 현저한 차이를 나타내지 않으며, M자 형상의 붕소인규산염 유리를 사용하는 실리콘에서 생성되는 응력이 가장 크다. 그런데 동일한 붕소인규산염 유리소재 프로파일에 대해서 수행된 신뢰성 시험결과에 따르면, 전단시험과 72시간 고온보관수명시험에서는 파손이 발생하였다(표 5.2). 시험결과에 따르면, M자 형상 붕소인규산염 유리는 구리소재 스터드 범프를 생성한 이후에 수행한 접착크랙검사를 통과할 수는 있지만, 신뢰성 시험을 통과할 만큼 충분히 강하지 못하였다.

표 5.2 신뢰성 실험결과

붕소인규산염 유리소재 프로파일 시험			
구리소재 스터드 범프 전단시험	통과	통과	통과
땜납범프 전단시험	통과	통과	실패
72시간 고온보관수명시험	0/248	0/244	1/247

5.5 WLCSP가 매립된 3차원 전력용 모듈

이 절에서는 전력용 개별형 WLCSP를 통합했거나 아날로그 WLCSP와 수동소자들을 혼합한 3차원 팬아웃 전력모듈에 대해서 살펴보기로 한다. 이 절에서는 또한 2×3과 7×7 형식의 매립식 WLCSP 전력모듈의 평가에 대해서도 다루기로 한다. 2×3 모듈은 세 개의 수동소자들을 갖춘 스위칭 전압조절기와 하나의 매립형 WLCSP 위에 제작된다(0.4[mm] 피치로 2×3). 칩 대 모듈의 크기비율은 18.1%이다. 7×7 모듈은 0.4[mm] 피치의 7×7 WLCSP 데이지체인 시험용 칩과 다섯 개의 수동소자들을 사용하여 제작되었다. 실리콘 대 모듈의 크기비율은 52.4%이다. 2×3과 7×7 모듈 모두에 대해서 낙하시험과 냉열시험을 수행하였다. 게다가 2×3 모듈에 대해서는 **동적옵션수명**(DOPL), **온습도편향시험**(THBT), **고온보관수명**(HTSL), 냉열시험(TMCL) 등과 같은 추가적인 디바이스레벨 신뢰성 시험들이 수행되었다. 견실한 모듈의 보드레벨 신뢰성과 더불어서 칩에서 모듈로, 수동소자에서 모듈로의 상호연결도 검증하였다.

프린트회로기판 제작기술의 채용과 더불어서, 매립식 WLCSP 모듈은 작은 패키지와 매력적인 가격으로 완전한 기능을 갖춘 칩을 필요로 하는 고객이 즉시 사용 가능한 3차원 패키징 옵션을 제공해준다[6]. 여타의 3차원 패키지 옵션들과 비교해보면, 매립형 모듈의 경로생성의 유연성과 견실한 상호연결의 신뢰성은 뛰어난 장점이다. 오래지 않아 점점 더 많은 패키지 디자인들이 이 패키징 기술의 장점들을 채택할 것이 예상되고 있다.

5.5.1 서 언

휴대용 전자기기 시장은 지속적으로 크기축소를 요구하고 있기 때문에, 더 작은 패키지와 더 작은 하위시스템 패키지가 다른 무엇보다 중요하다. 전체적인 패키지 크기를 줄이기 위해서는, 즉 길이와 폭을 줄이기 위해서는 3차원 적층이 필수적이다. 시스템인패키지 기술은 매립형 WLCSP와 표면실장 수동소자를 하나의 디바이스로 통합하기 위한 자연스러운 트랜드 선택이다. 3차원 시스템인패키지는 점유 영역이 작기 때문에, 독립형 전력공급 플랫폼의 패키지 밀도를 새로운 수준으로 높여주었다.

반도체나 수동소자를 프린트회로기판에 매립하는 것은 최근 활발하게 논문이 출간되고 있는 주제이기는 하지만, 전혀 새로운 개념이 아니다[7~9]. 내부층 경로생성이 문제가 되지 않는다면, 다른 모든 표면실장착 기법에 비해서 매립형 WLCSP 모듈을 사용하여 손쉽게 평면 크기를 축소할 수 있다. 20핀이 통합된 스위칭 모드 충전기와 다섯 개의 수동소자를 갖춘 모듈의 크기축소 가능성에 대한 연구에 따르면, 전체적인 패키지 높이를 희생시키지 않고 모든 표면실장 솔루션으로부터 매립형 WLCSP를 사용하는 모듈로 설계변경을 통한 모듈의 측면 방향 크기축소는 37% 이상인 것으로 평가된다(그림 5.27).

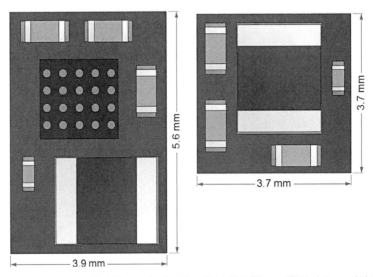

그림 5.27 표면실장착형 모듈 설계(좌측)로부터 매립형 모듈설계(우측)로 전환하여 37% 이상의 크기 축소를 구현하였다.

반도체 디바이스의 경우 매립된 WLCSP는 특별한 요구조건이 없다. 예를 들어, 칩과 패키지 사이의 상호연결은 자외선 레이저 비아구멍, 구리시드 증착, 구리도금 그리고 트레이스 패턴식각과 같은 전형적인 프린트회로기판 블라인드 비아공정을 사용하여 제작한다. 온칩 랜딩패드의 최소 크기는 프린트회로기판의 비아크기와 중간층 위치정확도에 의해서 제한되며, 직경 150[μm] 이상이 바람직하다. 현재 대부분의 WLCSP 기술은 매립 부위 내부의 비아 접촉을 위해서 필요한 최소 크기보다 더 큰 범프하부금속 크기를 가지고 있기 때문에, 이 패드직경 요구조건은 WLCSP를 적용하기 적합하다. 또한 표준 프린트회로기판 레이저 비아구멍 공정을 구리소재 시드생성공정에 적용하기 위해서는, 레이저를 사용한 비아 구멍가공, 비아 다듬질 그리고 무전해 시드층 증착을 수행하기 전에 시행하는 구리표면 세척과정에서 발생하는 두께손실을 수용하기 위해서는 구리 금속화를 통하여 두께 5[μm] 이상의 온칩 랜딩패드가 필요하다. 원래의 반도체 부동층 상부에 증착된 폴리머 재부동층은 반드시 매립할 필요가 없다. 사실 폴리이미드(PI)나 폴리페닐렌 벤조비속사졸(PBO)과 전형적인 프린트회로기판 적층소재들 사이의 계면 접착력은 SiN 부동층과 프린트회로기판 적층 사이의 접착력보다 더 나쁠 수 있다. 그런데 최소한의 공정변화를 위하여 WLCSP에서 출발한 매립형 디바이스에서 폴리머 재부동화는 그대로 남겨둔다. 매립방식에서 정말로 어려운 기술은 실리콘 두께를 줄이는 것이다. 기존 WLCSP의 경우 웨이퍼 뒷면연삭, 뒷면적층, 웨이퍼 절단 그리고 테이프 및 릴 부착 등과 같은 견실한 제조수행을 위해서는 전형적으로 $200[\mu m]$ 이상의 실리콘 두께가 필요하다. 매립형 WLCSP의 경우, 모듈 기판두께를 증가시키지 않기 위해서 전형적으로 요구되는 실리콘 두께는 $120[\mu m]$ 미만, 심지어는 $50[\mu m]$에 이른다. 매립을 위해서 필요한 얇은 실리콘 두께는 웨이퍼 뒷면연삭과 절단뿐만 아니라 테이프와 릴에 픽앤드플레이스하는 과정에도 많은 기술적 도전요인이 존재한다.

일단 매립하고 나면, 실리콘을 모듈에 연결하는 구리소재 비아의 신뢰성뿐만 아니라 수동소자와 모듈 사이의 납땜 조인트의 신뢰성과 모듈과 프린트회로기판 사이의 납땜 조인트 신뢰성에 대해서도 완전하게 이해할 필요가 있다. 이 모듈은 휴대용 전자기기에 적용할 목적으로 개발되었기 때문에, 수동소자로 인한 추가적인 무게가 모듈/프린트회로기판 납땜 조인트에 낙하시험 과정에서 추가적인 응력을 부가하므로, 보드레벨 낙하시험과 냉열시험 과정에서 모듈 납땜 조인트 신뢰성에 대하여 특별한 주의가 필요하다. 이 절에서는 이들 모두에 대해서 살펴보기로 한다.

5.5.2 매립된 WLCSP 모듈

WLCSP 매립형 모듈에 대한 보드레벨 신뢰성과 요소(모듈)레벨 신뢰성 연구를 위해서 서로 다른 다이들과 모듈 크기를 가지고 있는 두 개의 매립된 WLCSP 모듈이 제작되었다. 세 개의 수동소자를 사용하는 동기형 벅 컨버터를 갖춘 첫 번째 6핀(2×3) WLCSP 모듈이 제작되었다. 이 모듈에 대해서 전통적인 요소 신뢰성(즉, 동적옵션수명(DOPL), 온습도편향시험(THBT), 고온보관수명(HTSL), 냉열시험(TMCL) 등)이 수행되었다. 이 크기의 모듈에 대해서 낙하시험을 수행하기 위해서, 기능적 실리콘 칩을 낙하시험 과정에서 체인저항의 연속적인 모니터링이 가능한 동일한 크기의 2×3 데이지체인 시험용 칩으로 대체하였다. 매립형

WLCPS 기술을 더 큰 크기와 더 많은 수의 핀에 대해서 확장하기 위해서 두 번째 모듈이 제작되었다. 이 설계에서는 상부 표면에 장착된 다섯 개의 수동소자 모듈을 갖춘 모듈 속에 7×7 데이지체인 시험용 칩을 매립하였다. 이들 두 모듈은 모두 350[μm] 이하의 두께를 가지고 있는 모듈 기판을 매립하기 전에, 50[μm] 두께로 연삭된 실리콘 기판으로 이루어진 4층 기판 구조를 사용하였다(그림 5.28 및 그림 5.29). 표면실장착형 수동소자와 모듈 기판 사이의 납땜 조인트들을 모니터링하기 위해서, 보드레벨 신뢰성 시험과정에서 이벤트 검출기로 사용하기 위해서 커패시터를 유사한 크기와 무게의 인덕터로 대체하였다.

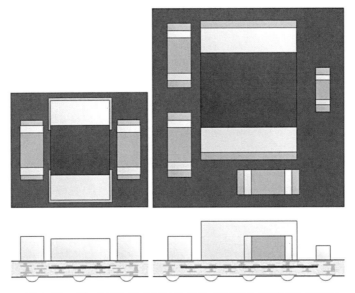

그림 5.28 고찰 대상인 두 가지 WLCSP 모듈들의 평면도와 단면도

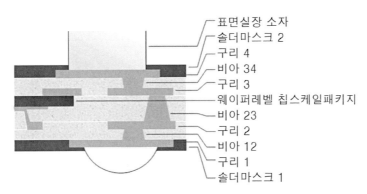

그림 5.29 매립형 WLCSP 모듈의 적층

낙하시험과 냉열시험을 위해서 사용자 지정형 프린트회로기판과 JESD22B11에서 정의된 프린트회로기판을 사양에 맞추어 설계 및 제작하였다. 그런 다음 구성요소 모듈들에 대한 설치 및 시험을 수행하였다. 시험용 보드 케이블 연결과 이벤트 검출을 위한 채널 숫자의 제약 때문에, 시험과정에서 연속적인 모니터링을 위해서 (모든 블라인드/매립 비아들과 모든 납땜 연결을 통해서)요소 하나당 단 하나의 채널만이 사용되었다. 그런데 고장위치를 검출 및 차폐하기 위해서 WLCSP나 수동소자와 같은 개별모듈 요소들을 지정된 시점에 수동방식으로 측정할 수 있도록, 프린트회로기판을 특수하게 설계하였다. 7 × 7 WLCSP 모듈의 프린트회로기판 셀 설계가 **그림 5.30**에 개략적으로 설명되어 있다. 예를 들어, 모듈 내부와 모듈 및 프린트회로기판 사이의 모든 상호연결을 연속적으로 모니터링하기 위해서 단 하나의 이벤트 검출용 채널이 사용되었지만, PIN C2와 D2를 사용하여 모듈이 매립된 WLCSP에 연결하기 위해서 사용된 49개의 블라인드 비아들을 수동으로 측정할 수 있다. 마찬가지로 대형 인덕터와 모듈 사이의 땜납이 의심스럽다면, C1과 D1 사이의 수동 프로브를 사용하여 점검할 수 있다.

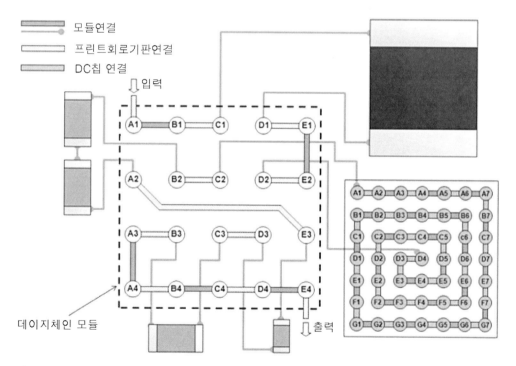

그림 5.30 매립된 WLCSP 모듈의 개별소자들에 대한 수동검출위치가 표시되어 있는 모듈 내 전기연결의 개략도

5.5.3 신뢰성 시험

사용자 지정형 프린트회로기판과 사용자 지정형 시험조건에 대해서 2×3 데이지체인 모듈에 대한 낙하시험과 냉열시험이 수행되었다. 합동전자장치엔지니어링협회(JEDEC) 낙하용 프린트회로기판 위에 장착되어 있는 매립형 7×7 WLCSP 모듈에 대해서 JESD22–B110에 제시되어 있는 JEDEC 낙하시험조건 B(1,500[G], 0.5[ms] 주기, 반주기 정현파)를 적용하였다. 7×7 모듈이 장착되어 있는 낙하용 프린트회로기판/모듈 조립체에 대해서 IPC9701에 규정되어 있는 TC3 사이클조건(-40[°C]~120[°C], 52[min/cycle])과 JESD22–B113에서 정의되어 있는 사이클 굽힘시험조건(2[mm]변위, 200,000[cycle])도 적용되었다. 표 5.3에서는 2×3과 7×7 데이지체인 모듈에 대한 보드레벨 신뢰성 시험결과가 요약되어 있다. 그림 5.31에서는 7×7 모듈의 낙하시험에 대한 와이블 도표가 도시되어 있다. 1,000회까지만 낙

표 5.3 WLCSP모듈에 매립되어 있는 2×3 데이지체인과 7×7 데이지체인의 넓은 레벨 신뢰성 요약

모듈	낙하시험[a]	냉열시험[b]
2×3 데이지체인	1,000회 시험에 대해서 6/108	1,000회 시험에 대해서 0/48
7×7 데이지체인	1,000회 시험에 대해서 17/60	1,000회 시험에 대해서 0/60

a. 1,500[G], 0.5[ms], 1,000회 낙하시험 수행 후 시험 중단.
b. -40~125[°C], 1,000사이클 시험 수행 후 시험 중단.

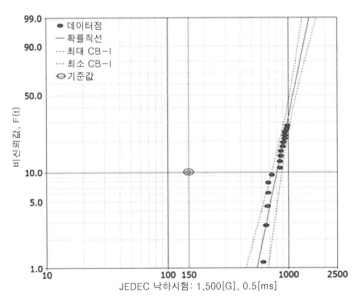

그림 5.31 7×7 데이지체인 모듈의 JEDEC 낙하시험 결과에 대한 와이블 분포

하시험을 수행한다면, JEDEC 낙하시험에 대해서 7×7 데이지체인 모듈이 우수한 성능을 나타낸다는 것이 명확하다. 616회의 낙하시험을 수행한 이후에 첫 번째 파손이 발생하므로 150회 낙하라는 최소한의 요구조건에 대해서는 충분한 여유를 가지고 있다.

낙하시험 과정에서 파손이 발생한 유닛들에 대해서 **고장분석**(FA)이 수행되었다. 두 가지 모듈 모두에 대해서 1,000회의 낙하시험을 수행하는 동안 아무런 파손도 발생하지 않았기 때문에, 임의로 선정된 냉열시험 유닛에 대해서도 고장분석이 수행되었다.

2×3 데이지체인 모듈의 경우, 559회의 낙하시험 후에 최초의 파손이 발생한 이후에 1,000회의 낙하시험을 지속한 유닛에 대해서 고장분석을 통해서 두 가지 고장모드를 발견하였다. 첫 번째 고장모드는 두 모서리 조인트 위치에서의 프린트회로기판 구리소재 트레이스의 크랙이다(그림 5.32(a)~(c)). 프린트회로기판 레이아웃은 낙하시험용 보드의 주 굽힘방향과 평행한 방향으로의 트레이스를 갖추고 있다는 점에서 이는 전혀 놀라운 일이 아니다. 두 번째 고장모드는 요소(모듈) 측에서 발생하는 전형적인 납땜 조인트 크랙이다(그림 5.33(a), (b)). 두 가지 고장모드들에 대한 기존의 경험과 지식에 기초하여, 프린트회로기판의 트레이스 크랙이 먼저 발생한 다음에 559회의 낙하 시 초기 크랙이 촉발된다고 추정하였다. 559회에서 1,000회까지의 연속적인 낙하시험 과정에서 납땜 조인트 크랙이 발생하였다. 팬아웃 구리소재 트레이스의 방향을 바꾸면 프린트회로기판 트레이스 크랙의 발생확률을 저감하는 데에 도움이 된다고 알려져 있으므로, 낙하성능이 향상될 것으로 기대된다[10, 11]. 그런데 2×3 모듈의 보드레벨 성능은 이미 사용자 요구조건보다 훨씬 더 높았기 때문에, 이에 대한 추가적인 개선은 수행되지 않았다.

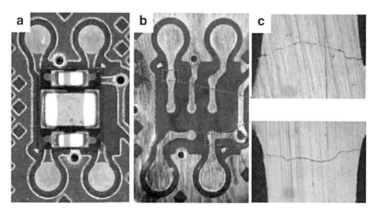

그림 5.32 낙하시험 과정에서 559회의 낙하 후 파손이 발생한 2×3 모듈에 대한 고장분석. (a) 시험용 프린트회로기판 위에 설치되어 있는 모듈, (b), (c) 두 모서리 납땜 조인트에서 발생한 구리소재 트레이스 크랙 (컬러 도판 403쪽 참조)

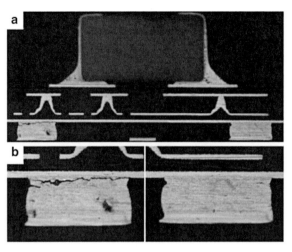

그림 5.33 낙하시험으로 파손된 2×3 데이지체인 모듈의 단면. (a) 모듈/프린트회로기판 납땜 조인트, 매립된 모듈비아 그리고 모듈 상부에 장착된 수동소자의 전체 단면도. (b) 파손된 모듈/프린트회로기판 납땜 조인트와 시험을 통과한 다른 쪽 모서리 조인트에 대한 확대영상

2×3 데이지체인 모듈의 온도사이클 시험 결과는 냉열시험이 끝날 때까지 파손이 발생하지 않았다. 모든 모듈/프린트회로기판 납땜 조인트에 대한 단면검사결과 아무런 크랙이 발생하지 않았다. 매립된 2×3 비아체인과 부동층/모듈 납땜 조인트의 단면에도 마찬가지로 아무런 파손이 발생하지 않았다(그림 5.34(a), (b)). 이런 모든 결과로부터 냉열시험 성능이 뛰어남을 확인할 수 있다.

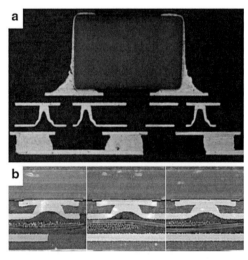

그림 5.34 냉열시험 과정에서 파손된 2×3 데이지체인 모듈의 단면영상. (a) 모듈/프린트회로기판 납땜 조인트, 2번, 3번 구리층 사이의 비아들 그리고 수동소자 및 모듈 사이의 납땜 조인트들의 단면영상. (b) 칩과 모듈을 연결하는 블라인드비아의 확대영상

7 × 7 데이지체인 모듈의 경우, 낙하시험 과정에서 트레이스 크랙이 발생할 가능성을 없애기 위해서 시험용 프린트회로기판을 세심하게 설계하였다(그림 5.35). 그 결과 파손분석 과정에서 아무런 프린트회로기판 크랙도 발견되지 않았다. 확인된 유일한 파손모드는 납땜 조인트 크랙이며, 619회의 낙하시험 이후에 최초로 크랙이 발견되었다.

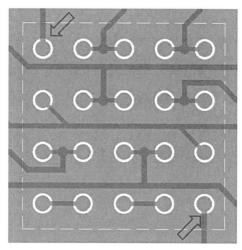

그림 5.35 7 × 7 데이지체인 모듈을 위한 프린트회로기판 유닛의 레이아웃. 화살표로 표시된 트레이스들은 주 굽힘방향과 직각으로 배치되어 낙하시험 과정에서 크랙이 발생하지 않았다.

그림 5.36에서는 낙하시험 과정에서 납땜 조인트의 조기파손이 발생한 두 부위들과 인접한 납땜 조인트들에서 크랙이 시작된 위치를 보여주고 있다. 처음으로 파손이 발생한(619회 낙

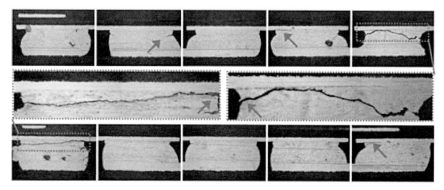

그림 5.36 낙하시험 과정에서 파손된 7 × 7 데이지체인 모듈의 단면도. (윗줄) 610회의 낙하시험 후 파손이 발생한 JEDEC 낙하시험 프린트회로기판. (아랫줄) 731회 낙하시험 후 JEDEC 보드에서 파손된 요소영상. 화살표 : 크랙이 시작된 납땜 조인트

하시험 후 파손) 모듈의 바람직하지 않은 납땜 조인트 형상 이외에도, 크랙이 시작된 위치는 전형적으로 WLCSP에서 크랙이 발생하는 위치와 일치한다.

−40[°C]에서 +125[°C] 사이의 온도 사이클을 7 × 7 데이지체인 모듈에 부가하는 냉열시험이 중단될 때(1,000사이클)까지 아무런 파손도 발생하지 않았다. 임의로 선정된 유닛의 수동소자/모듈 납땜 조인트들과 매립된 칩들을 모듈과 연결하는 49개의 블라인드 비아의 단면형상에서는 아무런 이상도 발생하지 않았다(그림 5.37(a), (c)). 그런데 모듈 기판과 시험용 프린트회로기판 사이의 모서리 납땜 조인트에서 조기에 크랙이 시작되었음이 발견되었다(그림 5.37). 모듈/프린트회로기판 납땜 조인트의 크랙이 발견되지 않은 2 × 3 모듈과 비교해보면, 7 × 7 모듈의 땜납 응력수준이 2 × 3 모듈에 비해서 높다는 것을 명확하게 알 수 있다. 또 다른 흥미로운 현상은 크랙이 요소 측 납땜 조인트의 내부에서 시작되었다는 것이다. 이는 냉열시험 과정에서 발생하는 크랙이 납땜 조인트의 바깥쪽에서부터 시작되는 일반적인 WLCSP와는 매우 다른 현상이다. 이런 특이한 크랙개시에 대한 가능한 설명들 중 하나는, 요소부품과 프린트회로기판의 열팽창률 불일치로 인하여 유발되는 냉열시험 응력은 WLCSP 내에서 발생하는 응력과는 다르다는 것이다. WLCSP의 경우, 열팽창률이 작은 실리콘(2~3[ppm/°C])

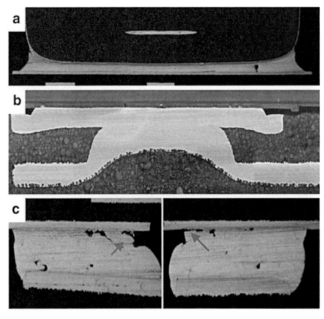

그림 5.37 1,000회의 냉열사이클 시험을 수행한 이후에 7 × 7 데이지체인의 단면. (a) 수동소자 단면에는 땜납 크랙이 발생하지 않음. (b) 모듈과 연결되는 매립된 비아에도 손상이 없음. (c) 두 모서리모듈/프린트회로기판 납땜 조인트에서는 1,000회 시험 이후에 크랙이 시작된다.

과 열팽창률이 큰 프린트회로기판(17[ppm/°C]) 사이에서는 항상 요소 측 모서리 납땜 조인트의 바깥쪽에서부터 납땜 조인트 크랙이 시작된다. WLCSP가 매립된 모듈의 경우에는 기판의 열팽창률이 프린트회로기판의 열팽창률과 거의 일치한다고 생각된다. 그런데 기판 위에 납땜되어 있는 수동소자들뿐만 아니라 이 수동소자들로 인한 추가적인 질량이 특이한 응력분포와 땜납 크랙 개시를 유발할 수 있다. 이에 대한 추가적인 연구가 수행되고 있다.

2×3과 7×7 데이지체인 모듈에 대한 보드레벨 신뢰성 시험 이외에도, 6핀 0.4[mm] 피치의 매립형 WLCSP를 갖춘 기능모듈에 대해서도 두 개의 구리층 쿠폰과 다수의 측정점들을 갖춘 2[mm] 두께의 프린트회로기판을 사용하여 일련의 신뢰성 시험이 수행되었다(표 5.4). 합격/불합격 기준에는 육안검사, 전기시험 및 **공초점 주사초음파현미경**(CSAM) 등이 사용되었다. 이전의 경험에 따르면, 쿠폰 프린트회로기판은 기존의 보드레벨 신뢰성 시험 평가에 사용되었던 전형적인 합동전자장치엔지니어링협회(JEDEC) 프린트회로기판에 비해서 표면실장착(SMT) 디바이스에 더 높은 수준의 응력이 부가되었다. 하지만 쿠폰보드 신뢰성 시험 과정에서 단일요소의 파손은 발생하지 않았다. 게다가 이 모듈은 정전기방전(ESD) 시험을 통과하였다.

표 5.4 2×3, 0.4[mm] 피치의 매립형 WLCSP 기능모듈에 대한 신뢰성 시험결과 요약

시험조건	조건	측정점	결과
동적옵션수명(DOPL)	85[°C], 4.2[V]	168, 500, 1,000	77×3 통과
고온보관수명(HTSL)	150[°C]	168, 500, 1,000	77×3 통과
온습도편향시험(THBT)	85[%RH], 85[°C], 4.2[V]	168, 500, 1,000	77×3 통과
냉열시험(TMCL)	-40~+125[°C]	100, 500, 1,000	77×3 통과
고가속 스트레스시험(HAST)	85[%RH], 110[°C]	264	77×3 통과

5.5.4 논 의

표면에 수동소자들이 설치되고, 서로 다른 크기의 데이지체인 WLCSP가 매립된 모듈을 제작하여 보드레벨 신뢰성 시험을 수행하였다. 능동형 WLCSP와 수동소자들을 매립한 모듈도 함께 제작하여 요소레벨 신뢰성 시험을 수행하였다. 모듈들에서는 다수(500~600회)의 낙하시험 이후에 전형적인 납땜 조인트 크랙 형태의 파손이 발생하였다. 반면에, 모든 모듈이 1,000회의 냉열시험을 통과하였으며, 아무런 파손도 발생하지 않았다. 중요한 관찰대상 중

하나인 모듈/매립된 WLCSP 사이의 비아연결 부위에서는 낙하시험이나 냉열시험 이후에도 아무런 파손이 관찰되지 않았다. 단면을 절단하여 검사한 모든 유닛에서 수동소자/모듈땜납 상호연결 역시 아무런 문제가 발견되지 않았다. 매립형 WLCSP를 갖춘 모듈은 모든 시험방법에 대해서 견실한 성능을 갖추고 있음이 확인되었다.

비록 초기에는 상부에 설치된 수동소자들로 인하여 추가된 질량이 문제를 일으킬 것이라는 논의가 있었지만, 이런 뛰어난 신뢰성능은 전혀 놀라운 것이 아니다. 여기서는 두 가지 인자들이 중요한 역할을 하였다. 첫 번째 인자는 매립된 실리콘의 얇은 두께이다. WLCSP에 대한 연구로부터, 실리콘 기판의 두께가 전형적인 보드레벨 신뢰성 시험과정에서 시험용 프린트회로기판과 납땜된 실리콘 기판의 유연성을 결정한다는 것을 알고 있었다. 디바이스의 크기와 피치에 무관하게 실리콘의 두께가 얇아질수록, WLCSP의 낙하시험과 냉열시험 수명이 향상된다. 그런데 공정과 취급의 난이도가 증가하기 때문에 땜납범프를 사용하는 WLCSP의 실리콘 두께는 대략적으로 $200[\mu m]$ 내외로 제한된다. 현재의 연구에서는 땜납범프를 사용하지 않는 WLCSP는 $50[\mu m]$까지 연삭을 수행하며, 이를 통해서 낙하 및 냉열시험 과정에서 실리콘의 유연성이 크게 향상된다. 또 다른 인자는 시험용 프린트회로기판과 실리콘 사이의 유격거리이다. 프린트회로기판 위에 설치되는 WLCSP의 경우에는 설치높이가 유격거리에 해당하며, 이 설치높이가 증가할수록 신뢰수명이 증가할 것으로 기대된다. 연구 대상인 매립된 모듈의 경우, 실리콘 기판은 시험용 프린트회로기판으로부터 약 $200[\mu m]$ 떨어져 있으며, 이들 사이에는 유전체, 블라인드 비아 그리고 모듈 납땜 조인트 등이 위치하고 있다. 이들이 모듈을 시험용 프린트회로기판과 연결해주는 납땜 조인트들에서 발생하는 높은 응력을 효과적으로 차단시켜준다. 이로 인해서 뛰어난 보드레벨 신뢰수명이 구현되었다.

5.6 요 약

이 장은 웨이퍼레벨 개별형 전력소자의 칩스케일 패키지에 대한 개발경향에 대한 소개로 시작하였다. 표준 개별형 전력용 수직확산 MOSFET WLCSP의 구조와 측면확산 MOSFET WLCSP의 구조에 대해서 살펴보았다. 실리콘관통비아 드레인 연결과 드레인 공동을 사용하는 직접접촉방식 수직확산 MOSFET WLCSP의 새로운 설계개념들에 대해서도 논의하였다.

실리콘관통비아를 사용하는 직접접촉 수직확산 MOSFET WLCSP는 뛰어난 전기적 성능을 가지고 있는 반면에, 공동을 사용하는 직접접촉 수직확산 MOSFET의 경우에는 가장 얇은 웨이퍼레벨 개별형 칩스케일 패키지를 구현할 수 있었다. 저가형 구리소재 스터드 범핑을 사용하는 WLCSP의 설계구조와 공정기술에 대하여서도 논의하였다. 프리에어볼의 직경과 붕소인규산염 유리(BPSG) 프로파일이 개별형 전력용 MOSFET WLCSP에 미치는 영향을 고찰하기 위해서 구리소재 스터드 범프 제조공정에 대한 시뮬레이션이 수행되었다. 이 시뮬레이션 결과에 대한 검증을 위하여 신뢰성 실험연구과정에 대한 설계가 수행되었다. 마지막 절에서는 3차원 팬아웃 시스템인패키지 기술에 대한 소개를 위해서 능동형 웨이퍼레벨 칩스케일 패키지와 전력용 수동소자들을 통합한 매립형 WLCSP 모듈이 소개되었다. 이 기술은 사용자의 요구조건을 충족시키기 위해서 성숙된 프린트회로기판 제조기술을 활용하고 있으며, 진정한 3차원 시스템인패키지 솔루션을 구현하기 위해서 유연 경로생성을 활용하고 있다. 매립기술을 사용하면 모든 레벨에 대한 견실한 상호연결의 신뢰성을 기대할 수 있다. 매립형 WLCSP 모듈 패키지는 전통적인 팬아웃 3차원 패키지와 같은 여타의 3차원 옵션들에 비해서 가격경쟁력을 갖추고 있기 때문에, 앞으로 더 많은 시스템레벨 패키지에 활용될 것으로 예상된다.

참고문헌

1. Liu, Y. : Power Electronic Packaging : Design, Assembly Process, Reliability and Modeling. Springer, New York (2012).

2. Harman, G. : Wire Bonding in Microelectronics. McGraw Hill, New York (2010).

3. Liu, Y., Liu, Y., Luk, T., et al. : Investigation of BPSG Profile and FAB Size on Cu Stud Bumping Process by Modeling and Experiment, Eurosime (2008).

4. Liu, Y., Irving, S., Luk, T. : Thermosonic wire bonding process simulation and bond pad over active stress analysis. IEEE Trans. Electron. Packaging Manuf. 31, pp.61~71 (2008).

5. Daggubati, M., Wang, Q., Liu, Y. : Dependence of the fracture of power trench Mosfet device on its topography in cu bonding process. IEEE Trans. Compon. Packaging Technol. 32, pp.73~78 (2009).

6. Qu, S., Kim, J., Marcus, G., Ring, M. : 3D Power Module with Embedded WLCSP, ECTC63, Las Vegas, NV, June (2013).

7. Manessis, D., Boettcher, L., et al. : Chip Embedding Technology Development Leading to the Emergence of Miniaturized System-in-Packages. 60th ECTC, Las Vegas, NV, June (2010).

8. Braun, T., Becker, K.F., et al. : Potential of Large Area Mold Embedded Packages with PCB Based Redistribution. IWLPC, San Jose, CA (2010).

9. Ryu, J., Park, S., Kim D., et al. : A Mobile TV/GPS Module by Embedding a GPS IC in Printed-Circuit-Board. 62nd ECTC, San Diego, CA (2012).

10. Syed, A., et al. : Advanced analysis on board trace reliability of WLCSP under drop impact. Microelectron. Reliab. 50, pp.928~936 (2010).

11. Tee, T.Y., et al. : Advanced Analysis of WLCSP Copper Interconnect Reliability under Board Level Drop Test. 58th ECTC, Orlando, FL, June (2008).

CHAPTER 06

아날로그와 전력용 칩 집적화를 위한 웨이퍼레벨 패키지의 TSV/적층형 다이

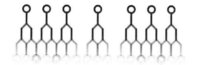

06 아날로그와 전력용 칩 집적화를 위한
웨이퍼레벨 패키지의 TSV/적층형 다이

CHAPTER

아날로그와 전력용 집적회로 패키지의 개발은 역동적인 기술이다. 웨이퍼레벨 칩스케일 패키지(WLCSP) 전자회로 패키지 설계의 발전으로 인하여 불과 몇 년 전만 하더라도 불가능했던 아날로그와 전력용 집적회로가 통합된 WLCSP가 현재는 일반화되었다. 이동통신과 같은 휴대용 전자기기에서부터 가전제품까지의 각각의 제품들은 WLCSP의 개발에 대해서 각자의 개별적인 요구조건들을 가지고 있다. 이런 다양한 적용조건들을 충족시키기 위해서 WLCSP는 순수한 아날로그 분야, 전력 분야 그리고 아날로그, 로직, 혼합신호 그리고 전력용 디바이스를 시스템인패키지로 통합한 시스템온칩(SOC) 등을 포함하고 있으며, 여기에는 개별적인 아날로그, 로직 및 전력용 디바이스가 포함되어 있고, 이들 대부분은 웨이퍼레벨 패키지의 수많은 유형으로 세분된다. 아날로그와 전력용 WLCSP는 실리콘관통비아와 다이적층 기술을 사용하여 아날로그, 로직 및 전력용 MOSFET를 통합한 일부 가장 수요가 많은 적용 분야에서 아날로그와 전력용 집적회로 활용을 가능케 해주는 높은 열발산능력을 제공해준다[1, 2]. 이 장에서는 실리콘관통비아와 적층형 다이 개념을 사용하여 아날로그와 전력용 솔루션들을 통합하는 진보된 웨이퍼레벨 패키징의 개발에 대해서 살펴보기로 한다.

6.1 집적화된 아날로그 및 전력용 칩의 설계 개념

1980년대 초중반에 전력용 집적회로 기술은 수직확산형 금속산화물반도체(VDMOS) 개별형 기술과 쌍극성 집적회로 기술로부터 쌍극성 반도체, 쌍보성 금속산화물반도체(CMOS) 그리고 쌍극기반기술(BCD)을 사용한 **이중확산 금속산화물반도체**(DMOS) 등을 통합한 혼합된 전력용 기술로 전환되었다. 이 시기에 CMOS 기술은 2.5[μm] 기술을 사용하였으며, **전기휘발성 프로그래머블 읽기 전용 메모리**(EEPROM) 기술은 1.2[μm] 그리고 플래시 기술은 0.6[μm]을 사용하고 있었다. 2000년 이후 현재까지는 혼합형 전력기술이 CMOS 기반기술로 발전하였다. 여기에는 세 가지 주요 기능들이 사용되고 있다. (1) 0.35[μm], 0.18[μm], 0.13[μm] 그리고 90[nm] 선폭의 전력용 집적회로들을 사용하는 주류 CMOS, (2) 더 많은 기능을 집적하기 위하여 모듈화 채택, (3) 다수의 소형 시스템들을 단일 칩에 집적화시키는 능력 등이다. 그림 6.1에서는 전력용 집적회로 기술의 진화를 보여주고 있다. 그림 6.2에서는 전력용 집적회로에서 주로 사용되는 CMOS 주입 기반기술과 프로세스 모듈의 유연성을 보여주고 있으며 [3, 4], 여기서는 고도의 모듈화가 가능하도록 설계가 되었기 때문에, 집적회로 설계에 필요한 구성요소들에 따라서 마스크 공정이 추가되거나 생략될 수 있다. 약 96개의 전력용 아날로그 요소들을 모듈로 통합할 수 있다. 모듈 경로생성 시스템은 다양한 용도에 대해서 더 가격경쟁력이 높은 공정흐름을 제시할 수 있다. 적용 분야 요구조건에 따라서 공정은 단순화, 차별화 또는 특수화할 수 있다. 따라서 모듈식 전력용 집적회로 기술은 대상용도를 위해서 매우 다양한 전력 및 아날로그 집적회로 기술을 다양하게 구현할 수 있다.

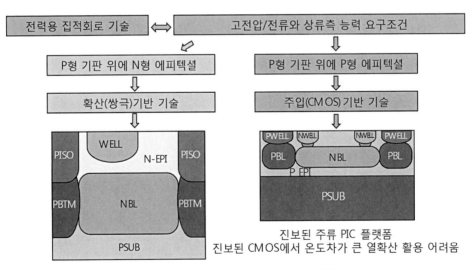

그림 6.1 전력용 집적회로 기술의 개발[4]

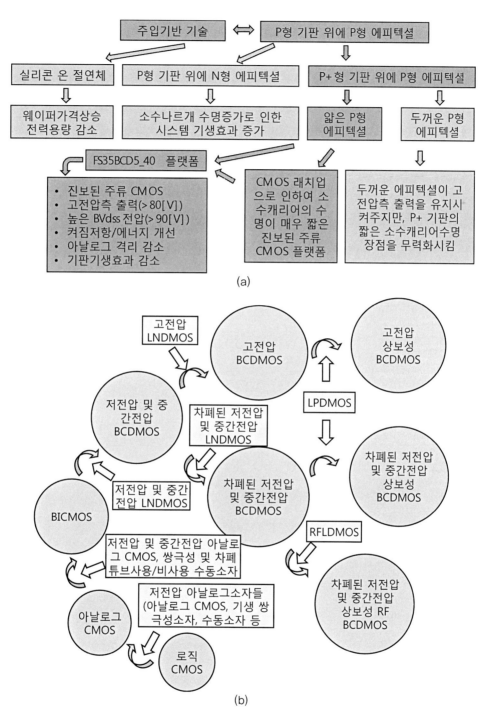

(a)

(b)

그림 6.2 전력용 집적회로에 주로 사용되는 CMOS 주입 기반기술들[3, 4] (a) 주입 기반기술, (b) 공정모듈의
유연성

전력용 집적회로 기술의 주 적용 분야들 중 하나는 휴대폰, PDA, 디지털 카메라, MP3 플레이어 그리고 휴대용 바코드 리더 등과 같은 휴대용 디바이스이다. 페어차일드社에서 공급하는 집적형 부하스위치인 IntelliMAX™ 제품군[5]은 최근 세대의 모바일 및 가전제품에 적용되며, 전력관리성능을 강화하기 위해서 보호, 제어 및 고장감지 등의 기능을 특별하게 조합하여 기존의 MOSFET 성능을 향상시켰다. 이런 수준의 통합은 설계자로 하여금 보드공간에 대한 요구조건은 최소화하면서도 효율과 신뢰성을 향상시킬 수 있도록 도와준다. 웨이퍼레벨 칩스케일 패키지는 작은 크기와 뛰어난 전기적 성능 때문에 휴대용 디바이스에 특히 적합하다. 그림 6.3에서는 이런 용도에 사용되는 두 가지 전형적인 웨이퍼레벨 칩스케일 패키지를 보여주고 있다.

그림 6.3 MOSFET와 보호 및 제어용 집적회로들이 통합된 웨이퍼레벨 칩스케일 패키지

그림 6.4에서는 제어 로직이 통합된 회로도와 핀 하나가 사용되지 않고 있는, 6핀 MOSFET으로 구성된 전력용 집적회로 디바이스용 WLCSP를 보여주고 있다. 이 제품은 다음과 같이 세 가지 주요 기능들을 갖추고 있다. (1) **과전류 보호**(OCP), (2) **열셧다운 보호**(TSP), (3) **부족전압차단**(UVLO). 과전류 보호회로는 과도한 전류의 흐름을 차단하며 다음 세 가지 오류조건을 촉발시킨다. (1) **자동재시작** : 이 기능은 자동적으로 회로를 셧다운시킨 다음에 오류가 해소될 때까지 미리 정의된 자동재시작시간 간격에 맞추어 재시작을 수행한다. (2) **셧다운** : 이 기능은 자동적으로 회로를 셧다운시키며 오류를 해소하기 위해서 ON 핀에 전력 사이클을 요구한다. (3) **정전류** : 이 기능은 전류를 고정값 또는 사용자 지정값으로 제한한다. 열셧다운 보호(TSP) 기능은 한계값 140[°C]와 10[°C]의 히스테리시스와 같은 열 이벤트에 대해서 작동하여 부품의 손상을 방지한다. 부족전압차단(UVLO) 기능은 입력전압이 디바이스의 안정적인 작동을 보장하는 문턱전압 이하로 떨어지게 되면 전원을 차단한다. 그림 6.5에서는 제

어로직과 MOSFET를 통합한 전력용 집적회로 디바이스용 4핀 WLCSP의 회로도를 보여주고 있다. 이 4핀 전력용 WLCSP는 두 가지 주요 기능을 갖추고 있다. (1) 정전기방전(ESD) 보호, (2) 지정된 주기시간 동안 스위치는 켜짐 변화율 제어기능. 이 기능은 디바이스를 통과하여 부하 측으로 공급되는 전류를 제한한다. 주하정전용량과 평형을 맞추면, 이 기능은 부하 측에 전류 스파이크가 흐르는 것을 방지해주며 입력단의 전압강하를 최소화시켜준다. 또한 이 WLCSP는 주 스위치가 꺼지면 빠르고 안전하게 부하정전용량을 방전시켜주는 출력방전 옵션기능을 갖추고 있다.

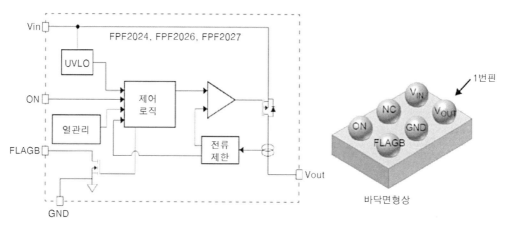

그림 6.4 제어로직과 MOSFET, 열관리 및 전류제한회로들이 통합된 회로사례

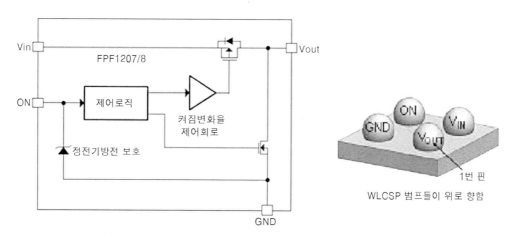

그림 6.5 제어로직과 정전기방전 보호회로 및 출력방전 기능이 내장된 MOSFET 회로

전력회로, 아날로그회로 및 로직회로들이 통합된 다기능 스마트 모듈 플랫폼에 전력용 집적회로를 사용하는 경우, 고전압 레벨시프트 기능, 정밀한 기준전압 구현, 전류센서 정확도 향상, 노이즈 차폐 그리고 나르개 주입 제거기판 등을 구현하기 위해서 차폐된 아날로그 포켓들을 통합할 수 있는 고용량 저항, 커패시터 및 다이오드, 조절 가능한 고전압/저전압 CMOS, 쌍극성 트랜지스터 및 매칭된 미러 디바이스 등에 정격 차폐전압이 서로 다른 튜브들을 추가할 수 있다. 트림소자들은 PIC 플랫폼에서도 사용할 수 있기 때문에 고도로 정확한 전력용 아날로그 제품의 설계와 경쟁 우위 선점이 가능하다. 플랫폼 내의 금속 시스템이 고밀도 상호연결을 위한 알루미늄/구리소재의 얇은 다중박막층들(4LM)과 더불어서 추가적인 고전류 배선경로를 제공하고 에너지 전달능력을 향상시키기 위하여 **접착패드와 중첩된 능동소자(BPOA)**를 포함하는 두꺼운 전력용 금속을 지지할 수 있다. 접착패드와 중첩된 능동소자를 갖춘 두꺼운 전력용 금속은 WLCSP에 간단히 호환되며, 이 모듈형 전력용 집적회로 플랫폼의 고밀도 특성으로 인하여, 전력용 아날로그 회로의 다이크기를 획기적으로 줄일 수 있다(그림 6.6).

그림 6.6 전력용 집적회로 통합을 위한 WLCSP[4]

과거 20여 년간 아날로그와 전력용 반도체 기술은 전력밀도의 증가를 통해서 인상적인 발전을 이루었다[1, 2, 4]. 비교적 대전력 용도에 대해서는 웨이퍼레벨에서의 시스템온칩만으로는 필요한 높은 전력밀도를 충족시킬 수 없다. 그러므로 높은 전력밀도를 구현하기 위해서

는 실리콘관통비아와 적층형 다이 기술을 활용하는 웨이퍼레벨 시스템인패키지가 필요하게
되었다. 부하위치 벅 컨버터와 같은 용도가 실리콘관통비아와 적층형 다이기술을 사용하는
웨이퍼레벨 전력용 시스템인패키지(SIP)를 단일 아날로그기능 WLCSP[6~8]에서 아날로그
와 전력의 이종기능이 통합된 WLCSP[9, 10]로 진화를 이끄는 핵심 원동력이다. 부하위치 벅
컨버터를 제작하는 다양한 방법이 존재한다. 전형적인 방법은 QFN이나 여타의 표준형 패키
지를 사용하여 단일레벨 모듈 내에서 다이들을 평면형태로 배치하는 것이지만, 이 방법으로
는 패키지 크기 축소의 장점을 살릴 수 없다. 또 다른 방법은 실리콘관통비아와 적층형 다이 개
념[9, 10]을 사용하여 웨이퍼레벨에서 부하위치 벅 컨버터를 제작하는 것으로서, 전기적 기생
효과와 패키지 크기를 현저히 줄여서 휴대용 전자기기의 전력관리 요건을 충족시킬 수 있다.

6.2 아날로그와 전력용 SOC WLCSP

6.2.1 아날로그와 전력용 SOC WLCSP의 설계배치

그림 6.7에서는 니켈층 하부에 구리와 티타늄이 도금되어 있는 금/니켈 소재 범프하부금속
과 패드 Al0.5Cu가 포함된 전형적인 산업표준 금속 적층을 사용하는 시스템온칩 WLCSP 범
프설계를 보여주고 있다. 범프하부금속과 금속패드 사이에는 폴리이미드 층이 삽입되어 있
다. 그림 6.8에서는 80[μm] 높이의 마이크로범프를 사용하는 WLCSP의 배치설계를 보여주고
있다. 이 설계에서는 Al0.5Cu 패드와 구리층 하부에 티타늄이 도금된 니켈/구리 소재의 범프
하부금속을 갖춘 금속 적층을 사용하고 있다. 범프하부금속과 금속패드 사이에는 폴리이

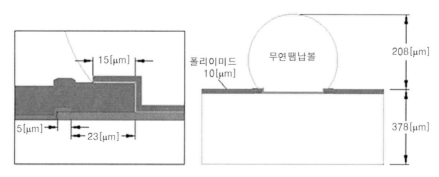

그림 6.7 전형적인 산업표준방식의 WLCSP 범프 설계

미드 층이 삽입되어 있다. 그림 6.4와 그림 6.5에 도시되어 있는 것처럼, 아날로그와 전력용 집적회로 기술을 통합하기 위해서 6핀 WLCSP와 4핀 WLCSP를 모두 사용할 수 있다.

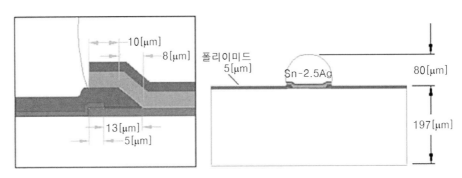

그림 6.8 80[μm] 높이의 WLCSP 범프설계

6.2.2 납땜 조인트의 응력과 신뢰성 해석

설계의 관점에서 보면, 납땜 조인트는 제품의 신뢰성에 핵심적인 역할을 한다. 이 절에서는 냉열시험(TMCL)에 사용되는 6핀 WLCSP의 설계개념에 대해서 마이크로범프와 표준범프를 사용하는 경우에 발생하는 응력과 납땜 조인트 수명에 대한 비교를 수행한다. 냉열시험은 30분 동안 −40~+125[°C]의 온도범위를 주기적으로 오가는 시험이다. 그림 6.9에서는 시험용 보드의 배치도와 6핀 WLCSP의 모델을 보여주고 있다. 그림 6.10에서는 마이크로범프와 표준범프구조에 대한 유한요소모델을 보여주고 있다. 두 범프들 모두 SAC405 무연땜납 소재를 사용하였다.

그림 6.11에서는 −40[°C]의 냉열시험 중 마이크로범프와 표준범프에 발생한 본미제스응력을 보여주고 있다. 최대응력은 다이 끝 모서리 조인트에서 발생하였으며, 마이크로범프의 본미제스응력은 표준범프에 비해서 약 10% 더 크게 발생하였다. 표 6.1에서는 금속패드(Al0.5Cu), 폴리이미드 그리고 땜납범프에 발생한 최대응력을 비교하여 보여주고 있다. 금속패드 내에서 마이크로범프와 표준범프의 최대 본미제스응력은 비슷하지만, 표준범프 내의 금속패드에서 발생하는 최대 본미제스 소성변형률, 소성에너지밀도, 최대전단응력과 변형률은 마이크로범프의 금속패드에 비해서 현저히 작다. 표준범프 내에서 발생하는 모든 응력과 변형률 그리고 소성에너지밀도는 마이크로범프의 경우보다 작다. 표준범프 내의 폴리이미드에서 발생하는 본미제스응력과 전단응력은 마이크로범프의 경우보다 현저히 작다.

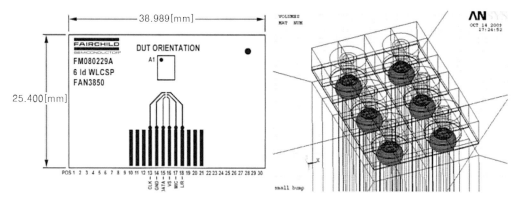

그림 6.9 냉열시험용 보드와 6핀 WLCSP 모델

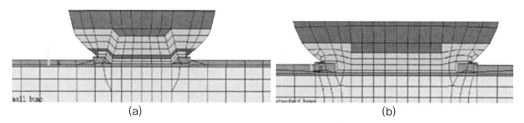

그림 6.10 마이크로범프와 표준범프구조의 유한요소모델. (a) 마이크로범프, (b) 표준범프

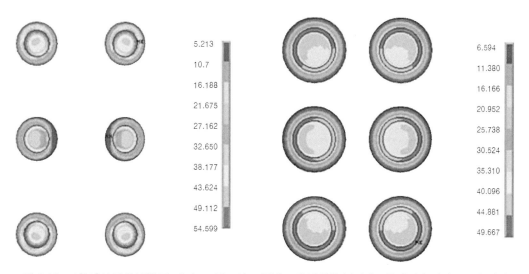

그림 6.11 −40[°C]의 냉열시험 중 마이크로범프와 표준범프에 발생한 본미제스응력. (a) 마이크로범프(최대 54.6[MPa]), (b) 표준범프(최대 49.7[MPa]) (컬러 도판 404쪽 참조)

표 6.1 6핀 WLCSP에 사용된 마이크로범프와 표준범프의 응력비교

항목	패드(Al0.5Cu)		폴리이미드		땜납(SAC405)	
	마이크로범프	표준범프	마이크로범프	표준범프	마이크로범프	표준범프
본미제스응력[MPa]	199.4	199.5	103.6	101.2	54.6	49.7
본미제스 소성변형률	0.77%	0.45%	-	-	2.1%	1%
최대전단응력[MPa]	100.3	74.1	34.1	33.8	30	28.3
최대전단 소성변형률	1.1%	0.29%	-	-	3.4%	1.8%
소성에너지 밀도[MPa]	2.6	1.1	-	-	3.6	1.4

표 6.2에서는 마이크로범프와 표준범프의 납땜 조인트 수명을 비교하여 보여주고 있다. 표 6.2에 따르면, 최초파손(52.6%↑)과 특성수명(68.2%↑)의 측면에서 표준범프의 납땜 조인트 수명이 마이크로범프의 경우보다 훨씬 더 길다는 것을 알 수 있다. 이는 마이크로범프 내의 소성에너지 밀도가 표준범프의 경우보다 훨씬 더 높기 때문이다. 그러므로 냉열시험 분석을 통한 납땜 조인트 신뢰성에 기초한 설계적 관점에서는 표준범프를 사용하는 WLCSP가 마이크로범프의 경우보다 뛰어나다는 것을 알 수 있다. 그런데 다이크기가 줄어들기 때문에 차세대 전력용 집적회로 제품에서는 마이크로범프 기술의 적용을 요구받고 있다. 따라서 견실한 성능을 갖춘 마이크로범프를 사용하는 전력용 집적회로에 대한 더 많은 연구와 고찰이 필요하다.

표 6.2 마이크로범프와 표준범프의 납땜 조인트수명 비교

냉열시험수명	마이크로범프	표준범프
최초파손	612	1,924(52.6%↑)
특성사이클	995	3,129(68.2%↑)

6.3 실리콘관통비아를 사용한 웨이퍼레벨 전력용 적층형 다이의 3차원 패키지

이 절에서는 웨이퍼레벨 다이적층방식을 사용한 동기식 **벅 컨버터**를 중심으로 하여, 실리콘관통비아를 사용한 전력소자의 웨이퍼레벨 다이적층 개념에 대해서 살펴보기로 한다.

감압전원회로에 주로 사용되는 동기식 벅 컨버터는 **그림 6.12**에 도시되어 있는 것처럼, 아날로그보다는 디지털 방식의 전계효과트랜지스터 제어를 통해서 인덕터에 전류를 공급하거나 인덕터로부터 전류를 빼내기 위해서 전형적으로 두 개의 스위칭 전계효과트랜지스터(FET)와 이에 직렬로 연결된 인덕터가 사용된다. 아날로그 전원공급장치에 비해서 전계효과 스위칭 트랜지스터들을 사용하는 동기식 벅 컨버터는 크기가 작고, 추가적인 전류소모가 매우 작다. 따라서 이들은 휴대용 전자기기에 자주 사용된다. 이런 디바이스의 경우에는 점유공간이 중요한 고려사항이 되기 때문에, 동기형 벅 컨버터의 크기는 시장에서 중요하게 간주된다. 실리콘관통비아 기술을 사용하는 웨이퍼레벨 다이적층방식 3차원 패키지는 작은 패키지 크기와 더불어서 얇은 두께를 유지시켜주는 효과적인 해결방안이다[4].

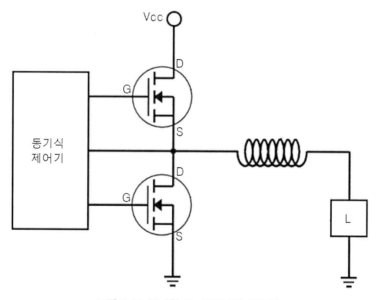

그림 6.12 동기형 벅 컨버터의 회로도

실리콘관통비아를 내장한 실리콘과 구리소재 비아 사이의 열팽창계수 차이가 매우 크기 때문에, 실리콘관통비아 구조가 이후의 조립과정에서 부가되는 열부하에 노출되면, 구리와 절연층(보통 SiO_2) 사이 그리고 절연층과 실리콘 사이의 계면에서 현저한 열응력이 유발되며, 이로 인하여 상호연결의 신뢰성과 전기적 성능이 영향을 받게 된다. 따라서 이 절에서는 실리콘관통비아를 사용하는 웨이퍼레벨 전력용 다이적층 패키지에 대한 설계개념, 열부하

그리고 열-기계응력이 조립과정에서 패키지의 설계인자들에 미치는 영향에 대해서 살펴보기로 한다.

6.3.1 웨이퍼레벨 전력용 적층형 다이 패키지의 설계개념

다이적층방식 3차원 패키지를 사용하는 웨이퍼레벨 벅 컨버터의 설계개념은, **고전압 측**(HS) 다이의 앞면에 소스, 드레인 및 게이트 접착패드를 갖춘 고전압 측 MOSFET를 포함하며, 실리콘관통비아(TSV)를 사용하여 **저전압 측**(LS) 다이의 뒷면에서 앞면으로 연결이 이루어지고, 저전압 측 다이의 앞면에는 소스, 드레인 그리고 게이트 접착패드를 갖추고 있으며, 이 드레인 접착패드는 저전압 측 다이의 뒷면과 전기적으로 연결되어 있다. 이 고전압 측 다이와 저전압 측 다이를 서로 연결하여 고전압 측 다이의 구리소재 스터드 범프를 갖춘 소스 접착패드가 **이방성 도전필름**(ACF)을 통해서 저전압 측 다이 뒷면의 드레인과 전기적으로 연결되며 고전압 측 다이의 드레인과 게이트 접착패드 각각은 저전압 측 다이 내의 개별 실리콘 관통비아를 통해서 전기적으로 연결된다. 그림 6.13(a)에서는 사분할 모델을 사용하여 이 개념을 설명하고 있으며, 여기서 실리콘관통비아는 도전성 폴리머로 충진되어 있다. 그림 6.13(b)에서는 구리소재 실리콘관통비아의 구조를 보여주고 있다. 그림 6.14에서는 저전압 측 웨이퍼(2번 웨이퍼) 위에 고전압 측 웨이퍼(1번 웨이퍼)를 적층하여 구현한 웨이퍼레벨 벅 컨버터의 다이 절단 전 단면형상을 보여주고 있다.

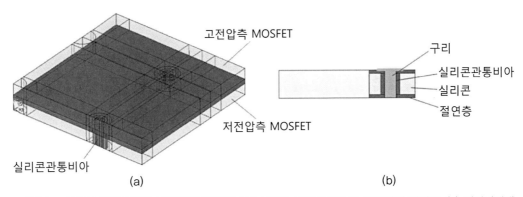

그림 6.13 다이적층방식 3차원 실리콘관통비아기술을 사용한 웨이퍼레벨 벅 컨버터의 개념도. (a) 웨이퍼레벨 벅 컨버터의 4분할 모델, (b) 저전압 측 다이 내에 성형된 실리콘관통비아 (컬러 도판 404쪽 참조)

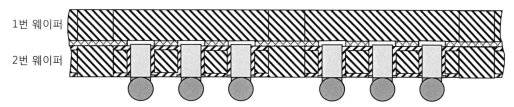

그림 6.14 적층된 두 장의 웨이퍼를 사용하는 웨이퍼레벨 벅 컨버터의 다이 절단전 단면형상(1번 웨이퍼는 고전압 측, 2번 웨이퍼는 저전압 측)

6.3.2 열해석

이 절에서는 웨이퍼레벨 전력용 다이적층형 패키지에 대한 열해석을 위한 시뮬레이션에 대해서 살펴보기로 한다. 이 패키지는 프린트회로기판 비아들을 통해서 $76.2 \times 114.3 \times 1.6[\text{mm}^3]$ 크기의 합동전자장치엔지니어링협회(JEDEC) 1s0p 보드 위에 설치되었다. 시뮬레이션에서는 자연대류를 가정하였다. 그림 6.15에서는 다이적층 패키지와 프린트회로기판을 갖춘 시스템의 사분할 모델이 도시되어 있다. 이 패키지의 크기는 $1.5 \times 1.5 \times 0.12[\text{mm}^3]$이다. 그림 6.16(a)에서는 고전압 측 MOSFET 다이에 0.1[W]의 전력이 투입되는 경우에 다이적층과 프린트회로기판을 포함하는 시스템의 온도분포를 보여주고 있다. 그림 6.16(b)에서는 다이적층 패키지의 온도분포를 보여주고 있다. 표 6.3에서는 서로 다른 다이크기에 대해서 $R\theta_{JA}$ 접합과 대기 사이의 열저항값을 제시하고 있으며, 여기에는 열효과의 상호영향이 포함되어 있다. $R\theta_{JA11}$은 고전압 측 다이로 공급되는 전력에 대한 고전압 측 다이의 열저항이다. $R\theta_{JA12}$는 고전압 측 다이로 공급되는 전력에 대한 저전압 측 다이의 열저항이다. $R\theta_{JA21}$은 저전압 측 다이로 공급되는 전력에 대한 고전압 측 다이의 열저항이다. $R\theta_{JA22}$는 저전압 측 다이로 공급되는 전력에 대한 저전압 측 다이의 열저항이다. 표 6.3으로부터, 다이적층방식 전력용 패키지의 열저항은 다이크기가 증가함에 따라서 약간 감소한다는 것을 알 수 있다. 표 6.4에서는 서로 다른 직경의 실리콘관통비아가 웨이퍼레벨 전력용 패키지의 열저항에 미치는 영향을 보여주고 있다. 해석결과에 따르면 큰 변화가 나타나지 않았다. 표 6.3과 표 6.4로부터, 웨이퍼레벨 다이적층방식 전력용 패키지는 낮은 열저항과 뛰어난 열성능을 갖추고 있음을 확인할 수 있다.

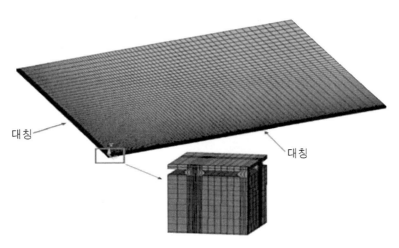

그림 6.15 JEDEC 1s0p 프린트회로기판 위에 비아를 사용하여 설치한 웨이퍼레벨 벅 컨버터의 사분할 모델 (컬러 도판 405쪽 참조)

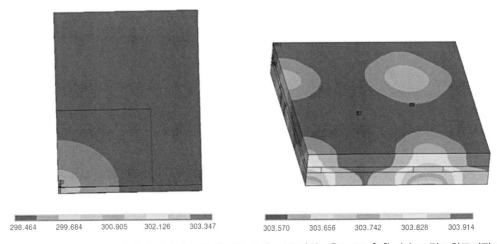

| 298.464 | 299.684 | 300.905 | 302.126 | 303.347 |
| 303.570 | 303.656 | 303.742 | 303.828 | 303.914 |

그림 6.16 고전압 측에 0.1[W]의 전력이 공급된 경우의 온도분포(최고온도 304[K]). (a) 프린트회로기판과 다이의 온도, (b) 다이적층형 패키지상의 온도분포 (컬러 도판 405쪽 참조)

표 6.3 자연대류상태에서 0.1[W]의 전력을 투입한 경우에 접점과 대기 사이의 열저항과 실리콘관통비아의 직경 사이의 상관관계

다이크기[mm²]	$R\theta_{JA11}$[°C/W]	$R\theta_{JA12}$[°C/W]	$R\theta_{JA21}$[°C/W]	$R\theta_{JA22}$[°C/W]
1.2 × 1.2	60.85	60.50	60.28	60.57
1.3 × 1.3	60.29	59.99	59.79	60.05
1.4 × 1.4	58.89	59.64	59.46	59.69
1.5 × 1.5	59.57	59.35	59.20	59.40

표 6.4 자연대류상태에서 0.1[W]의 전력을 투입한 경우에 접점과 대기 사이의 열저항과 다이크기 사이의 상관관계

TSV직경$[\mu m]$	$R\theta_{JA11}[°C/W]$	$R\theta_{JA123}[°C/W]$	$R\theta_{JA21}[°C/W]$	$R\theta_{JA22}[°C/W]$
20	59.49	59.26	59.11	59.31
40	59.56	59.34	59.19	59.39
50	59.57	59.35	59.20	59.40
60	59.58	59.36	59.21	59.41

6.3.3 조립공정에 대한 응력해석

다이적층방식 전력용 패키지에는 두 가지 주요 조립방법이 사용된다. 그중 하나는 이방성 도전필름(ACF)을 사용하여 저전압 측 다이 위에 금속(구리나 금) 스터드 범프를 갖춘 고전압 측 다이를 열압착 및 적층한 다음에 냉각하는 것이다. 다른 방법은 프린트회로기판 위에 웨이퍼레벨 다이적층 저력용 패키지를 설치하기 위해서 리플로우를 사용하는 것이다. 이 절에서는 이들 두 가지 조립방법에 대하여 핵심 설계인자들과 더불어서 살펴보기로 한다.

6.3.3.1 저전압 측 다이 위에 고전압 측 다이를 적층한 후의 잔류응력

고전압 측 다이를 저전압 측 다이 위에 적층하는 공정은 이방성 필름을 열압착한 다음에 이를 경화시켜야 완성된다. 이방성 필름의 응력이 없어지는 경화온도는 175[°C]라고 가정한다. 그림 6.17에 도시되어 있는 것처럼, 고전압 측 다이를 저전압 측 다이 위에 적층한 다음에, 175[°C]에서 상온까지 시스템을 냉각한다.

실리콘관통비아의 응력상태와 신뢰성에 대해 살펴보기 위해서 그림 6.17에서와 같이, 유한 요소법이 사용된다. 표 6.5에서는 소재의 기계적 성질을 제시하고 있다. 표에 따르면 SiO_2와 구리소재 실리콘관통비아는 큰 열팽창계수 차이를 가지고 있음을 알 수 있다. 일반적인 SiO_2 절연층은 구리/SiO_2 계면뿐만 아니라 실리콘/SiO_2 계면에서도 큰 응력편차를 유발한다. 이에 대한 해결책으로 변형된 실리콘관통비아가 제시되었다. 얇은 SiO_2 절연층을 페릴렌 소재의 두꺼운 차폐층으로 대체하였다. 이 절에서는 다이적층방식 전력용 패키지에서 실리콘관통비아의 차폐층으로 사용되는 페릴렌 소재에 대해서 살펴보기로 한다. 전기적 연결을 생성하기 위해서 컨포멀 구리도금이 사용되며, 구리비아 내에 남아 있는 구멍은 에폭시 폴리머 소재로 채워 넣는다.

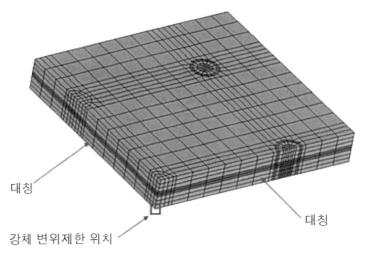

대칭

대칭

강체 변위제한 위치

그림 6.17 다이적층형 전력용 패키지의 사분할 모델(175[°C]에서 25[°C]까지 냉각)

표 6.5 소재특성

소재	구리	실리콘	SiO₂	페릴렌	에폭시	이방성 도전필름
영계수	127.7	131.0	60.1	3.2	3.0	3.56 @ 223[K] 2.76 @ 298[K] 1.52 @ 423[K] 1.44 @ 523[K]
푸아송비	0.34	0.28	0.16	0.4	0.4	0.35
열팽창계수[ppm/K]	17.1	2.8	0.6	35	65	74 @ 223[K] 75 @ 268[K] 100 @ 278[K] 109 @ 283[K] 119 @ 288[K] 143 @ 298[K] 144 @ 473[K]

그림 6.18에서는 저전압 측 MOSFET 다이 위에 고전압 측 MOSFET 다이를 열적층한 이후에 웨이퍼레벨 전력용 패키지의 인장응력(1차 주응력 S1)과 압축응력(3차 주응력 S3)을 보여주고 있다. 최대 인장응력은 구리소재 실리콘관통비아와 차폐소재 사이의 계면에서 발생한다. 최대 압축응력은 실리콘관통비아의 구리소재 바로 위에 위치하는 구리소재 스터드 범프에서 발생한다. 그림 6.19에서는 고전압 측 다이와 저전압 측 다이의 압축응력(3차 주응력 S3)을 보여주고 있다. 최대응력은 실리콘관통비아 영역에서 발생한다. 이 압축응력은 실리콘의

압축강도보다 훨씬 낮다. 그림 6.20에서는 구리소재 스터드 범프, 실리콘관통비아 구리소재, 실리콘관통비아 차폐층 그리고 이방성 도전필름의 응력분포를 보여주고 있다. 그림 6.20으로 부터 저전압 측 다이 위에 고전압 측 다이를 적층한 이후에 구리소재 스터드 범프는 실리콘관통비아의 위치에서 가장 큰 본미제스응력을 받고 있다는 것을 알 수 있다. 실리콘관통비아 구리의 경우, 구리소재 스터드 범프와의 접점위치에서 큰 응력이 발생한다. 실리콘관통비아 차폐층의 최대인장응력은 구리소재 스터드 범프와의 접점위치와 인접한 실리콘관통비아 구리와의 계면에서 발생한다. 이방성 도전필름층의 최대 본미제스응력은 모서리에 위치한 실리콘관통비아와 구리소재 스터드 사이의 계면에서 발생한다. 그러므로 웨이퍼레벨 다이적층형 전력용 패키지의 최대응력은 실리콘관통비아의 설계, 위치 및 소재와 관계를 가지고 있다. 그림 6.21에서는 고전압 측 다이와 저전압 측 다이의 S3 압축응력, 실리콘관통비아 구리소재의 본미제스응력, 구리소재 스터드 범프, 이방성 도전필름층 그리고 차폐층의 S1 인장응력 등은 저전압 측 다이 위에 고전압 측 다이를 적층한 이후에 실리콘관통비아 직경에 따라서 변한다. 실리콘관통비아의 직경은 고전압 측과 저전압 측 다이, 구리소재 스터드 범프 그리고 실리콘관통비아 구리소재 등의 응력에 현저한 영향을 미친다. 실리콘관통비아의 직경이 증가함에 따라서 실리콘관통비아 구리소재 내부의 본미제스응력이 현저하게 감소하는 반면에, 이방성 도전필름층과 실리콘관통비아 차폐층 내에서는 현저한 변화가 발생하지 않는다. 그런데 실리콘관통비아의 직경 증가는 구리소재 스터드 범프 내에서 높은 본미제스응력과 고전압 측과 저전압 측 다이의 S3 압축응력을 유발한다.

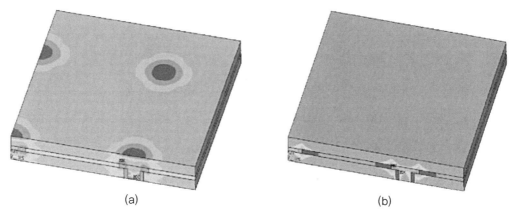

| (a) | (b) |

그림 6.18 다이적층형 전력용 패키지의 적층공정이 끝난 후, 25[°C]에서의 주응력. (a) S1 1차 주응력(인장)(최대 130[MPa]), (b) S3 3차 주응력(압축)(최대 429[MPa]) (컬러 도판 406쪽 참조)

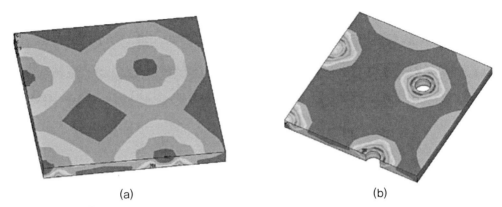

(a)　　　　　　　　　　　　(b)

그림 6.19 적층공정이 끝난 후 고전압 측과 저전압 측 다이의 압축응력. (a) 고전압 측 다이에 작용하는 S3 압축응력(최대 160[MPa]), (b) 저전압 측 다이에 작용하는 S3 압축응력(최대 172[MPa]) (컬러 도판 406쪽 참조)

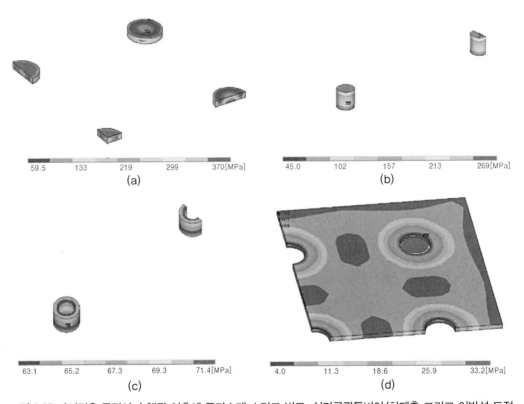

그림 6.20 다이적층 공정이 수행된 이후에 구리소재 스터드 범프, 실리콘관통비아/차폐층 그리고 이방성 도전 필름층의 응력분포. (a) 구리소재 스터드 범프의 본미제스응력(최대 418[MPa]), (b) 구리소재 실리콘관통비아의 본미제스응력(최대 297[MPa]), (c) 차폐층의 인장응력(최대 72.4[MPa]), (d) 이방성 도전필름층의 본미제스응력(최대 36.9[MPa]) (컬러 도판 407쪽 참조)

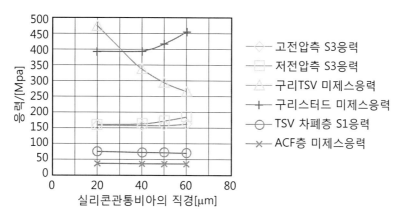

그림 6.21 실리콘관통비아의 직경 변화에 따라 고전압 측, 저전압 측, 구리소재 스터드, 구리소재 실리콘관통비아, 이방성 도전필름층 그리고 차폐층에 부가되는 응력

그림 6.22에서는 저전압 측 MOSFET 다이 위에 고전압 측 MOSFET 다이를 적층한 경우에 이방성 도전필름층의 두께변화에 따른 고전압 측 다이와 저전압 측 다이의 S3 응력, 구리소재 실리콘관통비아와 구리소재 스터드 범프의 본미제스응력, 차폐층의 S1 인장응력 그리고 이방성 도전필름층의 본미제스응력을 보여주고 있다. 이방성 도전필름층의 두께가 증가할수록, 이방성 도전필름층의 본미제스응력을 포함한 모든 응력이 증가한다. 특히 고전압 측과 저전압 측의 3차 주응력들뿐만 아니라 구리소재 스터드와 실리콘관통비아의 본미제스응력이 크게 증가하였다. 이에 따르면 구리소재 스터드 범프에 두꺼운 이방성 도전필름층을 사용하면, 적층과정에서 더 큰 응력이 유발된다는 것을 알 수 있다.

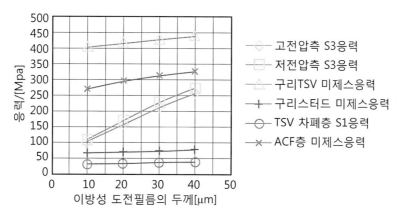

그림 6.22 이방성 도전필름의 두께 변화에 따라 고전압 측, 저전압 측, 구리소재 스터드, 구리소재 실리콘관통비아, 이방성 도전필름층 그리고 차폐층에 부가되는 응력

그림 6.23에서는 고전압 측 다이의 두께변화에 따른 고전압 측 다이와 저전압 측 다이의 S3 응력, 구리소재 실리콘관통비아와 구리소재 스터드 범프의 본미제스응력, 차폐층의 S1 인장 응력 그리고 이방성 도전필름층의 본미제스응력을 보여주고 있다. 고전압 측 다이의 두께가 증가할수록 고전압 측 다이의 S3 압축응력이 감소하며, 고전압 측 다이두께가 80[μm]를 넘어서면 안정화된다. 저전압 측 다이와 실리콘관통비아의 나머지 모든 응력은 증가한다. 실리콘관통비아의 차폐층과 이방성 도전필름층에 발생하는 응력은 현저한 변화를 나타내지 않는 반면에 실리콘관통비아 차폐층의 응력은 약간 증가한다. 그림 6.24에서는 저전압 측 다이의 두께변화에 따른 고전압 측 다이와 저전압 측 다이의 S3 응력, 구리소재 실리콘관통비아와 구리소재 스터드 범프의 본미제스응력, 차폐층의 S1 인장응력 그리고 이방성 도전필름층의 본미제스응력을 보여주고 있다. 저전압 측 다이의 두께가 증가할수록 고전압 측과 저전압 측 다이의 S3 압축응력과 구리소재 스터드의 본미제스응력은 증가하며 저전압 측 다이의 두께가 150[μm]를 넘어서면 안정화된다. 구리소재 실리콘관통비아의 본미제스응력은 초기에 크게 증가하지만 저전압 측 다이의 두께가 증가하면 곧장 감소한다. 실리콘관통비아 차폐층의 S1 인장응력은 약간 감소하며 저전압 측 다이의 두께가 100[μm]를 넘어서면 안정화된다. 이방성 도전필름층의 본미제스응력은 거의 변화하지 않는다.

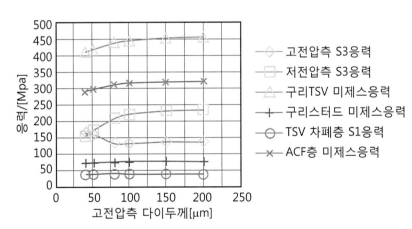

그림 6.23 고전압 측 다이두께 변화에 따라 고전압 측, 저전압 측, 구리소재 스터드, 구리소재 실리콘관통비아, 이방성 도전필름층 그리고 차폐층에 부가되는 응력

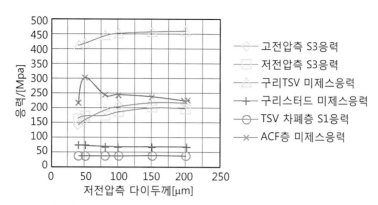

그림 6.24 저전압 측 다이두께 변화에 따라 고전압 측, 저전압 측, 구리소재 스터드, 구리소재 실리콘관통비아, 이방성 도전필름층 그리고 차폐층에 부가되는 응력

6.3.3.2 리플로우 응력해석

프린트회로기판 위에 웨이퍼레벨 다이적층형 전력용 패키지를 설치하기 위해서 **리플로우** 공정이 사용된다. 이 공정에서 웨이퍼레벨 다이적층 전력용 패키지의 납땜 조인트는 $260[°C]$의 온도하에서 프린트회로기판에 연결되기 때문에, 패키지 내부뿐만 아니라 납땜 조인트에서도 높은 온도가 유발된다. 이와 동시에 이런 높은 온도로 인한 물성값의 변화도 리플로우 공정의 기술적 도전요인이다. 그림 6.25에서는 다이적층형 전력용 패키지의 사분할 모델을 보여주고 있다. 표 6.6과 표 6.7에서는 SAC385 땜납과 프린트회로기판의 물성값들을 보여주고 있다. 표 6.7에서는 ANAND 소재모델을 사용하여 고온에서 땜납의 점소성 거동을 보여주고 있다. 여타 소재의 모든 성질은 표 6.5에 제시되어 있다.

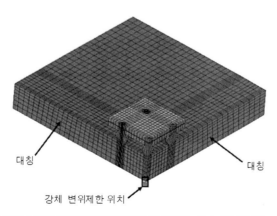

그림 6.25 프린트회로기판 위에 설치된 웨이퍼레벨 다이적층형 전력용 패키지의 사분할 모델 (컬러 도판 407쪽 참조)

표 6.6 땜납과 프린트회로기판의 소재특성

소재	땜납볼	프린트회로기판
영계수[GPa]	$75.8{\sim}0.152 \times T$	EX : 25.4 EY : 11.0 EZ : 25.4
푸아송비	0.35	XY : 0.39 YZ : 0.39 XZ : 0.11
열팽창계수[ppm/K]	24.5	XZ : 16 Y : 84

표 6.7 리플로우시 땜납의 점소성 특성

항목	심벌	단위	Sn–Ag–Cu385
초깃값 s	s_0	MPa	16.31
활성화 에너지	Q/R	K	13,982
빈도인자	A	1/s	49,601
응력계수	ξ	–	13
응력의 변형률 민감도	m	–	0.36
경화계수	h_0	MPa	8.0E5
변형저항 포화계수	$\hat{s}$	MPa	34.71
포화값의 변형률 민감도	n	–	0.02
경화계수의 변형률 민감도	a	–	2.18

리플로우공정의 경우 대부분의 시스템에는 인장응력이 부가된다. 그러므로 고전압 측 다이와 저전압 측 다이의 인장응력에 대한 점검을 수행하였다. 그림 6.26에서는 고전압 측 다이와 저전압 측 다이의 1차 주응력(인장)을 보여주고 있다. 이에 따르면 실리콘관통비아 영역에서 최대응력이 발생하였다. 저전압 측 다이의 인장응력이 고전압 측 다이보다 크게 발생하였다. 고전압 측 다이와 저전압 측 다이의 인장응력들은 실리콘의 허용인장응력 범위 내로 유지되었다.

그림 6.27에서는 리플로우 과정에서 구리소재 스터드 범프와 이방성 도전필름층에 발생한 본미제스응력을 보여주고 있다. 구리소재 스터드 범프의 최대응력(939[MPa])은 아래에 실리콘관통비아가 위치하고 있는 모서리 범프에서 발생하였다. 구리소재 스터드 범프의 응력은 웨이퍼레벨 다이적층형 전력용 패키지의 내부에서 가장 크게 발생하는 반면에, 리플로우

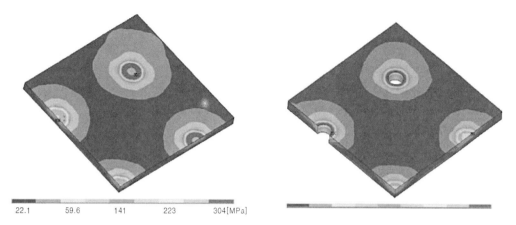

그림 6.26 리플로우 과정에서 고전압 측과 저전압 측 다이에 발생하는 S1 인장응력. (a) 리플로우시 고전압 측 다이의 S1 인장응력(최대 345[MPa]), (b) 리플로우시 저전압 측 다이의 S1 인장응력(최대 378[MPa]) (컬러 도판 408쪽 참조)

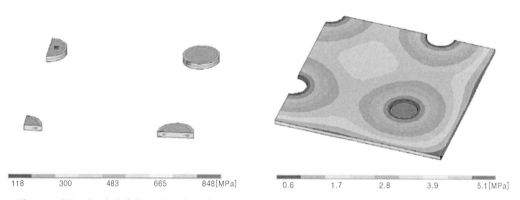

그림 6.27 리플로우 과정에서 구리소재 스터드와 이방성 도전필름층의 본미제스응력. (a) 구리소재 스터드의 본미제스응력(최대 939[MPa]), (b) 이방성 도전필름층의 본미제스응력(최대 5.66[MPa]) (컬러 도판 408쪽 참조)

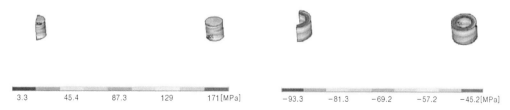

그림 6.28 리플로우 과정에서 구리소재 실리콘관통비아와 차폐층에 발생한 응력. (a) 구리소재 실리콘관통비아의 본미제스응력(최대 192[MPa]), (b) 차폐층의 S3 압축응력(최대 93.3[MPa]) (컬러 도판 408쪽 참조)

과정에서 발생하는 이방성 도전필름층의 본미제스응력은 매우 낮았다. 그림 6.28에서는 리플로우 과정에서 발생하는 구리소재 실리콘관통비아의 본미제스응력과 차폐층의 S3 압축응력을 보여주고 있다. 구리소재 실리콘관통이아의 최대응력은 다이의 모서리부와 땜납범프와 연결이 이뤄지는 계면에서 최대가 되며, 차폐층의 최대압축응력(S3)은 구리소재 스터드 범프와의 계면에서 발생한다. 그림 6.29에서는 리플로우 과정에서 발생하는 납땜 조인트의 본미제스응력과 소성에너지밀도를 보여주고 있다. 최대 본미제스응력과 최대 소성에너지 밀도는 모두 모서리조인트에서 발생하였다. 그림 6.30에서는 에폭시가 충진되어 있는 실리콘관통비아에서 발생하는 응력분포를 보여주고 있다. 에폭시가 충진된 실리콘관통비아의 설계개념은 실리콘관통비아와 전력용 다이적층형 패키지에서의 응력을 저감하는 것이다. 그림 6.30(a)에서는 실리콘관통비아 에폭시 코어의 본미제스응력을 보여주고 있다. 그림 6.30(b)에서는 구리소재 실리콘관통비아의 본미제스응력을 보여주고 있다. 그리고 그림 6.30(c)에서는 실리콘관통비아 차폐층의 압축응력을 보여주고 있다. 전부 구리소재로 충진된 실리콘관통비아의 경우(그림 6.28)에 비해서, 에폭시로 코어가 충진되어 있는 구리소재 실리콘관통비아의 경우에, 본미제스응력이 약간 증가하며 차폐층의 S3 압축응력은 약간 감소한다.

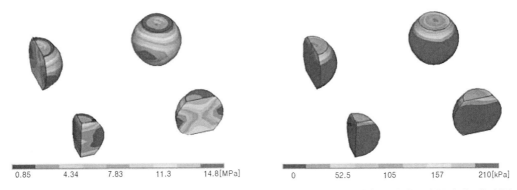

| 0.85 | 4.34 | 7.83 | 11.3 | 14.8[MPa] |

| 0 | 52.5 | 105 | 157 | 210[kPa] |

그림 6.29 리플로우 과정에서 땜납볼에 발생한 본미제스응력과 소성에너지. (a) 땜납범프의 본미제스응력(최대 16.6[MPa]), (b) 땜납범프의 소성에너지밀도(최대 0.236[MPa]) (컬러 도판 409쪽 참조)

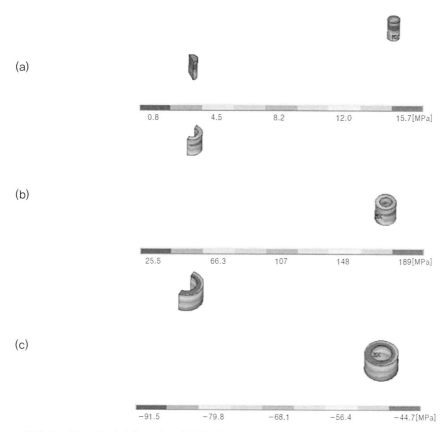

(a)

0.8   4.5   8.2   12.0   15.7[MPa]

(b)

25.5   66.3   107   148   189[MPa]

(c)

−91.5   −79.8   −68.1   −56.4   −44.7[MPa]

그림 6.30 리플로우 과정에서 에폭시가 충진된 실리콘관통비아에 발생한 응력분포. (a) 실리콘관통비아 에폭시 코어의 본미제스응력(최대 17.6[MPa]), (b) 구리소재 실리콘관통비아에 발생한 본미제스응력(최대 209[MPa]), (c) 차폐층의 S3 압축응력(91.5[MPa]) (컬러 도판 409쪽 참조)

그림 6.31에서는 리플로우시 실리콘관통비아의 직경 변화에 따른 고전압 측과 저전압 측의 S1 인장응력, 구리소재 실리콘관통비아, 구리소재 스터드 범프 그리고 이방성 도전필름층의 본미제스응력, 차폐층의 S3 압축응력 그리고 땜납볼들의 본미제스응력 변화양상을 보여주고 있다. 실리콘관통비아의 직경 변화는 구리소재 스터드 범프와 구리소재 실리콘관통비아의 본미제스응력과 고전압 측 및 저전압 측 다이의 S1 인장응력에 큰 영향을 미친다. 실리콘관통비아의 직경이 증가하면, 구리소재 스터드 범프의 본미제스응력은 현저하게 증가하는 반면에, 구리소재 실리콘관통비아의 본미제스응력은 처음에 약간 증가하다가 실리콘관통비아의 직경이 50[μm]를 넘어서면 감소하게 된다. 실리콘관통비아 차폐층의 S3 압축응력은 마찬가지로 감소하게 된다. 그런데 이방성 도전필름층과 땜납볼에는 현저한 응력변화가 발

생하지 않는다. 그림 6.32에서는 리플로우시 이방성 도전필름의 두께변화에 따른 고전압 측과 저전압 측의 S1 인장응력, 구리소재 실리콘관통비아, 구리소재 스터드 범프 그리고 이방성 도전필름층의 본미제스응력, 차폐층의 S3 압축응력 그리고 땜납볼들의 본미제스응력 변화 양상을 보여주고 있다. 이방성 도전필름의 두께가 증가함에 따라서 고전압 측과 저전압 측 모두의 인장응력이 현저하게 증가(저전압 측 다이응력이 빠르게 증가)하는 반면에, 구리소재 스터드 범프의 본미제스응력은 현저하게 감소한다. 구리소재 실리콘관통비아의 본미제스응력은 파도형태를 가지고 감소한다. 실리콘관통비아 차폐층의 S3 압축응력은 약간 증가한다. 이방성 도전필름층과 땜납볼에서의 본미제스응력은 뚜렷한 변화가 나타나지 않았다.

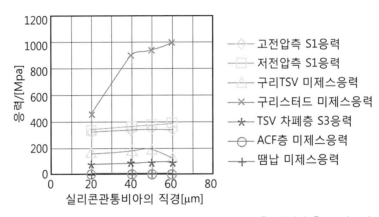

그림 6.31 리플로우 과정에서 실리콘관통비아의 직경에 따른 고전압 측, 저전압 측, 구리소재 스터드, 구리소재 실리콘관통비아, 이방성 도전필름, 차폐층 그리고 땜납에 부가 되는 응력

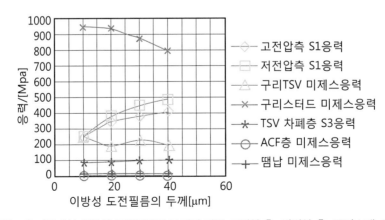

그림 6.32 리플로우 과정에서 이방성 도전필름의 두께에 따른 고전압 측, 저전압 측, 구리소재 스터드, 구리소재 실리콘관통비아, 이방성 도전필름, 차폐층 그리고 땜납에 부가되는 응력

그림 6.33에서는 리플로우시 고전압 측 다이의 두께변화에 따른 고전압 측과 저전압 측의 S1 인장응력, 구리소재 실리콘관통비아, 구리소재 스터드 범프 그리고 이방성 도전필름층의 본미제스응력, 차폐층의 S3 압축응력 그리고 땜납볼들의 본미제스응력 변화양상을 보여주고 있다. 고전압 측 다이두께가 증가함에 따라서 저전압 측 다이의 S1 인장응력과 구리소재 실리콘관통비아의 본미제스응력은 약간 증가하며, 고전압 측 다이의 두께가 $100[\mu m]$를 넘어서면 안정화되는 반면에, 고전압 측 다이의 S1 인장응력은 감소하다가 고전압 측 다이의 두께가 $100[\mu m]$를 넘어서면 안정화된다. 여타의 모든 응력은 뚜렷한 변화를 나타내지 않는다. 그림 6.34에서는 리플로우시 저전압 측 다이의 두께변화에 따른 고전압 측과 저전압 측의 S1 인장응력, 구리소재 실리콘관통비아, 구리소재 스터드 범프 그리고 이방성 도전필름층의 본미제스응력, 차폐층의 S3 압축응력 그리고 땜납볼들의 본미제스응력 변화양상을 보여주고 있다. 저전압 측 다이의 두께가 증가함에 따라서 구리소재 스터드 범프와 구리소재 실리콘관통비아의 본미제스응력은 증가한다. 고전압 측과 저전압 측 다이의 S1 인장응력은 약간 증가하는 반면에, 실리콘관통비아 차폐층, 이방성 도전필름층 그리고 땜납볼의 응력들은 거의 동일한 상태를 유지한다. 이상과 같이 리플로우 과정에 대한 응력해석을 통해서 이방성 도전필름층, 땜납볼 그리고 실리콘관통비아 차폐층 등의 응력은 웨이퍼레벨 다이적층방식 전력용 패키지의 설계변수들에 대해서 그리 민감하지 않다는 것을 알 수 있었다. 표 6.8에서는 구리소재 실리콘관통비아와 에폭시가 충진된 구리소재 실리콘관통비아에서 발생하는 응력을 서로 비교하여 보여주고 있다. 결과에 따르면, 에폭시가 충진된 구리소재 실리콘관통비아에서 발생하는 본미제스응력이 구리소재 실리콘관통비아의 경우보다 약간(8%) 더 높기는 하지만, 둘 사이에는 현저한 차이가 발생하지 않았다.

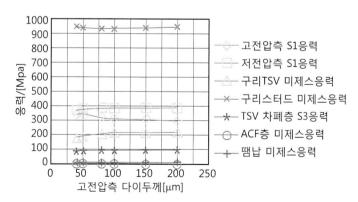

그림 6.33 리플로우 과정에서 고전압 측 다이 두께에 따른 고전압 측, 저전압 측, 구리소재 스터드, 구리소재 실리콘관통비아, 이방성 도전필름, 차폐층 그리고 땜납에 부가되는 응력

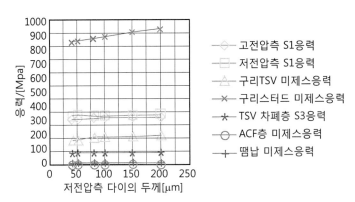

그림 6.34 리플로우 과정에서 저전압 측 다이 두께에 따른 고전압 측, 저전압 측, 구리소재 스터드, 구리소재 실리콘관통비아, 이방성 도전필름, 차폐층 그리고 땜납에 부가되는 응력

표 6.8 구리소재 실리콘관통비아와 에폭시가 충진된 실리콘관통비아의 응력비교

항목	구리소재 실리콘관통비아[MPa]	에폭시가 충진된 구리소재 실리콘관통비아[MPa]
고전압 측의 S1 인장응력	345	344
저전압 측의 S1 인장응력	378	377
이방성 도전필름의 본미제스응력	5.66	5.62
구리소재 스터드의 본미제스응력	939	940
땜납볼의 본미제스응력	16.5	16.6
실리콘관통비아(구리)의 본미제스응력	192	209
실리콘관통비아 차폐층의 S3 압축응력	93.3	91.5

6.4 아날로그와 전력용 칩의 웨이퍼레벨 실리콘관통비아/적층형 다이 개념

6.3절에서는 그림 6.12에 도시되어 있는 것처럼, 실리콘관통비아를 사용하여 웨이퍼를 적층하여 제작한 벅 컨버터에 대해서 살펴보았다. 이 설계의 경우에는 하부 MOSFET와 상부 MOSFET를 적층하였다. 그런데 6.3절의 구조에는 아날로그 집적회로 제어기가 포함되지 않았다. 이 절에서는 하나의 패키지 내에 고전압 측 MOSFET와 저전압 측 MOSFET를 제작한 다음에 실리콘관통비아 기술을 사용하여 MOSFET 웨이퍼 위에 아날로그 집적회로 다이를 적층하여 아날로그와 전력용 디바이스를 통합한 부하위치용 벅 컨버터의 새로운 개념에 대해서 살펴볼

예정이다. 그림 6.35[11]에서는 아날로그 집적회로와 전력용 MOSFET 디바이스를 통합하는 방안의 개념적인 단면도를 보여주고 있다. 이 그림에 따르면 1차 MOSFET 다이와 2차 MOSFET 다이로 이루어진 웨이퍼 위에 아날로그 집적회로 다이가 적층되어 있다.

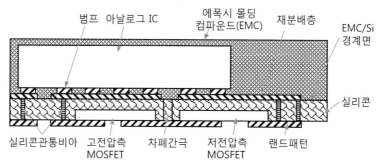

그림 6.35 두 개의 전력용 MOSFET 웨이퍼와 아날로그 집적회로 다이를 적층한 칩의 개념도

이 설계개념에서는 두 개의 전력용 MODFET 위에 아날로그 집적회로 다이를 적층하여 아날로그와 전력용 디바이스 패키지를 통합하였다. 전력용 MOSFET는 서로 인접한 반도체 기판 내에 제작한 고전압 측 MOSFET와 저전압 측 MOSFET를 포함하고 있다. 아날로그 집적회로 다이는 반도체 기판의 뒷면에 설치되며, 실리콘관통비아를 사용하여 두 개의 MOSFET들과 연결하였다. 이 웨이퍼레벨 다이적층형 패키지는 패키지 앞면의 능동회로 측에 랜드패턴 패드들이 배치된다. 금속소재 랜드를 통해서 고전압 측 소스와 저전압 측 드레인이 연결된다. 반도체 기판 내의 저전압 측 MOSFET와 고전압 측 MOSFET 사이에는 차폐용 간극이 존재한다. 반도체 기판 내의 실리콘관통비아는 재분배층(RDL) 금속을 통하여 고전압 측 소스와 저전압 측 드레인을 아날로그 집적회로와 서로 연결시켜준다. 아날로그 집적회로는 WLCSP나 플립칩 방식으로 설계되어, 두 개의 MOSFET를 갖춘 반도체 기판 위에 설치할 수 있다. 웨이퍼몰딩기법을 사용하여 이 다이적층형 패키지 전체를 몰딩한다. 이 칩의 기본 제조공정은 다음과 같다. (1) 실리콘관통비아, 재분배층 그리고 랜드패턴을 갖춘 저전압 측 MOSFET와 고전압 측 MOSFET 제작. (2) 고전압 측 MOSFET와 저전압 측 MOSFET 다이를 분리하는 차폐홈을 에칭한 다음에 차폐물질로 이 홈을 충진. (3) WLCSP 아날로그 집적회로 다이를 전력용 웨이퍼의 재분배층 위에 적층. (4) 적층된 아날로그 집적회로를 포함하는 웨이퍼 전체를 몰딩. (5) 웨이퍼 절단공정을 통해서 패키지 분리.

이 개념은 주어진 특정한 전력용 반도체 기술을 사용하여 가능한 최소 크기로 칩을 축소시킬 수 있다. 이 칩은 또한 매우 얇다. 게이트 구동루프의 인덕턴스와 저항값을 극도로 작게 만들 수 있으므로 나노초 단위의 스위칭과 [MHz] 단위의 주파수 대역에서 극도로 효율적인 작동이 가능하다. 전력용 MOSFET 접점들은 프린트회로기판에 직접 연결되므로 열저항이 최소화된다. 리드프레임, 세라믹 또는 유기소재 기판 등이 사용되지 않으므로, 이 솔루션은 매우 가성비가 높으며 뛰어난 전기적 성능을 구현할 수 있다. 이 방법은 스마트 파워스테이지, 벅 컨버터 또는 제어기/드라이버와 둘 또는 그 이상의 MOSFET들을 통합하는 경우에 유용하다.

6.5 능동 및 수동형 칩을 사용한 전력용 패키징의 집적화

6.3절에서는 벅 컨버터용 적층된 저전압 측 MOSFET 웨이퍼와 고전압 측 MOSFET 웨이퍼에 대해서 살펴보았다. 6.4절에서는 저전압 측 MOSFET와 고전압 측 MOSFET 웨이퍼 위에 적층된 웨이퍼레벨 아날로그 집적회로 다이와 에폭시몰딩화합물(EMC)을 사용하여 웨이퍼와 적층된 집적회로 다이를 몰딩하는 방안에 대해서 살펴보았다. 그런데 저항, 커패시터 및 인덕터와 같은 수동소자들을 (MOSFET 및 집적회로 제어기와 같은) 능동소자들과 함께 통합하는 회로들이 기생효과를 줄여주기 때문에 점점 더 일반화되어 가고 있다. **그림 6.36**에서는 두 개의 MOSFET와 하나의 입력 커패시터, 하나의 출력 커패시터 그리고 하나의 출력 인덕터를 사용하는 회로를 보여주고 있다.

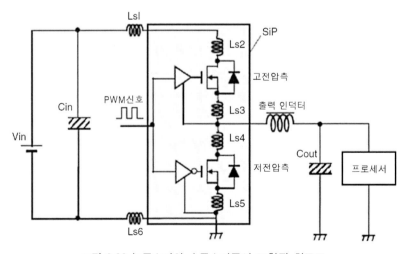

그림 6.36 능동소자와 수동소자들이 포함된 회로도

이 설계의 경우, **그림 6.37**에 도시되어 있는 것처럼 웨이퍼레벨에서 매립된 능동형 전력용 집적회로 다이와 여기에 적층된 전력 시스템용 수동소자 다이가 함께 패키징된다[12]. 전력용 능동 집적회로 다이는 실리콘관통비아와 재분배층을 갖춘 유리 또는 실리콘 기판 위에 매립된다. 그런 다음 (인덕터, 입력 커패시터 및 출력 커패시터 등의) 수동소자들을 재분배층 위에 적층한다. 일반적으로 제조공정에는 관통비아 어레이 및 관통공동 어레이를 갖춘 유리 또는 반도체 기판의 제조공정이 포함된다. 젤 또는 에폭시를 사용하여 기판 프레임의 공동 위에 전력용 능동형 집적회로 디바이스를 설치한다. 기판 프레임의 앞면으로부터 연결되는 관통 비아를 만들기 위해서 에칭기법을 사용하여 기판 프레임의 뒷면을 제거할 수 있다. 능동캐리어에서 기판 프레임과 부착된 요소들을 떼어낸 다음에 웨이퍼의 뒷면에 재분배 금속층을 제작한다. 그런 다음 픽앤드플레이스 기법을 사용하여 능동형 다이가 갖춰진 기판의 재분배층 위에 인덕터와 커패시터 등의 수동소자들을 부착한다. 다음으로 능동소자 다이 위에 수동소자들이 적층되어 있는 웨이퍼에 대해서 웨이퍼레벨 몰딩이 수행된다. 마지막으로 톱질이나 레이저절단 방법을 사용하여 패키징이 완료된 웨이퍼레벨 전력용 시스템에 대한 절단을 수행한다.

그림 6.37 능동형 디바이스와 수동형 칩들이 웨이퍼레벨에서 적층된 칩의 개념도

전력용 능동 집적회로와 수동소자들을 모두 통합하는 개념은 다이적층 기법으로 인하여 생성되는 저항, 인덕턴스 및 커패시턴스 등의 기생효과를 극단적으로 감소시켜주며, 웨이퍼레벨 재분배층에서 능동소자와 수동소자 사이의 거리를 단축시켜준다. 또한 기생효과가 매우 작기 때문에 높은 스위칭 주파수를 구현할 수 있다.

6.6 요 약

이 장에서는 아날로그와 전력용 솔루션들을 통합하는 설계개념에 대해서 살펴보았다. 여기에는 두 가지 웨이퍼레벨에서의 통합이 사용되었다. 이 중 하나는 시스템온칩(SOC)으로서, 하나의 웨이퍼상에서 전력용 MOSFET와 아날로그 집적회로를 통합하였다. 일부에서는 이를 스마트 파워 통합이라고 부르기도 한다. 이러한 통합기술을 사용하여 높은 효율과 낮은 R_{ds}(켜짐저항)과 같이 뛰어난 전기적 성능을 갖춘 시스템온칩을 만들 수 있다. 또한 일반적인 WLCSP 기술을 사용하여 시스템온칩을 손쉽게 조립할 수 있다. 휴대용 부하위치 소자와 같이 비교적 고전력 용도에 대해서는 이 기술을 적용하기가 어렵다. 또 다른 웨이퍼레벨 통합방법은 다이적층 기술로서, 실리콘관통비아를 사용하여 고전압 측 MOSFET 웨이퍼 위에 저전압 측 MOSFET 웨이퍼를 적층하며, 실리콘관통비아를 사용하여 MOSFET 웨이퍼 위에 아날로그 집적회로 다이를 적층하고, 마지막으로 웨이퍼레벨 매립기술을 사용하여 적층된 능동형 다이와 수동소자 다이를 통합한다. 이 장에서 살펴본 고전압 측 MOSFET 웨이퍼 위에 저전압 측 MOSFET 웨이퍼를 적층하는 개념은 아날로그 집적회로 다이뿐만 아니라 수동소자들을 포함하고 있지 않다. 웨이퍼레벨 실리콘관통비아/다이적층 패키지 개념은 웨이퍼레벨 몰딩 기술과 함께 저전압 측/고전압 측 MOSFET 다이를 갖춘 웨이퍼에 개별 아날로그 집적회로 다이를 적층하는 개념을 사용하지만, 입력 및 출력 커패시터와 인덕터와 같은 수동소자들을 포함하지 않고 있다. MOSFET와 집적회로 다이 등의 능동회로 다이와 커패시터 및 인덕터와 같은 수동소자 다이들을 함께 통합하기 위해서, 능동소자 및 수동소자 모두를 적층하기 위한 웨이퍼레벨 매립형 다이 개념이 도입되었으며, 이를 사용하여 부하위치 소자를 하나의 웨이퍼레벨 패키징으로 제작할 수 있다.

참고문헌

1. Liu, Y. : Trends of power wafer level packaging. Microelectron. Reliab. 50, pp.514~521 (2010).

2. Liu, S., Liu, Y. : Modeling and Simulation for Packaging Assembly : Manufacturing, Reliability and Testing. Wiley (2011).

3. Cai, J., Szendrei, L., Caron, D., Park, S. : A novel modular smart power IC technology platform for functional diversification. 21st International Symposium on Power Semiconductor device & IC's, Barcelona ISPSD 2009 (2009).

4. Liu, Y. : Power electronic packaging : design, assembly process, reliability and modeling. Springer, New York (2012).

5. Fairchild application report, IntelliMAXTM advanced load switches (2009).

6. Liu, Y., Qian, R. : Reliability analysis of next generation WLCSP, EuroSimE (2013).

7. Liu, Y.M., Liu, Y., Qu, S. : Prediction of board level performance of WLCSP, ECTC63, Las Vegas (2013).

8. Liu, Y.M., Liu, Y., Qu, S. : Bump geometric deviation on the reliability of BOR WLCSP, ECTC64, Orlando (2014).

9. Liu, Y., Kinzer, D. : (Keynote) Challenges of power electronic packaging and modeling, EuroSimE (2011).

10. Liu, Y. : (Keynote) Trends of analog and power packaging, ICEPT (2012).

11. Kinzer, D., Liu, Y., Martin, S. : Wafer level stack die package, US Patent 8,115,260, 14 Feb (2012).

12. Liu, Y. : Wafer level embedded and stacked die power system-in-package packages, US patent 8,247,269, 21 Aug (2012).

CHAPTER 07

WLCSP의 열관리, 열설계 및 열해석

07 CHAPTER

WLCSP의 열관리, 열설계 및 열해석

웨이퍼레벨 반도체 디바이스의 작동은 접점의 온도에 민감하다. 접점의 온도가 기능한계를 넘어서게 되면, 디바이스는 정상적으로 작동하지 못한다. 반도체 디바이스의 고장률이 접점 온도 상승에 따라서 지수함수적으로 증가한다는 것은 잘 알려져 있다. 그림 7.1에서는 **전방감시적 외선장치**(FLIR) 카메라 영상으로 촬영한 스마트폰 내부의 온도분포를 보여주고 있다. 이에 따르면 보드 위에 장착된 웨이퍼레벨 칩스케일 패키지(WLCSP)로부터 열이 방출되고 있는 것을 확인할 수 있다. 올바른 디바이스 작동을 위해서는 WLCSP의 설계자나 이를 활용하는 엔지니어들이 WLCSP의 열저항에 대한 정의, 특성 및 적용에 대해서 이해하는 것이 매우 중요하다 [1~6]. 반도체 디바이스가 작동하는 동안 소모된 전력은 접점의 온도를 상승시킨다. 이는 전력 소모량과 접점과 WLCSP 범프, 대기 그리고 여타의 지정된 기준점들 사이의 열저항에 의존한다. 이 장에서는 WLCSP의 열관리, 열설계, 열해석 및 냉각방법에 대해서 살펴보기로 한다.

그림 7.1 스마트폰 내부의 온도분포 사례

7.1 열저항과 측정방법

7.1.1 열저항의 개념

접점의 온도, 전력소모 그리고 열저항 $R\theta_{jx}$ 등의 열특성 사이의 상관관계는 다음과 같이 정의된다[7, 11].

$$R\theta_{jx} = \frac{\Delta T}{P} = \frac{T_j - T_x}{P} \tag{7.1}$$

여기서 P는 디바이스당 전력소모량이며, T_j는 접점의 온도, T_x는 기준온도 그리고 열저항의 단위는 [°C/W]이다.

열저항은 단위전력 소모당 접점과 특정한 기준점 사이의 온도강하량이다. 이를 사용하여 패키지의 열성능을 간단하게 나타낼 수 있다. 기준위치는 임의로 선정할 수 있으며, 전형적인 위치들과 이들을 나타내는 약자들은 다음과 같다.

(a) 접점과 대기 사이의 열저항($R\theta_{jA}$)

$$R\theta_{jA} = \frac{T_j - T_A}{P} \tag{7.2}$$

공기 중으로 열이 전달되는 주요 경로는 세 가지이다. 하나는 패키지 상부에서 공기 중으로의 전달경로이며, 다른 하나는 패키지 바닥에서 공기 중 또는 보드에 연결되어 있는 바닥범프로의 전달경로이다. 마지막 하나는 패키지의 옆면에서 공기 중으로 전달되는 경로이다. 대부분의 경우 주요 경로는 범프에서 보드로 연결되는 경로이다.

(b) 접점과 컴포넌트 케이스 사이의 열저항($R\theta_{jc}$)

$$R\theta_{jc} = \frac{T_j - T_c}{P} \tag{7.3}$$

$R\theta_{jc}$는 열의 전부 또는 거의 전부가 WLCSP의 상부나 범프 바닥을 통해서 히트싱크로 빠져나가는 경우에만 적용된다. $R\theta_{jc}$값이 작다는 것은 패키지 상부나 바닥에 연결되어 있는 외부 히트싱크 쪽으로 열이 쉽게 흘러간다는 것을 의미한다. 여기서 T_c는 WLCSP의 상부 중앙이나 범프 바닥의 온도로서, 상온인 25[°C]로 설정할 수 있다.

(c) 접점과 컴포넌트 범프 사이의 열계수($R\Psi_{jl}$)

$$R\Psi_{jl} = \frac{T_j - T_l}{P} \qquad (7.4)$$

$R\Psi_{jl}$는 진짜 열저항은 아니다. 식 (7.4)에는 알고 있는 유일한 값인 총 소비전력값이 사용된다. 표준환경하에서 전부는 아니지만 대부분의 전력이 범프를 통해서 보드로 흘러나간다.

(d) 접점과 컴포넌트 상부표면 사이의 열계수($R\Psi_{jt}$)

$$R\Psi_{jt} = \frac{T_j - T_t}{P} \qquad (7.5)$$

실제의 경우 WLCSP 윗면 온도 측정을 통해서 접점 온도를 산출할 때에 사용된다. $R\Psi_{jt}$는 진짜 열저항은 아니다. 식 (7.5)에는 알고 있는 유일한 값인 총 소비전력값이 사용된다. 이 값은 접점에서 패키지 상부로 전달된 열이 아니다. 일반적으로 단지 소량의 열만이 패키지 상부로 방출된다.

일반적으로 여기서 (c)와 (d)는 열저항이 아니라 **열계수**라고 부른다. 위의 정의로부터 일반적으로 WLCSP 패키징의 경우에는 $R\theta_{jA}$(접점과 대기 사이의 열저항)와 $R\theta_{jc}$(접점과 케이스 사이의 열저항)를 가장 일반적으로 사용한다.

7.1.2 온도민감성 매개변수법과 접점 교정

케이스나 대기의 온도와 전력소모량은 시험과정에서 직접 측정할 수 있기 때문에, 열저항

시험과정에서 유일하게 알 수 없는 값은 접점온도이다. 공기 중으로 다이가 노출되어 있는 일부 특수한 패키지의 경우를 제외하고는 접점온도의 직접 측정이 불가능하다. 하지만 디바이스의 P–N 접합은 주어진 온도와 전류하에서 특정한 **순방향 전압강하**를 나타낸다. 접점에서의 이런 순방향 전압강하를 **온도민감계수**(TSP)라고 부르며, 원래는 전력용 다이오드나 전력용 쌍극성 트랜지스터를 사용하였기 때문에 **다이오드 순방향 전압강하** 방법이라고 알려져 있다. 이 방법은 전기적 상관관계로부터 간접적으로 접점온도를 측정하기 때문에, **전기시험방법**(ETM)이라고 부른다. 현재 접점온도 측정에는 전기시험방법이 가장 일반적으로 사용된다.

순방향 전압강하와 접점온도 사이의 상관관계는 반도체 접점의 내인성 전열특성에 의해서 결정된다. 순방향 바이어스된 전류(이후에는 **측정전류**라고 부른다)를 공급하면, 순방향 바이어스된 전압강하와 접점온도 사이에는 거의 선형적인 관계가 나타난다. 그림 7.2에서는 다이오드 접점에 대해서 전압강하와 접점온도 사이의 상관관계를 측정하기 위한 시험장치의 개략도를 보여주고 있다.

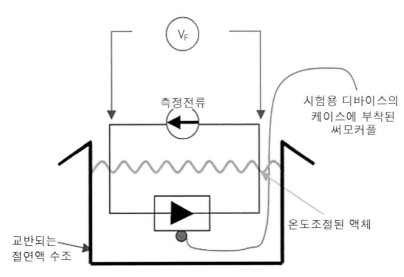

그림 7.2 온도민감계수(TSP) 측정을 위한 교정용 수조의 개략도

이 시험에서는 **시험용 디바이스**(DUT)를 가열하여 수조의 온도와 평형상태를 유지시킨 다음에 디바이스에 측정전류를 공급하여 이 온도에서의 순방향 바이어스 전압강하를 측정한다. 이때에 시험용 디바이스를 가열하지 않도록 디바이스의 작동특성에 따라서 시험전류는

1[mA]나 10[mA]와 같이 충분히 작아야 한다. 다양한 온도에서 동일한 시험을 반복하면 **그림 7.3**과 같은 상관관계를 얻을 수 있다.

다양한 수학방정식들을 사용하여 **그림 7.3**에 도시되어 있는 상관관계를 나타낼 수 있으며, 식 (7.6)에서는 곡선근사를 통해서 얻은 전형적인 선형방정식을 보여주고 있다.

$$T_j = m \times V_f + T_o \tag{7.6}$$

여기서는 직선을 나타내기 위해서 기울기 m[°C/V]과 온도절편 T_o가 사용되었다. 기울기의 역수를 **K계수**라고 부르며 단위는 [mV/°C]이다. 이 경우 V_f는 다이오드 접점의 온도민감계수(TSP)이며, 온도–전압 교정직선의 기울기는 항상 음의 값을 가지고 있다. 즉, 순방향 열전도로 인한 전압강하량은 접점온도가 상승할수록 감소한다.

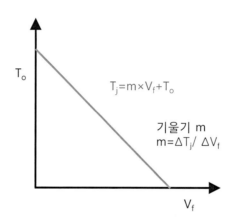

그림 7.3 전형적인 온도민감계수 도표의 사례

7.1.3 열저항의 측정

일단 디바이스를 교정하고 나면 열저항 측정시험을 수행한다. 그림 7.4에서는 열저항 측정시험용 회로를 개략적으로 보여주고 있다. 이 회로는 두 개의 하위회로들, 즉 가열회로와 측정회로로 구성되어 있다. 가열회로는 데이터시트에 따라서 공급전력을 조절하여 시험회로를 최고 T_{jmax}까지 가열하며, 측정회로는 디바이스 교정 시 사용된 측정전류에 따른 온도민감계수를 측정할 수 있도록 설계되어 있다. 열저항 측정시험을 수행하는 동안, 회로의 가열과

회로의 측정을 수행하기 위해서 자동적으로 전기 스위치가 전환된다.

패키지 케이스 위치에서 기준온도 T_x를 측정하는 경우, T_x에 T_c를 사용하며, 이때의 열저항을 $R\theta_{jc}$로 표기하며 접점과 케이스 사이의 열저항이라고 부른다. 이 값은 접점에서 케이스 쪽으로 열을 방출하는 패키지의 능력을 나타낸다. 이 값은 패키지가 무한히 용량이 크거나 온도가 조절되는 히트싱크 위에 설치되는 경우에 일반적으로 사용된다.

기준온도인 T_x가 대기온도인 경우에는 T_x에 T_a를 사용한다. 이때의 열저항을 $R\theta_{ja}$로 표기하며 접점과 대기 사이의 열저항이라고 부른다. 이 값은 접점에서 대기 중으로 열을 방출하는 패키지의 능력을 나타낸다. 이 값은 히트싱크 없이 패키지를 프린트회로기판 위에 설치하는 경우에 일반적으로 사용된다. 다음 절에서는 $R\theta_{jc}$와 $R\theta_{ja}$에 대한 상세한 시험환경에 대해서 살펴보기로 한다.

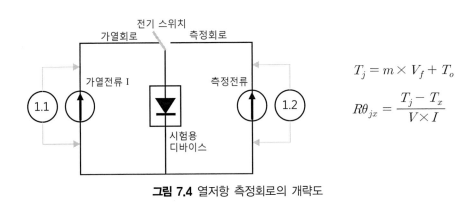

$$T_j = m \times V_f + T_o$$

$$R\theta_{jx} = \frac{T_j - T_x}{V \times I}$$

그림 7.4 열저항 측정회로의 개략도

7.1.4 열저항 측정환경 : 접점과 대기 사이의 열저항

7.1.4.1 자연대류 환경

그림 7.5(a)에서는 접점과 대기 사이의 열저항을 측정하기 위한 시험장치의 개략도를 보여주고 있다. 이 시험은 **자연대류조건**하에서의 θ_{ja} 시험이라고도 알려져 있다. 주요 구성요소는 정체공기 챔버, 패키지 설치용 프린트회로기판 그리고 써모커플이다. 챔버는 1[ft³]의 정체공기를 수용하고 있으며 합동전자장치엔지니어링협회(JEDEC)의 표준조건을 준수하고 있다. 프린트회로기판은 챔버 내에 수평방향(요구 시 수직방향)으로 설치하며, 챔버 내부와 외부의 기준온도를 모두 측정한다.

7.1.4.2 강제대류 환경

그림 7.5(b)에서는 접점과 대기 사이의 열저항 시험을 위한 **풍동**의 형상을 보여주고 있으며, **강제대류조건**하에서의 $R\theta_{ja}$ 측정시험이라고도 알려져 있다. 시험장치는 정체공기 챔버를 제외하고는 자연대류 환경과 유사하다. 풍동의 치수는 $304.8 \times 304.8 \times 1,879.6[\text{mm}^3]$이며, 시험용 덕트의 폭은 $152.4[\text{mm}]$이다. 터널의 중앙에서 온도를 측정하며 시험용 보드 및 패키지보다 $152.4[\text{mm}]$ 앞쪽의 위치에서 풍속을 측정한다. 보드와 패키지는 공기유동방향을 따라서 배치된다. 공기의 유속은 전열선 풍속계 프로브를 사용하여 측정하며, 온도는 써모커플을 사용하여 측정한다.

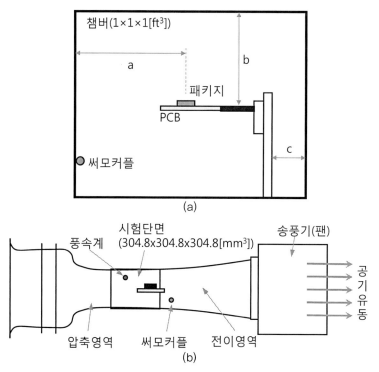

그림 7.5 자연대류 및 강제대류 방식의 열저항 측정 시스템의 개략도. (a) 접점과 대기 사이의 열저항 측정시험을 위한 정체공기 챔버의 개략도(a=152.4[mm], b=165.1[mm], c=76.2[mm], 체적=304.8×304.8× 304.8[mm³]), (b) 접점과 대기 사이의 열저항을 측정하기 위한 풍동의 개략도

7.2 WLCSP를 위한 열시험용 보드

접점과 대기 사이의 열저항 측정시험을 위해서 패키지를 설치할 열시험용 보드 또는 프린트회로기판의 선정은 열 성능 특성시험에 중요한 영향을 미친다. 산업계에서는 합동전자장치엔지니어링협회(JEDEC) 표준 JESD51-3[8]과 JESD51-7[9]을 통해서 특정한 치수와 소재를 추천하고 있다. 이 표준을 통해서 다양한 반도체 업체들로부터 공급받은 패키지들의 열저항을 일관성 있게 나타낼 수 있다. 기본 소재는 총 두께가 1.6[mm]인 FR-4이며, 시험용 보드의 기본치수는 그림 7.6과 그림 7.7에 도시되어 있다(JESD51-5 참조).

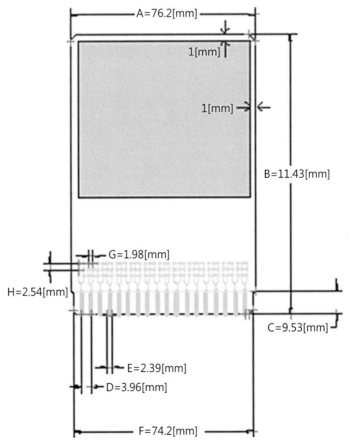

그림 7.6 길이 27.0[mm] 미만, 매립평면 면적 74.20 × 74.20[mm^2]인 패키지를 위한 프린트회로기판

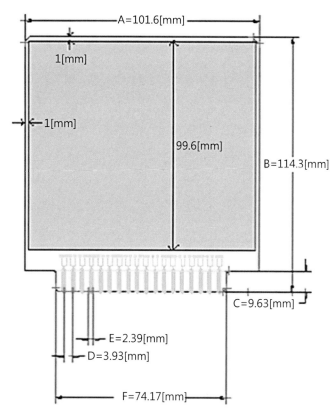

그림 7.7 길이 27.0[mm] 이상, 매립평면 면적 99.60 × 99.60[mm²]인 패키지를 위한 프린트회로기판

7.2.1 저효과 열시험 보드

최악의 보드 설치환경을 모사하기 위해서 JEDEC 표준에 기초하여 열성능의 관점에서 **저효과 열전도 시험 보드**[8]가 설계되었다. 이 시험용 보드는 내부 구리평면이 없으며, 1s0p 시험용 보드 또는 **이중층 보드**라고 부른다. 이 이중층 보드는 최소한의 구리소재 트레이스를 사용하여 각 패키지로부터 테두리 커넥터들 중 하나로 전기적인 연결이 되어 있다. 시험용 보드의 양면에는 두 개의 1-oz 구리층들이 도금되어 있다.

7.2.2 고효과 열시험 보드

고효과 열시험용 보드[9]는 등간격으로 배치된 두 개의 내부평면을 갖추고 있다. 이 보드들은 프린트회로기판 내에 접지나 전원평면이 사용되는 경우를 좀 더 잘 반영하고 있다. 그림

7.8에서는 고효과 열시험 보드의 트레이스층과 단면의 층 두께를 보여주고 있다.

이 시험용 보드를 2s2p(2개의 신호평면과 2개의 전원 및 접지평면) 시험용 보드 또는 4층 보드 또는 **다중층 보드**라고 부른다.

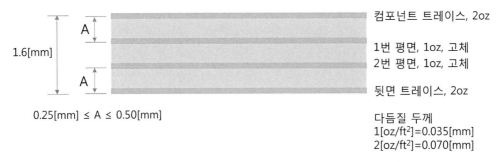

그림 7.8 JEDEC 표준에서 정의한 다중층 프린트회로기판의 단면형상

7.2.3 전형적인 WLCSP용 JEDEC 보드

합동전자장치엔지니어링협회(JEDEC) 표준을 WLCSP에 적용할 수 있다. JEDEC 보드의 전형적인 상부 트레이스 배치가 **그림 7.9**에 도시되어 있다[10]. 물론 소비자가 JEDEC 표준과는 다르지만 자신의 제품에 적합한 특수한 트레이스 배치도를 설계할 수도 있다.

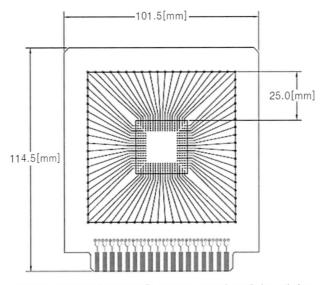

그림 7.9 전형적인 WLCSP용 JEDEC 보드의 트레이스 배치도

7.3 WLCSP의 열해석과 관리

아날로그와 전력용 WLCSP는 작은 프로파일과 뛰어난 전기적 성능 때문에 반도체 업계에서 점점 더 일상화되어가고 있다. 그런데 외형이 작아질수록 열 집중도가 높아지는 문제는 산업계 전체의 광범위한 관심을 받고 있다. 이로 인하여 WLCSP의 견실한 설계와 훌륭한 열관리를 위해서는 초기 설계과정에서 열 시뮬레이션과 해석이 극도의 중요성을 갖게 되었다.

변수설계와 모델링은 열저항, 온도분포 그리고 WLCSP 설계인자들의 경향을 예측하기 위한 효과적인 방법이다. 이 절에서는 JEDEC 표준[7~10]에 따라서 열저항 $R\theta_{ja}$와 열계수 Ψ_{jb} 및 ψ_{jc}를 목적함수로 하여 WLCSP의 열성능에 대한 분석을 수행하기로 한다. 전통적인 열해석의 경우, 패키지 모델링 엔지니어가 열 시뮬레이션을 수행할 때에는 열보드에 대한 솔리드 모델을 만들어야만 하며, 이 작업이 프로젝트 소요시간의 대부분을 차지하므로, 제품의 설계시간을 지연시키는 요인이 된다. 게다가 비록 모든 엔지니어가 JEDEC 표준을 준수하지만, JEDEC 이 제공하는 변수값들에는 공차가 존재하고(실제 열보드를 제작하는 과정에서는 피할 수 없어 보이지만, 변수 설계와 시뮬레이션에서는 이를 피할 수 있다) 일반적인 사양에 대한 개인적인 이해에도 차이가 있기 때문에, 설계자들마다 서로 다른 열보드를 설계하게 된다. 전통적인 열 설계와 해석을 비교해보면, 열계수를 이용한 설계와 모델링은 두 가지 특출한 장점을 가지고 있다.

1. 이 방법은 모델링 엔지니어의 작업 효율을 현저히 높여준다. 계수모델을 사용하면, 모델링 엔지니어는 JEDEC 표준에 대한 이해에 많은 시간을 할애할 필요가 없으며, 또한 모델의 생성과 메쉬분할을 위한 노력이 필요 없어진다. ANSYS APDL 코딩을 사용하면 메쉬분할을 포함한 경계조건 적용, 해석, 후처리 등을 포함하는 열 시뮬레이션의 모든 과정이 자동적으로 수행되기 때문에, 엔지니어들은 요구조건에 맞춰서 계수값을 설정해주기만 하면 된다.

계수모델을 사용하면 트레이스 배치를 포함하여 JEDEC 열시험용 보드에 대한 불분명하거나 세밀하지 않은 규정들로 인한 모든 착오를 피할 수 있다. 이를 통해서 연구자들이 편차를 추적할 필요성이 없어지며, 주요 고려대상인 계수값들에 집중할 수 있게 된다.

2. 이 절에서는 WLCSP 설계에 대한 완전한 계수모델의 구성방안에 대해서 살펴보며, 내부 트레이스 배치가 열저항이나 열계수들에 미치는 영향을 평가하기 위한 극단적인 경우로 서, 최고와 최악의 내부 트레이스 배치를 포함하였다. 이 모델에는 저효과(1s0p)와 고효 과(2s2p, 열비아를 포함한 2s2p) 열시험용 JEDEC 보드가 포함되어 있다. 계수모델에는 실험적으로 검증된 열대류계수가 적용되었으며 땜납볼의 숫자, 다이크기 그리고 터미널 피치 등이 열저항이나 열계수에 미치는 영향에 대한 광범위한 모델링 작업을 수행하였으 며, 그로 인한 결과들에 대한 체계적인 고찰이 이루어졌다. 마지막으로 검증을 위해서 6 개의 볼을 갖춘 WLCSP에 대한 실제 시험을 수행하였다.

7.3.1 계수모델의 구축

앞서 설명했듯이 **계수모델**은 패키지와 열시험용 보드로 구성된다. 특정한 패키지들을 검 사하기 위해서 JEDEC 표준에서는 1s0p, 2s2p 그리고 비아를 포함한 2s2p와 같이 세 가지 유형의 열보드를 규정하고 있다. 이들 중에서 1s0p가 가장 단순하기 때문에 이 보드에서부터 시작하기로 하며, 계수모델을 어떻게 구성하는지 설명하기 위한 사례로서 49개의 볼들을 사 용하는 WLCSP를 사용하기로 한다[11].

그림 7.10에서는 JEDEC 1s0p 열시험용 보드에 설치된 49개의 볼들을 사용하는 WLCSP를 보여주고 있다. 그림 7.10에서 알 수 있듯이 이 모델은 실리콘 다이(회색), 땜납볼들(보라색), 구리소재 패드와 트레이스(적색) 그리고 FR4 보드(녹색)로 이루어져 있다. 볼 어레이가 명확 하게 보이도록 우측 바닥에 위치하는 실리콘 다이는 투명하게 처리하였다. 1s0p 계수모델의 모든 계수값은 표 7.1에 제시되어 있다.

표 7.1에 제시된 대부분의 계수들은 쉽게 이해할 수 있으므로 더 이상 자세히 설명하지는 않 겠다. 하지만 일부 트레이스에 관련된 계수들에 대해서는 독자들이 혼동할 우려가 있으므로, 이에 대해서는 그림 7.11에서 자세히 나타내었다.

JESD51−9에 따르면 트레이스에서 바깥쪽 볼들까지의 거리는 그림 7.9에 도시되어 있는 것 처럼 패키지 본체로부터 25[mm]만큼 떨어져 있어야 한다. 패키지 본체로부터 주변까지의 거 리를 계수 'lt'라 한다.

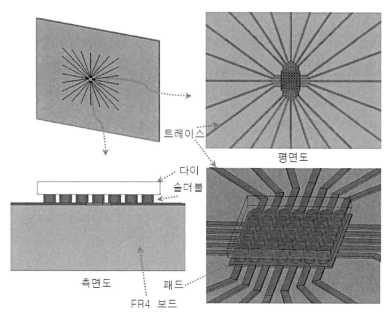

그림 7.10 JEDEC 1s0p 열시험용 보드에 설치되어 있는 WLCSP(볼 49개) (컬러 도판 410쪽 참조)

표 7.1 지정된 계수들과 세부사항들

계수	설명	비고
l_si	실리콘의 길이	
w_si	실리콘의 폭	
h_si	실리콘의 높이	
h_ball	땜납볼의 높이	
d_ball	땜납볼의 직경	
n1	WLCSP의 길이방향 리드숫자	입력 필요(n1≥2)
n2	WLCSP의 폭방향 리드숫자	입력 필요(n1≥2)
p	피치	
l_board	보드의 길이	114.5[mm] (PKG≤40[mm]) 139.5[mm] (40<PKG≤65[mm]) 165[mm] (65<PKG≤90[mm])
w_board	보드의 폭	101.5[mm] (PKG≤40[mm]) 127.0[mm] (40<PKG≤65[mm]) 152.5[mm] (65<PKG≤90[mm])
h_board	보드의 높이	1.6-h_trace
w_trace	트레이스의 폭	p>0.5[mm]이면 p의 40%, p≤0.5[mm]이면 p의 50%
h_trace	트레이스의 높이	p>0.5[mm]이면 70[μm], p≤0.5[mm]이면 50[μm]
lt	트레이스의 최소길이	25[mm]
s_inc	트레이스의 증가스텝	볼의 숫자와 피치에 따라서 조절 가능
l_i	트레이스의 초기수축길이	볼의 숫자와 피치에 따라서 조절 가능

계수 'l_i'는 트레이스의 최대 스텝 길이를 나타낸다(그림 7.11 참조). 더 좁은 피치로 더 많은 볼을 사용하는 경우에는 'l_i'를 더 큰 값으로 지정하여 트레이스들이 서로 접촉하지 않도록 더 많은 공간을 확보해준다. 계수 's_inc'는 인접한 트레이스 스텝들 사이의 길이 차이를 나타낸다. 앞서와 동일한 이유 때문에 's_inc' 값을 적절하게 선정해주어야만 한다.

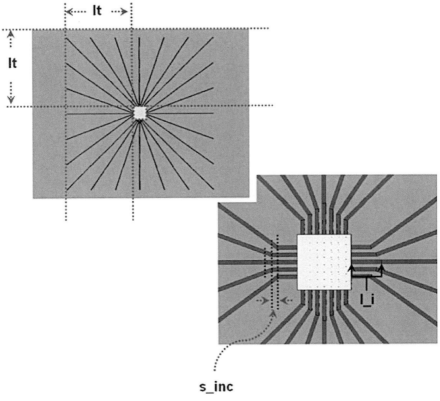

그림 7.11 트레이스 배치와 관련된 계수들에 대한 설명

여기서 주의할 점은 'l_i'와 's_inc' 값은 JEDEC 표준에서 지정하지 않았다는 점이다. 계수 모델의 장점들 중 하나는, 위의 두 계수들에 대해서는 값이나 지정규칙을 직접 결정할 수 있다는 점이다. 이를 통해서 관리되지 않는 인자들로 인하여 발생하는 모델 간의 편차를 없앨 수 있게 된다.

계수모델의 경우, 가장 어려운 점은 열시험용 보드의 구리소재 트레이스를 어떻게 계수화하느냐는 것이다. 보드의 모든 옆면에서 리드의 숫자는 홀수이거나 짝수일 것이다. 홀수인 경우, 일단 중앙부를 제외한 우측 트레이스의 절반을 생성하기 위해서 '*do…' 명령을 사용한다. 그런 다음 수평 대칭축을 사용하여 형상반사를 수행한 다음에, 중앙부 트레이스를 생성한다. 이를 통해서 우측 절반의 트레이스 생성이 완료된다. 마지막으로 우측의 모든 트레이스를 수직 대칭축에 대해서 반사하면 장축방향으로의 모든 트레이스가 완성된다. 리드의 숫자가 짝수인 경우도 홀수인 경우와 유사하게 작업이 수행된다. 유일한 차이점은 중앙부 트레이스에 대해서 특별한 주의가 필요 없다는 것이다(그림 7.12).

장축방향으로의 트레이스 생성이 끝나고 나면, 현재의 모든 트레이스를 숨긴 후에 동일한 규칙을 사용하여 단축방향 트레이스를 생성한다. 여기서 주의할 점은 경계 트레이스(그림 7.12에서 홀수인 경우 4, 7, 11, 14번, 짝수인 경우 4, 8, 12, 16번)들은 인접한 두 옆면에 속하므로 단축방향 트레이스를 생성하는 경우, 동일한 경계에서 트레이스의 반복을 피하기 위해서는 홀수라면 '*do,i,1,(n2−1)/2' 대신에 '*do,i,1,(n2−1)/2−1'을 사용해야 하며, 짝수인 경우에는 '*do,i,1,n2/2' 대신에 'do,i,1,n2/2−1'을 사용해야 한다(그림 7.12).

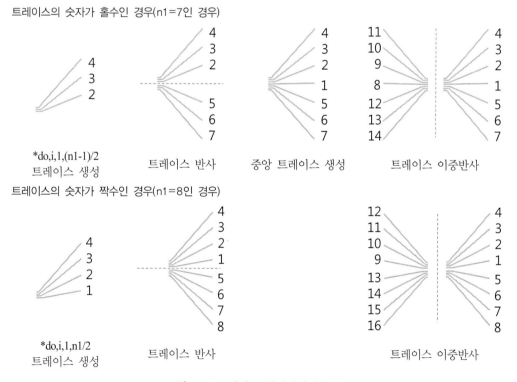

트레이스의 숫자가 홀수인 경우(n1=7인 경우)

*do,i,1,(n1-1)/2
트레이스 생성

트레이스 반사

중앙 트레이스 생성

트레이스 이중반사

트레이스의 숫자가 짝수인 경우(n1=8인 경우)

*do,i,1,n1/2
트레이스 생성

트레이스 반사

트레이스 이중반사

그림 7.12 트레이스 생성작업의 흐름도

JEDEC에 따르면 효율향상을 위해 모델을 단순화시키려면 내부 패드들은 외부 트레이스와 연결해야만 한다. 내부 트레이스 배치가 패키지의 열저항에 미치는 영향을 평가하기 위해서 두 가지 극단적인 경우에 대한 내부 트레이스 배치가 설계 및 활용되었다. 하나는 최선의 경우로서, 모든 패드를 연결하기 위해서 (트레이스와 동일한 두께, 다이와 동일한 면적을 갖는) 얇은 블록을 사용하였다(그림 7.13(a)). 다른 하나는 최악의 경우로서 외부 측 패드들만이 트레이스와 연결되어 있으며, 나머지 내부 패드들은 떨어져 있다(그림 7.13(b)).

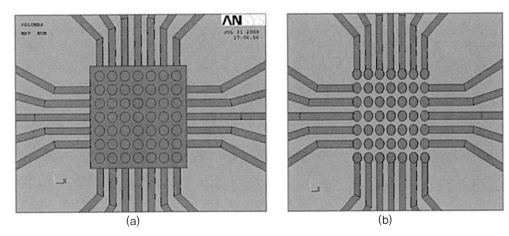

(a) (b)

그림 7.13 극단적인 내부 트레이스 배치사례. (a) 최선의 경우, (b) 최악의 경우

형상이 단순한 덕분에 실리콘 다이, 땜납볼 그리고 FR4 보드 등을 포함하는 여타의 부분들을 손쉽게 계수화할 수 있다. 따라서 이들 작업에 대해서는 상세하게 다루지 않는다.

JEDEC 2s2p 열보드는 하부 신호층과 1s0p 열보드를 위한 두 개의 매립층들이 추가되는 반면에, 비아를 갖춘 2s2p 보드(그림 7.14)의 경우에는 각 볼들을 위한 패드 아래에 열전달용 비아가 추가된다. 이 모델의 경우에는 동일한 트레이스 생성기법과 동일한 내부 트레이스 설계규칙이 적용된다. 지금까지 세 가지 유형의 열보드들에 대한 구성과 설치에 대해서 살펴보았다.

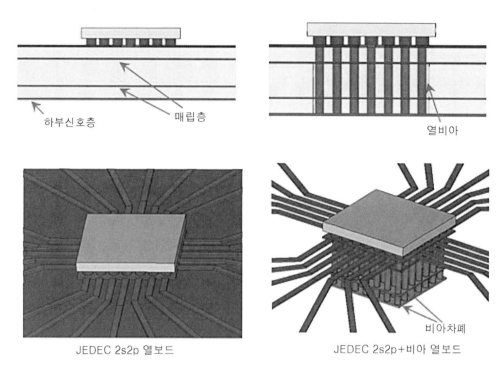

그림 7.14 JEDEC 고효율 보드

7.3.2 계수모델의 적용

이 장에서 개발된 계수모델을 사용하여 자연대류조건하에서 WLCSP의 열성능에 대한 시뮬레이션을 수행하였다. 표 7.2에서는 WLCSP에 사용된 모든 소재의 열전도도가 제시되어 있다.

표 7.2 소재특성

소재	열전도도[W/m°C]
실리콘 다이	145
솔리드 볼	33
구리소재 트레이스와 땜납	386
FR4	0.4

열저항 $R\theta_{ja}$에 대한 평가를 위해서 세 가지 유형의 보드들이 모두 사용되었으며, 열계수 ψ_{jb}에 대한 평가를 위해서는 1s0p 그리고 2s2p 열보드들이 개별적으로 사용되었다. 볼의 숫

자, 다이크기 그리고 피치 등이 열저항과 열계수에 미치는 영향에 대한 체계적인 분석이 수행되었다. 그림 7.15에서는 대기온도(T_a), 케이스온도(T_c) 그리고 트레이스 온도(T_b)를 포함하여 각각의 온도들이 정의되어 있다.

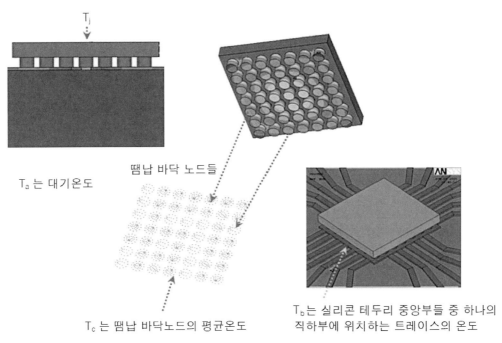

그림 7.15 서로 다른 온도들에 대한 정의 (컬러 도판 410쪽 참조)

7.3.3 열 시뮬레이션 분석

7.3.3.1 땜납볼 숫자의 영향

땜납볼의 숫자가 WLCSP의 열성능에 미치는 영향을 고찰하기 위해서 $3 \times 3[\text{mm}^2]$ 크기의 다이와 0.4[mm] 피치가 선정되었으며, 실리콘 다이에 공급되는 전력은 1[W]로 세팅되었다. 볼 어레이는 2×2, 3×3, 4×4, 5×5, 6×6, 7×7이 사용되었으며, 1s0p, 2s2p 그리고 비아를 포함하는 2s2p 열시험용 보드에 이 볼 어레이 설계를 적용하였다. 그림 7.16에서는 1s0p 열보드에 최선의 내부 트레이스설계를 적용한 경우에 대해서 모든 WLCSP 패키지의 온도분포를 보여주고 있다.

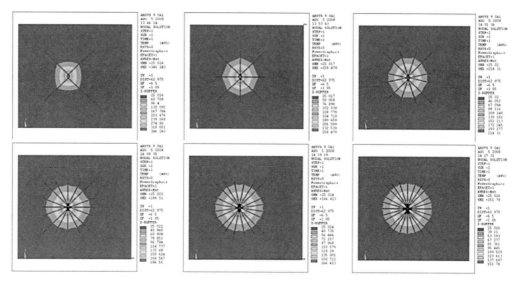

그림 7.16 서로 다른 볼 어레이들의 온도분포(최선의 내부 트레이스 설계, 1s0p) (컬러 도판 411쪽 참조)

표 7.17에서는 1s0p, 2s2p 그리고 2s2p + 비아 보드에 대해서 두 가지 유형의 극한을 적용한 경우의 결과들이 요약되어 있다. 이에 따르면 다음을 명확하게 확인할 수 있다.

1. 땜납볼의 숫자는 열 발산에 결정적인 역할을 한다. 세 가지 유형의 보드들 모두에서 더 많은 숫자의 볼들을 사용하는 경우에 패키지는 더 높은 효율로 열을 발산한다. 그러므로 볼의 숫자가 많을수록 $R\theta_{ja}$ 값이 작아진다. 따라서 열의 관점에서 보면, 열을 발산하고 안전한 온도에서 다이가 작동하도록 만들기 위해서는 특정한 패키지에 대해서 충분한 숫자의 볼들을 갖추도록 설계하는 것이 매우 중요하다.
2. 1s0p의 $R\theta_{ja}$ 곡선은 2s2p나 2s2p + 비아의 경우보다 훨씬 위쪽에 위치하며, 이는 $R\theta_{ja}$ 가 보드에 의존적이라는 것을 의미한다. 고효율 보드가 더 높은 효율로 패키지로부터 대기 중으로 열을 발산한다는 점이 명확하다.
3. 특정한 보드의 두 극한의 경우에 따른 곡선들 사이의 차이는 열 발산 함수에 내부 트레이스 배치설계가 미치는 영향을 반영하고 있다. 비아를 사용한 경우와 없는 경우를 비교해 보면, 전자는 내부 트레이스 배치설계가 열발산에 효과적인 반면에 후자는 아무런 영향도 미치지 못한다. 하지만 이는 열시험용 보드에 수직방향 열전달을 위한 설계가 존재하는 경우에 국한된다. 열 비아들이 존재하는 경우에는 패키지에서 열보드로 열이 수직방향으

로 전달된다. 이런 경우, 내부 트레이스는 수평방향으로 배치되어 있기 때문에 효과적으로 작동하지 못한다. 따라서 소비자의 적용사례에 따라서 볼 밀도가 낮은 패키지를 사용하는 경우와 같이, 효과적인 수직방향 열전달 설계가 없는 프린트회로기판을 지원하기 위한 내부 트레이스 배치에 대해서 고려할 필요가 있다.

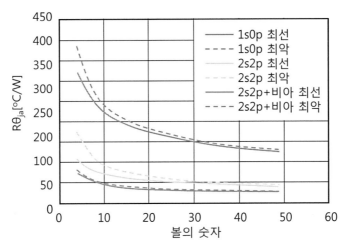

그림 7.17 볼의 숫자에 따른 열저항 $R\theta_{ja}$

7.3.3.2 다이크기의 영향

다이크기가 WLCSP의 열성능에 미치는 영향을 고찰하기 위해서 2×2와 4×4를 포함하는 두 그룹의 볼 배치를 선정하였다. 2×2(볼 4개)의 경우, 설계된 다이크기에는 0.85×0.85, 1.25×1.25, 1.65×1.65, 2.05×2.05, 2.4×2.4 그리고 $3 \times 3[\text{mm}^2]$이 포함되었으며, 4×4(볼 16개)의 경우, 1.65×1.65, 2.05×2.05, 2.4×2.4 그리고 $3 \times 3[\text{mm}^2]$이 포함되었다. 이 모든 경우에 대해서 피치는 $0.4[\text{mm}]$, 공급전력은 $1[\text{W}]$를 유지하였다. 그림 7.18에서는 2s2p 열보드에 최선의 내부 트레이스 설계를 적용한 경우에 대해서 모든 경우의 온도분포를 보여주고 있다.

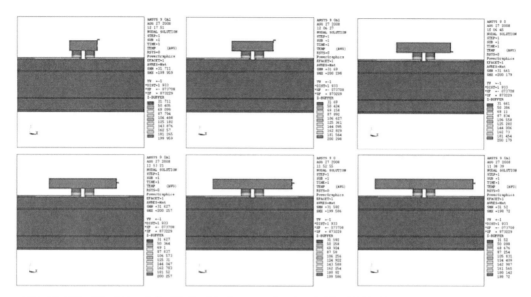

그림 7.18 서로 다른 다이크기에 따른 온도분포(2s2p 프린트회로기판을 사용한 최선의 트레이서 설계). (a) 다이크기 0.85×0.85[mm²], (b) 다이크기 1.25×1.25[mm²], (c) 다이크기 1.65×1.65[mm²], (d) 다이크기 2.05×2.05[mm²], (e) 다이크기 2.4×2.4[mm²], (f) 다이크기 3×3[mm²] (컬러 도판 411쪽 참조)

위의 모든 경우에 대한 결과가 그림 7.18에 도시되어 있다. 6개의 점들로 이루어진 곡선들은 4개의 볼을 사용하는 경우이며 4개의 점들로 이루어진 곡선들은 16개의 볼들을 사용하는 경우이다. 그림 7.19에 대한 결론은 다음과 같다.

1. 모든 최악의 내부 트레이스 배치설계의 경우 다이크기만 변경되었다. 도표에서 일련의 곡선들이 수평선을 나타내고 있다. 이는 다이크기의 증가에 따른 표면적의 증가가 열방출에 거의 기여하지 못한다는 것을 의미하기 때문에 $R\theta_{ja}$는 다이크기에 민감하지 않다.

2. 비아를 사용한 경우를 제외한 모든 최선의 내부 트레이스 배치설계의 경우, 다이크기의 증가에 따라서 $R\theta_{ja}$값이 감소하였다. 왜 이런 현상이 발생하는가? 왜 최악의 내부 트레이스 설계에서와 다른 결과를 나타내는가? 모델을 구성하는 단계로 되돌아가 보면, 다이크기가 증가함에 따라서 열시험용 보드 역시 변경되었음을 알 수 있다. 실리콘 다이 바로 아래의 구리소재 블록은 다이와 동일한 면적을 가지고 있으므로, 다이크기가 증가함에 따라서 구리블록 역시 증가하기 때문에 열방출성능이 향상된다. 이것이 이 현상에 대한 설명이다. 따라서 $R\theta_{ja}$는 다이크기에 민감한 것처럼 보이게 된다.

3. 내부 트레이스 배치의 열방출 역할에 대한 규칙이 **그림 7.19**에 설명되어 있다. 열 비아가 설치된 열시험용 보드의 경우에 내부트레이스의 배치가 $R\theta_{ja}$에 미치는 영향은 매우 제한적이다. 따라서 효율적인 수직방향 열전달 경로가 구비되지 않은 보드 위에 큰 크기와 낮은 볼 밀도를 가지고 있는 WLCSP를 설치하는 경우에는 이에 대해서 고려해야만 한다.

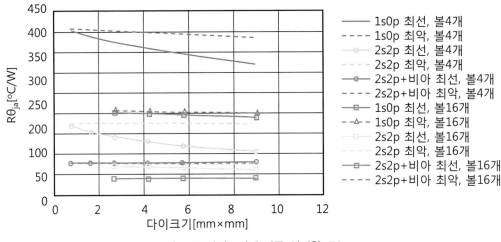

그림 7.19 다이크기에 따른 열저항 $R\theta_{ja}$

7.3.3.3 피치의 영향

피치가 WLCSP의 열성능에 미치는 영향을 평가하기 위해서 $0.35[\text{mm}]$, $0.4[\text{mm}]$, $0.5[\text{mm}]$, $0.6[\text{mm}]$ 및 $0.7[\text{mm}]$를 포함하는 다섯 개의 피치설계를 포함하는 세 가지 유형의 열보드들이 준비되었다. 각각의 실험에는 $3 \times 3[\text{mm}]$ 크기의 다이와 16개의 볼(4×4) 그리고 $1[\text{W}]$의 전력공급이 적용되었다. 피치길이의 변화에 따른 열저항 $R\theta_{ja}$의 변화가 **그림 7.20**에 도시되어 있다. 해석결과에 따르면 피치길이가 증가함에 따라서 열저항 $R\theta_{ja}$가 감소하는 경향을 나타냈다. 이는 다음의 두 가지 이유 때문인 것으로 판단된다.

1. JEDEC 표준에 따르면 피치거리가 길어질수록 트레이스의 폭도 넓어져야 하므로, 이로 인하여 프린트회로기판이 더 높은 효율로 열을 방출하게 된다.
2. 설계된 다섯 가지의 피치들 모두에서 피치거리가 길어질수록 땜납볼 사이의 간격을 더 균일하게 배치할 수 있어서, 열의 집중을 방지하고 방열성능을 향상시켜주었다.

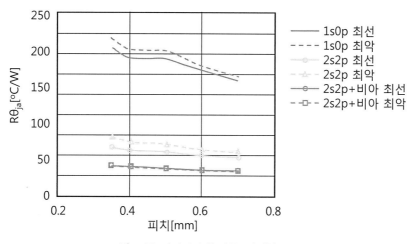

그림 7.20 피치길이에 따른 열저항 $R\theta_{ja}$

7.3.3.4 6개의 볼을 사용하는 WLCSP에 대한 실제 측정

시뮬레이션 결과를 실제 측정결과와 일치시키기 위해서, 6개의 볼을 사용하는 WLCSP에 대한 실제 실험이 수행되었다. 그림 7.21에는 실험에 사용된 칩의 상세한 패키지, 열시험용 보드 그리고 시험장비 등이 도시되어 있다. 그림에 도시된 칩은 6개의 볼을 사용하는 WLCSP로서, 피치는 0.65[mm], 다이크기는 $1.92 \times 1.44[mm^2]$이다. 세 개의 시편을 제작 수행한 시험결과 $R\theta_{ja}$는 289~309[°C/W]의 값을 나타내었다(표 7.3).

열시험용 보드의 실제 구조와 치수에 기초하여, $R\theta_{ja}$ 값을 계산하기 위한 시뮬레이션이 수행되었다. 시뮬레이션결과에 따르면, $R\theta_{ja}$ 값은 내부 트레이스 설계가 최악인 경우 290[°C/W]이며, 최선인 경우에는 283[°C/W]이다. 그림 7.22에서는 최악인 경우의 온도분포를 보여주고 있다. 표 7.4에서는 시뮬레이션 결과와 실제 측정결과를 서로 비교하여 보여주고 있다. 표 7.4에서 알 수 있듯이 시뮬레이션 결과와 측정결과는 약 3.4%의 편차를 가지고 있으며, 이는 측정이 매우 잘 수행되었음을 의미한다.

$$R\theta_{ja} = 290[^{\circ}\text{C/W}]$$

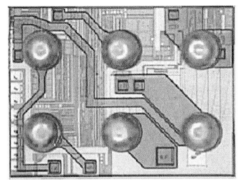

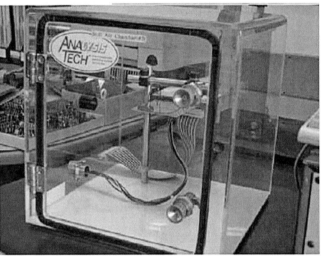

그림 7.21 실제 열저항 $R\theta_{ja}$ 측정을 위한 실험장치 셋업

표 7.3 6개의 볼들을 사용하는 WLCSP의 열저항값 실제측정결과

1번 시편	2번 시편	3번 시편	4번 시편
291.18	309.48	289.02	296.56

표 7.4 6개의 볼들을 사용하는 WLCSP의 열저항값 실제측정결과와 시뮬레이션 결과 비교

$R\theta_{ja}$	시뮬레이션결과	측정결과
최솟값	283	289
최댓값	290	309
중앙값 또는 평균값	286.5(중앙값)	296.6(평균값)
편차	측정값과 3.41% 편차 발생	

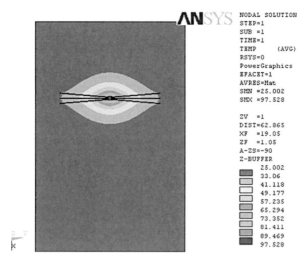

그림 7.22 0.25[W]의 전력이 투입되는 경우에 6개의 볼들을 사용하는 WLCSP의 온도분포 시뮬레이션 결과
(컬러 도판 412쪽 참조)

7.4 WLCSP용 과도 열해석

그림 7.23에 도시되어 있는 것처럼 비-JEDEC 표준 프린트회로기판 위에 입력 커패시터, 출력 커패시터 및 인덕터와 함께 4×5 WLCSP(페어차일드社의 FAN53555)칩이 설치되어 있다. 이 회로의 과도적인 열특성이 프린트회로기판 위의 수동소자에 어떤 영향을 미치는가? 그리고 온도는 어떻게 전파되겠는가? 이 절에서는 4×5 WLCSP에 대한 과도 열해석에 대해서 살펴보기로 한다.

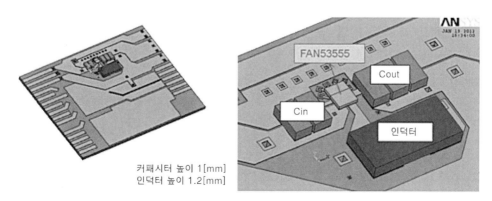

커패시터 높이 1[mm]
인덕터 높이 1.2[mm]

그림 7.23 비-JEDEC 프린트회로기판 위에 장착된 4×5 WLCSP

7.4.1 4 × 5 WLCSP의 개요와 소재의 과도특성

그림 7.24에서는 4 × 5 WLCSP의 개략적인 배치도를 보여주고 있다. 땜납 소재는 SAC405, 패키지 크기는 1.6 × 2.0[mm], 실리콘 두께는 0.387[mm], 납땜 피치는 0.4[mm] 그리고 땜납의 높이는 0.15[mm]이다. 표 7.5에는 소재들의 **과도 열특성**이 제시되어 있다.

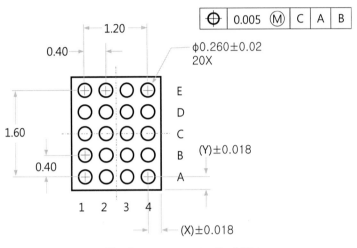

그림 7.24 4 × 5 WLCSP의 배치도

표 7.5 비-JEDEC 보드 위에 설치된 4 × 5 WLCSP의 과도소재특성

소재	유형	열전도도[W/m-K]	밀도[kg/m³]	비열[J/kg-K]	출처
실리콘		146	2,330	708	MatWeb
인덕터		17.6	5,400	767	혼합모델
커패시터		59	7,210	481	혼합모델
땜납	SAC405	33	7,400	236	
FR4		0.4	1,910	600	
구리 트레이스		386	8,940	385	MatWeb

그림 7.25에서는 금속 트레이스가 포함된 비-JEDEC 프린트회로기판 위에 설치되어 있는 4 × 5 WLSP의 유한요소 메쉬를 보여주고 있다. 자연대류 조건에 대해서 시뮬레이션이 수행되었다. 시스템에 사용된 열전달계수의 경우, 패키지 상부표면과 범프표면에서의 대류 열전달계수는 1×10^{-5}[W/(mm²°C)]가 선정되었으며, 패키지 측면과 바닥표면 그리고 프린트회로기판의 상부 트레이스에서는 7.5×10^{-6}[W/(mm²°C)]가 선정되었다. 그리고 나머지 모든 프린트회

로기판 표면에서는 $7.5 \times 10^{-6}[W/(mm^2 ℃)]$가 선정되었다. 대기온도는 25[℃]가 선정되었다.

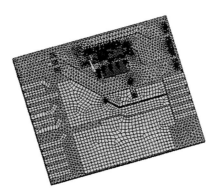

그림 7.25 4 × 5 WLCSP와 프린트회로기판에 대한 유한요소 메쉬

그림 7.26에서는 1[s] 시점에서의 온도분포를 보여주고 있으며, 이를 통해서 열방출에 대한 정보를 확인할 수 있다.

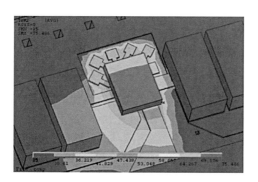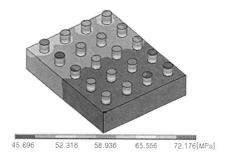

그림 7.26 1[s]가 지난 후에 보드 위에 설치된 WLCSP의 온도분포(다이에 공급된 전력=1.5[W]). (a) 시스템 온도, (b) WLCSP의 온도(최고 75.5[℃]) (컬러 도판 412쪽 참조)

그림 7.27에서는 다이에 1.5[W]의 전력이 공급되는 경우에 서로 다른 시점에서의 과도 열방출과 동적 온도분포를 보여주고 있다. 그림 7.28에서는 시스템의 서로 다른 위치에서 시간경과에 따른 온도곡선을 보여주고 있다. 이를 통해서 설계자는 시스템 내에서 열방출 속도와 관심위치에서의 온도분포를 가늠할 수 있다. 이 결과를 통해서 WLCSP로부터 어떻게 열이 방출되며, 얼마나 빨리 프린트회로기판 내의 관심위치로 열이 전달되는지를 이해할 수 있다. 물론, 프린트회로기판의 설계와 배치 변경이 열방출과 온도분포에 영향을 미친다[8].

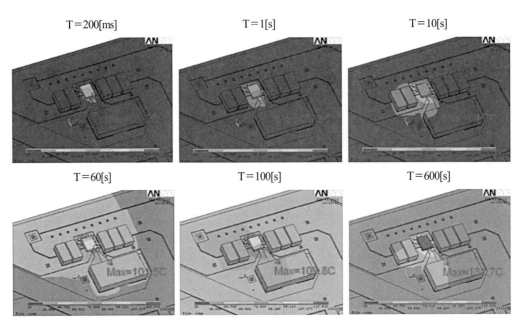

그림 7.27 다이에 1.5[W]의 전력이 공급될 때 시스템의 과도 온도상승 (컬러 도판 413쪽 참조)

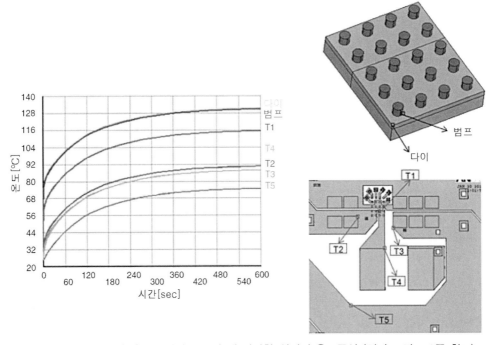

그림 7.28 다이에 1.5[W]의 전력이 공급될 때 다양한 위치의 온도곡선 (컬러 도판 413쪽 참조)

7.5 요 약

이 장에서는 WLCSP의 열관리, 열설계 및 열해석에 대해서 논의하였다. 7.1절에서는 WLCSP 의 열저항에 대한 정의와 그 측정방법에 대해서 논의하였다. 7.2절에서는 WLCSP에 대한 열 시험용 보드와 JEDEC 표준에 대해서 소개하였다. 7.3절에서는 WLCSP 패키지에 대한 열계 수모델을 개발하였으며, 여기에는 WLCSP의 계수들과 그에 따른 JEDEC 열시험용 보드의 계수들이 포함되어 있다. 계수모델을 사용하면 패키지의 형상계수들을 손쉽게 설정할 수 있 으며, 또한 프린트회로기판의 트레이스 배치도 그에 따라서 WLCSP의 요구조건을 충족시키 도록 변경되므로, 일련의 WLCSP 패키지들에 대해서 모든 기하학적 계수값이 열 성능에 미 치는 영향을 손쉽게 고찰할 수 있다.

볼의 숫자, 다이크기 그리고 피치길이가 WLCSP에 미치는 영향에 대한 고찰을 통하여 다 음과 같은 결론을 얻게 되었다. (1) 땜납볼의 숫자는 WLCSP의 열성능에 매우 결정적인 역할 을 한다. 볼의 숫자가 많을수록 열저항값이 감소한다. 따라서 안전한 온도에서 다이가 작동 하도록 적절한 숫자의 볼을 배치하여야 한다. (2) 내부 트레이스의 배치는 효과적인 수직방향 열전달 수단이 구비되지 않은 보드에서 열저항에 큰 영향을 미친다. 따라서 더 좋은 열성능을 구현하기 위해서는 적절한 내부 트레이스 배치설계를 수행해야만 하며, 특히 더 큰 다이와 낮 은 볼밀도를 사용하는 WLCSP의 경우에는 실리콘 다이 하부의 영역을 모두 사용해야만 한 다. (3) 실리콘 다이 위에 볼을 균일하게 분산시키면 WLCSP의 열 집중을 방지하고 성능을 향상시켜준다. 6개의 볼을 사용하는 WLCSP에 대한 시뮬레이션과 측정결과의 비교를 통해 서 완전한 열계수모델의 효용성을 어느 정도 검증하였다. 7.4절에서는 비-JEDEC 보드 위에 설치된 WLCSP에 대한 과도 열해석 결과를 제시하고 있다. 여기에서는 열방출 비율과 보드 로의 열 전파를 보여주고 있다. 서로 다른 시간과 서로 다른 위치에서의 온도분포가 제시되어 있다. 이 결과는 생산 엔지니어가 보드 위에 구성요소들을 배치하고 견실한 제품을 설계하는 데에 도움이 된다.

참고문헌

1. Liu, Y. : Reliability of power electronic device and packaging. International Workshop on Wide-Band-Gap Power Electronics 2013 (ITRI), Taiwan, April (2013).

2. Liu, Y. : Trends of power wafer level packaging. Microelectron. Reliab. 50, pp.514~521 (2010).

3. Liu, Y., Liang, L., Qu, J. : Modeling and simulation of microelectronic device and packaging (Chinese). Science Publisher (2010).

4. Hao, J., Liu, Y., et al. : Demand for wafer level chip scale package accelerates. 3D Packaging. 22 (2012).

5. Fan, X. J., Aung, K. T., Li, X. : Investigation of thermal performance of various power device packages. EuroSimE (2008).

6. Liu, Y., Kinzer, D. : Challenges of power electronic packaging and modeling. EuroSimE (2011).

7. JEDEC standard-JESD51-2, Integrated Circuits thermal Test Method Environment Conditions-Natual Convection (Still Air) (1995).

8. JEDEC standard-JESD51-3, Low Effective Thermal Conductivity Test Board for Leaded Surface Mount Packages (1996).

9. JEDEC standard-JESD51-7, High Effective Thermal Conductivity Test Board for Leaded Surface Mount Packages (1999).

10. JEDEC standard-JESD51-9 Test Boards for Area Array Surface Mount Package Thermal Measurements (2000).

11. Liu, Y. : Power electronic packaging : Design, assembly process, reliability and modeling. Springer, New York (2012).

CHAPTER 08

아날로그 및 전력용 WLCSP의 전기 및 다중물리학 시뮬레이션

08 CHAPTER 아날로그 및 전력용 WLCSP의 전기 및 다중물리학 시뮬레이션

(전기저항, 인덕턴스 그리고 커패시턴스와 같은) 전기적 성능들은 웨이퍼레벨 칩스케일 패키지(WLCSP)의 핵심요인들이다. 제품의 전기적 성능을 향상시키기 위해서 서로 다른 디바이스들의 전기적 성능, 조립 리플로우 공정이 전기적 성능에 미치는 영향 그리고 납땜 조인트의 저항 등과 같은 많은 연구가 수행되었다[1~3]. 최근 들어 WLCSP의 적용 분야가 넓어지면서, WLCSP의 전기적 성능 연구가 더 많은 관심을 받고 있다. 기생적으로 발생한 **저항, 인덕턴스 및 커패시턴스**(RLC)는 WLCSP 회로의 효율과 스위칭 속도에 영향을 미친다. 아날로그와 전력용 전자회로의 전류밀도가 높아짐에 따라서 다중동력학 문제 중 하나인 WLCSP의 일렉트로마이그레이션 문제가 더욱 중요해졌다. 이 장에서는 기생 RLC의 전기적 시뮬레이션과 WLCSP 및 웨이퍼레벨 상호연결에 대한 일렉트로마이그레이션 시뮬레이션에 대해서 소개한다.

8.1 전기적 시뮬레이션 방법 : 저항, 인덕턴스 및 커패시턴스값의 추출

이 절에서는 ANSYS 다중동력학 패키지를 사용하여 WLCSP의 인덕터, 저항 및 커패시터의 고유값과 기생값을 추출하는 방법에 대해서 소개한다. 더 일반적인 방법에 대해서는 '전력용 전자회로 패키징[1]'을 참조하기 바란다. 이를 통해서 얻은 결과값들은 SPICE 시뮬레이션을 사용한 WLCSP의 전기적 모델 생성에 사용될 예정이다.

8.1.1 인덕턴스와 저항값 추출

8.1.1.1 저항과 인덕턴스에 대한 이론적 배경

교류(AC)의 경우, 실수성분인 **저항**과 허수성분인 **리액턴스**를 사용하여 **특성임피던스**를 나타낼 수 있다[1].

$$Z_0 = R + jX \tag{8.1}$$

교류전압과 전류를 사용하여 R과 X를 나타낼 수 있다.

$$R = \frac{V_{real} \times I_{real} + V_{imag} \times I_{imag}}{I_{real}^2 + I_{imag}^2} \tag{8.2}$$

$$X = \frac{V_{real} \times I_{real} - V_{imag} \times I_{imag}}{I_{real}^2 + I_{imag}^2} \tag{8.3}$$

주파수를 알고 있다면 리액턴스로부터 인덕턴스 값을 유도할 수 있다.

$$L = \frac{X_L}{2\pi f} \tag{8.4}$$

상호리액턴스는 다음 식을 사용하여 풀어낼 수 있다.

$$X_{ab} = \frac{V_{b_{imag}} \times I_{a_{real}} - V_{b_{real}} \times I_{a_{imag}}}{I_{a_{real}}^2 + I_{a_{imag}}^2} \tag{8.5}$$

상호리액턴스로부터 상호인덕턴스를 구할 수 있다.

$$L_{ab} = \frac{X_{ab}}{2\pi f} \tag{8.6}$$

자체 인덕턴스와 상호인덕턴스를 사용하여 커플링계수를 유도할 수 있다.

$$K_{ij} = \frac{L_{ij}}{\sqrt{L_{ii} \times L_{jj}}} \tag{8.7}$$

만일 K_{ij}<10%라면, 상호인덕턴스 L_{ij}는 무시할 수 있다.

8.1.1.2 시뮬레이션 절차

전기적 시뮬레이션은 MKS 단위계를 사용하고 있다. CAD로 설계된 기하학적 구조들의 치수는 모든 부위에 대해서 매우 정확해야만 한다. CAD 데이터에 미세한 치수오차가 없는지 확인하기 위해서 도면을 꼼꼼히 확인해야 한다. 패키지 시스템 내의 모든 구성요소는 초기결함 없이 완벽하게 연결되어 있어야 한다. 소재 데이터에는 저항값과 더불어 **비투자율**[1]이 포함되어야 한다. Solid97을 사용하여 3차원 8노드 자석과 3차원 무한 경계요소인 infin111 등의 3차원 요소들을 선정하였다. WLCSP를 시뮬레이션 대상으로 사용하여 다음의 시뮬레이션 절차를 수행하였다.

1. 요소유형 정의
2. 소재특성 정의
3. **조화해석**[2] 정의 : ANTYPE,3
4. 솔리드모델의 생성/패키지에서 불러오기

   그림 8.1에서는 전형적인 3 × 4 WLCSP의 배치도를 보여주고 있다. 땜납범프들은 **전기적 기생효과**(RLC)를 유발하는 핀들이다. 이 핀들의 L/R 값을 추출하기 위해서, 솔리드모델에는 다이의 앞면에 재분배층 금속 직선/트레이스가 없고 땜납핀들만 존재한다. 그림 8.2에서는 3 × 4 WLCSP의 핀 배치와 번호별 기능들을 보여주고 있다.
5. 도전체와 절연체 주변에 공기체적 추가

---

1   relative permeability.
2   harmonic analysis.

공기체적은 비투자율 값이 1인 모든 비전도성 소재를 나타낸다. **그림 8.3**에 도시되어 있는 것처럼 공기체적의 길이, 폭 및 높이는 패키지의 길이, 폭 및 높이보다 3~5배 더 커야만 한다. 이를 통해서 메쉬를 스윕 블록에서 사면체로 전환시킬 공간이 확보된다.

6. **마이터**[3]체적을 사용하여 공기체적의 외부에 무한경계를 추가

공기체적 주변에는 무한경계의 외부치수가 필요하며, 이는 **그림 8.4**에 도시되어 있는 것처럼 공기체적의 두 배 이상이 되어야 한다.

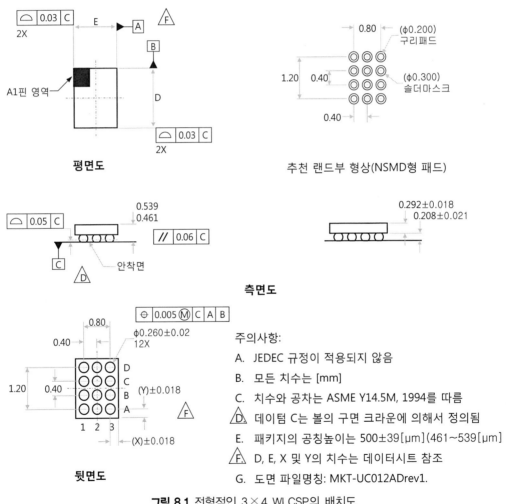

평면도

추천 랜드부 형상(NSMD형 패드)

측면도

뒷면도

주의사항:
A. JEDEC 규정이 적용되지 않음
B. 모든 치수는 [mm]
C. 치수와 공차는 ASME Y14.5M, 1994를 따름
D. 데이텀 C는 볼의 구면 크라운에 의해서 정의됨
E. 패키지의 공칭높이는 500±39[μm](461~539[μm])
F. D, E, X 및 Y의 치수는 데이터시트 참조
G. 도면 파일명: MKT-UC012ADrev1.

그림 8.1 전형적인 3×4 WLCSP의 배치도

---

3 mitered : 모서리를 이등분하여 서로 맞물리는 가구 모서리 이음방법. 역자 주.

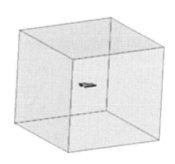

핀	명칭	볼
1	GND	A1
2	BPH	A2
3	V_High	A3
4	PDRV	B3
5	BPH	B2
6	GND	B1
7	INPUT	C1
8	BPL	C2
9	NDRV	C3
10	V+Low	D3
11	BPL	D2
12	EN	D1

(a) 핀 배치도   (b) 핀 번호표

그림 8.2 3 × 4 WLCSP의 핀 배치도

그림 8.3 도전체와 패키지 절연체 주변을 감싸고 있는 공기체적 (컬러 도판 414쪽 참조)

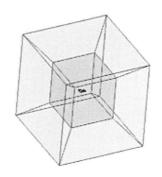

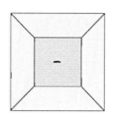

그림 8.4 무한경계 (컬러 도판 414쪽 참조)

7. 메쉬생성

스윕 작업을 통해서 도전체를 6각형/쐐기 형상으로 **메쉬분할**. 만일 도전체의 형상이 이 작업에 적합하지 않다면, 자유사면체 메쉬를 사용할 수도 있다. 그림 8.5에서는 도전체와 공기체적에 대한 메쉬분할 사례가 도시되어 있다.

마이터 형상을 가지고 있는 여섯 개의 무한경계 체적 각각에 대해서 공기체적으로부터 돌출되는 프리즘 형상의 메쉬를 생성한다. 무한경계의 경우에는 단 하나의 요소층만 필요할 뿐이다. 그림 8.6의 메쉬분할 결과를 참조한다.

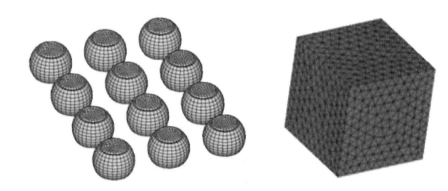

그림 8.5 도전체와 공기체적의 메쉬분할 (컬러 도판 414쪽 참조)

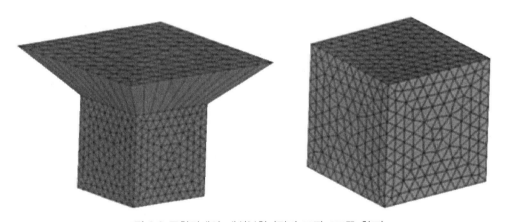

그림 8.6 무한경계의 메쉬분할 (컬러 도판 415쪽 참조)

8. 전기적 경계조건 적용

도전성 범프의 한쪽 끝(범프 상부)에 0[V] 부하를 적용한다. 전류부하가 가해질 수 있는 도전체(범프)의 반대쪽 끝에는 전압자유도를 적용한다. 이렇게 커플링된 세트의 숫자는 패키지의 핀 숫자와 일치해야만 한다(그림 8.7).

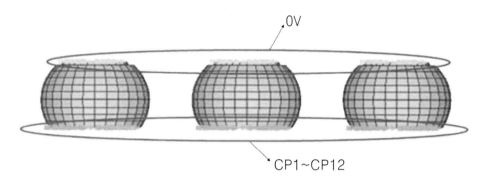

그림 8.7 범프 끝단에 0[V] 부하를 부가하며, 범프 반대쪽 끝단의 전압자유도와 커플링한다. (컬러 도판 415쪽 참조)

9. 여섯 개의 외부 영역에 **무한경계 플래그**를 적용

그림 8.8에 도시되어 있는 것처럼, 여섯 개의 외부 영역에 대해서 무한경계 플래그를 적용한다.

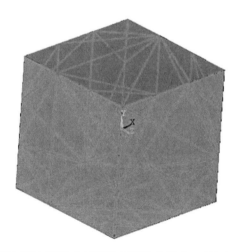

그림 8.8 여섯 개의 외부 영역에 적용한 무한경계 플래그 (컬러 도판 415쪽 참조)

10. 해석주파수 설정

주파수의 변화에 따른 저항 및 인덕턴스값을 추출하기 위해서 주파수 스윕을 포함하여 다

양한 주파수에 대해서 해석을 수행한다. 정적 인덕턴스와 저항값을 구하기 위해서 기본 해석 주파수는 1[Hz]로 설정되어 있다. 고주파 해석을 위해서는 이 값을 1[MHz] 또는 그 이상의 값으로 설정할 수 있다.

11. 시뮬레이션 실행 후 결과고찰

ANSYS 인터페이스를 사용하여 시뮬레이션을 수행하거나, 전류부하를 할당한 매크로를 사용하여 자기장 해석을 실행하여 인덕턴스와 저항값을 계산한다. 시뮬레이션이 끝나고 나면, 결과를 검토한다. ANSYS에서는 *STAT 명령을 사용하여 결과를 표시할 수 있다. 때로는 음의 상호인덕턴스값을 얻을 수 있다. 음의 값도 타당하며, 이는 경로 내를 흐르는 전류가 반대 방향으로 흐른다는 것을 의미한다.

8.1.1.3 표피효과

표피전류는 교류전류 스스로가 도전체 내에서 분산되려는 경향으로서, 이로 인하여 도전체의 표면 근처 전류밀도가 중심 영역보다 더 높아지게 된다. 즉, 전류는 도전체의 표피를 따라서 흐르는 경향이 있다. **표피효과**로 인하여 전류의 주파수에 비례하여 도전체의 유효저항값이 증가하게 된다. 교류전류가 **와동전류**[4]를 생성하기 때문에 표피효과가 발생한다. 표피효과는 무선주파수와 마이크로파 회로를 설계하는 과정에서 초래되는 현실적인 결과물이며, 교류전력 송전과 분배 시스템에서도 어느 정도 발생한다. 또한 방전튜브회로를 설계하는 경우에는 매우 중요하다.

만일 고주파에 대하여 해석하는 경우에는 메쉬를 나누기 전에 도전체의 표피 깊이를 고려해야만 한다. 표피효과를 제대로 모델링하기 위해서는 최대요소간격이 표피깊이의 절반 이하가 되어야 한다.

$$\delta = \sqrt{\frac{\rho}{\pi f \mu}} \tag{8.8}$$

여기서 δ[m]는 표피의 깊이, ρ[Ωm]는 저항률, f[Hz]는 주파수 그리고 μ[H/m]는 투자율

---

4   eddy current.

이다. 투자율 $\mu = \mu_0 \times \mu_r$로서, $\mu_0 = 4\pi \times 10^{-7}[N/A^2]$는 진공 중 투자율이며, μ_r은 비투자율이다.

8.1.1.4 스펙트레 네트리스트의 생성

스펙트레 네트리스트[5]**와 케이던스 심벌**[6]을 포함하는 SPICE 모델을 만들기 위해서 구해진 저항, 인덕턴스 및 커패시턴스값이 사용된다.

도전체를 모델링할 때에는 두 가지 공통구조가 사용된다. 이들은 각각 LCL과 CLC라고 부른다. CLC 구조의 네트리스트 총 구성요소 수가 더 작기 때문에, 여기서는 CLC 구조를 사용한다. 그림 8.9에서는 CLC 회로를 보여주고 있다. 그리고 그림 8.10에서는 LCL 회로를 보여주고 있다.

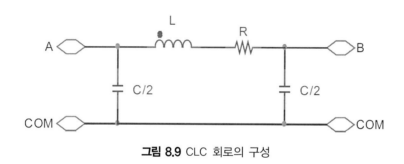

그림 8.9 CLC 회로의 구성

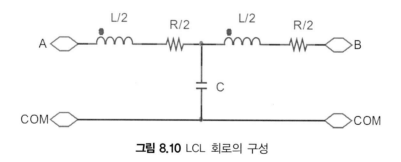

그림 8.10 LCL 회로의 구성

---

5   Spectre netlist.

6   Cadence symbol.

고주파 모델링의 경우에는 도전체를 다수의 CLC 요소들로 분할할 수 있으며, 그림 8.11에서는 두 개의 CLC 요소들을 사용한 도전체 모델을 보여주고 있다. 때로는 요소들이 동일한 값을 가지며, 때로는 도전체의 특성 임피던스가 신호의 전파속도에 따라서 변한다.

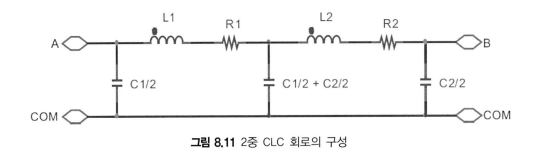

그림 8.11 2중 CLC 회로의 구성

8.1.2 커패시턴스값 추출방법

커패시터는 전하를 저장하는 디바이스이다. 커패시터는 일반적으로 **유전체**[7]라고 알려져 있는 절연물질에 의해서 분리되어 있는 두 개의 판으로 구성된다. 커패시턴스는 커패시터가 저장할 수 있는 전하의 양을 표시하는 척도이다. 커패시턴스값은 커패시터의 기하학적 형상과 두 판 사이를 채우고 있는 절연체의 유형에 의해서 결정된다. 거리 d만큼이 유전율이 k인 절연체로 충진되어 있는 면적이 A인 두 개의 판으로 이루어진 평행판 커패시터의 커패시턴스값은 $C = k\varepsilon_0 A/d$이며, 여기서 ε_0는 진공 중에서의 비유전율이다.

8.1.2.1 접지 커패시턴스와 집중 커패시턴스

유한요소해석을 사용하면 (접지전압으로의) 도전체 전압강하가 수반되는 도전체 **전하충진**과 관련된 접지 커패시턴스 행렬을 즉시 계산하여 구할 수 있다. **접지 커패시턴스**와 **집중 커패시턴스**를 설명하기 위해서 그림 8.12에 도시되어 있는 세 개(하나는 접지)의 도전체를 사용하는 시스템이 사용된다. 다음의 두 방정식들을 통해서 각 전극에서의 전압 강하량 U_1 및 U_2에 의해서 전극 1 및 전극 2에 충전되는 전하량인 Q_1과 Q_2를 구할 수 있다.

---

7   dielectric.

$$Q_1 = (C_g)_{11}(U_1) + (C_g)_{12}(U_2) \qquad\qquad (8.9)$$
$$Q_2 = (C_g)_{12}(U_1) + (C_g)_{22}(U_2)$$

여기서 C_g는 접지커패시턴스를 나타낸다.

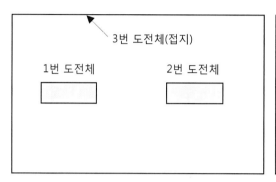 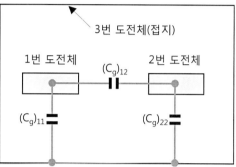

그림 8.12 3개의 도전체로 이루어진 시스템

ANSYS의 매크로 명령인 CMATRIX를 사용하면 접지 커패시턴스 행렬식을 집중 커패시턴스 행렬식으로 변환시킬 수 있으며, 이는 전형적으로 SPICE와 같은 회로 시뮬레이터에서 사용된다. 도전체들 사이의 집중 커패시턴스는 다음에서 설명되어 있다. 전압강하가 발생하는 충전에 대해서는 다음의 두 방정식들을 사용하여 나타낼 수 있다.

$$Q_1 = (C_\ell)_{11}(U_1) + (C_\ell)_{12}(U_1 - U_2) \qquad\qquad (8.10)$$
$$Q_2 = (C_\ell)_{12}(U_1 - U_2) + (C_\ell)_{22}(U_2)$$

여기서 C_ℓ은 집중 커패시턴스 행렬식을 타나낸다.

8.1.2.2 시뮬레이션 순서

WLCSP의 커패시턴스값을 구하기 위해서 **정전해석방법**인 **h−법**을 사용한다. 해석과정에서는 CMATRIX 명령을 사용하여 집중 커패시턴스 행렬식을 구한다. 이 절에서는 MKS 단위계가 사용되었다(커패시턴스는[pF], 길이는 $[\mu\text{m}]$). 여기서 CAD 설계된 형상의 구조치수는 매우 정확해야만 한다. CAD 도면에 미소한 치수오차도 발생하지 않도록 도면검도를 수행한다. 패키지 시스템 내의 모든 구성요소는 초기결함 없이 완벽한 연결을 이루고 있어야만 한다. 그리고 모든 소재의 비유전율값인 유전율상수 k가 필요하다. 다음과 같은 3차원 요소들이 사용된다. Solid122 : 3차원 20노드 정전 솔리드요소, Solid123 : 3차원 10노드 사면체 정전솔리드 요소, Infin111 : 3차원 무한경계요소.

1. 요소의 유형 정의
2. 전자기 단위를 [μm]과 [pF]으로 선정
3. 소재특성 데이터 선정
4. 솔리드모델 생성/패키지로부터 불러오기

   그림 8.13에는 3차원 모델이 도시되어 있다. 이 그림에서 자기커패시턴스는 C_{ii}이며, 상호커패시턴스는 $C_{i,i+1}$ 및 $C_{i,i+2}$이다.

그림 8.13 WLCSP의 3차원 땜납범프 모델

5. 시험용 보드 생성

   그림 8.14와 그림 8.15에는 WLCSP 범프 어레이와 두께가 152[μm]인 패키지 전기시험용 보드(JEDEC EIA/JEP 126)가 각각 도시되어 있다.

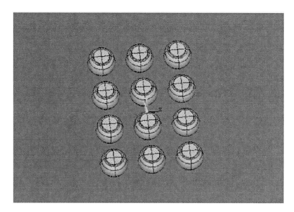

그림 8.14 3 × 4 WLCSP의 범프들

그림 8.15 두께 152[μm]인 시험용 보드(JEDEC EIA/JEP 126)

6. 도전체와 절연체 주변에 공기체적 추가

　　공기체적의 길이, 폭 그리고 높이는 패키지의 길이, 폭 및 높이보다 3~5배 더 커야만 한다(그림 8.16 참조).

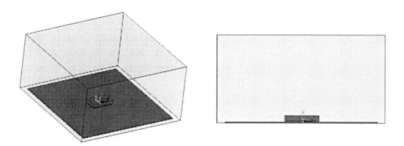

그림 8.16 패키지의 도전체와 절연체 주위에 공기체적 추가

7. 마이터체적을 사용하여 공기체적의 외부에 무한경계 추가

무한경계의 외부치수는 공기체적에 비해서 두 배 더 커야만 한다(그림 8.17).

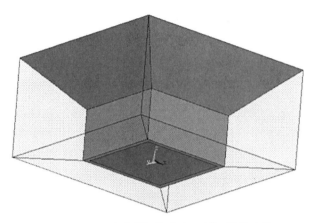

그림 8.17 공기체적을 둘러싸고 있는 무한경계

8. 메쉬 생성

무한경계를 제외한 모든 체적에 대하여 자유 사면체 메쉬를 사용하며(그림 8.18), 무한경계에 대해서는 6면체나 쐐기형상의 **스윕메쉬**를 사용한다(그림 8.19). 도전체에 대해서는 메쉬를 나눌 필요가 없다. 하지만 도전체에 대해서 메쉬를 나누면 요소를 정의하기가 쉬워지기 때문에 일반적으로 메쉬를 나누어놓는다. 무한경계의 경우에는 단 하나의 요소층만이 사용된다.

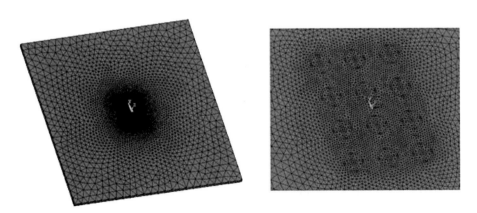

그림 8.18 커패시터 모델을 위한 시험용 보드와 범프 메쉬

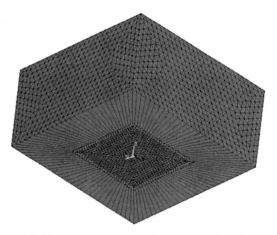

그림 8.19 커패시턴스값을 구하기 위한 무한경계 메쉬

9. 도전체로부터 구성요소 생성

　도전체 체적과 관련된 모든 요소를 선정하며, ANSYS의 EXT(외부)옵션을 사용하여 요소들과 관련된 노드들을 선정한다. 'cond1'이라는 NODE옵션을 사용하여 컴포넌트를 생성한다. 각 범프들에 대해서 이를 반복하며 그림 8.20에 도시된 것처럼, 'cond' 뒤에 패키지 핀 번호를 붙여 각 컴포넌트들의 이름을 부여한다.

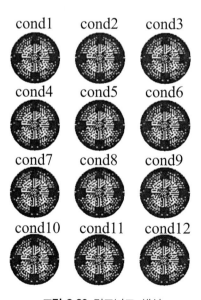

그림 8.20 컴포넌트 생성

접지평면의 경우 프린트회로기판의 바닥표면 영역과 접하고 있는 노드들을 선정하며, 이 노드들을 사용하여 범프의 외부노드들로 이루어진 컴포넌트를 생성한다. 그림 8.21에 도시되어 있는 것처럼, 이 컴포넌트에 가장 큰 번호값을 부여해야만 한다(예를 들어, 핀으로 지정된 컴포넌트들이 12개라면 'cond13'이 부여된다). 하지만 범프가 허공에 떠 있는 경우라면 범프의 외부노드들을 접지로 지정할 수 없다.

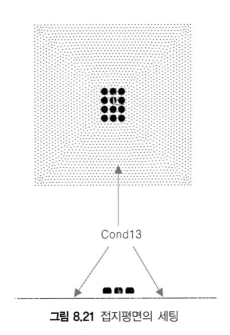

Cond13

그림 8.21 접지평면의 세팅

10. 다섯 개의 외부 영역(여섯 번째 외부 영역은 접지평면임)에 무한표면 경계조건 적용

그림 8.22에서는 다섯 개의 외부 표면에 대한 경계 배치를 보여주고 있다.

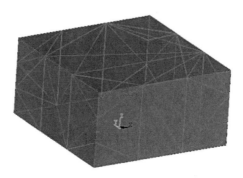

그림 8.22 무한표면 경계조건

11. 해석실행 후 결과검토

ANSYS에서는 다음의 명령을 사용하여 해석을 실행한다.

cmatrix,symfac,'condname',numcond,grndkey

symfac : geometric symmetry factor. Defaults to 1.0

Condname : conductor name

Grndkey = 0 if ground is one of the components or 1 if ground is at infinity

Numcond : total number of components.

예를 들어,

/SOLU

CMATRIX,1,'cond',9,0

해석 결과는 ANSYS 작업 디렉토리에 cmatrix.txt라는 파일명을 가지고 저장되며 커패시턴스 행렬은 "접지"와 "집중"의 두 가지 형식을 갖는다.

12. 팬인 3×4 WLCSP에 대한 RLC값 추출

팬인 3×4 WLCSP의 기하학적 크기는 표 8.1과 그림 8.23에 제시되어 있다. WLCSP의 소재특성은 표 8.2에 제시되어 있다. 10[MHz] 미만의 주파수에 대한 범프들의 저항, 인덕턴스 및 커패시턴스값은 표 8.3에 제시되어 있다. 상호인덕턴스와 상호커패시턴스값들은 표 8.4와 표 8.5에 각각 제시되어 있다.

표 8.1 3×4 WLCSP의 형상

WLCSP	피치	칩 크기	PI비아 직경	AL패드 직경	UBM 직경	SiN 직경	PCB패드 직경
3×4	0.4[mm]	1.2×1.6[mm]	170[μm]	225[μm]	205[μm]	215[μm]	200[μm]
WLCSP	UBM 두께	SiN부동층 두께	Al패드 두께	PI 두께	PI비아 측벽각도	납땜 조인트 직경	납땜 조인트 높이(H1+H2)
3×4	2.75[μm]	1.45[μm]	2.7[μm]	10[μm]	60[deg]	289.55[μm]	206.93[μm]

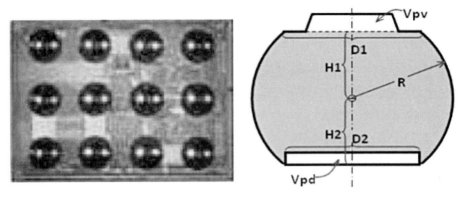

그림 8.23 팬인 3 × 4 WLCSP의 범프형상 정의

표 8.2 3 × 4 WLCSP의 소재특성

소재	땜납볼	공기	무한경계	프린트회로기판
소재유형	SAC396	–	–	FR4
저항률[Ω·m]	12.5×10^{-8}	–	–	–
투자율	1	1	1	4.2

표 8.3 10[MHz] 미만의 주파수에서 범프의 저항, 인덕턴스 및 커패시턴스값

핀 번호	저항[mΩ]	Lii[nH]	Cii[pF]
1	0.6	0.032	0.037
2	0.6	0.032	0.034
3	0.6	0.032	0.037
4	0.6	0.032	0.034
5	0.6	0.032	0.030
6	0.6	0.032	0.034
7	0.6	0.032	0.034
8	0.6	0.032	0.030
9	0.6	0.032	0.034
10	0.6	0.032	0.037
11	0.6	0.032	0.034
12	0.6	0.032	0.037

표 8.4 10[MHz] 미만의 주파수에서 범프의 상호인덕턴스값

핀# i	핀# j	Lij nH	Kij −	핀# i	핀# j	Lij nH	Kij −	핀# i	핀# j	Lij nH	Kij −
1	2	0.009	0.29	1	3	0.005	0.15	5	7	0.006	0.20
2	3	0.009	0.29	1	5	0.006	0.20	5	8	0.009	0.29
3	4	0.009	0.29	1	6	0.009	0.29	5	9	0.006	0.20
4	5	0.009	0.29	1	7	0.005	0.15	5	11	0.005	0.15
5	6	0.009	0.29	2	4	0.006	0.20	6	8	0.006	0.20
6	7	0.009	0.29	2	5	0.009	0.29	6	12	0.005	0.15
7	8	0.009	0.29	2	6	0.006	0.20	7	9	0.005	0.15
8	9	0.009	0.29	2	8	0.005	0.15	7	11	0.006	0.20
9	10	0.009	0.29	3	5	0.006	0.20	7	12	0.009	0.29
10	11	0.009	0.29	3	9	0.005	0.15	8	10	0.006	0.20
11	12	0.009	0.29	4	6	0.005	0.15	8	11	0.009	0.29
				4	8	0.006	0.20	8	12	0.006	0.20
				4	9	0.009	0.29	9	11	0.006	0.20
				4	10	0.005	0.15	10	12	0.005	0.15

표 8.5 범프의 상호커패시턴스값

핀# i	핀# j	Cij pF	핀# i	핀# j	Cij pF
1	2	0.004	5	8	0.004
1	6	0.004	6	7	0.004
2	3	0.004	7	8	0.004
2	5	0.004	7	12	0.004
3	4	0.004	8	9	0.004
4	5	0.004	8	11	0.004
4	9	0.004	9	10	0.004
5	6	0.004	10	11	0.004
			11	12	0.004

8.2 칩스케일 패키지의 팬아웃 모델에 대한 전기적 시뮬레이션

8.2.1 MCSP의 소개

    그림 8.24에서는 **금 상호연결**(GGI)을 사용하여 기판에 부착된 미세피치 플립칩 다이, 재분배층(RDL)과 비아를 위해서 구리소재 트레이스를 사용하는 프린트회로기판, 플립칩을 밀봉하기 위해서 에폭시 몰딩화합물을 사용하는 몰딩덮개 그리고 몰딩된 플립칩 패키지를 외부로 연결시키기 위한 땜납범프와 프린트회로기판 등을 포함하는 **몰딩된 플립칩 패키지**(MFCP) 또는 **몰딩된 칩스케일 패키지**(MCSP)의 구조를 보여주고 있다. 웨이퍼레벨에서의 몰딩된 칩스케일 패키지를 제작하기 위해서는, 실리콘관통비아와 금속소재 재분배층을 갖춘 실리콘 웨이퍼로 기판을 제작하여야 한다. 금 상호연결 공정을 사용하여 다이를 부착하고 나면, 웨이퍼레벨 몰딩이 수행된다. 최종적으로 다이싱과 같은 웨이퍼 절단공정을 통해서 MCSP를 얻을 수 있다. MCSP는 팬아웃 방식의 칩스케일 패키지이다. MCSP의 범프피치와 크기는 칩을 뒤집은 다음에 작은 금소재 범프를 사용하여 부착한 다이보다 훨씬 더 크다. 이 절에서는 두 가지 유형의 MCSP에 대해서 살펴보기로 한다. 하나는 재분배층을 갖춘 기판 위에 뒤집은 다이를 금 상호연결 공정을 통해서 부착하는 방식을 사용한다. 다른 하나는 와이어본딩공정을 사용하며, 이를 통해서 미세피치 다이와 기판의 재분배층을 와이어로 연결한다. 이들에 대한 비교를 통해서 금 상호연결과 와이어본딩 기술이 얼마나 큰 차이를 가지고 있는지를 알 수 있다.

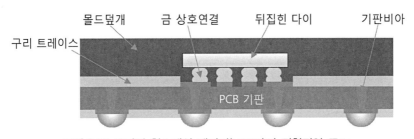

그림 8.24 몰딩된 칩스케일 패키지(MCSP)의 전형적인 구조

8.2.2 GGI 공정을 사용한 40핀 MCSP의 RLC 시뮬레이션

    그림 8.25에서는 40개의 핀을 갖춘 몰딩된 칩스케일 패키지(MCSP)의 평면도, 측면도 및 뒷

면도와 패키지의 기하학적인 형상을 보여주고 있다. 그림 8.26과 표 8.6에서는 핀 배치도, 재분배층 그리고 금 상호연결을 위한 MCSP 핀에 해당하는 신호핀들을 보여주고 있다.

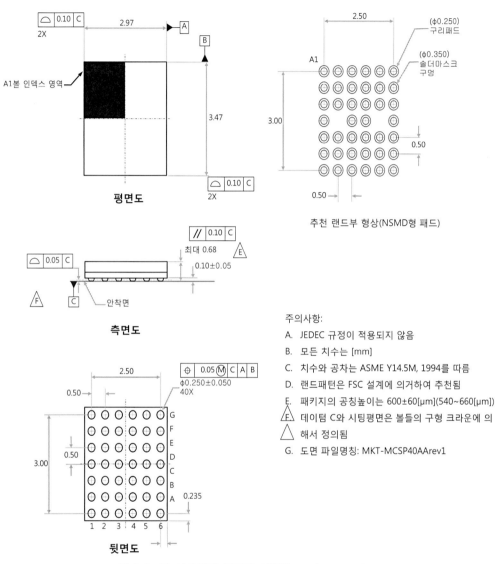

주의사항:
A. JEDEC 규정이 적용되지 않음
B. 모든 치수는 [mm]
C. 치수와 공차는 ASME Y14.5M, 1994를 따름
D. 랜드패턴은 FSC 설계에 의거하여 추천됨
E. 패키지의 공칭높이는 600±60[µm](540~660[µm])
F. 데이텀 C와 시팅평면은 볼들의 구형 크라운에 의해서 정의됨
G. 도면 파일명칭: MKT-MCSP40AArev1

그림 8.25 금 상호연결 공정을 사용한 40핀 MCSP의 구조

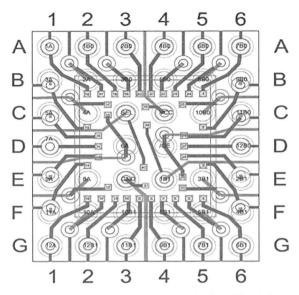

그림 8.26 금 상호연결 MCSP의 핀과 재분배층 배치도

표 8.6 다이와 패키지 사이의 40핀 MCSP에 대한 핀 배치도

다이핀	신호	패키지핀	다이핀	신호	패키지핀	다이핀	신호	패키지핀
1	7B0	A6	16	1A	A1	31	GND	E3
2	9B0	B6	17	2A	B2	32	8A	E2
3	4B1	F6	18	1B0	A2	33	9A	E1
4	6B1	G6	19	3B0	B3	34	7A	D1
5	5B1	F5	20	2B0	A3	35	5A	C1
6	7B1	G5	21	4B0	A4	36	6A	D3
7	8B1	F4	22	5B0	B4	37	4A	C2
8	9B1	G4	23	6B0	A5	38	VCC	C4
9	11B1	G3	24	8B0	B5	39	1B1	E4
10	10B1	F3	25	10B0	C5	40	SEL	C3
11	12B1	G2	26	11B0	C6			
12	10A	F2	27	12B0	D6			
13	12A	G1	28	2B1	E6			
14	11A	F1	29	/OE	D4			
15	3A	B1	30	3B1	E5			

그림 8.27에서는 저항과 인덕턴스 모델을 보여주고 있다. 그림 8.27(a)에서는 MCSP의 40개의 범프들을 포함하는 공기체적을 보여주고 있다. 그림 8.27(b)에서는 미소피치 WLCSP 다이

와 40개의 팬아웃 핀들을 서로 연결하는 재분배층을 보여주고 있다. 그림 8.27(c)에서는 공기체적과 무한경계의 일부분을 보여주고 있다. 표 8.7에서는 40핀 MCSP를 구성하는 전기소재들의 물성치인 저항과 투자율을 제시하고 있다.

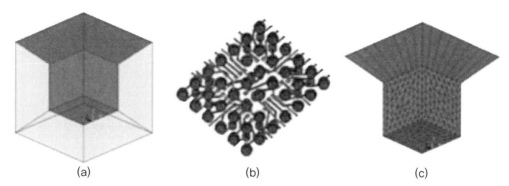

| (a) | (b) | (c) |

그림 8.27 40핀 MCSP의 저항과 인덕턴스값을 구하기 위한 유한요소모델. (a) 공기와 무한체적, (b) 재분배층과 40핀들, (c) 부분메쉬

표 8.7 소재의 전기특성

소재	구리	금	땜납볼	공기	무한경계
소재의 유형	-	금소재 범프	SAC305	-	-
저항[$\Omega \cdot m$]	1.73×10^{-8}	3.02×10^{-8}	1.3×10^{-7}	-	-
투자율	1	1	1	1	1

그림 8.28(a), (b)에서는 금 상호연결을 사용하는 40핀 MCSP의 저항과 인덕턴스값을 시뮬레이션하기 위한 전기적 경계조건을 보여주고 있다. 여기서, 금 상호연결의 상부표면에는 0[V]가 부가된다. 1번 핀에서 40번 핀까지의 바닥 노드들은 CP1~CP40과 서로 연결되어 있으며, 상호연결된 세트들에는 각각 전류부하가 공급된다. 표 8.8에서는 40개의 핀들 모두의 기생저항과 인덕턴스가 제시되어 있다. 표 8.9에서는 금 상호연결을 사용하는 MCSP의 40개의 핀들 모두에 대한 상호인덕턴스와 커플링계수 K_{ij}가 제시되어 있다.

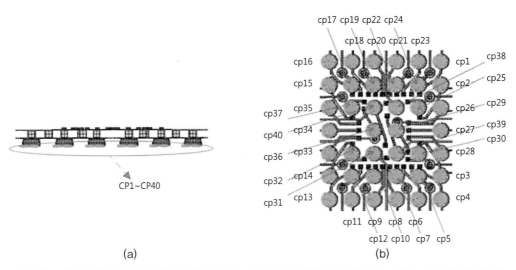

<table>
<tr><td>cp17 cp19 cp22 cp24</td></tr>
</table>

(a)   (b)

그림 8.28 저항과 인덕턴스값을 구하기 위한 40핀 MCSP의 전기적 경계조건. (a) 1번핀~40번핀의 커플링,
(b) 커플링된 40개 핀들의 뒷면도

표 8.8 금 상호연결 40핀 MCSP의 기생저항과 기생인덕턴스값

핀#	저항	Lij		핀#	저항	Lij		핀#	저항	Lij
	mΩ	nH			mΩ	nH			mΩ	nH
1	17.5	0.623		16	17.5	0.623		31	3.7	0.170
2	16.9	0.595		17	13.5	0.351		32	10.3	0.299
3	16.9	0.594		18	15.0	0.551		33	13.1	0.509
4	17.8	0.630		19	12.2	0.308		34	10.7	0.422
5	13.5	0.351		20	13.6	0.501		35	13.0	0.509
6	15.0	0.551		21	13.6	0.500		36	9.8	0.408
7	11.5	0.293		22	12.2	0.307		37	9.8	0.298
8	13.6	0.501		23	15.0	0.551		38	3.6	0.164
9	13.6	0.500		24	13.5	0.355		39	11.9	0.579
10	11.5	0.294		25	9.8	0.301		40	11.8	0.577
11	15.0	0.552		26	14.4	0.588				
12	13.5	0.354		27	12.1	0.500				
13	17.8	0.629		28	14.4	0.589				
14	16.9	0.594		29	9.8	0.408				
15	16.9	0.595		30	9.9	0.298				

표 8.9 금 상호연결 40핀 MCSP의 상호인덕턴스값

핀#	핀#	Lij	Kij	핀#	핀#	Lij	Kij	핀#	핀#	Lij	Kij
i	j	nH	–	i	j	nH	–	i	j	nH	–
1	2	0.126	0.21	5	7	0.030	0.09	12	32	0.026	0.08
1	24	0.086	0.18	5	30	0.026	0.08	13	14	0.128	0.21
1	25	0.025	0.06	6	7	0.064	0.16	13	32	0.026	0.06
2	24	0.043	0.09	7	8	0.079	0.21	14	32	0.024	0.06
2	25	0.023	0.05	7	31	0.007	0.03	14	33	0.177	0.32
2	26	0.185	0.31	8	9	0.163	0.32	15	16	0.126	0.21
2	29	0.017	0.03	8	31	-0.002	-0.01	15	17	0.043	0.09
3	4	0.128	0.21	9	10	0.079	0.21	15	35	0.177	0.32
3	5	0.043	0.09	9	31	0.005	0.02	15	37	0.022	0.05
3	28	0.186	0.31	10	11	0.064	0.16	15	40	0.045	0.08
3	30	0.023	0.05	10	12	0.030	0.09	16	17	0.086	0.18
3	39	0.046	0.08	10	31	0.010	0.04	16	37	0.025	0.06
4	5	0.084	0.18	11	12	0.128	0.29	17	18	0.128	0.29
4	30	0.026	0.06	12	13	0.083	0.18	17	19	0.031	0.09
5	6	0.128	0.29	12	14	0.043	0.09				

핀#	핀#	Lij	Kij	핀#	핀#	Lij	Kij	핀#	핀#	Lij	Kij
i	j	nH	–	i	j	nH	–	i	j	nH	–
17	37	0.026	0.08	26	27	0.200	0.37	32	33	0.031	0.08
18	19	0.066	0.16	26	29	-0.003	-0.01	33	34	0.159	0.34
19	20	0.078	0.20	27	28	0.200	0.37	33	36	0.002	0.01
19	38	0.007	0.03	27	29	-0.018	-0.04	34	35	0.159	0.34
20	21	0.163	0.32	27	39	0.024	0.04	34	36	-0.011	-0.03
20	38	-0.002	-0.01	28	29	-0.035	-0.07	34	40	0.020	0.04
21	22	0.078	0.20	28	30	0.034	0.08	35	37	0.031	0.08
21	38	0.005	0.02	28	39	0.039	0.07	35	40	0.035	0.06
22	23	0.066	0.16	29	30	0.007	0.02	36	37	0.007	0.02
22	24	0.031	0.09	29	38	0.007	0.03	36	40	-0.109	-0.22
22	38	0.010	0.04	29	39	-0.106	-0.22	37	40	0.014	0.03
23	24	0.128	0.29	30	39	0.014	0.03	38	40	-0.003	-0.01
24	25	0.026	0.08	31	32	0.025	0.11	39	40	-0.179	-0.31
25	26	0.034	0.08	31	36	0.007	0.03				
25	38	0.025	0.11	31	39	-0.003	-0.01				

그림 8.29에서는 40핀 MCSP의 커패시턴스 시뮬레이션을 위한 유한요소모델을 보여주고 있다. 그림 8.30에서는 cond1~cond41까지의 컴포넌트들을 보여주고 있다. 여기서, cond1~cond40은 1번 핀~40번 핀의 외부표면 노드들을 나타내며, cond41은 시험용 보드의 바닥표면을 나타낸다(표 8.10).

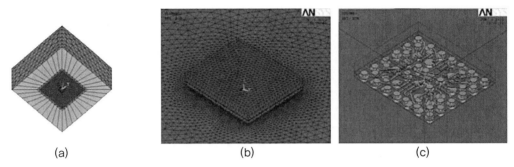

(a)   (b)   (c)

그림 8.29 커패시턴스 시뮬레이션을 위한 40핀 MCSP의 유한요소모델. (a) 공기와 무한체적의 메쉬, (b) 40핀 MCSP, (c) 재분배층과 범프들

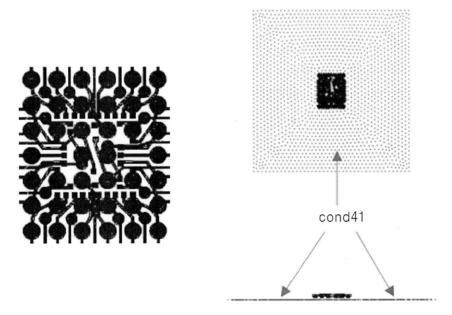

그림 8.30 cond1~cond40(1번 핀~40번 핀) 컴포넌트들과 cond41

표 8.10 커패시턴스 시뮬레이션에 사용된 소재의 전기특성

소재	도전체	EMC	BT 코어	땜납마스크	FR4	공기	무한경계
비유전율	1	3.5	4.7	4.3	4.2	1	1
유형	–	CEL9700ZHF10 (V80,c30)	MCLE-679FG	AUS320	–	–	–

표 8.11에서는 금 상호연결로 이루어진 몰딩된 칩스케일 패키지의 40개의 핀들 모두에 대한 기생 자기커패시턴스를 제시하고 있다. 표 8.12에서는 이 패키지의 40개의 핀들 사이의 상호 커패시턴스를 제시하고 있다.

표 8.11 금 상호연결로 이루어진 몰딩된 칩스케일 패키지의 40개의 범프들의 기생 자기커패시턴스

pin#	Cii	pin#	Cii	pin#	Cii
	pF		pF		pF
1	0.054	16	0.054	31	0.047
2	0.047	17	0.046	32	0.049
3	0.047	18	0.044	33	0.048
4	0.053	19	0.047	34	0.047
5	0.047	20	0.044	35	0.047
6	0.046	21	0.044	36	0.051
7	0.045	22	0.045	37	0.046
8	0.044	23	0.046	38	0.047
9	0.044	24	0.046	39	0.051
10	0.046	25	0.048	40	0.050
11	0.047	26	0.046		
12	0.046	27	0.045		
13	0.053	28	0.046		
14	0.048	29	0.051		
15	0.046	30	0.045		

표 8.12 금 상호연결로 이루어진 몰딩된 칩스케일 패키지의 40개의 범프들의 기생 상호커패시턴스

pin#	pin#	Cii	pin#	pin#	Cii	pin#	pin#	Cii
i	j	pF	i	j	pF	i	j	pF
1	2	0.028	5	7	0.012	12	32	0.022
1	24	0.074	5	30	0.023	13	14	0.031
1	25	0.022	6	7	0.057	13	32	0.023
2	24	0.011	7	8	0.062	14	32	0.064
2	25	0.064	7	31	0.013	14	33	0.046
2	26	0.045	8	9	0.026	15	16	0.028
2	29	0.010	8	31	0.036	15	17	0.011
3	4	0.031	9	10	0.063	15	35	0.045
3	5	0.011	9	31	0.037	15	37	0.061
3	28	0.045	10	11	0.058	15	40	0.013
3	30	0.062	10	12	0.012	16	17	0.074
3	39	0.013	10	31	0.021	16	37	0.022
4	5	0.070	11	12	0.068	17	18	0.066
4	30	0.023	12	13	0.071	17	19	0.015
5	6	0.067	12	14	0.011			

pin#	pin#	Cii	pin#	pin#	Cii	pin#	pin#	Cii
i	j	pF	i	j	pF	i	j	pF
17	37	0.023	26	27	0.037	32	33	0.026
18	19	0.066	26	29	0.054	33	34	0.034
19	20	0.058	27	28	0.038	33	36	0.044
19	38	0.013	27	29	0.029	34	35	0.035
20	21	0.026	27	39	0.019	34	36	0.028
20	38	0.036	28	29	0.015	34	40	0.019
21	22	0.058	28	30	0.024	35	37	0.025
21	38	0.037	28	39	0.038	35	40	0.037
22	23	0.066	29	30	0.013	36	37	0.014
22	24	0.015	29	38	0.020	36	40	0.063
22	38	0.021	29	39	0.061	37	40	0.021
23	24	0.066	30	39	0.021	38	40	0.015
24	25	0.023	31	32	0.014	39	40	0.029
25	26	0.026	31	36	0.019			
25	38	0.014	31	39	0.016			

8.2.3 와이어본딩된 MCSP와 GGI형 MCSP의 전기적 성능비교

그림 8.31에서는 와이어본딩방식으로 제작되는 40핀 몰딩된 칩스케일 패키지(MCSP)의 핀 배치도와 와이어본딩 도표를 보여주고 있다. 다이 신호부에서 재분배층과 패키지 핀으로의 연결을 위해서 금 상호연결 대신에 와이어본딩공정이 적용되었다. 그림 8.32에서는 와이어본 딩방식의 MCSP의 상호연결 구조를 보여주고 있다. 와이어본딩공정을 사용하는 MCSP의 장점은 MCSP의 제조비용이 절감된다는 점이다. 그런데 와이어본딩방식 MCSP의 기생전기성능은 금 상호연결방식 MCSP에 비해서 단연코 떨어진다. 그림 8.33에서는 금 상호연결방식 MCSP와 와이어본딩방식 MCSP의 기생전기저항을 비교하여 보여주고 있다. 그림 8.34에서는 금 상호연결방식 MCSP와 와이어본딩방식 MCSP의 기생전기인덕턴스를 비교하여 보여주고 있다. 그림 8.33과 그림 8.34에 따르면 금 상호연결방식 MCSP의 기생전기저항과 기생인덕턴스는 와이어본딩방식 MCSP에 비해서 훨씬 작다는 것을 알 수 있다.

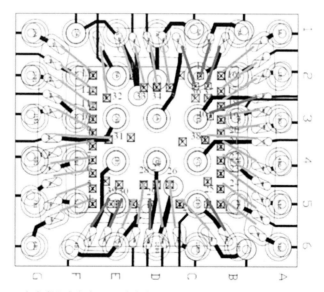

그림 8.31 와이어본딩방식으로 제작된 40핀 MCSP의 핀 배치도와 재분배층 구조

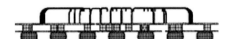

그림 8.32 와이어본딩방식으로 제작된 40핀 MCSP의 상호연결구조

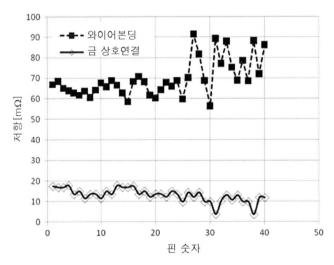

그림 8.33 금 상호연결방식과 와이어본딩방식으로 제작된 40핀 MCSP(1[MHz])의 기생저항

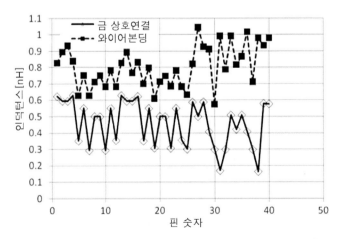

그림 8.34 금 상호연결방식과 와이어본딩방식으로 제작된 40핀 MCSP(1[MHz])의 기생인덕턴스

8.3 0.18[μm] 웨이퍼레벨 기술을 위한 일렉트로마이그레이션의 예측과 시험

이 절에서는 0.18[μm] 전력기술을 위한 웨이퍼레벨 상호연결 구조의 일렉트로마이그레이션에 대한 예측과 시험에 대해서 살펴보기로 한다. 여기서 살펴보는 일렉트로마이그레이션에 의해서 유발되는 파손의 원인에는 **전자풍력**,[8] 응력구배, 온도구배뿐만 아니라 원자밀도구배 등이 포함된다. **화학적 기계연마**(CMP)와 비화학적 기계연마가 시행된 전력용 디바이스의 일렉트로마이그레이션의 예측과 시험에 대한 고찰이 수행되었다. 다양한 확산방지막의 두께에 따른 영향을 살펴보았다. 본 연구를 통해서 예측된 일렉트로마이그레이션 **평균파손시간**(MTTF)은 0.18[μm] 전력기술에 대한 실험데이터와 잘 일치하였다.

8.3.1 서 언

일렉트로마이그레이션(EM)은 고밀도 전류가 흐를 때에 금속구조 내에서 발생하는 질량이동현상이다. 이로 인하여 전력용 집적회로 내의 금속 상호연결부위에 점진적인 손상이 유발될 수 있다. 일반적으로 전류부하에 의해서 음극 근처에 기공이 생성되며, 양극 근처에는 돌기가 생성된다는 것은 음극에서 양극으로 질량이 확산된다는 것을 의미한다.

일렉트로마이그레이션에 대한 전산모델을 개발하기 위하여 많은 연구가 수행되었다[1~3]. 마이그레이션을 일으키는 원동력계는 **전자풍력에 의해서 유발되는 마이그레이션**(EWM), **온도구배에 의해서 유발되는 마이그레이션**(TM) 그리고 **응력구배에 의해서 유발되는 마이그레이션**(SM) 등이 포함된다. 탄 등[4, 5]에 따르면, 전통적인 **원자유량확산**(AFD)공식은 매우 얇은 박막구조 내에서의 기공생성을 예측하는 데에서는 정확하지 않다. 그러므로 이들은 수정된 원자유량발산공식을 제안하였다. 실제의 경우, 원자질량이동은 서로 다른 위치에서 공동을 생성할 수 있는 상호작용을 하는 추진력들의 조합에 의해서 유발된다. 이런 추진력들은 전류 나르개들의 운동량교환(전자풍력), 온도구배, 기계적 응력구배 그리고 원자밀도구배(더 일반적으로 말하면 화학적 전위) 등과 같은 다양한 물리적 현상들에 의해서

---

8   electron wind force.

유발된다[6]. 그런데 **원자밀도구배**(ADG)를 무시하는 전통적인 **원자유량발산법**은 모델링 과정에서 큰 오차가 초래된다[7]. 이 절에서는 우선 원자밀도구배를 고려한 일렉트로마이그레이션 예측방법에 대해서 살펴보기로 한다. 그런 다음, 다양한 **표준 웨이퍼레벨 일렉트로마이그레이션 가속시험**(SWEAT)구조를 사용하여 $0.18[\mu m]$ 전력용 기술에 대해서 파손모드와 파손시간을 구하기 위한 웨이퍼레벨 일렉트로마이그레이션 시험이 수행되었다. 구체적인 일렉트로마이그레이션 시험은 다음과 같이 구성되어 있다. 기계적인 응력과 확산방지막의 두께, 그리고 열팽창계수의 불일치가 $0.18[\mu m]$ 전력용 집적회로에 미치는 영향을 고찰하기 위해서 서로 다른 형태의 산화물/TEOX 위에 서로 다른 두께의 TiN/Ti 확산방지막을 사용하는 AlSiCu 배선을 제작하였다. JEDEC 표준스트레스시험방법[12]을 사용하여 SWEAT 구조에 대하여 일렉트로마이그레이션 시험을 수행하였다. 마지막으로, 일렉트로마이그레이션 데이터를 예측된 일렉트로마이그레이션 평균파손시간과 비교하였다. 이 연구를 통해서 $0.18[\mu m]$ 웨이퍼레벨 전력용 상호연결의 일렉트로마이그레이션에 대하여 더 많이 알게 되었다.

8.3.2 일렉트로마이그레이션 모델의 구축

일렉트로마이그레이션은 상호연결 구조 내에서 발생하는 **질량이동현상**이다. 공급된 전류에 의해서 유발되는 국부원자밀도에 대한 시간의존성 진행방정식은 질량평형(연속)방정식으로 나타낼 수 있다.

$$\nabla \cdot q + \frac{\partial c}{\partial t} = 0 \tag{8.11}$$

여기서 c는 정규화된 원자밀도로서 $c = N/N_0$이고, N은 실제 원자밀도이며, N_0는 응력장이 없는 초기(평형상태) 원자밀도이다. 그리고 t는 시간이며, q는 정규화된 총 원자유량이다.

원자유량의 추진력에는 전자풍력, 열구배 추진력, 정수압 응력구배 추진력 그리고 원자밀도구배 추진력 등이 포함되므로, 정규화된 원자유량은 다음과 같이 나타낼 수 있다[7, 8].

$$\vec{q} = \vec{q}_{ew} + \vec{q}_{Th} + \vec{q}_S + \vec{q}_c = \frac{cD}{kT}Z^*e\rho\vec{j} - \frac{cD}{kT}Q^*\frac{\nabla T}{T} - \frac{cD}{kT}\Omega\nabla\sigma_m - D\nabla c \tag{8.12}$$
$$= c \cdot F\left(T, \sigma_m, \vec{j}, \cdots\right) - D\nabla c$$

여기서

$$F(T,\, \sigma_m,\, \vec{j},\cdots) = \frac{D}{kT} Z^* e \rho \vec{j} - \frac{D}{kT} Q^* \frac{\nabla T}{T} - \frac{D}{kT} \Omega \nabla \sigma_m \tag{8.13}$$

여기서 k는 볼츠만 상수, e는 전하, Z^*는 실험적으로 구한 유효전하, T는 절대온도, $\rho = \rho_0(1 + \alpha(T - T_0))$는 저항률, α는 금속소재의 온도상수, ρ_0는 온도 T_0에서의 저항률, $\vec{j}$는 전류밀도벡터, Q^*는 이동한 열량, Ω는 원자체적, $\sigma_m = (\sigma_1 + \sigma_2 + \sigma_3)/3$은 국부정수압 응력으로서, σ_1, σ_2, σ_3는 각각 방향별 주응력성분, D는 유효원자확산률로서, $D = D_0 \exp$, $(- E_a/kT) E_a$는 활성화 에너지 그리고 D_0는 열활성화된 유효확산계수이다.

임의의 밀폐된 체적 V과 경계조건 Γ에 대한 일렉트로마이그레이션의 변화방정식 (8.11)에서, 금속 상호연결의 원자유량 경계조건은 다음과 같이 나타낼 수 있다.

$$q \cdot n = q_0 \ \text{on} \ \Gamma \tag{8.14}$$

차단경계조건의 경우,

$$q \cdot n = 0 \ \text{on} \ \Gamma \tag{8.15}$$

최초에 모든 노드의 정규화된 원자밀도는 다음과 같다고 정의한다.

$$c_0 = 1 \tag{8.16}$$

일렉트로마이그레이션 모델에서 상호연결의 구조, 세그먼트의 형상, 소재특성 그리고 응력조건 등의 함수로 연속적인 원자 재분배를 올바르게 묘사하며 현실성 있는 기공과 돌기생성을 포착하기 위해서는 앞서 설명한 원자이동의 추진력들을 동시에, 일관되게 고려해야 한다.

일렉트로마이그레이션 현상은 열-전기 커플링, 열-기계 커플링 그리고 질량확산 등이 얽힌 복잡한 물리적 커플링 문제이다. 일렉트로마이그레이션 파손을 예측하기 위해서 ANSYS

에 기초하여 열－전기－구조 분야가 간접적으로 커플링된 해석을 수행하였다. 일렉트로마이그레이션에 의한 기공발생 시뮬레이션은 잠복기에 대한 시뮬레이션과 공동성장기에 대한 시뮬레이션으로 구성되어 있다. 잠복기 시뮬레이션의 경우, ANSYS 플랫폼에서의 3차원 유한요소법을 사용하여 상호연결 구조 내에서의 전류밀도와 온도의 초기분포를 구하였다. 그런다음, 사용자 개발 FORTRAN 코드를 사용하여 상호연결구조 내에서의 원자밀도 재분배에 대한 해석을 수행하였다. 원자밀도 재분배 알고리즘과 계산과정은 참고문헌[7]을 참조하기바란다.

8.3.3 일렉트로마이그레이션에 대한 웨이퍼레벨 실험

0.18[μm] 전력용 기술에 대한 서로 다른 **표준 웨이퍼레벨 일렉트로마이그레이션 가속시험**(SWEAT) 레이아웃을 사용하여 웨이퍼레벨 일렉트로마이그레이션 시험이 수행되었다. SWEAT 레이아웃의 상세한 일렉트로마이그레이션 시험은 다음과 같이 구성되어 있다. 0.18[μm] 전력용 집적회로의 전기적 성능에 미치는 영향을 고찰하기 위해서 서로 다른 형태의 산화물/TEOX 위에 서로 다른 두께의 TiN/Ti 확산방지막을 사용하는 AlSiCu 소재의 금속배선을 제작하였다. JEDEC 표준에 의거하여 SWEAT 스트레스시험방법을 사용하여 두 가지 구조(화학적 기계연마와 비화학적 기계연마로 제작된 구조)에 대해서 일렉트로마이그레이션 시험이 수행되었다[12]. 이 방법에서는 금속배선에 일정한 전류를 흘려보내면서 배선의 저항을 측정하여, **저항의 온도계수**(TCR)로부터 배선의 온도를 알아내고 **파손시간**(TTF)을 측정한다. 금속배선의 저항값 변화로부터 측정한 온도는 배선의 평균온도에 해당한다. 시험에서는 일정한 응력조건을 부가하기 위해서 이 정보를 사용하며, 가속계수를 충족시키기 위해서 블랙 방정식으로부터 전류밀도와 온도항을 사용하여 응력을 계산한다. 가속계수는 다음과 같이 정의된다.

$$\frac{t_{50use}}{t_{50stress}} = \left(\frac{j_{stress}}{j_{use}}\right)^n e^{\frac{E_a}{k}\left(\frac{1}{T_{use}} - \frac{1}{T_{stress}}\right)} \tag{8.17}$$

여기서, t_{50use}는 사용조건하에서 일렉트로마이그레이션 평균파손시간(MTTF)

$t_{50stress}$는 응력조건하에서 일렉트로마이그레이션 평균파손시간(MTTF)

j_{stress}와 j_{use}는 각각 시험전류밀도

k는 볼츠만상수

E_a는 활성화에너지

n은 전류밀도의 지수값

T_{use}와 T_{stress}는 각각 사용조건의 절대온도와 응력조건의 절대온도

가속계수의 전형적인 범위는 $10^5{\sim}10^9$이다. 가속계수값을 결정하는 것은 매우 중요한 일이다. 적절한 가속계수값을 정하기 위해서는 일반적으로 소수의 시험구조를 희생시키는 실험과정이 필요하다. 파손조건은 저항의 백분율 변화를 사용하여 지정한다. 파손조건이 충족되거나 지정된 최대응력부가시간을 넘어설 때까지 시험이 계속된다.

그림 8.35에서는 서로 다른 두께의 확산방지막을 갖춘 금속배선들을 화학적 기계연마와 비화학적 기계연마 가공한 경우의 파손시간에 대한 웨이퍼레벨 시험결과를 보여주고 있다. 그림 8.36에서는 SWEAT 구조의 금속배선에 대한 일렉트로마이그레이션 시험과정에서 관찰된 기공을 보여주고 있다.

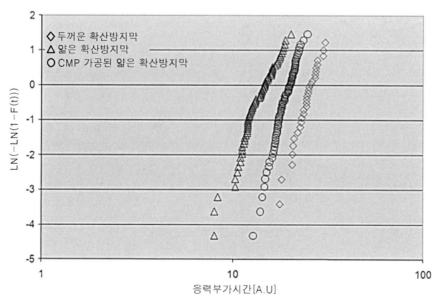

그림 8.35 서로 다른 두께의 확산방지막을 갖춘 금속배선들을 화학적 기계연마, 비화학적 기계연마 가공한 경우의 파손시간에 대한 웨이퍼레벨 일렉트로마이그레이션 시험결과

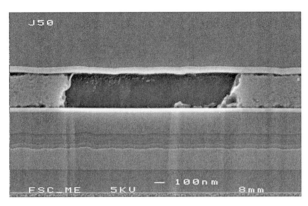

그림 8.36 음극 측 금속배선에서 일렉트로마이그레이션 시험과정에서 발생한 기공

8.3.4 유한요소 해석

8.4.3.1 유한요소모델

화학적 기계연마를 시행한 SWEAT 구조에 대한 3차원 유한요소모델이 **그림 8.37**에 도시되어 있다. 열-전 커플링된 글로벌 필드모델은 Solid69 요소를 사용하며 글로벌 응력모델은 Soild45 요소를 사용한다. 일반적인 선형 6면체 요소들은 매핑방식으로 메쉬가 분할되어 있어서 계산시간이 절감되며, 정확도가 향상된다. 해석 대상이 대칭구조를 가지고 있기 때문에 구조의 절반만을 모델링하였다. 관련된 SWEAT 구조의 열, 기계, 전기 및 일렉트로마이그레이션 계수값들은 **표 8.13**과 **표 8.14**에 제시되어 있다.

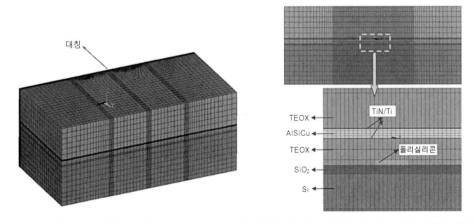

그림 8.37 화학적 기계연마 이후의 SWEAT구조. (a) 전체모델, (b) 단면도 (컬러 도판 416쪽 참조)

표 8.13 SWEAT 구조에 사용된 소재의 특성값[7~11]

소재		AlSiCu	SiO₂	Si
탄성계수[GPa]		50	71	130
푸아송비		0.30	0.16	0.28
열전도율[W/m·K]		100	1.75	80
전기저항률[Ω·m]	200[K]	2.139×10^{-8}	1×10^{10}	4.4
	800[K]	9.194×10^{-8}		
열팽창계수[× 10⁻⁶ 1/K]	200[K]	20.30	0.348	2.24
	300[K]	20.23	0.498	2.64
	400[K]	25.1	0.61	3.2
	500[K]	26.4	0.63	3.5
	600[K]	28.4	0.59	3.7
	700[K]	30.9	0.53	3.9
	800[K]	34.0	0.47	4.1
항복응력[MPa]	293[K]	190	–	–
	800[K]	12.55		

소재	TiN/Ti	TEOX	폴리실리콘
탄성계수[GPa]	80.6	59	170
푸아송비	0.208	0.24	0.22
열전도율[W/m·K]	26.1	2	12.5
전기저항률[Ω·m]	110×10^{-6}	1×10^{10}	1.75×10^{-5}
열팽창계수[× 10⁻⁶ 1/K]	9.35	1	9.4×10^{-6}
항복응력[MPa]	–	–	–

표 8.14 AlSiCu의 일렉트로마이그레이션 계수값들[1]

항목	심벌	수치값
활성화 에너지[eV]	E_a	0.9
유효전하수	Z^*	-14
유효 자체확산 계수[m²/s]	D_0	5×10^{-8}
전달열[eV]	Q^*	-0.08
원자체적[m³/atom]	Ω	0.166055×10^{-28}
전기저항률[Ω·m]	ρ	표 8.1 참조

0~600[Å] 범위의 TiN/Ti소재 확산방지막 두께에 대해서 유한요소모델을 구성하였다. 이 모델에는 16[mA/cm²]의 전류밀도가 부가 되었다. 또한 400[°C](제작공정온도)에서 구조물은 무응력상태라고 간주하였다. 모든 노드의 초기원자밀도 $c_0 = 1$이다.

그림 8.38에서는 300[Å] 두께의 TiN/Ti소재 확산방지막을 갖춘 갖춘 모델의 초기온도분포

와 초기전류밀도 분포를 보여주고 있다. **줄열**[9] 때문에 AlSiCu 배선의 중앙부 세그먼트에서 최고온도가 발생한다. 그러므로 중앙부 세그먼트에서 원자가 빠르게 확산되며, 기공이 쉽게 발생한다. 그림 8.39에서는 상온과 초기시간 상태에서 전류부하 응력부가시의 정수압 응력분포를 보여주고 있다. 전류부하 응력부가가 시작되는 초기조건인 상온보다 온도가 상승하기 때문에 정수압응력은 줄어든다.

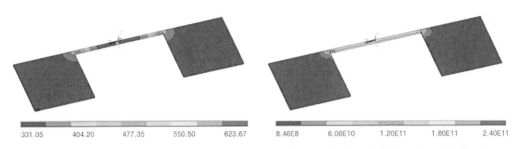

331.05   404.20   477.35   550.50   623.67   8.46E8   6.06E10   1.20E11   1.80E11   2.40E11

그림 8.38 초기온도와 전류밀도분포. (a) 온도분포, (b) 전류밀도분포 (컬러 도판 416쪽 참조)

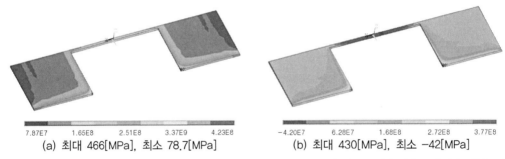

7.87E7   1.65E8   2.51E8   3.37E9   4.23E8   −4.20E7   6.28E7   1.68E8   2.72E8   3.77E8

(a) 최대 466[MPa], 최소 78.7[MPa]   (b) 최대 430[MPa], 최소 −42[MPa]

그림 8.39 상온과 초기시간 상태에서 전류부하 응력 부가 시의 정수압응력분포. (a) 상온조건, (b) 전류부하 응력 부가의 초기상태 (컬러 도판 416쪽 참조)

(정적)해석과정에서 일렉트로마이그레이션 공동이 발생하지 않는다고 가정하자. 그림 8.40 에서는 시간경과에 따른 AlSiCu 배선의 정규화된 원자밀도분포를 보여주고 있다. 10초가 경과한 그림 8.40(a)의 경우 정규화된 최소원자밀도가 발생하는 위치는 응력구배가 가장 큰 최소 응력 영역임을 관찰할 수 있다(그림 8.39(b)와 비교). 50초가 경과한 그림 8.40(c)에 따르면, 정

---

9   Joule heat.

규화된 최소원자밀도가 발생하는 영역이 좌측으로부터 알루미늄 금속의 1/4 세그먼트 전체로 확대된다. 이는 초기에 일렉트로마이그레이션 확산을 지배하는 정수압 응력에 의한 것이지만, 시간이 경과함에 따라서 점차로 전류밀도와 원자밀도구배가 일렉트로마이그레이션을 지배하게 된다. 더욱이 정규화된 원자밀도 재분배로 인하여 그림 8.41에 도시되어 있는 것처럼, 기공이 생성되는 것이 시뮬레이션 되었다. 이 결과는 그림 8.36에 도시된 음극의 사진에서와 같이 실험결과와 일치하고 있다.

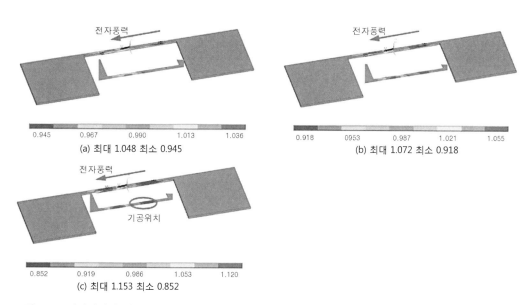

그림 8.40 시간경과에 따른 AlSiCu 배선의 정규화된 원자밀도분포 (a) t=10[s], (b) 20[s], (c) 50[s] (컬러 도판 417쪽 참조)

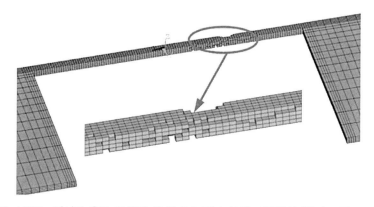

그림 8.41 AlSiCu 배선의 음극 측에서 18.8[s]가 지난 후에 기공생성 (컬러 도판 417쪽 참조)

원자밀도구배를 고려한 경우와 고려하지 않은 경우에 발생하는 일렉트로마이그레이션을 고찰하기 위해서, 금속배선의 (1512번) 노드 내에서의 정규화된 원자밀도 재분배에 대해서 살펴보았다. 그림 8.42에서는 AlSiCu 배선 내의 $\vec{q_c}$를 고려한 경우와 고려하지 않은 경우의 정규화된 원자밀도분포를 비교하여 보여주고 있으며, 검사의 대상인 1512번 노드는 그림 8.42(a)에 도시되어 있다. $\vec{q_c}$를 고려하지 않은 경우, 정규화된 원자밀도는 시간이 경과함에 따라서 선형적으로 빠르게 감소한다. 반면에, $\vec{q_c}$를 고려한 경우에는 정규화된 원자밀도가 시간에 따라서 서서히 변화한다. 이는 시간의존성 일렉트로마이그레이션 진행에 원자밀도구배가 미치는 영향으로 인하여 원자밀도 변화가 지연된다는 것을 의미한다. 이로 인하여 기공의 생성과

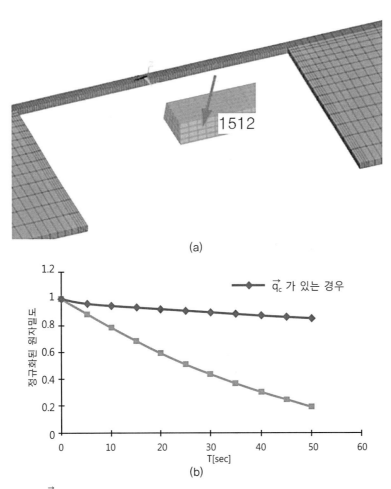

그림 8.42 검사노드에 $\vec{q_c}$가 있는 경우와 없는 경우의 정규화된 원자밀도분포 비교. (a) 노드위치, (b) 원자밀도 분포 그래프

성장이 지연되며 파손시간은 증가하게 된다. 그러므로 $\vec{q_c}$를 고려하지 않은 시간의존성 일렉트로마이그레이션 진행방정식은 AlSiCu 배선의 일렉트로마이그레이션으로 인한 파손을 과소평가하게 된다.

8.3.4.2 화학적 기계연마와 비화학적 기계연마 공정이 파손시간에 미치는 영향

화학적 기계연마와 **비화학적 기계연마** 공정이 미치는 영향을 고찰하기 위해서, 그림 8.43에 도시되어 있는 비화학적 기계연마 SWEAT 모델이 개발되었다. 그림 8.44에서는 비화학적 기계연마로 제작된 SWEAT 구조에서 생성된 기공을 보여주고 있다. 그림 8.45에서는 화학적 기

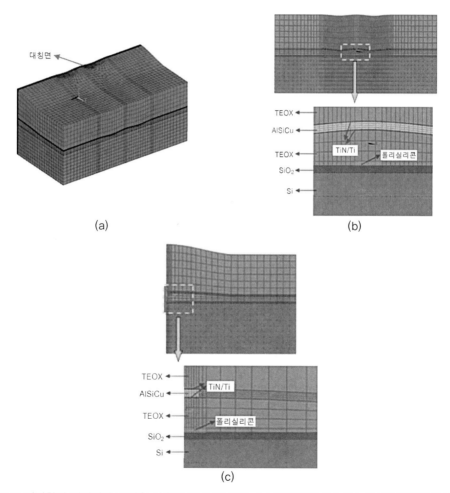

그림 8.43 비화학적 기계연마 공정을 사용한 SWEAT 구조. (a) 전체모델, (b) 금속배선의 길이방향 단면도, (c) 금속배선의 폭방향 단면도 (컬러 도판 418쪽 참조)

계연마와 비화학적 기계연마 공정을 사용한 SWEAT 구조의 평균파손시간에 대한 시험결과와 모델링 결과를 비교하여 보여주고 있다. 이에 따르면 시뮬레이션 결과와 시험결과와 매우 잘 일치하고 있다. 웨이퍼레벨에서의 일렉트로마이그레이션 시험결과에 따르면 평판형 산화물/TEOX 층 위에 화학적 기계연마 방식으로 가공한 금속 배선층을 사용한 경우에 평균파손시간이 35% 증가하였다.

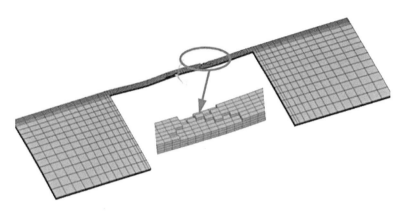

그림 8.44 비화학적 기계연마 공정을 사용하여 가공한 SWEAT 내의 AlSiCu 배선에서 13.9[s] 이후에 발생한 기공

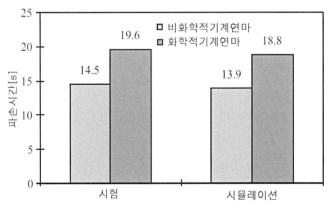

그림 8.45 TiN/Ti 층의 두께가 파손시간에 미치는 영향

8.3.4.3 TiN/Ti 두께가 파손시간에 미치는 영향

화학적 기계연마 공정을 사용하여 가공처리한 SWEAT 구조에 대해서 서로 다른 두께의 TiN/Ti 층이 평균파손시간에 미치는 영향에 대한 시뮬레이션 결과와 시험결과가 **그림 8.46**에

서 서로 비교되어 있다. 그림 8.46의 시험결과에 따르면, 동일한 전류밀도 및 온도조건하에서 두 배 더 두꺼운 TiN/Ti 층을 갖춘 금속배선의 평균파손시간이 30% 더 길었다. 더 두꺼운 확산방지 금속층이 더 긴 평균파손시간을 갖는 이유는 AlSiCu 금속층 내부에 취약점들이 발생했을 때에 단락이 발생하면서 TiN 층을 통해서 응력전류가 흐르기 때문이다. 확산방지층이 두꺼울수록, 더 많은 전류가 이 층을 통해서 흐르게 된다. 게다가 확산방지층 금속과 AlSiCu 사이의 경계층 금속도 방지층 금속두께와 마찬가지로 중요한 역할을 한다.

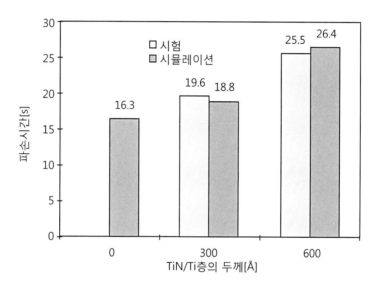

그림 8.46 TiN/Ti 층의 두께가 파손시간에 미치는 영향

8.3.5 논 의

이 절에서는 0.18[μm] 전력용 디바이스에 대한 화학적 기계연마와 비화학적 기계연마에 대한 일렉트로마이그레이션의 예측과 시험에 대해서 살펴보았다. 확산방지막의 두께에 따른 영향을 고찰하였다. 원자밀도구배를 고려한 경우와 고려하지 않은 경우의 시뮬레이션 결과를 서로 비교하여 보았다. 예측된 일렉트로마이그레이션 평균파손시간은 실험결과와 잘 일치하였다. 시험결과와 모델링결과 모두에서 화학적 기계연마와 확산방지막 두께가 일렉트로마이그레이션 평균파손시간에 큰 영향을 미친다는 것이 밝혀졌다. 화학적 기계연마공정을 사용하면, 이 공정을 사용하지 않은 경우에 비해서 평균파손시간을 35% 증가시켜주었다. 확

산방지막의 두께가 두꺼운 경우(600[Å])가 얇은 경우(300[Å])에 비해서 평균파손시간을 30% 증가시켜주었다.

8.4 무연 납땜 조인트의 일렉트로마이그레이션에 마이크로구조가 미치는 영향 모델링

이 절에서는 웨이퍼레벨 칩스케일 패키지(WLCSP) 내의 무연 납땜 조인트에서 발생하는 일렉트로마이그레이션에 마이크로구조가 미치는 영향에 대해서 살펴보기로 한다[13]. 이것은 원래의 등방성 모델을 확장시킨 것이다[14]. ANSYS를 사용하여 서로 다른 그레인 구조를 가지고 있는 납땜 조인트에 대한 3차원 유한요소모델이 개발되었으며, 해석이 수행되었다. 땜납범프에 대한 더 정확한 시뮬레이션 결과를 얻기 위해서 서브모델링 기법이 활용되었다. 전기, 열 및 응력장들에 대한 간접상관해석이 수행되었다. 땜납범프에 대해서 네 가지 공통 마이크로구조가 모델링되었으며 이방성 탄성, 열 및 확산성질 데이터들이 사용되었다. 네 가지 서로 다른 마이크로구조를 사용하여 얻은 해석결과들에 대한 상호 비교가 수행되었다. 마이크로구조에 대한 변수값 변화에 따른 원자유량확산(AFD)과 파손시간(TTF) 도표로부터 일렉트로마이그레이션에 영향을 미치는 마이크로구조를 추출하였다.

8.4.1 서 언

마이크로전자산업계는 성능 향상과 디바이스 치수 축소를 추구하는 과정에서 금속 상호연결과 땜납범프를 통과하는 전류밀도의 증가가 초래되었다. 전류밀도가 증가함에 따라서 일렉트로마이그레이션에 의해서 유발되는 파손이 신뢰성의 입장에서 가장 중요한 고려사항이 되었다. 일렉트로마이그레이션은 전자가 원자를 통과하는 과정에서 발생하는 모멘텀 전달에 따른 질량확산 현상이다. 이로 인하여 음극 위치에 점진적으로 기공이 생성되며, 이로 인하여 저항이 증가하고, 결국에 가서는 연결이 끊어지면서 파손되어버린다. 상호연결과 땜납범프 내에서의 일렉트로마이그레이션 현상을 이해하기 위해서 많은 실험과 시뮬레이션이 수행되었다. 환경적인 이유 때문에 마이크로전자 디바이스에서는 주석 기반 땜납이 납 기반 땜납을 대체하게 되었다. SnAgCu 소재는 싼 가격과 훌륭한 기계적 성질 때문에 미래가 가장 촉망 받는 후보소재이다. WLCSP 내에서 땜납범프는 칩 쪽의 범프하부금속과 기판 쪽의 범프패드 사이를 연결하며 범프의 복잡한 기하학적 형상으로 인하여 전류의 집중이 초래된다. 범프들은 불균일한 열부하와 열응력을 받으며, 이로 인하여 열 및 기계적 힘이 생성되며, 전기적 힘과 상호작용을 일으킨다[15].

공정[10]에 근접한 Sn-Ag-Cu 납땜 조인트들은 95[at.%] 이상의 주석을 함유하고 있으며, 매우 소량의 β-Sn 그레인을 포함하고 있다[16]. β-Sn 결정핵 형성이 어렵고 결정화 과정에서의 대대적인 과냉각이 발생하므로 무연 납땜 조인트 내에는 소수의 그레인들만이 만들어진다. β-Sn은 **체심정방**(BCT) 격자구조를 가지고 있으며, a=b=583[pm], c=318[pm]이다. [001]방향(c면 방향)은 바닥면 방향([100] 및 [010]) 길이의 거의 절반에 불과하기 때문에 기계, 열, 전기 및 확산특성 등에서 이방성 거동을 나타낸다. 그러므로 SnAgCu 소재 땜납범프 내에서 주석 그레인의 마이크로구조는 일렉트로마이그레이션 공정에 큰 영향을 미친다. 무연 주석 기반 땜납의 이방성으로 인하여 이례적인 조기파손이 발생한다는 연구결과가 발표되었다[17]. 그런데 마이크로구조가 무연 납땜 조인트 내에서의 일렉트로마이그레이션에 미치는 영향에 대해서는 거의 연구가 수행되지 않았다. 따라서 이 장에서는 마이크로구조가 미치는 영향에 대해서 살펴보기로 한다.

WLCSP 내에서 무연 납땜 조인트의 공통적인 마이크로구조를 고려하여 3차원 일렉트로마이그레이션 모델이 개발되었다. ANSYS 다중동력학 시뮬레이션 플랫폼상에서 전기-열-구조의 간접상관 필드해석이 수행되었으며, 중요한 땜납범프 영역에 대해서 더 정확한 시뮬레이션을 수행하기 위해서 서브모델링 기법이 활용되었다. 원자유량확산을 계산하기 위해서 세 가지 메커니즘들, 즉 **일렉트로마이그레이션, 써모마이그레이션** 그리고 **응력마이그레이션**이 고려되었다. 이방성 소재특성에 대해서 네 가지 마이크로구조들을 모델링 및 해석하였다. 여기에는 **ANAND 점소성 소재모델**이 사용되었다. 이들 네 가지 마이크로구조에 대해서 전류, 온도, 열구배 및 정수압응력을 비교하였다. 원자유량확산을 계산하였으며, 범프 내에서 기공의 위치를 나타내기 위해서 ANSYS 내에서 요소의 생성과 소멸기능을 사용하였다. 시뮬레이션 결과에 대한 논의를 통해서 그레인의 배향과 크기가 일렉트로마이그레이션에 미치는 영향에 대한 고찰을 수행하였다.

---

10 eutectic : 共晶, 합금 내부에 2가지 이상의 결정조직이 존재하는 미세한 결정. 역자 주.

8.4.2 마이그레이션에 대한 직접적분방법

만일 원자밀도구배의 영향을 무시하고 일렉트로마이그레이션, 열구배 및 기계적 응력구배 같이 원자의 이동을 초래하는 세 가지 추진력만을 고려한다면, 국부적인 원자농도 N의 시간 의존적인 변화량은 정규화되지 않은 원자유량 J를 사용하여 식 (8.11)에서와 같이 질량평형 (연속)방정식으로 나타낼 수 있다.

$$div(\vec{J}_{Tol}) + \frac{\partial N}{\partial t} = 0 \tag{8.18}$$

일렉트로마이그레이션, 써모마이그레이션 그리고 응력마이그레이션에 따른 원자유동의 발산은 다음과 같이 나타낼 수 있다.

$$div(\vec{J}_{Em}) = \left(\frac{E_a}{kT^2} - \frac{1}{T} + \alpha\frac{\rho_0}{\rho} \right)\vec{J}_{Em} \cdot \nabla T \tag{8.19}$$

$$div(\vec{J}_{Th}) = \left(\frac{E_a}{kT^2} - \frac{3}{T} + \alpha\frac{\rho_0}{\rho} \right)\vec{J}_{Th} \cdot \nabla T + \frac{NQ^*D_0}{3k^3T^3}j^2\rho^2e^2\exp\left(-\frac{E_a}{kT} \right) \tag{8.20}$$

$$div(\vec{J}_S) = \left(\frac{E_a}{kT^2} - \frac{1}{T} \right)\vec{J}_S \cdot \nabla T + \frac{2EN\Omega D_0\alpha_\ell}{3(1-v)kT}\exp\left(-\frac{E_a}{kT} \right)\left(\frac{1}{T} - \alpha\frac{\rho_0}{\rho} \right)\nabla T \cdot \nabla T$$

$$+ \frac{2EN\Omega D_0\alpha_\ell}{3(1-v)kT}\exp\left(-\frac{E_a}{kT} \right)\frac{j^2\rho^2e^2}{3k^2T} \tag{8.21}$$

여기서 E는 영계수, v는 푸아송비 그리고 α_ℓ는 열팽창계수이다.

다음으로 이들 세 가지 발산값들을 합산하면, 다음과 같이 총 원자유량에 대한 발산값을 구할 수 있다.

$$div(\vec{J}_{Tol}) = N \cdot F(\vec{J},\ T,\ \sigma_m,\ E_a,\ D_0,\ E,\ \cdots) \tag{8.22}$$

위의 방정식에 따르면, 원자 플럭스의 발산은 원자농도와 다양한 물리변수들이 포함되어 있는 함수 F에 비례한다. 이에 따르면 식 (8.22)는 다음과 등가로 놓을 수 있다.

$$NF + \frac{\partial N}{\partial t} = 0 \tag{8.23}$$

원자농도의 이론적 변화량은 다음과 같이 나타낼 수 있다.

$$N = N_0 e^{-F\Delta t} \tag{8.24}$$

식 (8.24)로부터, Δt는 다음과 같이 나타낼 수 있다.

$$\Delta t = -\frac{1}{F}\ln\left(\frac{N}{N_0}\right) \tag{8.25}$$

원자의 농도가 초기 농도의 10%에 이르면 기공이 발생한다고 가정하였다.

8.4.3 WLCSP의 땜납범프 마이크로구조에 대한 유한요소모델링

참고문헌 [18]에서는 유한요소해석 소프트웨어인 ANSYS를 사용하여 WLCSP에 대한 모델링을 수행하였다. 이 칩의 전체적인 구조는 $500[\mu m]$ 피치로 36개의 땜납범프들을 갖추고 있다. 바깥쪽에 배치되어 있는 20개의 땜납범프들은 데이지체인을 사용하여 서로 연결되어 있다고 가정하였다. 대칭구조를 가지고 있으므로, 실제로는 전체의 1/4에 대해서만 모델링을 수행하였다. 중요한 땜납범프 영역 내에서 더 정확한 결과를 얻기 위해서 ANSYS의 서브모델링 기법을 활용하였다. 우선, **그림 8.47**에 도시되어 있는 것처럼 비교적 큰 메쉬들을 사용하여 칩 전체의 사분할 구조에 대한 모델링과 해석을 수행하였다. 그런 다음, **그림 8.48**에 도시되어 있는 것처럼 범프하부금속(Al/Ni/Cu)층을 갖춘 땜납범프에 대해서 보다 정밀한 서브모델을 만들었다. 전류밀도와 온도장을 구하기 위하여 열과 전기가 커플링된 서브모델에 대한 시뮬레이션이 수행되었으며, 응력분포를 구하기 위해서 구조 서브모델 시뮬레이션이 수행되었다. 여기서는 구성소재에 대한 ANAND 점소성 모델이 사용되었다. 그런 다음 식 (8.19), (8.20) 및 (8.21)을 합산하여 원자유량확산 분포를 계산하였다. 가장 큰 발산값은 기공이 발생하는 위치를 나타내므로, ANSYS 내의 생성/소멸 기능을 사용하여 원자유량확산값이 가장 큰 30개의 요소들을 제거하였다. 그리고 요소를 제거할 시간은 N/N_0를 10%로 설정한 후에 식 (8.25)를 풀어서 구할 수 있다. 그런 다음, 파손조건에 도달할 때까지 구조를 자동적으로 수정, 해석 및 계산한다. 그림 8.49에서는 해석과정의 흐름도를 보여주고 있다.

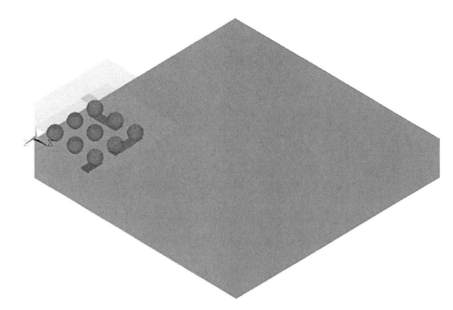

그림 8.47 사분할 글로벌 모델 (컬러 도판 419쪽 참조)

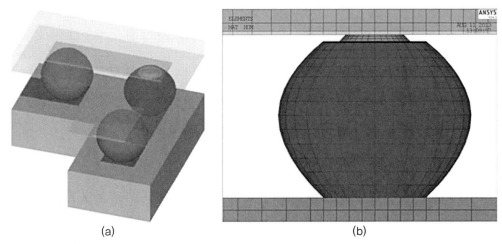

(a)   (b)

그림 8.48 모서리 부위 설더 조인트의 서브모델과 메쉬. (a) 국부 모서리 조인트의 서브모델, (b) 작은 메쉬들로 분할된 땜납범프의 정면도 (컬러 도판 419쪽 참조)

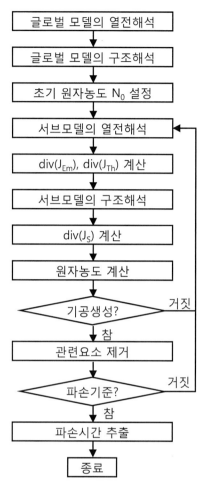

그림 8.49 해석과정의 흐름도

8.4.3.1 소재계수값들

여기서는 무연땜납범프에 대해서 순수한 β–Sn의 이방성 소재특성값이 사용되었다. β–Sn 단결정의 탄성거동은 $E_x = E_y = 76.20\,[\mathrm{GPa}]$, $E_z = 93.3\,[\mathrm{GPa}]$, $G_{xy} = 26.75\,[\mathrm{GPa}]$, $G_{yz} = G_{xz} = 2.56\,[\mathrm{GPa}]$, $\nu_{xy} = 0.473$, $\nu_{xz} = 0.170$, $\nu_{yz} = 0.208$ 등과 같은 공학상수값들을 사용하여 나타낼 수 있다[19]. 표 8.15에서는 SnAgCu에 대한 점소성 ANAND 모델에 사용된 계수값들을 보여주고 있다. 이방성 열, 전기 및 확산특성들은 표 8.16에 제시되어 있다.

표 8.15 ANAND 모델에 사용된 SnAgCu소재의 특성값들[19]

항목	심벌[단위]	95.5Sn4.0Ag0.5Cu
지수앞자리계수	A[1/s]	325
활성화에너지	Q/R[K]	10,561
응력배율	ξ	10
응력의 변형률 민감도	m	0.32
변형저항 포화계수	$\hat{S}$[MPa]	42.1
포화값의 변형률 민감도	n	0.02
경화계수	h_0[MPa]	800,000
경화계수의 변형률 민감도	a	2.57
s의 초깃값	s_0[MPa]	20

표 8.16 열 및 전기 확산의 이방성 특성

항목	$\perp c$	$\|\|c$
열팽창계수[1/°C]	15.8×10^{-6}	28.4×10^{-6}[20]
상온전기저항[$\Omega \cdot m$]	9.9×10^{-8}	14.3×10^{-8}[21]
저항의 온도계수[1/°C]	0.00469	0.00447[21]
유효 전하수	-16	-10[22]
자기확산계수[m^2/s]	0.0021	0.00128[23]
활성화 에너지[J/molecule]	$25.9 \times 6.95 \times \times 10^{-21}$	$26 \times 6.95 \times \times 10^{-21}$[23]

8.4.3.2 땜납범프의 마이크로구조

무연땜납의 네 가지 공통적인 마이크로구조들이 **그림 8.50**에서와 같이 모델링되었다. 이 마이크로구조들은 참고문헌 [24~26]의 마이크로구조들에 기초하고 있다. **그림 8.50(a)**에서는 그레인의 경계가 기판과 수직인 두 개의 그레인들로 이루어진 범프를 보여주고 있다. 좌측 그레인의 c 방향은 전류의 방향과 거의 평행한 반면에 우측 그레인의 c 방향은 전류의 흐름방향과 직각이다. **그림 8.50(b)**에서는 세 개의 그레인들로 이루어진 범프를 보여주고 있으며, 그레인들 간의 각도는 거의 60°이다. **그림 8.50(c)**에서는 기판과 입자 경계가 45°의 각도를 이루는 두 개의 그레인들을 보여주고 있다. **그림 8.50(d)**에서는 **카라 비치볼 구조**[11]라고 알려져 있는

---

11   Kara's beach ball structure.

세 개의 지배적인 사이클릭 트윈들의 방향이 핵의 주변에 주기적으로 반복되어 있는 60° 회전한 트와이닝 구조를 보여주고 있다.

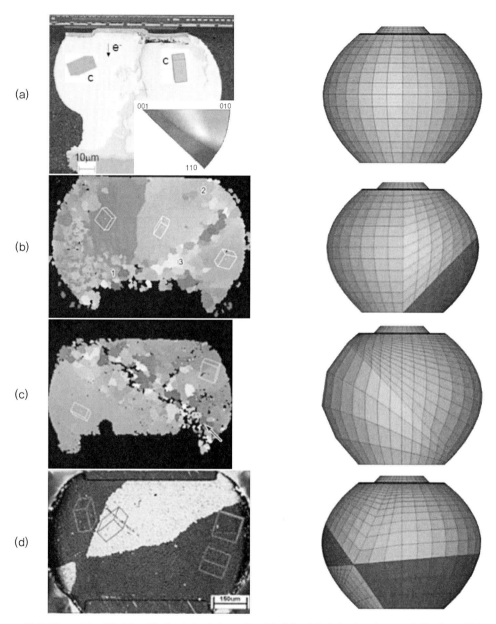

그림 8.50 WLCSP 땜납범프의 네 가지 마이크로구조들. (a) 이중결정 범프의 SEM영상[24], 3차원 ANSYS 유한요소모델, (b) 삼중결정 범프의 EBSD 배향[25]과 3차원 ANSYS 유한요소모델, (c) 그레인 경계가 기판과 45° 각도로 기울어진 범프의 EBSD 배향[26]과 3차원 ANSYS 유한요소모델, (d) 비치 볼 범프의 교차편광 광학영상[26]과 3차원 ANSYS 유한요소모델 (컬러 도판 420쪽 참조)

8.4.4 시뮬레이션 결과와 논의

그림 8.51에서는 네 가지 서로 다른 마이크로구조들의 온도분포를 보여주고 있다. 땜납범프들의 온도편차는 2[°C]로 비교적 작다. 그리고 네 가지 서로 다른 마이크로구조들 사이에서 온도분포에 큰 차이를 발견할 수는 없었다. 그림 8.52에서는 네 가지 마이크로구조들의 전류분포를 보여주고 있다. 그림에 따르면 전류가 범프로 진입하는 곳에서 전류집중이 발생한다. 그리고 네 가지 마이크로구조들 중에서 삼중그레인모델의 경우에 가장 높은 전류밀도가 발생하였다. 그림 8.53에서는 네 가지 마이크로구조들의 열구배를 보여주고 있다. 열구배는 전류가 흐르는 방향과는 반대방향으로 흐르며 분포는 네 가지 서로 다른 마이크로구조들이 서로 많이 다르다는 것을 알 수 있다. 그림 8.54에서는 네 가지 마이크로구조들의 정수압 분포를 보여주고 있다. 정수압 응력은 네 가지 마이크로구조들이 서로 많이 다르다. 45° 모델의 최대 정수압 응력은 이중결정모델보다 두 배 이상 더 크다.

이중결정모델	삼중그레인모델	45° 모델	비치볼모델
최고 414.141[K]	최고 414.137[K]	최고 414.139[K]	최고 414.141[K]
최저 412.927[K]	최저 412.921[K]	최저 412.924[K]	최저 412.942[K]

그림 8.51 네 가지 서로 다른 마이크로구조들의 온도분포 (컬러 도판 421쪽 참조)

이중결정모델	삼중그레인모델	45° 모델	비치볼모델
최대 4.08E9[A/m^2]	최대 4.69E9[A/m^2]	최대 4.04E9[A/m^2]	최대 3.61E9[A/m^2]
최소 1.42E8[A/m^2]	최소 1.36E8[A/m^2]	최소 1.36E8[A/m^2]	최소 1.582E8[A/m^2]

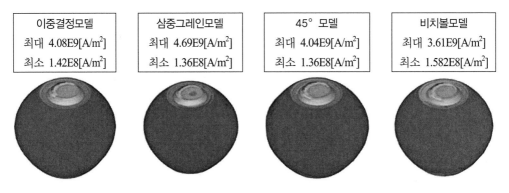

그림 8.52 네 가지 서로 다른 마이크로구조들의 전류분포 (컬러 도판 421쪽 참조)

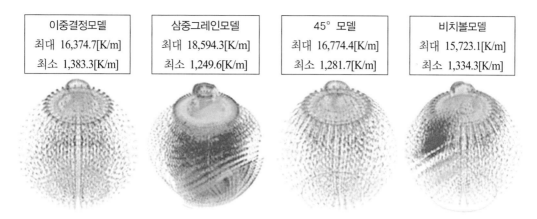

이중결정모델	삼중그레인모델	45° 모델	비치볼모델
최대 16,374.7[K/m]	최대 18,594.3[K/m]	최대 16,774.4[K/m]	최대 15,723.1[K/m]
최소 1,383.3[K/m]	최소 1,249.6[K/m]	최소 1,281.7[K/m]	최소 1,334.3[K/m]

그림 8.53 네 가지 서로 다른 마이크로구조들의 열구배 (컬러 도판 421쪽 참조)

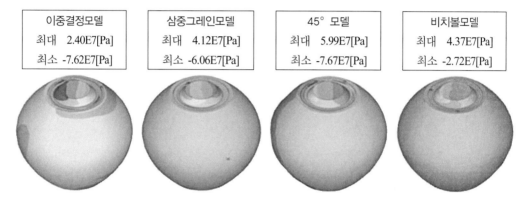

이중결정모델	삼중그레인모델	45° 모델	비치볼모델
최대 2.40E7[Pa]	최대 4.12E7[Pa]	최대 5.99E7[Pa]	최대 4.37E7[Pa]
최소 -7.62E7[Pa]	최소 -6.06E7[Pa]	최소 -7.67E7[Pa]	최소 -2.72E7[Pa]

그림 8.54 네 가지 서로 다른 마이크로구조들의 정수압 응력 (컬러 도판 422쪽 참조)

그림 8.55에서는 네 가지 대표적인 마이크로구조들의 원자확산유량의 동적분포와 기공생성을 보여주고 있다. 네 가지 마이크로구조들 중에서 비치볼 모델은 기공생성이 최소이며 이중그레인모델은 기공이 최대이다. 원자확산유량이 큰 요소에서 기공이 더 빠르게 생성되기 때문에, 이 분포는 기공생성과 파손시간에 대한 정보를 제공해준다.

표 8.17에서는 네 가지 대표적인 마이크로구조들의 파손시간을 보여주고 있다. 이중그레인모델의 파손시간이 가장 짧으며 삼중그레인모델과 45° 모델이 그 뒤를 이으며, 비치볼 모델의 파손시간이 가장 길다. 이는 그레인의 배향이 무엇인가 영향을 미치고 있기 때문이다. 이중그레인모델에서 비치볼 모델까지 그레인 경계층이 증가하고 있으며, 이로 인하여 전류흐름 방향으로의 질량확산이 느려지게 되었으며, 이 때문에 파손시간이 증가한 것이다.

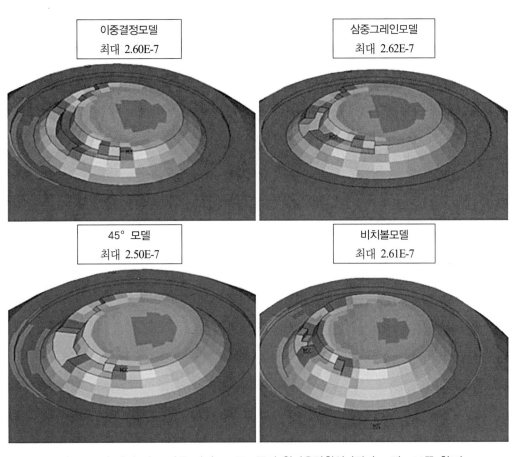

그림 8.55 네 가지 서로 다른 마이크로구조들의 원자유량확산 (컬러 도판 422쪽 참조)

표 8.17 네 가지 서로 다른 마이크로구조들의 파손시간

모델	이중결정	삼중그레인	45°	비치볼
파손시간[hr]	1,137	1,296	1,370	1,471

그레인의 배향이 일렉트로마이그레이션에 미치는 영향을 더 잘 이해하기 위해서, 서로 다른 그레인 방향을 가지고 있는 단결정을 사용하였다. 그림 8.56에서는 결정격자의 배향에 따른 파손시간의 변화를 보여주고 있다. 그림에 따르면 전류가 c-방향으로 흐르는 경우에 파손시간이 가장 길었다. 전류의 흐름방향이 c-방향에서 벗어나서 c-방향과 직각을 이루는 경우까지, 파손시간은 점차로 감소하였다. 전류의 흐름방향이 c-방향과 직각을 이루게 되면, 파손시간은 최소가 되며, 이는 작동온도하에서 주석의 a-방향 자기확산이 c-방향 자기확산보

다 빠르다는 점과 일맥상통한다. 흥미로운 현상들 중 하나는 c-방향과 60°를 이루는 경우가 c-방향과 30°를 이루는 경우보다 파손시간이 약간 더 길다는 점이다. 이는 60° 각도에서 열기계 응력과 순수한 전자풍에 의해서 유발되는 마이그레이션 사이의 상관효과로 인하여 질량 이동이 약간 감소한 것이라고 추정된다.

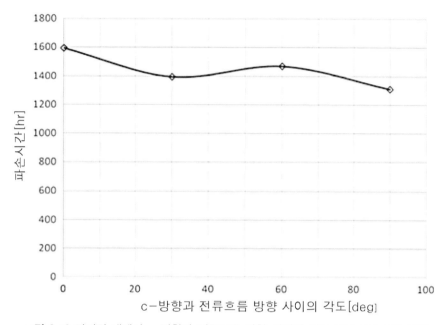

그림 8.56 단결정 내에서 c-방향과 전류흐름 방향 사이의 각도 대비 파손시간 관계

8.4.5 논 의

대표적인 마이크로구조들을 사용하여 WLCSP 내의 땜납범프들의 전기, 열 및 구조들 사이의 3차원 간접상관해석이 수행되었다. 무연땜납범프에 대한 네 가지 대표적인 마이크로구조들에 대해서 전류분포, 열구배, 정수압 응력 그리고 원자유량확산을 제시하였으며, 상호비교를 수행하였다. 그레인 배향과 그레인 크기가 일렉트로마이그레이션에 미치는 영향에 대해서 고찰과 논의를 수행하였다. 결정의 배향에 따른 파손시간 곡선에 따르면, 전류의 흐름방향이 c-방향에 대해서 기울어질수록 파손시간이 감소하며, 이는 범프 속에서 일렉트로마이그레이션이 더 잘 일어난다는 것을 의미한다.

8.5 요 약

이 장에서는 웨이퍼레벨 칩스케일 패키지(WLCSP)에서 발생하는 전기적 기생저항, 기생 인덕턴스 그리고 기생커패시턴스에 대한 시뮬레이션 방법에 대해서 논의하였다. 전기적 시뮬레이션을 통해서 팬인 WLCSP와 팬아웃 몰딩된 칩스케일 패키지(MCSP)에 대해서 살펴보았다. 재분배층과 금 상호연결방식으로 연결한 MCSP와 와이어본딩방식 상호연결을 비교해보면 금 상호연결방식을 사용한 MCSP가 와이어본딩방식을 사용한 MCSP에 비해서 전기적 성능이 우수하였다(전기저항과 인덕턴스가 훨씬 작았다). $0.18[\mu m]$ 웨이퍼레벨 전력용기술과 서로 다른 마이크로구조와 그레인 방향을 가지고 있는 WLCSP 범프에 대한 다중동력학적 시뮬레이션에 대해서 소개하였다. $0.18[\mu m]$ 웨이퍼레벨 전력용 패키지의 경우, 확산방지층에 적용한 화학적 기계연마와 비화학적 기계연마 공정에 대한 모델링 방법이 개발되었다. 이를 통한 시뮬레이션 결과는 $0.18[\mu m]$ 웨이퍼레벨 전력용 기술에 대한 일렉트로마이그레이션 실험결과와 매우 일치하였다. WLCSP에 대한 일렉트로마이그레이션 연구를 통해서 서로 다른 그레인 구조와 서로 다른 그레인 배향을 포함하는 범프 마이크로구조에 대하여 유한요소해석 기법을 사용하여 연구를 수행하였다. 해석 결과에 따르면, 그레인 구조와 배향이 범프 응력과 원자유량확산에 큰 영향을 미치는 반면에 온도분포와 온도구배에 따라서는 큰 차이가 발생하지 않았다.

참고문헌

1. Liu, Y. : Power electronic packaging : Design, assembly process, reliability and modeling. Springer, Heidelberg (2012).

2. Sasagawa, K., Hasegawa, M., Saka, M., Abe, H. : Prediction of electromigration failure in passivated polycrystalline line. J. Appl. Phys. 91(11), pp.9005~9014 (2002).

3. Sukharev, V., Zschech, E. : A model for electromigration-induced degradation mechanisms in dual-inlaid copper interconnects : Effect of interface bonding strength. J. Appl. Phys. 96(11), pp.6337~6343 (2004).

4. Tan, C.M., Hou, Y.J., Li, W. : Revisit to the finite element modeling of electromigration for narrow interconnects. J. Appl. Phys. 102(3), pp.1~7 (2007).

5. Tan, C.M., Roy, A. : Investigation of the effect of temperature and stress gradients on accelerated EM test for Cu narrow interconnects. Thin Solid Films 504(1-2), pp.288~293 (2006).

6. Tu, K.N. : Recent advances on electromigration in very-large-scale-integration of interconnects. J. Appl. Phys. 94(9), pp.5451~5473 (2003).

7. Liu, Y., Zhang, Y.X., Liang, L.H. : Prediction of electromigration induced voids and time to failure for solder joint of a wafer level chip scale package. IEEE Trans. Component Packag. Technol. 33(3), pp.544~552 (2010).

8. Dalleau, D., Weide-Zaage, K., Danto, Y. : Simulation of time depending void formation in copper, aluminum and tungsten plugged via structures. Microelectron. Reliab. 43(9-11), pp.1821~1826 (2003).

9. Wilson, S.R., et al. : Handbook of multilevel metallization for integrated circuits : Materials, technology, and applications, p. 116. Noyes, Park Redge, NJ (1993).

10. Zhao, J.H., Ryan, T., et al. : Measurement of elastic modulus, Poisson ratio, and coefficient of thermal expansion of on-wafer submicron films. J. Appl. Phys. 85(9), pp.6421~6424 (1999).

11. Sharpe, William N., Yuan, Jr. B., Vaidyanathan, R. : Measurement of Young's modulus, Poisson's ratio, and tensile strength of polysilicon. In : Proc 8th IEEE International Workshop on Microelectromechanical Systems, Nagoya, Japan (1997).

12. JEDEC, JEP119A : A Procedure for performing SWEAT (2003).

13. Ni, J., Liu, Y., Hao, J., Maniatty, A., OConnell, B. : Modeling microstructure effects on electromigration in lead-free solder joints. ECTC64, Orlando, FL (2014).

14. Liu, Y., Irving, S., Luk, T., et al. : 3D modeling of electromigration combined with thermalmechanical effect for IC device and package. EuroSime (2007).

15. Liu, Y. : Finite element modeling of electromigration in solder bumps of a package system. Professional Development Course, EPTC, Singapore (2008).

16. Yang, S., Tian, Y., Wang, C., Huang,T. : Modeling thermal fatigue in anisotropic Sn-Ag-Cu/Cu solder joints. International Conference on Electronic Packaging Technology and High Density Packaging (ICEPT-HDP) (2009).

17. Subramanian, K.N., Lee, J.G. : Effect of anisotropy of tin on thermomechanical behavior of solder joints. J. Mater. Sci. Mater. Electron. 15(4), pp.235~240 (2004).

18. Gee, S., Kelkar, N., Huang,J., Tu, K. : Lead-free and PbSn Bump Electrmigration Testing. In : Proceedings of IPACK2005, IPACK2005-73417, July, pp.17~22.

19. Wang, Q., et al. : Experimental determination and modification of the Anand model constants for 95.5Sn4.0Ag0.5Cu. Eurosime 2007, London, UK, April (2007).

20. Zhao, J., Su, P., Ding, M., Chopin, S., Ho, P.S. : Microstructure-based stress modeling of tin whisker growth. IEEE Trans. Electron. Packag. Manuf. 29(4), pp.265~273 (2006).

21. Puttlitz, K. J., Stalter, K. A : Handbook of Lead-free solder technology for microelectronic assemblies. pp.920~926 (2004).

22. Huntington, H.B. : Effect of driving forces on atom motion". Thin Solid Films 25(2), pp.265~280 (1975).

23. Huang, F.H., Huntington, H.B. : Diffusion of Sb124, Cd109, Sn113, and Zn65 in tin. Phys. Rev. B 9(4), pp.1479~1488 (1974).

24. Lu, M., Shih, D., Lauro, P., Goldsmith, C., Henderson, D.W. : Effect of Sn grain orientation on electromigration degradation in high Sn-based Ph-free solders". Appl. Phys. Lett. 92, 211909 (2008).

25. Xu, J. : Study on lead-free solder joint reliability based on grain orientation. Acta Metallurgica Sinica 48(9), pp.1042~1048 (2012).

26. Park, S., Dhakal, R., Gao, J. : Three-dimensional finite element analysis of multiple-grained lead-free solder interconnects. J. Electron Mater. 37(8), pp.1139~1147 (2008).

CHAPTER 09

WLCSP의 조립

WLCSP의 조립

9.1 서 언

웨이퍼레벨 칩스케일 패키지(WLCSP) 소자들의 조립에는 WLCSP 소자를 테이프에서 픽업하여 프린트회로기판 위에 놓는 표면실장착기술(SMT), 땜납 리플로우 그리고 언더필(옵션) 등이 포함된다. 그림 9.1에는 WLCSP와 관련된 전형적인 조립라인 셋업의 개략도를 보여주고 있으며, 여기서는 WLCSP 소자의 픽 앤 플레이스를 수행하기 직전에 땜납 페이스트나 플럭스를 프린트회로기판 위에 각각 프린트하거나 도포한다. 그런 다음, WLCSP소자들과 프린트회로기판 사이의 납땜 조인트 생성을 끝내기 위해서 리플로우 공정을 수행한다. 올바른 땜납 페이스트 프린팅(프린트회로기판 납땜용 패드 위에 도포된 땜납 페이스트 브릭의 높이, 면적 그리고 체적), 정확한 소재배치(XY 옵셋과 기울기) 그리고 적합한 납땜 조인트 생성 여부 등을 확인하기 위해서 조립라인의 다양한 단계마다 광학 또는 엑스선검사가 배치된다. **회로 내 검사**(ICT)는 올바른 조립이 수행되었는지를 보여주는 단락, 개방, 저항, 커패시턴스 그리고 여타의 기본값들을 검사하기 위해서 조립된 프린트회로기판 위에서 수행하는 전기적 프로브시험이다. 땜납 리플로우를 수행한 다음에, 후속 조립공정으로 WLCSP와 납땜 조인트들을 보호하며 일상적인 사용환경 속에서 WLCSP 디바이스의 견실한 신뢰성을 확보하기 위해서 플럭스를 세척한 다음에 언더필을 시행할 수 있다. 다이크기가 크거나 WLCSP 내부에 K값이 작은 절연체를 사용한 경우에 특히 언더필이 필요하다.

WLCSP는 형상계수가 가장 작고 전례 없이 뛰어난 성능을 갖추고 있으며, 염가인 베어다이 패키지이다. 특수 제품이나 구식 디바이스에서는 0.5[mm]나 0.65[mm]의 범프피치가 지금도 여전히 사용되고 있지만, 0.4[mm]나 0.35[mm] 또는 0.3[mm]의 범프피치와 같은 미세피치가 WLCSP에 일반적으로 사용되고 있다. 미세피치와 베어다이 때문에 WLCSP 조립의 전자조립 공정흐름에 대해서는 특별한 고려가 필요하다.

그림 9.1 전형적인 조립라인 셋업의 개략도

9.2 PCB 설계

IPC-SM-7351은 프린트회로기판 **랜드패턴**의 설계표준으로 자주 사용되고 있다. 이 표준은 표면실장착 소자들을 위한 랜드패턴 설계의 가이드라인으로 사용된다. 여기서 제공되는 정보에는 크기, 형상, 랜드패턴의 공차 등의 정보가 제공되며, 이 치수들은 업계에서 사용되는 컴포넌트 사양들, 보드 제조표준 그리고 컴포넌트 배치정확도 사양 등에 기초하고 있다. IPC-9701은 보드설계와 표면실장착 디바이스의 신뢰성 등의 정보를 제공해주는 또 다른 표준이다. 그런데 특히 피치길이가 0.35[mm] 이하인 미세피치 WLCSP의 경우에는 높은 조립수율을 유지하며, 실제 사용과정에서 WLCSP의 견실한 신뢰성을 확보하기 위해서, 특정한 영역에 대해서 추가적인 정밀검사가 필요하다.

9.2.1 SMD와 NSMD

WLCSP 마운팅을 위해서는 **땜납마스크 정의방식**(SMD)과 **비-땜납마스크 정의방식**(NSMD)과 같이, 두 가지 유형의 프린트회로기판 패드들이 사용되고 있다(그림 9.2). 비-땜납마스크 정의방식이 전체적인 랜드패턴 배치정확도가 더 높고 인접한 패드들 사이의 라우팅을 위한 공간이 더 넓기 때문에, 미세피치 WLCSP에 적용이 추천되고 있다. 비-땜납마스크 정의방식은 올바른 표면 다듬질이 가능함과 더불어서 땜납이 패드측벽을 적실 수 있어서 프린트회로기판 측 납땜 조인트의 단면을 효율적으로 증가시켜준다(**그림 9.3**). 이에 반해서 땜납마스크 정의방식에서는 정확도가 떨어지는 땜납마스크 공정에 의해서 패드가 정의된다. 이 설계는 또한 땜납마스크 테두리 근처에 응력집중을 유발하는 노치를 생성하기 때문에, 사용 중에 신뢰성 문제를 유발할 우려가 있다. 비-땜납마스크 정의방식 패드의 땜납마스크와 Cu 패드 사이에는 전형적으로 0.075[mm]의 공차가 지정되며 땜납마스크 정의방식 Cu 패드와 땜납마스크 사이에는 0.050[mm]의 중첩이 지정된다. 미세피치 WLCSP의 경우에는 이보다 더 좁은 공극이 필요하며, 프린트회로기판 제조의 설계원칙과 제조목표가 충족된다면 이를 허용할 수 있다.

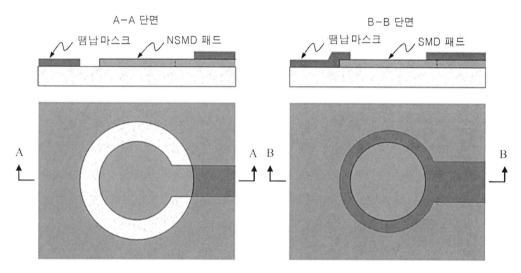

그림 9.2 비-땜납마스크 정의방식과 땜납마스크 정의방식 프린트회로기판 패드 설계의 평면도와 측면도 그리고 비-땜납마스크 정의방식 패드 측벽의 땜납 적심과 땜납마스크 정의방식 패드의 땜납 넥

그림 9.3 비-땜납마스크 정의방식 패드에서의 측벽 땜납적심과 땜납마스크 정의방식 패드에서의 땜납 넥

9.2.2 랜드패드의 크기

한쪽 끝이 다른 쪽 끝보다 현저히 크거나 작은 불균일한 형상의 납땜 조인트는 견실한 보드레벨 신뢰성의 측면에서 바람직하지 않기 때문에, 프린트회로기판의 랜드패드 크기는 전형적으로 WLCSP 소자의 범프하부금속 직경과 일치한다. 이 원칙은 땜납마스크 정의방식이나 비－땜납 마스크 정의방식 설계 모두에 적용된다. 서로 다른 업체들이 공급하는 WLCSP들은 범프하부금속의 크기가 서로 다른 경향이 있다. 어떤 업체는 범프하부금속 직경을 정의하기 위해서 수명이 긴 80% 범프크기 규칙을 적용하는 반면에 다른 업체는 부착성능과 냉열시험 성능개선을 위해서 더 큰 크기의 범프하부금속을 사용한다. 크기가 큰 범프하부금속을 사용하며 프린트회로기판의 랜드패드 크기를 이에 매칭시키면 인접한 패드들 사이의 배선 라우팅이 어려워지며(그림 9.4), 납땜 조인트의 설치높이가 줄어드는 반면에, 납땜 조인트의 단면이 증가하여 신뢰성이 개선된다 (그림 9.5). 또한 직조치수가 감소하기 때문에 WLCSP 미세피치용 스텐실 설계가 매우 어려워진다. 이와 동시에 납땜 조인트의 직경 증가는 조인트들 사이의 간극을 좁혀서 납땜 조인트들 사이에 브릿지를 형성하는 경향을 증가시키기 때문에, 조립 수율에 부정적 영향을 미친다.

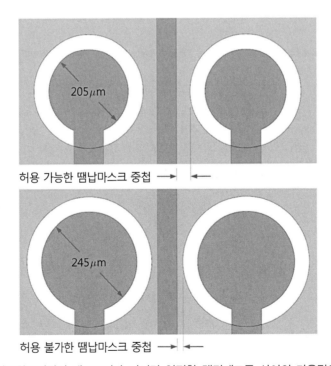

그림 9.4 프린트회로기판의 패드크기가 커지면 인접한 랜딩패드들 사이의 라우팅이 어려워진다.

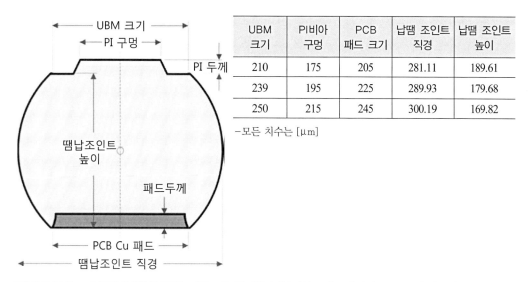

UBM 크기	PI비아 구멍	PCB 패드 크기	납땜 조인트 직경	납땜 조인트 높이
210	175	205	281.11	189.61
239	195	225	289.93	179.68
250	215	245	300.19	169.82

−모든 치수는 [μm]

그림 9.5 250[μm] 직경의 땜납볼들을 리플로우 처리한 전형적인 0.4[mm]피치 WLCSP의 범프하부금속/패드 크기에 의존적인 납땜 조인트의 크기

9.2.3 PCB 패드표면의 다듬질

프린트회로기판의 표면 다듬질에는 **무전해니켈금도금**(ENIG), **유기땜납보존제**(OSP) 그리고 **고온공기 표면처리**(HASL) 등이 일반적으로 사용된다. 은 함침도 마찬가지로 일반화되고 있다. 무전해니켈도금은 뛰어난 표면 납땜성질을 보여준다. 그런데 무전해니켈도금 다듬질을 사용한 경우의 전형적인 패드 상부 단면에서 발생하는 버섯형상으로 인하여 패드의 땜납적심은 거의 불가능하다(그림 9.6(a)). 전형적인 니켈층의 두께는 2.5~5.0[μm]인 반면에 금 층의 두께는 0.08~0.23[μm]이다. 저가형 유기땜납보존제가 WLCSP에서 널리 사용되고 있다. 비록 추가적으로 도금된 패드가 거의 수직의 측벽형상을 가지고 있더라도, 유기땜납보존제로 마감처리한 패드에서는 일반적으로 바람직한 측벽적심이 구현된다(그림 9.6(b)). 고온

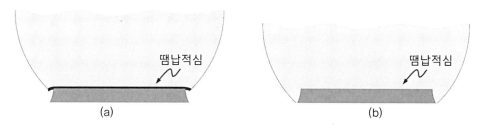

그림 9.6 ENIG 다듬질(좌측)과 OSP/함침 Ag 다듬질(우측)에 따른 납땜 조인트의 적심

공기 표면처리는 편평도가 나쁘기 때문에 WLCSP에서는 잘 사용되지 않는다. 은 함침은 대안적인 무연공법으로서, 뛰어난 편평도와 유기땜납보존제를 사용한 것과 유사한 측벽적 심이 구현된다. 하지만 특별한 취급이 요구된다.

9.2.4 WLCSP 하부의 비아들

부적절하게 설계/배치된 WLCSP 랜드패턴 내의 프린트회로기판용 관통 비아들은 땜납 리플로우와 신뢰성 시험과정에서 납땜 조인트에 과도한 응력을 유발하므로 WLCSP용 프린트회로기판의 설계에서는 이를 피해야만 한다. WLCSP 점유 영역 하부에 추가적인 라우팅이 필요한 경우에는 패드나 라우팅 모두의 경우에 대해서, 블라인드 비아가 추천된다. 땜납이 패드 영역 밖을 적시는 바람직하지 않은 경우를 방지하기 위해서, 라우팅된 비아 대신에 라우팅된 트레이스와 비아들 위에 땜납마스크가 사용된다(그림 9.7). 패드 내 비아 설계의 경우, 땜납 스크린 프린트 과정에서 과도한 기공이 발생하거나 불균일한 납땜 조인트 형상이 발생하는 어려움을 피하기 위해서 상향식 비아충진 도금이 추천된다. 패드 내 비아설계는 WLCSP의 열발산 성능을 개선시켜준다.

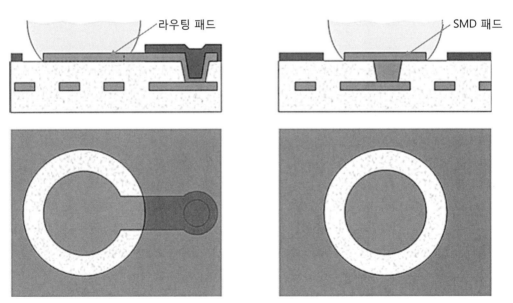

그림 9.7 라우팅된 프린트회로기판용 구리패드와 패드 내 비아방식 프린트회로기판용 구리패드의 평면도와 단면도. 패드 내 비아방식의 경우에는 충진된 구리비아가 바람직하다.

9.2.5 국부 위치표식

국부 위치표식[1]은 일반적으로 WLCSP를 보드 위에 정확하게 놓아주는 자동배치장비를 지원하기 위해서 보드 위에 배치된다. 컴포넌트 랜드패드 바깥쪽에 대각선으로 위치표식을 배치하는 것이 가장 일반적이다(그림 9.8). WLCSP 컴포넌트의 테두리와 국부 위치표식들 사이에 충분한 간극을 확보하는 것이 배치장비용 비전 시스템을 위해서 매우 중요하지만, 과도한 간극은 소중한 표면적을 차지해버리기 때문에 고밀도 표면실장착용 보드에서 바람직하지 않다.

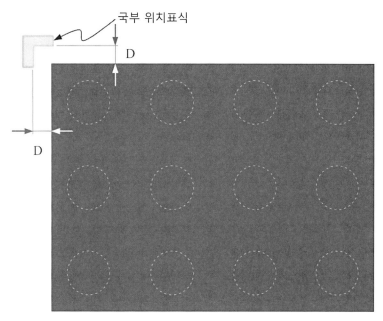

그림 9.8 WLCSP 표면실장착을 위한 국부 위치표식. 패키지와 위치표식 사이의 임계간극 D가 표시되어 있다.

9.2.6 PCB 소재

무연땜납범프를 사용하는 WLCSP 조립에는 일반적으로 고온의 FR4나 BT 라미네이트(Tg = 170~185[°C])가 추천되며, 이 소재들은 전형적으로 땜납 리플로우공정의 최고온도가 240~260[°C]에 달한다. 더 값비싼 폴리이미드 소재의 경우에조차도 프린트회로기판의 요구조건

---

1   loacl fudicial.

에 내열특성이 포함되어 있다. 다수의 핀들을 사용하는 WLCSP의 경우, 열/기계 응력을 줄이고 신뢰성을 높이기 위해서 적용할 범핑기술, 범프하부금속의 크기 그리고 언더필 소재 등의 고려사항 이외에도, 열팽창계수가 작은 진보된 라미네이트의 사용 여부를 고려해야만 한다. 이와 유사한 이유 때문에 회로설계의 전기적 요구조건을 충족시키는 한도 내에서 가장 얇은 두께의 구리소재 박판을 사용하는 것이 추천된다.

9.2.7 PCB 트레이스와 Cu 도포범위

랜드패드로부터 X 및 Y 방향으로의 균형 잡힌 팬아웃 트레이스는 리플로우 과정에서 불균일한 땜납 젖음 작용력으로 인한 의도치 않은 컴포넌트 이동을 방지하는 데에 도움이 된다.

범프 설치높이 감소를 초래할 수 있는 땜납 이동을 방지하기 위해서 비−땜납마스크 정의 방식 랜드패드로부터 작은 트레이스 라우팅을 사용하는 것이 가끔씩 필요하다. 전형적인 프린트회로기판 트레이스의 폭은 보드패드의 직경보다 2/3 이하이다. 고전류 연결의 경우에는 땜납마스크가 차지하는 영역만큼 트레이스 폭을 넓힐 수 있다. 특정한 WLCSP 시험용 보드를 사용하는 경우, 신뢰성 시험과정에서 구리소재 트레이스에 크랙이 발생하는 것을 방지하기 위해서 주변 랜드패드로부터의 팬아웃 프린트회로기판 트레이스의 방향을 정하는 과정에서 각별한 주의가 필요하다. 땜납 리플로우 과정에서 발생하는 프린트회로기판의 휨은 대형 미세피치 WLCSP 컴포넌트에서 문제가 될 수 있다. 때로는 프린트회로기판의 휨을 방지하기 위해서는 중립면과 대칭인 층 내에 평형용 구리 트레이스를 삽입하는 것이 필요하다.

9.3 스텐실과 땜납 페이스트

9.3.1 일반적인 스텐실 설계규칙

표면실장착기술(SMT)의 생산공정은 표면실장착용 땜납 페이스트 프린팅부터 시작하며, 이는 고품질 표면실장착기술을 구현하기 위한 가장 중요한 공정이다. 잘 관리된 장비, 최적화된 프린팅 인자들과 셋업, 숙련된 작업자와 공구 등과 같이 최종적인 땜납 페이스트 프린트 품질에 영향을 미치는 여러 가지 인자 중에서, 양품의 스텐실이 프린팅 품질에 가장 큰 영향을 미친다. 스텐실의 설계, 제작 및 관리가 잘 이루어진다면 표면실장착공정 전체에 걸쳐서 발생하는 땜납 결함들 중에서 60~70%를 방지할 수 있다고 여겨지고 있다.

표면실장착용 **스텐실** 설계의 경우, IPC-7525에서는 땜납 페이스트의 프린트와 스텐실로부터의 탈착에 영향을 미치는 세 가지 주요 인자들을 다음과 같이 제시하고 있다. (1) 구멍의 면적비와 종횡비, (2) 측벽각도 그리고 (3) 스텐실 측벽의 표면 다듬질.

면적비는 구멍의 측벽과 프린트회로기판 패드 사이의 면적비율로 정의된다(그림 9.9). 이 값은 땜납 페이스트와 프린트회로기판 패드 사이의 탈착력을 땜납 페이스트와 구멍 사이의 결합력과 비교하는 척도로 사용된다. 자중을 감안한다면, 구멍 위에서 프린팅용 스퀴즈가 땜납 페이스트를 문지를 때에 땜납이 프린트회로기판의 패드 위에 잘 붙도록 만들려면, 경험적으로 최소면적비율이 0.66보다 커야만 한다. 종횡비는 스텐실 두께와 스텐실 구멍의 짧은 쪽 길이 사이의 비율로서, 면적비율의 단순화된 형태로 취급된다(그림 9.9). 구멍의 길이(L)가 구멍의 폭(W)보다 훨씬 더 커서 5배 이상이 되는 경우에는 종횡비가 유용한 기준으로 사용된다. 양호한 땜납 탈착 성능을 구현하기 위해서는 이 비율이 1.5보다 커야 한다. 터미널의 크기와 피치에 따라서 특정한 경우에는 종횡비와 면적비가 추천값과 달라지게 되며, 이런 경우에는 개별적인 시험이 필요하다.

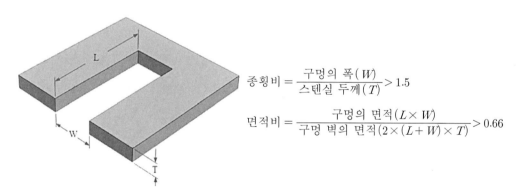

$$종횡비 = \frac{구멍의\ 폭\,(W)}{스텐실\ 두께\,(T)} > 1.5$$

$$면적비 = \frac{구멍의\ 면적\,(L \times W)}{구멍\ 벽의\ 면적\,(2 \times (L+W) \times T)} > 0.66$$

그림 9.9 스텐실의 사각형 구멍과 종횡비 및 면적비에 대한 정의

산업계에서는 **전기주조와 레이저절단**이라는 두 가지 스텐실 기법을 주로 사용하고 있다. 단차 스텐실의 경우에 단차를 제작하기 위해서 화학적 에칭기법이 사용되기는 하지만, 최종적인 스텐실 구멍은 일반적으로 레이저절단을 사용하여 제작한다. 미세형상 프린트 과정에

서 탈착품질을 향상시키기 위해서 특이한 단차가 필요한 경우에는 3차원 전기주조 스텐실이 사용된다. 전기주조 스텐실의 특징적인 장점들 중 하나는 측벽이 상대적으로 곧으며 거울면 같이 매끄러운 다듬질로 인하여 땜납 페이스트의 탈착이 용이하다는 점이다. 이 기법을 사용하여 면적비율이 0.50에 불과한 구멍을 프린트할 수 있으며, 이는 컴포넌트들의 크기와 피치가 지속적으로 감소하는 상황에서 도움이 된다.

레이저절단방식 스텐실에 **전해연마**를 시행하는 방법이 전형적인 표면실장착 분야에서 가장 일반적으로 사용되고 있다. WLCSP에 사용되는 일반적인 스텐실의 두께는 0.100과 0.125[mm]이다. 페이스트 탈착에 도움이 되는 스텐실 구멍의 경사각도는 일반적으로 2~5° 이며, 스퀴즈면보다 프린트회로기판과의 접촉면 쪽 구멍을 0.025[mm] 더 크게 제작하여야 한다. 또한 사각형 구멍의 모서리 곡률도 페이스트 탈착과 스텐실 세척성능을 향상시켜준다. 스텐실 구멍을 보드상의 랜드패드보다 작게 만드는 것이 프린팅, 리플로우 및 스텐실 세척에 도움이 된다. 이를 통해서 보드패드와 스텐실 구멍 사이의 부정렬을 최소화시킬 수 있다.

9.3.2 땜납 페이스트

땜납 페이스트 선정을 위한 일반적인 정보에는 땜납합금, 플럭스소재와 활성도, 입자크기 그리고 페이스트 내의 금속함량 등이 포함된다. 땜납 페이스트들은 JEDEC 표준인 J-STD 005에 따라서 입자크기로 구분된다. WLCSP 조립용 프린팅에 일반적으로 사용되는 땜납 페이스트는 금속함량이 89.5[wt%]로, 매우 높은 3형(평균입자크기 36[μm])이나 4형(평균입자크기 31[μm])이 사용된다. 플럭스는 무세척 방식과 세척방식 모두를 사용할 수 있다. **무세척 플럭스**는 **로진**(RO) 기반, **레진**(RE) 기반 또는 로진과 레진을 모두 사용하지 않는 유형 등이 있으며, 후자는 **유기**(OR) 소재로 분류한다. 금속 표면상에 존재하는 산화물을 용해시키고 땜납 적심을 증진시켜주는 능력을 나타내는 플럭스 활성도는 낮음(L), 중간(M) 및 높음(H)으로 분류한다. 활성도가 높은 플럭스들은 보통, 산성이거나 부식성을 가지고 있다. 수용성 플럭스들은 일반적으로 유기(OR)성분으로 이루어지며, 리플로우 이후에 세척이 의무화되어 있는 경우에 높은 활성도를 나타낸다. 할로겐화물의 존재 유무에 따라서 1과 0으로 표시하며, 할로겐화물을 함유하지 않은 플럭스들을 선호한다. ROL0으로 분류되어 있는 플럭스는 로진 기반, 저활성도 및 할로겐화물이 없는 플럭스를 의미한다. 무연땜납범프를 사용하는

WLCSP의 조립에는 Sn-Ag-Cu 땜납합금이 가장 자주 사용된다. 이 소재의 액화온도는 217~220[°C]이다.

컴포넌트를 배치하기 전에 광학식 **땜납 페이스트 검사**(SPI)를 수행하면 땜납으로 인해서 유발되는 결함을 확률적으로 의미 없는 수준까지 낮출 수 있으며, 프린트회로기판 위에 스크린 프린터를 사용하여 높이, 면적 및 체적 등이 균일한 땜납 페이스트를 도포하기 위해서 이의 활용이 추천된다. 이를 위해서 전 세계적으로 다양한 업체가 공급하는 인라인 시스템이나 오프라인 시스템들을 사용할 수 있다.

9.4 컴포넌트 배치

WLCSP 컴포넌트들을 배치하기 위해서는 광학식 정렬기능을 갖춘 자동화된 미세피치 배치기가 추천된다. 비전 시스템을 지원하고 배치정확도를 높이기 위해서 프린트회로기판 위에 전형적으로 국부 위치표식이 사용된다. 기계적인 정렬기구를 사용하는 픽앤드플레이스 시스템은 실리콘 소재인 WLCSP 디바이스에 기계적인 손상을 유발할 우려가 있기 때문에 사용이 금지되어 있다. 이와 동일한 이유 때문에 손상의 발생을 방지하기 위해서 수직방향으로의 모든 압착력을 검출 및 제어해야 하며, 최소한의 픽앤드플레이스 작용력(0.5[N] 미만)만이 부가되어야 한다. WLCSP의 픽앤드플레이스 작업을 수행하는 동안 과도한 힘이 작용하는 것을 방지하기 위해서 Z-높이 제어기법이 추천된다. WLCSP 디바이스에 물리적인 손상이 발생하는 것을 추가적으로 방지하기 위해서 저작용력 노즐옵션과 (고무소재 팁과 같은) 유연소재를 사용하는 것이 강력하게 추천된다. 수동조작이 필요하게 되면, 연질소재 팁이 장착된 진공 펜슬만을 사용해야 한다. 고정밀 배치가 필요한 경우에 올바른 배치를 보장하기 위한 배치정확도에 대한 연구가 수행되어야 한다. WLCSP 다이조립이 완벽하게 이루어지도록, 표면실장착의 픽앤드플레이스 공정에 대한 검증도 추천된다.

9.4.1 픽앤드플레이스 공정

컴포넌트 배치의 허용 최대 작용력은 실제적으로 한계가 존재하며, WLCSP 범프구조와 설치용 보드 소재에 크게 의존한다. 그런데 WLCSP 디바이스의 앞면(능동 영역) 및 뒷면에 물리적인 손상이 가해지는 것을 피하기 위해서는, **픽앤드플레이스** 작동의 힘 제어보다는 **Z-높이 제어**가 추천된다. 캐리어 테이프에서 컴포넌트를 집어 올리는 동안에는 WLCSP와 픽업공구 사이의 Z-높이를 조절해야 한다(그림 9.10). 캐리어 테이프의 포켓으로부터 WLCSP를 들어올리기 위하여 60~70[kPa] 범위에서 적절한 진공압력이 설정되어야 한다. 이를 통해서 픽업과정에서 WLCSP의 뒷면 실리콘과의 직접 접촉을 막을 수 있다. 이와 마찬가지로 땜납 페이스트가 프린트되어 있는 프린트회로기판 위에 WLCSP를 얹어놓을 때에는, 프린트회로기판과 WLCSP 사이의 Z-높이를 0 또는 컴포넌트가 낙하하거나 부딪치지 않는 임계거리값으로 설정하여야 한다(그림 9.10). 패키지를 접착표면에 충돌시킬 수 있는 접착력 세팅방법은 피해야 한다. 이는 일반적으로 발생하는 실수로서, 이로 인하여 발생한 힘이 땜납범프가 WLCSP 다이의 능동 측을 향하도록 만들면 WLCSP 컴포넌트에 손상이 초래될 수 있다.

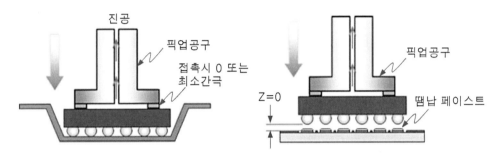

그림 9.10 WLCSP와 픽업 공구 사이의 간극인 Z-높이를 0이나 최소한으로 설정한다(좌측). 진공을 사용하여 캐리어 테이프의 포켓으로부터 패키지를 진공으로 들어올린다. 마찬가지로 보드상의 배치과정에서 충돌을 방지하기 위해서 배치공정에서의 Z-높이를 0이나 최소한으로 설정한다(우측).

대량생산용 표면실장착에 사용되는 WLCSP 디바이스는 일반적으로 범프가 아래를 향하도록 테이프에 부착된 형태로 공급된다. 특별한 경우로, WLCSP들이 범프가 위로 향하도록 자외선(UV) 다이싱 테이프 위에 붙어 있는 필름 프레임 형태로 WLCSP들이 생산에 투입되기도 한다. 이런 경우, 일단 개별 WLCSP 다이들을 다이싱 테이프 위로 집어올린 다음에 이를 뒤집어서 다른 픽업공구로 전달하여야 이를 프린트회로기판 위에 놓을 수 있다. 다이를 집어올리기 전에 적절한 시점에서 자외선을 조사하는 단계가 필요하다.

배치과정에서 패키지에 균일한 응력분포를 부가하기 위해서는 픽앤드플레이스 공구와 최소한 관찰해야만 하는 패키지 크기 사이의 적절한 비율은 최소한 80%가 되어야 한다. 최적화된 컨베이어 속도와 전달도 역시 리플로우를 수행하기 전에 컴포넌트들의 위치이동이나 기울어짐을 피하기 위해서는 중요한 사항들이다. 만일 리플로우를 수행하기 전에 보드상의 패키지에 대한 재정렬이 필요하다면, 진공 펜이나 이에 상응하는 연질접촉공구만을 사용할 수 있다.

9.4.2 배치정확도

볼 부착 옵션을 사용하는 WLCSP는 전형적으로 땜납범프의 높이가 0.15[mm] 이상이며, 스크린 프린트된 땜납 페이스트와 견실한 자체정렬 특성을 갖추고 있다. 패키지 높이를 낮추기 위해서 도금된 땜납범프를 사용하는 초박형 WLCSP의 경우, 전형적인 설치높이는 0.15[mm] 미만이며, 자기정렬 특성이 나쁘기 때문에 배치오차에 대한 허용공차가 작다.

수치제어 방식의 픽앤드플레이스 기기가 부품을 테이프, 튜브 또는 트레이에서 집어올려서 프린트회로기판 위에 배치시킨다.

WLCSP를 프린트회로기판 위에 배치시키기 위해서 영상정렬 시스템을 갖춘 자동화된 배치장비가 사용된다. 여기서는 패드에 대한 패키지의 허용 오프셋을 결정해야만 한다. 일반적으로 보드 위에 컴포넌트를 배치하는 과정에서 50%의 주정렬까지는 허용 가능하다. 충분한 크기의 땜납범프를 사용하는 WLCSP는 리플로우 공정에서 자기정렬을 이루는 경향이 있다. 패키지가 자기 중심맞춤을 이루도록 만들기 위해서는 범프가 프린트된 페이스트 속으로 땜납 페이스트 높이의 약 50[μm] 또는 절반 정도 잠길 수 있도록 배치장비 노즐의 Z-높이 설정시 충분한 과도이송거리를 확보해야만 한다.

이를 통해서 패키지를 픽앤드플레이스 장비에서 리플로우 오븐으로 이송하는 동안 패키지가 움직이지 않도록 막아준다.

패키지 정렬에 사용되는 두 가지 가장 일반적인 방법은 패키지 실루엣(하향 카메라)과 볼 인식 시스템(상향 카메라)이다. **패키지 실루엣** 시스템의 경우, 영상 시스템은 패키지의 외형만을 검출하는 반면에, **볼 인식** 시스템의 경우에는 영상 시스템이 볼 어레이 패턴을 검출한다. 이를 통해서 볼이 탈락된 경우도 검출할 수 있다.

9.4.3 노즐과 피더

어떠한 표면실장착 장비도 잘 작동하는 **노즐**과 공급기(**피더**) 없이는 정확한 배치와 효율적인 작동을 실현할 수 없다. 노즐들은 배치될 모든 부품과 접촉하는 처음이자 마지막 기구이다. 이들은 보드로의 이송과정에서 장비가 이동 및 회전하는 동안 부품을 붙잡고 있어야 한다. 공급기는 다양한 유형의 컴포넌트들을 노즐이 집을 수 있는 올바른 위치로 이동시켜준다. 노즐과 공급기에 대한 유지보수가 불량하거나 노즐의 품질이 조악하다면 공정상에 많은 문제가 초래된다. 여기서는 자주 발생하는 몇 가지 문제들에 대해서 살펴보기로 한다.

1. 부정확한 픽업위치. 이로 인하여 진공 흡착력이 저하되며 이송 중에 부품의 위치변화가 초래된다.
2. 짧거나 마모된 노즐은 픽업불량을 유발하며 부품이 페이스트 속에 올바르게 매립되지 않게 된다. 부품이 페이스트 속에 제대로 매립되지 않으면, 프린트회로기판을 이송하는 동안 부품을 붙잡고 있기에 충분한 표면장력이 생성되지 않으며, 이로 인하여 부품이 움직이게 된다.
3. 노즐의 고착은 노즐의 작동높이를 크게 변화시키므로 많은 문제를 야기할 수 있다.
4. 부품 검사 시 다음과 같은 이유로 인하여 정상보다 높은 비율로 불량이 발생한다.
   • 부품이 노즐에 대해서 일정한 위치에 놓여 있지 않은 경우
   • 노즐 조명이 불량한 경우
   • 노즐 높이가 잘못된 경우
   • 프로그램상에서 부품의 높이를 잘못 설정하여 노즐이 고착되는 경우
   요약해보면, 노즐과 공급기들은 부품들과 시간당 수천 번 접촉한다. 이들은 픽앤드플레이스 공정에서 매우 중요한 요소들이다. 피더와 노즐에 대한 적절한 예방정비가 필요하며, 모든 표면실장착 공정에서 고품질 노즐의 사용해야 한다.

9.4.4 고속 표면실장착에서의 고려사항

휴대용 전자기기 시장이 증가하면서, 다양한 크기와 형상을 가지고 있는 전자소자들을 높은 장착밀도와 극한의 속도로 조립하기 위해서, 전자제품 제조업체와 이들이 선정하는 배치장비에 대해서 전대미문의 속도와 유연성을 요구하고 있다.

유연성에 대한 요구조건은 0.4×0.2[mm](EIA 01005 또는 IEC/EN 0402 MLCC 칩 커패

시터)의 소형 수동소자에서부터 대형 미세피치(0.3[mm]) 볼그리드어레이 패키지에 이르는, 표면실장착에 사용되는 모든 패키지를 프린트회로기판 위에 배치할 수 있는 능력을 의미한다. 배치모듈은 매트릭스 트레이(와플 팩), 엠보싱 테이프 그리고 테이프 위에 부착된 다이싱된 웨이퍼에 이르기까지 다양한 컴포넌트 공급형태를 수용할 수 있어야만 한다. 속도의 경우, 고려해야 하는 핵심인자들은 배치원칙, 컴포넌트 공급, 영상화기법 그리고 가능하다면 고속 플럭스 도포 등이다. 배치속도와 더불어서 고려해야만 하는 중요한 특성은 배치정확도이다. 그런데 물리법칙은 일반적으로 극한의 속도와 정확도를 하나의 기법에 대해서 동시에 허용하지 않는다. 따라서 배치장비의 기본 작동원리를 결정할 때에는 속도와 정확도 요구조건을 동시에 충족시켜주도록 균형을 맞추기 위해서 세심한 고려가 필요하다.

9.4.5 배치정확도 요구사항

영역 어레이 패키지에서 필요로 하는 볼과 범프 배치정확도를 결정하는 핵심 인자들은 범프의 숫자와 패키지의 중량이다. 칩스케일 패키지의 장점들 중 하나는 동일한 피치의 리드연결방식을 사용하는 집적회로들(QFP/SO)보다 배치정확도 요구조건이 크게 완화된다는 점이다.

허용 최대 배치오차는 땜납마스크를 사용하지 않는 원형패드의 경우, PC 보드 기판 패드직경의 절반에 이른다. 땜납 페이스트를 도포하는 위치오차가 PC 보드 패드직경의 절반에 이르는 경우가 발생할 수 있지만, 여전히 볼/범프와 패드 사이의 기계적 접촉이 이루어진다. 따라서 땜납 페이스트 도포위치가 틀어지더라도 완벽한 자기정렬이 보장된다. 그런데 실제의 배치정확도 기댓값은 이보다 훨씬 더 높다. 높은 **공정능력지수**(CPK)를 구현하기 위해서, 사용자는 4σ의 배치정확도를 요구하고 있다. 이는 $100[\mu m]$ 미만의 정확도를 의미한다.

9.4.6 배치원칙의 옵션들

배치정확도는 위치축인 x, y 및 θ의 품질에 의존한다. 픽앤드플레이스 장비의 경우, 배치용 헤드는 전형적으로 x–y 갠트리 시스템에 의해서 이송되며, 미리 정의된 x 및 y 방향 작동범위 내에서 자유롭게 움직일 수 있다. 이 이송기구는 컴포넌트 집어올리기, 내려놓기 그리고 특정한 위치에서 위를 바라보고 있는 카메라를 사용한 컴포넌트 측정 등을 위해서 지정된 횡방향 운동을 수행할 수 있다. 배치용 헤드 내에서 가장 중요한 이송축은 θ 또는 칩의 배향을 보정하는 회전축이지만, 민감한 WLCSP의 픽앤드플레이스 공정에서는 z−축 이송의 정밀도 역시 무시할 수 없다. 고성능 시스템의 경우 z−축 이송은 전형적으로 마이크로프로세서를 사용하여 제어하며, 수직방향 스트로크와 필요한 배치 작용력을 측정하는 센서를 활용한다.

픽앤드플레이스 장비가 최소숫자의 배치용 헤드를 구비하고 있는 경우에 최고의 배치정확도를 구현할 수 있다는 점이 명확하다. 고정밀 시스템의 x 및 y 방향 위치정확도는 4σ 품질레벨을 기준으로 $\pm20[\mu m]$이다. 고정밀 픽앤드플레이스 시스템의 근본적인 단점은 일반적으로 단 하나의 배치용 헤드만을 지원한다는 점으로, 배치속도가 심하게 제한된다. 이런 시스템의 작동속도는 일반적으로 플럭싱과 같은 추가적인 공정활동을 제외하고 2,000[cph] 미만이다.

현대적인 픽앤드플레이스 시스템은 하나의 고정밀 픽앤드플레이스 헤드와 리볼버 방식 다중노즐 헤드를 하나의 갠트리에 장착한 훨씬 더 유연한 시스템을 채용하고 있다. 고정밀 헤드는 대형 볼그리드어레이(BGA)나 **4변 패키지**(QFP) 소자들 그리고 매우 다루기 어려운 미세피치 플립칩의 배치를 책임진다. 크기가 작고, (배치정확도와 같은)조건이 완화된 컴포넌트를 배치하는 고속작업의 경우에는 리볼버(슈터)헤드가 사용된다. 이러한 조건이 완화된 작업에는 0.5[mm]의 볼 피치를 가지고 있는 칩스케일 패키지도 포함된다. 여기에 사용되는 배치원칙은 **컬렉트 앤드 픽앤드플레이스**로서, 이는 전통적인 **칩 슈터**의 개념과는 차이를 가지고 있다.

전통적인 칩 슈터들은 일반적으로 수평회전방식의 **터릿 헤드**를 사용하여 이동하는 공급기 뱅크에서 동시에 컴포넌트들을 집어 올리며 이들을 이동하는 PC 보드에 내려놓는다. 이론적으로는 40,000[cph]에 이를 정도로 매우 높은 배치속도를 구현할 수 있다. 컴포넌트 픽업의 제한, 대부분의 칩스케일 패키지 사용자들에 대해서 불충분한 배치정확도(4σ 정확도가 $100[\mu m]$ 초과) 그리고 컴포넌트 플럭스 도포의 불가능 등으로 인하여 영역 어레이 패키지에 대한 고속 마운팅의 경우, 매우 제한된 범위 내에서 전통적인 칩 슈터만을 사용할 수 있다. 이론상으로는 패키지 외곽 중심맞춤 방식과 표준 엠보싱 테이프를 공급방식으로 사용하면, 볼 직경이 0.3[mm]를 초과하는 영역 어레이 패키지의 고속 마운팅에도 전통적인 칩 슈터를 사용할 수 있다.

(볼 중심맞춤을 기반으로 하는)컬렉트 앤드 플레이스 시스템에 현재 사용되고 있는 가장 진보된 영상화 시스템은 4σ 배치정확도를 $60[\mu m]$로 유지하면서 최소한 5,500[cph]의 속도

로 칩스케일 패키지를 배치할 수 있다. 이 시스템은 또한 범프직경이 110[μm]이며 범프피치가 200[μm]인 경우에 고속 플립칩 마운팅을 수행할 수 있다.

대안으로 제시된 이중빔 컬렉트 앤드 플레이스 시스템의 경우, 두 개의 분리된 x, y 갠트리에 의해서 두 개의 **리볼버 헤드**가 이송된다. 두 리볼버 헤드 각각은 12개의 노즐들을 장착하고 있으며, 와플 팩이나 매트릭스 어레이에 임의접근이 가능하다. 이 시스템은 표준 표면실장착 패키지 소자들에 대해서 전체적인 (θ 방향 편차를 포함하여)배치정확도를 90[μm/4σ]로 유지하면서 20,000[cph]의 속도를 구현할 수 있다. 영역 어레이 패키지의 경우, 볼/범프 검색 알고리즘의 시간소모가 많기 때문에, 이중빔 슈터 시스템을 사용한다고 하더라도 11,000[cph] 이상의 속도로 제한된다. 만일 볼 중심맞춤 대신에 외곽 중심맞춤 방식이 적용된다면 최대 배치속도는 20,000[cph]에 달할 것이다.

9.4.7 영상 시스템

현대적인 표면실장착용 디바이스 배치장비들은 모두 컴포넌트 **영상 시스템**과 특별한 형상들이 설계된 프린트회로기판을 조합하여 사용하는 기계영상화기법을 채택하고 있다. 현대적인 조립체들 중 일부(플립칩과 같은)가 극한의 배치정확도를 요구하고 있지만, PC 보드의 기준표식과 점표식에 대한 인식의 중요성을 과소평가해서는 안 된다. 글로벌 기준표식과 점표식에 대한 위치인식은 색상과 대비의 충돌로 인하여 매우 어려운 일이다. 다행히도 칩스케일과 여타 영역 어레이 패키지들의 배치정확도 요구조건은 낮은 편이며, 이로 인하여 인식이 필요한 국부 위치표식의 숫자가 줄어든다.

가장 전형적으로 칩스케일 패키지는 비교적 크기가 작은 프린트회로기판에 적용되며, 이 조립체는 더 큰 패널의 조립에 사용된다. 다수의 배치모듈들을 사용하는 표면실장착 생산라인의 경우에는 생산성을 극대화하기 위해서, 첫 번째 배치모듈에서만 패턴인식에 시간을 소비하며, 개별 위치표식/점표식에 대한 위치정보를 이후의 모듈들로 전송함으로써 소중한 작업시간을 절약할 수 있다.

표면실장착 소자들의 다양한 소재특성과 표면성질을 수용하기 위해서 현대적인 표면실장착 장비들은 강력한 영상 시스템을 갖추고 있다. 컴포넌트 영상 시스템의 능력(그리고 일반적인 영상 시스템의 능력)은 (카메라의) 조명기법과 평가유닛이 사용하는 알고리즘에 의존한다.

일반적으로 **후방조명**이나 **레이저 측 조명**을 사용하는 외곽선 중심맞춤이 WLCSP에 적합하다. 그런데 WLCSP의 외곽공차는 배치정확도에 부정적인 영향을 미칠 수 있다. 반면에 범프 중심맞춤은 대부분의 사용자들에게 필수적으로 적용되고 있다. 영상을 이용한 볼 중심맞춤의 경우에는 **전방조명**만을 사용할 수 있다. 인식 신뢰성과 반복성의 최댓값은 다양한 광원을 사용하는 세련되고 유연한 조명기법을 사용하는 경우에만 구현할 수 있다. 각각의 광원들은 특정한 발광각도를 가지고 있다. 거의 완벽한 WLCSP 영상이란, 하부의 칩/패키지 라우팅 구조는 최소한만 보일 정도로 높은 대비를 가지고 있는 범프/기판영상을 의미하며, 특정한 범프위치 알고리즘을 사용하면 이 또한 손쉽게 제거할 수 있다. 미세피치 디바이스를 포함하여 모든 유형의 패키지를 취급할 수 있어야 하는, 고성능 표면실장착 배치 시스템은 둘 또는 그 이상의 컴포넌트 카메라를 구비하고 있다. 미세피치 카메라는 표준 카메라보다 훨씬 더 높은 분해능(배율)을 구현해야 하며 다양한 조명을 구비해야 한다.

범프 중심맞춤의 또 다른 어려움은 영역 어레이 패키지의 방향검사(보통 1번 핀 인식이라고 부른다)이다. 이 기능은 표면실장착용 디바이스 배치장비용 기계영상 시스템만이 가지고 있는 특징으로서, 잘못된 방향으로 패키지를 배치하는 오류를 신뢰성 있게 방지할 수 있다. 비대칭 볼 어레이에 대한 볼 중심맞춤을 수행하는 경우에는 배치공정에 방향검사가 자동적으로 포함된다. 하지만 대칭형상 범프어레이를 사용하는 패키지의 경우에는 방향맞춤이 아직 적용되지 않고 있다.

9.4.8 알고리즘

표준 표면실장착 디바이스에 적합한 알고리즘을 영역어레이 패키지의 범프 중심맞춤에 곧장 적용할 수는 없다. 복잡하고 많은 시간이 소요되는 **간섭회피궤적 검색기법**이 더 많은 장점을 가지고 있다.

비록 WLCSP 범프 제조업체들이 모두 전용 광학검사시스템을 사용해서 범프에 대한 전수검사를 수행하지만, 때로는 땜납범프에 대한 자동화된 표면실장착 상태의 영상화 검사가 필요하다. 강력하고 유연한 조명과 특별한 검사 알고리즘을 사용하여 제한된 범위 내에서 변형의 존재유무에 대한 범프검사가 가능하다.

컴포넌트 영상화 시스템의 주요 임무는 다양한 패키지에 대한 정밀하고 빠른 중심맞춤이라는 점을 인식해야 한다. (다중측정이 아닌)단 한 번의 촬영으로만 빠른 광학 중심맞춤이 가능하다. 또한 관측시야를 넓히면 항상, 정밀한 볼 검사에 필요한 요구조건과는 상반된 비교적 조악한 분해능이 초래된다. 어레이 전체의 볼 검사, 정밀도 그리고 높은 배치속도와 같은 요구조건들 사이에는 큰 상충이 존재한다. 대부분의 경우, 허용 가능한 범프 계산시간과 높은 배치속도를 구현하기 위해서는 패키지의 각 모서리마다 (다섯 개 내외의) 소수의 볼들에 대해서 검출 프로그램을 적용한다.

9.4.9 요소공급과 플럭싱

매트릭스 트레이나 표준 엠보싱 테이프를 사용하여 볼그리드어레이와 칩스케일 패키지의 공급이 이루어진다. 여기서, 매트릭스 어레이에는 컬렉트 앤드 플레이스 방식의 슈터만을 사용할 수 있다는 것을 기억해야 한다.

다양한 표준 표면실장착 디바이스들의 혼용과정에서 칩스케일 패키지를 사용해야만 한다면, 땜납 페이스트 프린팅이 가장 중요한 공정단계이다. 만일 선정된 스텐실 두께가 너무 두껍다면, 칩스케일 패키지의 패드 위에 도포되어야 하는 땜납 페이스트가 스텐실의 구멍 속에 남아 있게 된다. 이런 문제가 발생할 가능성을 방지하는 두 가지 방법이 존재한다. (1) 서로 다른 땜납 페이스트 두께를 적용할 수 있는 특수한 스텐실을 사용한다. 다단 에칭이나 덧붙임 기법을 사용하여 스텐실 내에서 다양한 두께를 구현할 수 있다. 특수한 스텐실은 더 비싸며, 프린트배선판 배치상에 약간의 제약이 생기기 때문에 표면실장착 업계에서는 이 방법이 제한적으로 사용된다. (2) 신뢰성 있는 납땜과 리플로우 오븐을 통과하는 PC 보드 이송과정에서 양호한 위치안정성을 구현하기 위해서는 칩스케일 패키지의 잠김형 플럭싱이 사용된다. 플럭스 캐리어는 전형적으로 **닥터 블레이드**[2]에 의해서 플럭스 박막의 두께(예를 들어 75[μm])가 조절되는 회전형 드럼으로 이루어진다. 볼 하부 영역에만 플럭스가 도포되기 때문에, 공정에 실제로 투입되는 플럭스의 양은 매우 작다.

배치 사이클당 추가되는 시간은 배치원칙에 의존하며, (1) 픽앤드플레이스 방식만을 사용

---

2 doctor blade : 윤전방식 그라비어 인쇄에서 드럼에 묻은 여분의 잉크를 긁어내는 칼날. 역자 주.

하는 경우에는 약 0.7[s], (2) 컬렉트 앤드 플레이스의 경우에는 약 0.3[s]이다.

9.4.10 요 약

WLCSP 컴포넌트들을 표면실장착하는 경우에, 대량생산과정에서 요구되는 조건들을 충족시키기 위해서는 작동시간, 유연성, 속도, 정확도, 컴포넌트 공급 그리고 플럭싱 등과 같은 핵심 인자들을 제심하게 검증해야 한다.

9.5 땜납 리플로우

땜납 리플로우는 회로기판 위에 표면실장착 요소들을 부착하는 가장 일반적인 방법이다. 표면실장착(SMT) 요소들과 **관통구멍기술**(THT) 요소들이 함께 사용되는 보드에도 리플로우가 사용된다. 관통구멍 리플로우를 적용하면 조립공정에서 개별적인 웨이브 납땜 단계를 없앨 수 있으므로, 전체 조립비용을 줄일 수 있다.

리플로우 공정의 목표는 전기소자들을 과열시키거나 손상을 입히지 않으면서 땜납을 용해시키고 인접한 표면을 가열하는 것이다. 또한 용융된 땜납의 표면장력이 견인력을 작용하기 때문에, 프린트회로기판의 납땜 패드 위에서 표면실장착 컴포넌트, 즉 WLCSP들이 자기정렬을 맞추는 것도 기대할 수 있다. 픽앤드플레이스의 정확도나 배치위치에서 리플로우 오븐으로의 이송과정에서 컴포넌트들이 정위치에서 벗어날 수 있기 때문에, 이러한 자기정렬 특성은 중요하다. 일반적인 리플로우 납땜 공정에서, 소위 스테이지의 리플로우 프로파일 또는 영역이라는 용어가 자주 사용된다. 전형적인 스테이지에는 예열, 함침, 리플로우 및 냉각과정이 포함된다. **그림 9.11**에서는 업계에서 사용되는 주요 항목들이 포함된 전형적인 리플로우 프로파일의 사례를 보여주고 있다.

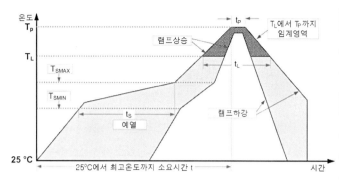

시간변수	
t_S	함침시간
t_L	액상선 초과시간
t_p	최고온도 유지시간
온도변수	
T_{SMIN}	최저함침온도
T_{SMAX}	최고함침온도
T_L	땜납의 액상선 온도

그림 9.11 땜납 리플로우 프로파일과 특정한 값이 지정되지 않은 항목들. 프린트회로기판의 설계, 컴포넌트들의 유형, 크기 및 수량, 땜납의 유형과 땜납 페이스트/플럭스의 유형뿐만 아니라 가열/냉각 조절과 장비 영역의 숫자 등 사용 가능한 장비에 기초하여 개별 리플로우 프로파일의 세팅을 평가해야 한다.

땜납 리플로우에는 수많은 방법이 존재한다. 그중 하나는 적외선램프를 사용하는 방법이며, 이를 **적외선 리플로우**라고 부른다. 또 다른 방법은 고열가스 대류를 사용하는 방법이다. 요새 다시 일반화되어 가고 있는 또 다른 기법은 끓는점이 높은 특수한 액체 불화탄소를 사용하며, 이를 **기체상 리플로우**라고 부른다. 납땜에 엄격한 관리가 필요한 무연 납땜을 사용하도록 법적 규제가 제정되기 전에는 환경적 문제 때문에 이 방법이 거의 사용되지 않았다. 현재에는 표준 공기나 질소가스를 사용하는 **대류식 납땜**이 가장 일반적인 리플로우 기술로 자리 잡게 되었다. 각각의 방법들은 장점과 단점을 가지고 있다. 적외선 리플로우를 사용하는 경우, 보드 설계자는 키 작은 컴포넌트가 키가 큰 컴포넌트의 그늘 뒤에 가려지지 않도록 보드를 배치하여야 한다. 설계자가 생산에 기체상 리플로우나 대류식 납땜을 사용한다는 것을 알고 있다면, 컴포넌트의 위치에 제약이 없어진다. 리플로우 납땜을 사용하는 경우, 형상이 불규칙하거나 열에 민감한 컴포넌트들은 수작업으로 납땜을 수행하거나 자동 대량생산을 적용하는 경우에는 **집속 적외선**(FIB)이나 국부대류장비를 사용하여야 한다.

9.5.1 예열 영역

표면실장을 끝낸 이후에 배치품질을 검사하기 위해서 컴포넌트들이 점착성 땜납 페이스트/플럭스에 의해서 붙어 있는 보드를 땜납 리플로우 오븐으로 이송한다. 우선 **예열 영역**에 투입하면 보드와 크고 작은 모든 컴포넌트의 온도가 일정한 속도로 상승하게 된다. 많은 경우 예열 영역은 모든 리플로우 영역 중에서 가장 길다. 예열속도는 일반적으로 1.0~3.0[℃/s] 정도이며, 냉각속도는 2.0~3.0[℃/s] 정도이다. 만일 가열이나 냉각속도가 최대 기울기를 넘어서게 되면, 열충격에 민감한 컴포넌트들에서 손상(크랙)이 발생할 수 있다. 또한 플럭스 소재의 일부분이나 작업 중에 흡수된 끓는점이 낮은 소재가 폭발적인 기화를 일으킬 우려도 있다. 만일 너무 빨리 가열되면서 끓는점을 통과한다면, 알코올이나 여타 솔벤트 그리고 흡수된 수분이 폭발할 수 있다. 땜납 페이스트와 플럭스 비산물들이 너무 빠르게 가열된다는 것을 나타내는 일반적인 징표이다. 만일 필요하다면 폭발을 일으키지 않도록 130[℃]까지의 가열속도를 낮추어 페이스트/플럭스를 좀 더 천천히 건조시킨다. 만일 (온도 레벨의)상승속도가 너무 느리다면, 휘발성분의 기화가 불충분할 우려가 있다.

9.5.2 함 침

함침이라는 개념의 시작은 적외선 오븐이 리플로우 납땜의 주요 수단으로 사용되던 표면실장착기술의 초창기 시절로 거슬러 올라간다. 적외선 에너지 흡수는 밀집도가 높은 회로 보드에서는 서로 다른 표면상태와 색상을 가지고 있는 컴포넌트들에 대한 불균일한 가열과 큰 컴포넌트가 인접하여 있는 경우에 발생하는 그림자효과 등으로 인하여 매우 불규칙하게 발생한다. 따라서 가열 후에 보드와 컴포넌트들의 온도를 땜납 리플로우 온도 이하의 안전한 온도로 균일화시키기 위하여 **함침 영역**[3]이 설계된다. 적외선 오븐을 사용하는 경우, 점들 사이의 온도 편차가 40[℃] 이상 벌어지는 것이 전혀 드문 일이 아니다. 열에너지가 주변으로 전도되어 점들 사이의 온도 편차가 5[℃] 이하로 유지되어 앞서 언급했던 함침 영역이 되는 데에는 일정한 시간이 필요하다.

9.5.3 리플로우

다음 공정으로 땜납 페이스트 내에 섞여 있는 땜납 입자들과 WLCSP 및 볼그리드어레이 컴포넌트 내에 장착된 땜납범프들을 용융온도 이상으로 빠르게 온도를 상승시켜서 컴포넌트 또는 컴포넌트 리드들과 회로기판상의 패드 사이를 연결시키기 위해서 주는 **리플로우** 영역으

---

3   soak zone.

로 보드를 이송한다. 이 단계에서 용융된 땜납이 납땜 표면과 측벽에 원하는 형태로 적셔지게 된다. 또한 용융된 땜납의 표면장력으로 인하여 전체 시스템 에너지가 최소화되는 중심 위치로 마운팅된 컴포넌트들이 자체정렬을 이룬다.

땜납의 적심현상을 촉진시키기 위해서 플럭스는 용융된 땜납이 적셔지기 좋은 상태로 표면을 활성화시켜준다. 표면을 130[°C] 이상으로 예열하여, 수분과 대부분의 비등온도가 낮은 물질들을 증발시켜버린 다음에, 합금의 고체상선 온도에서 플럭스 내의 활성화 물질들이 땜납과 기판상의 산화물들을 세척해준다. 여기서 너무 오래 머물면 플럭스 활성물질들이 대부분, 또는 완전히 소모되어버려서 적심특성이 나빠지며, 합금 액화온도 이상으로 온도를 올려도 땜납의 리플로우가 일어나지 않는다. 활성도가 높은 플럭스 소재를 사용하며 서서히 가열할 것을 추천한다.

제품상의 점들 간 온도편차를 허용 가능한 수준으로 안정화시키기 위해서 필요한 것보다 더 오랜 시간을 130[°C]와 합금 **고체상선** 사이의 온도에서 지체하지 않도록 주의하여야 한다.

액상선 이상의 온도에서 머무는 시간과 최고온도는 공정의 견실성에 기초하여 결정되어야 한다. 전형적으로 최고온도를 액상선보다 15~40[°C] 더 높게 추천하는 것은 온도가 높을수록 땜납합금의 적심특성이 좋아지기 때문이다. 이 온도범위는 신뢰성을 확보하기 위해서 필요한 최적의 적심과 납땜 조인트의 형성을 보장받기 위해서 필요한 것으로 간주된다. 실제의 경우 액상선보다 단 몇도 더 높은 온도에서 납땜 조인트를 생성하지만, 적심이 잘 일어나는 것처럼 보이지는 않는다. 이러한 리플로우 추천값들은 회로기판 소재에 대한 일반적인 공정상의 제한값에 기초하고 있다. 만일 회로기판 소재의 온도 민감성이 작다면, 온도를 더 높이는 것이 유리하다.

양호한 리플로우를 수행하기 위해서는 알맞은 양의 열을 정확한 위치에 목표하는 주기시간 동안 공급해야만 한다는 점을 명심해야 한다. 성공 여부는 시간당 생산속도[chip/s]나 액상선 이상의 온도에서 머무는 시간 등이 아니라 **일차생산수율**(FPY)과 처리율을 기반으로 평가한다. 이상적인 가열주기는 모든 조인트에서 리플로우가 일어나며 완벽하게 적셔지기 위해서 필요한 시간보다 더 길어서는 안 된다. 따라서 액상선 이상의 온도에서 머무는 시간은 모든 땜납이 리플로우를 일으키며 적심이 끝나는가에 따라서 결정된다.

리플로우 온도에 도달한 이후에 액상 땜납이 이동하여 가용표면 전체를 적시는 데에는 단지 1~3초가 소요될 뿐이다. 이보다 오랜 시간을 액상선 이상의 온도에서 머무는 것은 조인트

품질에 아무런 도움이 되지 않는다. 반면에, 추가되는 시간은 취성을 갖는 이종금속 간 층을 두껍게 만들며 기판의 **포집**⁴공정 소요시간을 증가시킨다.

서로 다른 두 가지 금속이 서로에게 확산되면 **금속간화합물**(IMC)이 형성된다. 납땜 과정에서 주석이 구리, 니켈 그리고 여타의 땜납 소재들 속으로 확산된다. 금속간화합물층의 두께가 조절된 전형적인 납땜 조인트보다 훨씬 더 빨리 취성으로 인하여 금속간화합물의 파손이 발생할 수 있기 때문에 만일 납땜 표면에 약간의 형상이 존재한다면, 과도하게 두꺼운 이종금속층이 생성되는 것을 피해야 한다.

포집공정은 도금된 부품과 프린트 된 박막에서 가장 문제가 된다. 극단적인 경우, 납땜표면 전체가 녹아버린다. 따라서 액상온도 이상에서 오래 머무는 것은 바람직하지 않다.

요약해보면, 양품의 납땜 조인트와 허용 가능한 수준의 금속간화합물층을 생성하며, 납땜용 링패드 금속의 두께에 따른 소모량을 조절할 수 있도록 잘 고안되어야 한다.

9.5.4 냉 각

리플로우 오븐 내에서 최고온도에 도달한 이후에 제한시간이 경과하고 나면, **냉각**을 시작해야 한다. 일반적으로 6.0[°C/s] 내외인 최대 속도로 냉각하는 것이 바람직하다. 냉각속도가 빠르게 유지되면 땜납의 결정화로 인한 큰 그레인의 생성, 또는 심지어 단결정 납땜 조인트가 생성되는 것이 방지되며, 이런 현상은 오래된 **공용땜납**(Sn 67%)보다는 주석함량이 높은(>95%) **무연땜납**에서 더 잘 발생한다. 등방성 기계거동을 구현하며 땜납의 기계적 성질을 개선하기 위해서는 **다중그레인 납땜 조인트**가 중요하다. 냉각 이후에 표면이 반짝거리는 납땜 조인트는 결정화가 조절되었다는 것을 의미한다. 표면이 거칠다는 것은 결정화가 진행되었다는 증거이다.

고체상선 이후의 땜납의 냉각속도 역시 중요하다. 냉각속도가 느리다면 여전히 유연한 땜납이 **크립**을 일으키면서 열팽창계수가 서로 일치하지 않는 조립 컴포넌트와 프린트회로기판 사이에서 냉각 시 발생하는 기계적인 응력을 해지시켜주며, 이 응력은 열팽창계수 차이와 온도 차이(전형적인 무연땜납의 경우 약 200[°C]) 그리고 컴포넌트의 중립위치로부터의 거리

---

4   scavenging.

의 곱에 비례한다. 대형 컴포넌트나 프린트회로기판과 열팽창계수 차이가 큰 컴포넌트들의 경우에는 열팽창계수 차이로 인한 냉각손상이 발생하기 쉽다.

9.5.5 리플로우 오븐

땜납 리플로우의 조절과 미세 튜닝은 최신의 장비에서만 구현가능하다. **강제대류 리플로우 오븐**이 처음으로 소개되었던 1987년 이후, 이 기술은 현재의 반도체 제조업체들이 필요로 하는 기술적 도전을 수용할 수 있도록 진화해왔다. 최신의 리플로우 오븐은 프로그램이 가능한 가열 및 냉각 영역의 숫자, 최대가열/냉각속도, 처리율, 에너지와 불활성 가스(질소) 소모량 등에 따라서 구분이 되며, 잦은 유지보수를 필요로 한다. 기판/프린트회로기판 사이의 휨 관리를 위해서 프린트회로기판 조립체의 상부와 하부 차등가열도 가능하다.

프로파일 셋업을 가속하기 위해서, 현대적인 진보된 리플로우 오븐은 수십 개의 서로 다른 땜납 페이스트 제조업체에서 공급하는 1,000개 이상의 서로 다른 땜납 페이스트 소재에 대한 데이터베이스를 갖춘 소프트웨어를 갖추고 있다. 각각의 데이터베이스 항목에는 특정한 땜납 페이스트 제제에 제조업체가 추천하는 땜납 프로파일을 포함하고 있으며 공정 윈도우를 정의하는 중요한 사양(즉, 최대 가열속도, 최대 냉각속도, 예열, 함침 및 리플로우 온도, 이 온도를 넘어서는 최고온도와 허용시간의 상한과 하한값 등)을 확인시켜준다. 프린트회로기판의 길이, 폭 및 무게를 입력하면 즉시 리플로우 프로파일을 손쉽게 설정할 수 있으며, 동적 구조를 갖춘 광범위한 프로파일과 페이스트 라이브러리가 사용자 대신에 나머지 모든 일을 대신하여 준다. 땜납 페이스트를 선정한 다음에는, 사용자가 프로파일을 그대로 사용하거나 자신만의 원칙에 알맞은 공정 윈도우를 만들기 위해서 사양을 수정할 수 있다.

유연하지만 정밀한 리플로우 프로파일 제어를 위해서 더 많은 숫자의 가열/냉각 영역을 추가하면서, 가장 진보된 리플로우 오븐은 이전 세대의 장비들보다 더 많은 면적을 점유하게 되었으며, 생산단계에 대해서 더 세심한 계획을 필요로 한다. 그림 9.12에 도시되어 있는 리플로우 오븐의 경우, 개별 제어되는 13개의 상부/하부 가열 영역을 구비하고 있으며, 이에 덧붙여서 상부/하부의 온도를 개별적으로 제어 가능한 3개의 송풍식 냉각모듈을 갖추고 있다. 이 오븐의 벨트 속도는 고속 픽앤플레이스 시스템과 속도를 맞춰서 최고 1.4[m/min]까지 이송할 수 있으며, 길이는 6.68[m]에 달한다.

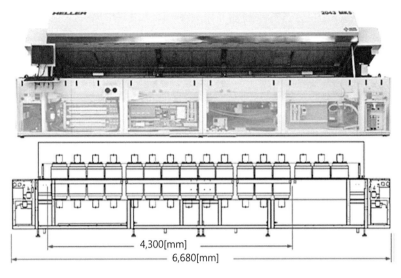

4,300[mm]

6,680[mm]

그림 9.12 13+3 영역 강제대류 땜납 리플로우 오븐의 정면도와 구조

9.5.6 WLCSP 리플로우

SnAgCu 땜납합금은 약 217[°C]에서 용융된다. 조인트레벨에서의 리플로우 피크온도는 이 용융온도보다 15~20[°C] 더 높아야 한다. **부반송파주파수**(FSC) WLCSP의 경우에는 260[°C] 리플로우가 적합하다. 무연땜납(SnAgCu)의 전형적인 온도/시간 프로파일과 JEDEC JTSD020D에 기초한 주요 리플로우 변수들이 다음에 제시되어 있다. 용도별로 실제 적용되는 프로파일은 패키지의 크기, 프린트회로기판 조립의 복잡성, 오븐의 유형, 땜납 페이스트의 유형, 보드 내에서의 온도편차, 오븐의 제어편차 그리고 **열상관편차**[5] 등과 같은 많은 인자에 의존한다.

9.5.7 리플로우 프로파일과 무연(Sn-Ag-Cu)땜납의 임계변수들

신뢰성에 영향을 미치는 패키지에 응력이 유발되는 것을 방지하고 미세한 땜납 그레인 구조를 만들기 위해서는 냉각속도를 6[°C/s] 미만으로 유지해야 한다. 반면에, 냉각속도가 2[°C/s]보다 느리면, 은 함량이 높은 땜납의 경우, 크기가 큰 Ag_3Sn 응집체가 생성되기 쉬우

---

5 thermal couple tolerance.

며, 이 또한 바람직하지 않다. 대류방식이나 적외선 대류방식이 결합된 리플로우를 사용할 수 있다. 땜납 적심성질을 개선하기 위해서는 질소 배기환경이 바람직하다. 일반적으로 산소 레벨은 1,000[ppm] 미만으로 유지하여야 한다.

WLCSP는 일반적으로 **수분민감도**(MSL) 값이 1로 지정되어 있다. 따라서 조립 전에 사전 베이킹을 시행할 필요가 없다. 선정된 기판에 대해서 적합한 표면실장착 리플로우 프로파일을 땜납 페이스트/플럭스 선정에 있어서, 표면실장착 WLCSP의 기본값으로 사용할 수 있다. WLCSP 리플로우 프로파일에 대하여 추천되는 인자들의 범위값들이 표 9.1에 제시되어 있다.

패키지의 휨을 방지하고 모든 조인트에서 적절한 리플로우가 일어나도록 하려면, 모든 경우, 3[°C/s] 미만의 온도구배를 유지해야만 한다. 땜납 페이스트의 가스방출을 원활하게 만들기 위해서 추가적인 함침시간과 느린 속도의 예열시간이 필요할 수도 있다. 또한 리플로우 프로파일은 프린트회로기판의 밀도와 사용된 땜납 페이스트의 유형에 의존한다. 디바이스의 사용조건에 따라서 리플로우 프로파일의 최종적인 조절이 이루어진다. 표준 무세척 땜납 페이스트가 일반적으로 추천된다. 만일 다른 유형의 플럭스가 사용된다면, 플럭스 잔류물의 제거가 필요하게 된다. 만일 리플로우 과정에서 땜납볼 형성이 발생한다면, 프린트회로기판 위에 도포되는 페이스트의 양을 줄이기 위해서 스크린상의 페이스트 구멍크기를 줄여야 한다. 페이스트가 땜납볼을 형성하거나 땜납 적심창의 크기가 넓어지는 것을 방지하기 위해서 질소 배출을 추천하고 있다. 조립공정을 수행하는 동안 보드의 편평도를 유지하기 위해서 프린트회로기판을 적절하게 지지하여야만 한다. 전형적으로 개별 작업대에서 보드 하부의 지지를 수행하지만, 모든 컨베이어 시스템에서 이를 사용할 수 있는 것은 아니다. 얇거나 큰 보드들 위에 다수의 컴포넌트들이 배치되어 있다면, 보드의 자중과 컴포넌트들의 무게로 인하여 리플로우 과정에서 프린트회로기판이 변형되며 보드의 처짐이 유발된다. 이로 인하여 컴포넌트들을 보드 위에 배치한 이후에 지정된 위치를 이탈할 우려가 있다. 결과적으로, 납땜 조인트들의 높이편차가 커지게 되며, 이로 인하여 브릿지나 열림과 같은 납땜 조인트 결함이 발생할 가능성이 증가한다. 일반적으로 적절한 보드 편평도를 유지시키기 위해서 크거나 얇은 보드에 대해서는 전용 캐리어를 설계하여 사용한다. 비록 납땜 조인트 내에서 특정한 수준의 기공이 발생하지만, 납땜 조인트 내에서 20% 수준의 미세기공이 분산되어 있는 것은 허용 가능하다.

표 9.1 WLCSP에 대한 전형적인 표면실장착 리플로우 프로파일의 계수값들

프로파일 특성항목	수치값
평균 온도상승률($T_L \rightarrow T_P$)	1~3[°C]
예열 최저온도(T_{SMIN}) 최고온도(T_{SMIN}) 시간($T_{SMIN} \rightarrow T_{SMIN}$), t_s	130[°C] 200[°C] 60~75[s]
온도상승속도($T_{SMIN} \rightarrow T_L$)	1.25[°C/s]
액상선 초과온도 유지시간(t_L)	60~150[s]
액상선온도(T_L)	217[°C]
최고온도(T_P)	255~260[°C]
실제 최고온도 5[°C] 이내 유지시간(t_P)	20~30[s]
최대 온도하강률	3[°C/s]
25[°C]에서 최고온도까지 최대 상승시간	480[s]

9.5.8 양면형 SMT

휴대용 전자기기용 보드의 경우, 보드의 양면에 컴포넌트들이 실장착된 경우를 만나는 것은 드물지 않다. 이를 위해서는 (1차)리플로우 과정과 2차 땜납 페이스트 프린팅 과정에서 하부에 표면실장착된 컴포넌트들을 붙잡기 위해서 전형적으로 치구와 접착제 도트를 이용하는 2X 리플로우공정이 필요하다. 만일 **웨이브 납땜** 공정이 사용된다면, 부품을 제 위치에서 붙잡고 있던 땜납이 용융되는 순간에 부품이 떠오르는 것을 방지하기 위해서 웨이브 납땜을 수행하기 전에 부품들을 보드에 접착해야만 한다.

WLCSP가 부착된 양면형 프린트회로기판의 바닥면에 대한 리플로우를 수행해야만 한다면, 언더필이 가장 안전한 방안일 것이다. 이론상 땜납의 표면장력이 소형 부품들을 제 위치에 붙잡아놓기 때문에 접착제 도트가 필요 없다. 현대적인 리플로우 오븐에서는 상부와 하부의 차등가열이 가능하기 때문에, 양면형 프린트회로기판의 리플로우를 관리하기 위해서 하부 측의 온도를 낮게 유지하는 방안이 또 다른 옵션으로 사용된다.

만일 접착제나 언더필을 사용하지 않으면서 바닥면에 장착되어 있는 WLCSP에 대한 리플로우를 수행한다면, 땜납 조인트들이 패키지를 붙잡을 수 있는 충분한 표면장력이 발생하는지에 대해서 확인하는 것이 매우 중요하다. 만일 해석 결과 패키지의 추락이 발생한다면, 적절한 접착제를 주입하고 이를 경화시키는 방안을 적용해야만 한다.

다음의 간단한 계산을 통해서 접착제의 필요 여부를 판단할 수 있다.

$$컴포넌트의\ 실제\ 중량 \leq WLCSP의\ 총\ 땜납\ 접촉면적[mm^2] \times 0.665$$

9.5.9 리플로우 이후검사

땜납 리플로우를 수행한 다음에 WLCSP 납땜 조인트의 크기와 형상 불균일을 검사하기 위해서 영상 및 엑스선을 사용한 검사가 추천된다. 납땜 조인트의 외관, 형상 및 크기가 균일하다는 것은 납땜 조인트의 적심과 리플로우 공정이 양호하다는 증거이다. 무연땜납을 사용하는 경우에는 표면의 윤기가 없고 거친 땜납 표면이 결코 드물지 않다. 이런 납땜 조인트들도 허용된다.

납땜 조인트의 검사에 자동화된 **고분해능 엑스선검사**의 활용이 빠르게 증가하고 있다. 납땜 조인트의 성능에 영향을 미칠 수 있는 땜납필렛의 부재, 기공 및 기포, 납땜 조인트 브릿지, 적심 부족 그리고 볼 탈락 등과 같은 소재결함과 품질특성을 검출할 수 있다.

비록 **엑스선 토모그래피**를 사용할 수 있으며, 이를 통하여 특징적인 비파괴 3차원 가상모델을 구성할 수 있지만, 전통적인 2차원 검사기법이 여전히 양품과 불량 조인트를 구분할 수 있는 가격경쟁력과 처리율이 높은 영상화 솔루션이다. 추가적인 조인트 정보가 필요하다면, 디바이스 조립체를 엑스선 광원에 대해서 필요한 각도로 배치하여 비축 엑스선 영상을 얻을 수 있다. 이 기법은 납땜 조인트들 사이의 브릿지를 검출하기 용이하며, 절단결함 검출에는 어려움이 있다. 특정한 연결부위에 문제가 있는지를 검사하기 위해서 비축 2차원 영상이 자주 사용된다. 결함검사에는 많은 경험이 필요하다는 것은 말할 필요조차 없겠지만, 이 기법을 사용하면 패키지 연결과 관련된 다량의 정보를 얻을 수 있다. 요약해보면 대량의 검사를 위해서 **자동 2차원 엑스선검사**(AXI)시스템을 사용하여야만 한다.

9.5.10 플럭스 세척

납땜이 끝난 후에 용도, 납땜용 플럭스의 활성도 그리고 사용된 보드 표면의 다듬질 상태에 따라서 그리고 언더필의 적용 여부에 따라서 플럭스 잔류물과 조밀하게 배치된 컴포넌트 리드들 사이를 단락시킬 우려가 있는 기생 땜납볼들을 제거하기 위해서 보드를 세척해야 한다.

조립체를 세척하는 데에는 세 가지 방법이 사용된다. (1) 초음파 교반을 시행하거나 시행하지 않는 끓는 액체 수조, (2) 액체 수조와 증기, (3) 액상 스프레이 세척(수용성 플럭스를 사용하는 경우에 프린트회로기판 조립업체에서 가장 일반적으로 사용하는 기법이다). 로진 플럭스는 불화탄소 솔벤트, 인화점이 높은 탄화수소 솔벤트, 또는 (오렌지 껍질에서 추출한) **리모넨**과 같은 인화점이 낮은 솔벤트를 사용하여 제거하며, 추가적인 헹굼과 건조 사이클이 필요하다. 탈이온수와 세제를 사용하여 수용성 플럭스들을 제거한 다음에 잔류수분을 빠르게 제거하기 위해서 공기를 분사한다. 그런데 대부분의 전자 조립체들은 플럭스 잔류물들이 회로기판 위에 잔류하도록 설계된 **무세척 공정**을 사용한다. 이를 통해서 세척비용 절감, 빠른 제조공정 그리고 폐기물의 절감 등이 구현된다.

특히, 미세피치 WLCSP의 경우에 초음파 세척이 조립체 납땜 조인트의 약화를 초래하기 때문에, 세척을 수행하는 동안 주의가 필요하다. 40[°C] 알코올이나 수용성 세척액들이 전형적으로 액체세척에 사용된다. 따라서 패키지 속에 수분이 포획되는 것을 방지하기 위해서는 적절한 건조방법이 사용되어야만 한다.

IPC(전자연결산업협회)에서 규정한 특정한 제조표준에 따르면, 사용된 플럭스의 유형에 관계없이 세척이 필요하다. 무세척 플럭스라 하여도 잔류물을 남기며, IPC 표준에 따르면 이를 제거해야만 한다. 적합한 세척방법은 모든 땜납 플럭스 흔적들과 더불어 맨눈으로는 보이지 않는 여타의 오염물질들을 제거해준다. 그런데 IPC 표준을 준수하는 제조업체들은 보드 조건에 대한 협회의 규칙을 따를 것이지만, 모든 제조설비가 PC 표준을 적용하지는 않고 있으며, 그럴 필요도 없다. 게다가 저가형 전자제품의 경우에는 이렇게 엄격한 제조방법을 적용하면 과도한 비용과 시간이 소요된다.

IPC/EIA J-STD-001에서는 납땜 이후의 세척에 대한 로진 플럭스 잔류물, 이온성 잔류물, 그리고 여타의 표면 유기오염물질 등의 허용기준을 제시하고 있다. IPC-TM-650에서는 이들에 대한 시험방법을 제시하고 있다.

마지막으로 보드들에 대하여 탈락, 부정렬 그리고 땜납 브릿지 등에 대한 육안검사를 수행한다. 만일 필요하다면 이들을 재작업 스테이션으로 보내서 수작업으로 오류를 수정해야 한다. 그런 다음 다시 시험단계(회로 내 시험과 기능시험)로 반송하여 올바른 작동 여부를 검증한다.

9.5.11 재작업

프린트회로기판 재작업 과정에서 제거한 WLCSP 컴포넌트 들을 최종 조립체에 재사용해서는 안 된다. 프린트회로기판에 부착했다가 제거한 WLCSP는 프린트회로기판이 양면형이냐의 여부에 따라서 2~3회의 리플로우를 거치게 된다. 이는 전형적인 WLCSP의 3회 땜납 리플로우 생존성에 대한 시험 및 인증기준의 한계에 해당하는 횟수이다. 제거된 WLCSP 컴포넌트들은 신품 WLCSP들과 섞이지 않도록 적절히 폐기해야 한다.

WLCSP 컴포넌트의 제거와 교체공정에 대한 기준 마련과 인증이 필요하다. 기준이 되는 재작업공정은 다음과 같다.

1. 수분에 민감한 컴포넌트들의 플로어 수명은 수분차폐봉지를 개봉한 시간부터 마운팅된 컴포넌트들이 대기조건하에 노출되어 있는 시간으로 정의된다. 재작업을 포함하여 컴포넌트들은 이 플로어수명을 초과해서는 안 된다. 이 시간을 초과한 경우에는 베이킹이 필요하다.

2. 재작업을 위하여 컴포넌트들에 대하여 국부가열을 수행하기 전에 프린트회로기판 조립체 전체에 대한 예열을 시행한다. 예열은 전체 가열시간을 줄여주며 재작업이 필요한 영역에 대한 국부가열을 시행했을 때에 기판이 휘어질 가능성을 방지해준다. 전형적인 예열 온도는 약 100[°C]이다.

3. 재작업이 필요한 영역의 국부가열을 시행한다. 재작업 과정에서 주변 요소들이 열에 노출되는 것을 최소화하기 위해서, 재작업 요소에 대한 국부적인 가열을 시행할 것을 추천하고 있다. 컴포넌트 측에서의 온도를 측정하기 위한 써모커플이 장착된 고온 에어건이 사용된다. 일단 땜납 상호연결이 지정된 리플로우 온도에 도달하면 컴포넌트를 보드에서 떼어내기 위해서 진공 픽업장비가 사용된다.

4. 보드의 랜드패드를 세척한다. 납땜인두와 망사형 땜납 흡착소재를 사용하여 잔류땜납을 제거한다. 땜납을 연속적으로 진공흡착하여 땜납을 추출하는 진공 땜납제거 공구를 사용할 수도 있다. 잔류땜납을 제거하고 나면 잔류 플럭스도 제거해야만 한다.

5. 땜납 페이스트 또는 플럭스 프린팅을 시행한다. 땜납 페이스트는 일반적으로 소형 스텐실과 스퀴즈를 사용하여 도포한다. 공간이 제한되어 있는 경우에는 땜납 패드들 위에 플럭

스를 도포한다.

6. 보드 위에 컴포넌트를 배치한다. 자동 배치장비를 사용하여 교체할 WLCSP 컴포넌트를 보드 위에 배치시킨다.

7. 납땜 또는 리플로우 작업을 수행한다. 제거작업에 사용했던 것과 동일한 공구를 사용하여 컴포넌트의 선택적 납땜을 수행하거나 보드 전체를 원래의 리플로우 프로파일 속으로 통과시킨다.

9.5.12 언더필

WLCSP에 **언더필**을 시행하는 것은 공정의 복잡성과 비용이 추가되기 때문에 바람직하지 않다고 생각되고 있지만 열 사이클링, 낙하 및 보드 굽힘을 포함하는 보드레벨 신뢰성 시험에 따르면 도움이 된다고 증명되었다. 이외에도 거꾸로 리플로우를 수행할 때에 컴포넌트가 떨어지는 것을 방재해준다.

결론적으로 납땜 조인트의 신뢰성을 개선하기 위해서 언더필이 효과적으로 사용된다. 언더필은 휴대용 전자기기와 관련되어 있는 충격조건에 대해서 WLCSP의 보드레벨 신뢰성을 향상시켜준다. 의료, 자동차, 산업용 및 군용 전자기기와 같이 수많은 용도에서 높은 신뢰성이 요구된다. 특정한 언더필 공정을 선정하고 사용할 때에는 세심한 고려가 필요하며, 소비자로 하여금 바람직한 언더필의 효용성을 평가받아야 한다.

인더필의 선정에는 WLCSP의 크기, WLCSP를 구성하는 소재와 치수, 회로보드의 구조와 소재 그리고 신뢰성 요구조건 등에 복합적으로 의존한다. 다음에서는 언더필을 선정할 때의 추천사항들을 제시하고 있다.

- 열팽창계수의 불일치는 WLCSP 제품에 높은 응력을 유발하기 때문에, 열팽창계수가 큰 에폭시는 언더필 소재로 적합하지 않다. 이와 마찬가지로 실리콘은 언더필 소재가 필요로 하는 기계적 지지력을 강화시켜주지 못하기 때문에 사용할 수 없다. 언더필 소재의 열팽창계수는 납땜 조인트의 열팽창계수와 유사해야만 한다.
- 언더필 소재의 유형과 공급업체에 따라서 성능의 현저한 차이가 관찰된다. 실제 **실험계획**(DOE)으로부터 만들어진 최적화된 언더필 소재가 강력하게 추천된다.

9.5.13 WLCSP 언더필 공정의 요구조건들

9.5.13.1 니들

니들은 언더필 유동을 조작하기 위해서 매우 중요하다. 많은 유형과 크기의 니들들이 시판되고 있다.

- 일반적인 금속 샤프트 : 주입성능을 개선하기 위해서 니들에 추가적인 열을 가할 수 있다.
- 플라스틱 팁과 샤프트 : 다이 치핑과 프린트회로기판상의 긁힘을 방지해준다.
- 테이퍼진 플라스틱 팁 : 펌프 내의 배압을 저감시켜주며, 미세피치 디스펜싱에 대해서 이상적이다.

6.35[mm] 니들은 펌프의 배압을 낮게 유지시켜준다. 니들의 직경이 디스펜싱 과정에서의 선폭을 결정한다. 내경이 410[μm]인 22게이지 니들을 사용하여 10~20[mg/s]의 속도로 언더필을 시행할 것을 추천하고 있다. 매우 작은 패키지에 최소한의 언더필을 시행하는 경우에는 이보다 작은 게이지의 니들을 사용한다. 내경이 610[μm]인 20게이지 니들은 이보다 많은 유량에 대해서 양호한 조절성능을 가지고 있다. 수작업으로 언더필을 시행하는 경우에는, 다이 테두리와의 접촉을 줄이고 기계적인 손상을 방지하기 위해서 원추형 플라스틱 팁을 사용한다.

9.5.13.2 프리베이크

양호하고 신뢰성 있는 언더필을 구현하기 위해서는 기판에 수분이 없어야만 한다. 언더필 경화과정에서 기공의 생성과 탈착을 방지하기 위해서는 **프리베이크**가 필요하다. 플라즈마 세척이 언더필 적심, 필렛높이와 균일성을 개선시켜주며, 계면접착성을 효과적으로 향상시켜준다. 그 결과 플라즈마 처리는 마이크로전자 디바이스의 수명을 감소시킬 수 있는 탈착과 기공생성을 방지하여준다.

9.5.13.3 디스펜싱

다이의 테두리에 수작업으로 언더필을 주입하는 과정에서 발생하기 쉬운 기계적인 손상을 줄이기 위해서 언더필 주입용 자동 **디스펜싱** 장비를 사용할 것을 추천하고 있다. 신뢰성과 외관을 최적화하기 위해서 언더필의 체적을 조절하여야 한다. 이상적인 언더필은 다이의 땜납볼 영역을 완벽하게 충진시켜야 하며, 다이의 테두리를 50% 이상 덮지만 75%를 넘어서지 않는 필렛을 형성하여야 한다. 주입체적의 편차는 바람직하지 않은 필렛크기 편차를 초래한다. 간단한 계산을 통해서 필렛 체적을 산출할 수 있다. 서로 다른 체적의 언더필을 주입하여 다수의 조립체를 제작하고 이에 대한 신뢰성 시험을 수행하는 시행착오법을 통해서 최종적인 체적을 결정한다. 기판 공급업체의 교체나 기판 제조공정의 변경, 또는 땜납볼의 유형변경 등을 시행하면 다시 체적을 산출하여야 한다.

땜납볼의 총 접착면적은 항상 다이와 기판이 차지하는 면적보다 훨씬 작기 때문에, 개별 땜납볼들에 가해지는 응력은 비교적 큰 편이다. 언더필 소재는 열 사이클이 진행되는 동안 에너지를 흡수하여 이 응력을 1/10만큼 줄여준다. 언더필이 없는 경우에는, 패키지와 프린트회로기판 사이에서 발생하는 열팽창계수 불일치에 따라서 생성되는 응력을 땜납볼이 흡수해야만 하며, 전형적으로 열팽창계수 차이는 매우 크다.

언더필은 또한 열 사이클 시험을 수행하는 동안 땜납의 유출을 방지해준다. 성공적으로 주입된 언더필은 개별 땜납볼들 주변에서 등방성 압축 흡수재처럼 작용하며, 땜납이 유출되어 서로 단락을 일으키는 것을 방지해준다. 이와 동시에 언더필은 크랙이 전파되기 시작하는 그레인 경계에서의 자유표면을 없애주어서 땜납볼의 크랙이 시작되는 것을 막아준다.

약간이기는 하지만 언더필은 또한 다이로부터 열을 발산시켜주는 히트싱크처럼 작용한다. 그런데 이를 위해서는 경화된 언더필의 모든 영역이 동일한 열 특성을 가지고 있어야만 한다. 열특성의 편차는 다이의 과열을 유발할 수 있다.

9.6 WLCSP의 보관과 보관수명

패키지의 플로어 수명은 표면실장착 컴포넌트들을 **수분차폐봉지**에서 꺼낸 시점부터 땜납 리플로우 공정이 수행되는 순간까지의 허용된 시간이며, 이 기간 동안 주변 환경은 30[℃]에 상대습도 60%를 넘어서는 안 된다. J-STD-020에서 규정된 수분에 민감한 패키지의 분류와 J-STD-033에서 규정된 플로어 수명이 표 9.2에 제시되어 있다. 총 두께가 20[μm]를 넘지 않는 폴리머 재부동화 소재와 같이, 수분흡수가 작은 소재를 사용한 WLCSP가 수분민감성에 대해서 1등급을 받는 것이 전혀 놀라운 일이 아니다. 그런데 커다란 에폭시 오버몰드와 추가적인 폴리머 재부동층을 사용하는 팬아웃 WLCSP의 경우에는 일반적으로 3등급의 수분민감도를 가지고 있다.

표 9.2 패키지의 수분민감도 등급 분류

등급	30[°C]/상대습도 60%의 환경조건하에서의 플로어 수명
1	무제한
2	1년
2a	4주
3	168시간
4	72시간
5	48시간
5a	24시간
6	사용 전에 반드시 베이킹. 제한시간 내로 리플로우 수행

9.7 요 약

베어다이 패키지만을 프린트회로기판에 조립하기 때문에 WLCSP 조립에서는 특별한 요구조건이 존재한다. 미세피치로 배열된 커다란 범프 어레이도 기술적 도전요인이다. 여타의 집적회로 패키지에서 발견할 수 있는 전형적인 조립결함들 이외에도, WLCSP 조립과정에서 발생하는 주요 실패요인들은 실리콘 칩 자체의 손상과 관련되어 있다. 그리고 이들은 주로 기계화된 픽앤드플레이스 공정을 수행하는 동안 취급 잘못과 작업자에 의한 조립용 프린트회로기판의 배치 후 취급 잘못 등에 의해서 발생한다. 많은 경우 언더필은 중요한 납땜 조인트들의 응력을 해지시켜줄 뿐만 아니라 WLCSP의 민감한 능동소자 표면을 보호해준다.

참고문헌

1. Schiebel, G. : Criteria for reliable high-speed CSP mounting. Chip Scale Rev. September (1998).
2. IPC-2221 : Generic Standard on Printed Board Design.
3. IPC-SM-7351 : Generic Requirements for Surface Mount Design and Land Pattern Standard.
4. IPC-7525 : Stencil Design Guideline.
5. J-STD-004 : Requirements for Soldering Fluxes.
6. IPC/EIA J-STD-001 : Requirements for Soldered Electrical and Electronic Assemblies.
7. IPC-TM-650 : Test Methods.
8. IPC-9701 : Performance Test Methods and Qualification Requirements for Surface Mount Solder Attachments.
9. IPC/JEDEC J-STD-020 : Moisture/Reflow Sensitivity Classification for Non-hermetic Solid-State Surface Mount Devices.
10. JEITA Std EIAJ ED-4702A : Mechanical Stress Test Methods for Semiconductor Surface Mounting Devices.
11. JESD22-A113 : Preconditioning Procedures of Plastic Surface Mount Devices Prior to Reliability Testing.
12. IPC/JEDEC-9702 : Monotonic Bend Characterization of Board-Level Interconnects.
13. IPC/JEDEC J-STD-033 : Handling, Packing, Shipping and Use of Moisture/Reflow Sensitive Surface Mount Devices.
14. CEI IEC 61760-1 : Surface mounting technology-Part 1 : Standard method for the specification of surface mounting components (SMDs).
15. IEC 60068-2-21 Ed. 5 : Environmental Testing-Part 2-21 : Tests-Test U : Robustness of terminations and integral mounting devices.
16. JESD22-B104 : Mechanical Shock.
17. JESD22-B110 : Subassembly Mechanical Shock-Free state, mounted portable state, mounted fixed state.
18. JESD22-B111 : Board Level Drop Test Method of Components for Handheld Electronic Products.
19. JESD22-B113 : Board Level Cyclic Bend Test Method for Interconnect Reliability Characterization of Components for Handheld Electronic Products.

20. IPC-7095 : Design and Assembly process implementation for BGAs.

21. Fan, X.J., Varia, B., Han, Q. : Design and optimization of thermo-mechanical reliability in wafer level packaging". Microelectron. Reliab. 50, pp.536~54 (2010).

22. Syed, A., et al. : Advanced analysis on board trace reliability of WLCSP under drop impact. Microelectron. Reliab. 50, pp.928~936 (2010).

23. Liu, Y., Qian, Q., Qu, S., et al. : Investigation of the Assembly Reflow Process and PCB Design on the Reliability of WLCSP", 62nd ECTC, San Diego, California, June (2012).

24. Schiebel, G. : Criteria for Reliable High-Speed CSP Mounting. Chip Scale Rev. September (1998).

25. Oresjo S. : When to Use AOI, When to Use AXI, and When to Use Both", Nepcon West, December (2002).

CHAPTER 10

WLCSP의 신뢰성 시험

WLCSP의 신뢰성 시험

집적회로 제조기술의 빠른 발전과 작은 형상계수 그리고 낮은 가격으로 인하여 웨이퍼레벨 칩스케일 패키지(WLCSP)는 반도체 패키징 업계에서 빠르게 성장하고 있는 분야들 중 하나이다. 이 기술은 웨이퍼당 다이의 숫자가 많을수록 (전통적인 와이어본드에 비해서) 다이당 가격이 낮아지는 특성을 가지고 있다. 다이당 입출력 포트의 숫자가 증가함에 따라서(이로 인하여 다이크기와 중립점으로부터의 거리가 증가하게 되어서), WLCSP로는 납땜 조인트 신뢰성 요구조건을 충족시키기 못하는 수준에 이르게 되었다. WLCSP가 프린트회로기판 위에 설치되었을 때에 금속 적층(범프하부금속과 알루미늄 패드), 부동층 또는 폴리이미드 역시 파손을 일으킬 수 있다. 보드레벨 신뢰성은 아날로그나 전력용 WLCSP 패키지에서 중요한 고려사항이다. 이 장에서는 전형적인 WLCSP의 신뢰성 시험에 대해서 살펴보기로 한다.

10.1 일반적인 WLCSP 신뢰성 시험

이 절에서는 신뢰수명, 파손율 등과 간은 일반적인 개념에 대해서 소개하고 전력용 반도체 패키지에 대한 전형적인 신뢰성 시험에 대해서 살펴보기로 한다.

10.1.1 신뢰수명

국제표준에 따르면 **품질**이라는 용어는 규정되어 있거나 묵시적으로 요구되는 수요를 충족시킬 수 있는 능력과 관련된 전력용 전자제품의 총체적 특성으로 정의된다. **신뢰성**은 사용기간 중에 모든 기능을 유지하기 위한 전력용 반도체의 성질이다. 제품을 실제 사용상태로 출시하기 전에 전력용 반도체 제품의 장기간 성능을 확인하는 것이 불가능하기 때문에, 단기간의 컴포넌트 시험을 통해서 믿을 만한 신뢰성을 구할 수 있는 **가속수명시험**이 적용되어야만 한다. 가속효과를 구현하기 위해서 실제보다 더 높은 스트레스조건하에서 신뢰성 시험이 수행된다. 낯익은 **파손율곡선**(일명 **욕조곡선**이라고 부르는 **신뢰성곡선**)에 따르면, 조기파손, 임의파손(일정한 파손율을 갖는 파손) 그리고 마모와 피로에 의한 파손 등을 구분할 수 있다. 집적회로를 최종적으로 사용하기 전에 조기파손을 찾아내기 위해서 소위 **번인시험**[1]을 수행하지만, 시험비용이 매우 비싸기 때문에 전력용 반도체에 이를 적용하는 것은 적절하지 않다. 사용자의 오남용이 없다면, 제조공정의 완벽한 관리와 작업자의 숙련도를 통해서 조기파손을 방지할 수 있다. 작동 중에 단시간 과부하가 걸리는 것을 제외하면, 임의파손은 제조에 사용된 인자들의 재현성과 안전여유에 의해서 결정된다. 부품의 마모와 피로에 의해서 유발되는 파손은 부품과 공정의 설계 소재의 선정 등과 같은 제품의 초기 설계단계에서 결정된다.

10.1.2 파손율

신뢰성곡선 전체를 나타낼 수 있는 **분포함수**를 찾아내는 것은 어려운 일이다. 그런데 분포함수의 각 부분에 대해서는 **와이블분포**를 적용할 수 있다.

$$F(t) = 1 - \exp\left[-\left(\frac{t}{\eta}\right)^{\beta}\right] \tag{10.1}$$

여기서, $F(t)$: $[0, t]$ 구간 내에서 디바이스가 파손을 일으킬 확률

η : 특성수명

β : 형상계수

t : 시간 또는 사이클의 수

이 방정식으로부터, 다음과 같이 파손율(**재해함수**)을 구할 수 있다.

---

1   burn in test : 고온 고전압 시험. 역자 주.

$$\lambda(t) = \left(\frac{\beta}{\eta^\beta}\right) \times t^{\beta-1} \tag{10.2}$$

형상계수는 다음과 같이 주어진다.

$\beta = 1$: 일정한 파손율(임의파손)
$\beta < 1$: 파손율 감소(조기파손)
$\beta > 1$: 파손율 증가(마모, 피로파손)

(a) 임의파손

전기적 파손의 경우 일반적으로 형상계수 $\beta = 1$을 적용한다. 이런 특정한 와이블분포를 **지수분포**라고 부른다.

$$F(t) = 1 - \exp(-\lambda \times t) \tag{10.3}$$

여기서 $\lambda = 1/MTTF$는 일정한 파손율 값을 가지고 있다. 파손율은 일반적으로 다음 식을 사용하여 실험적으로 구한다.

$$\Lambda = \frac{r}{n \times t} \tag{10.4}$$

여기서, r : 파손된 시편의 숫자
n : 샘플의 숫자
t : 시험시간
$MTTF$: 평균파손시간, 62.3%의 디바이스가 파손을 일으키는 시간

이 값은 통계학적인 성질을 가지고 있기 때문에, 확장된 방정식에서는 신뢰한계를 고려한다. **신뢰상한**(ULC)=60%가 일반적인 값으로 사용된다. 또한 컴퓨터 모델을 사용하여 신뢰성 데이터를 산출할 수 있다. 그런데 전력용 반도체에 대하여 사용 가능한 컴퓨터 모델은 아

직 개발되지 않았다. 개략적인 수명산출을 위해서 MIL-HDBK 217에 근거한 파손율 모델이 당분간 사용되고 있다.

$$\lambda[FIT] = \left(\frac{r + \Delta r}{n \times t}\right) \times 10^9 \tag{10.5}$$

여기서, Δr : 신뢰한계와 파손숫자에 의존하는 값

　　　　FIT : 파손시간

가속계수를 사용하면 일정한 파손율을 사용하여 신뢰성을 예측할 수 있다. 가속계수는 **아레니우스식**[2]을 사용하여 산출할 수 있다.

$$a_f = \exp\left(\frac{E_a}{k} \times \frac{T_2 - T_1}{T_1 \times T_2}\right) \tag{10.6}$$

여기서, E_a : 활성화에너지

　　　　k : 볼쯔만상수, $k = 8.6 \times 10^{-5}[\text{eV/K}]$

　　　　T_1 : 측정점 절대온도[K]

　　　　T_2 : 시험점 절대온도[K]

앞서 언급한 가속계수는 일정한 온도에서 적용할 수 있다. 온도편차(온도 사이클, 전력 사이클)의 경우, 다른 공식을 사용해야만 한다.

서로 다른 ΔT에 대해서 수명시간을 구하기 위해서 원래는 소수의 사이클이 부가되는 소성변형조건하에서 금속에 대해서 만들어진 **맨슨-커핀관계**[3]가 사용된다. 만일 소성변형이 지배적이라면, 다음 관계식이 적용된다.

2　Arrhenius equation : 화학반응의 속도와 온도 사이의 관계를 나타내는 식. 역자 주.

3　Manson-Coffin relation : 기계적 피로파손 메커니즘 모델. 역자 주.

$$N_f \approx \frac{C}{\Delta T^n} \tag{10.7}$$

여기서, N_f : 파손이 발생한 사이클의 수

ΔT : 온도편차

C : 소재에 의존적인 상수

n : 실험적으로 결정된 상수

9.2절에서 설명된 열 사이클링과 전력 사이클링에 대한 수명추정을 위한 유한요소해석을 통해서 확장된 수명예측이 가능하다.

(b) 조기파손

일정한 파손율을 사용하면 수명의 계산과 예측이 간단해진다. 파손율의 **조기파손** 예측 분야는 기술적 도전 영역이며 파손율은 시간에 크게 의존한다.

(c) 마모

전력용 반도체에서는 거의 파손이나 **마모**가 일어나지 않는다. 가속시험을 적용한다 하여도 이를 규명하기 위해서는 오랜 시간이 소요된다. 일반적으로 신뢰성 시험은 피로파손이 발생하는 시간이나 사이클에 도달하기 훨씬 전에 중단된다.

10.1.3 아날로그와 전력용 WLCSP의 전형적인 신뢰성 시험

아날로그와 전력용 WLCSP에 사용되는 전형적인 신뢰성 시험에는 다음 사항들이 포함된다.

1. **땜납 리플로우 사전준비(PRECON)** : 반도체 디바이스가 프린트회로기판 조립작업에 의해서 유발되는 스트레스를 견딜 수 있는지를 평가하기 위해서 사전준비 스트레스 시퀀스가 수행된다. 제대로 설계된 디바이스(즉, 다이와 패키지 조합체)는 측정 가능한 전기적 성능변화를 나타내지 않으면서 이 사전준비 시퀀스를 통과해야만 한다. 더욱이 제대로 설계된 디바이스는 이후의 수명시험이나 환경 스트레스 시험과정에서 신뢰성 저하를 초래하는 **잠복결함**을 생성하지 않아야만 한다. 전기적 특성의 변화와 더불어서 관찰 가능한

결함뿐만 아니라 이 스트레스 시퀀스 기간 동안 발생하는 잠복결함들은 이론상, 기계적 응력, 열응력 그리고 플럭스와 세척재의 잔류 등에 의해서 초래된다. 이로 인하여 다이와 패키지의 크랙, 와이어본드의 파손, 패키지와 리드프레임의 탈착 그리고 다이금속의 부식 등이 초래된다. 사전준비 스트레스조건은 표 10.1에 제시되어 있다.

참조산업표준 : JESD22-A113C

표 10.1 사전준비 스트레스조건

단계	스트레스	조건
1	초기 전기시험	상온
2	외관 육안검사	40배 확대
3	온도 사이클링	-40[°C]에서 60[°C]까지 5 사이클(스텝은 옵션)
4	베이킹	125[°C]에서 24[h](최소)
5	수분 함침	수분민감도 등급에 따라 차등
6	리플로우	기준 프로파일 3 사이클
7	플럭스 도포	상온에서 수용성 플럭스에 10초간 담금
8	세척	탈이온수 헹굼 수차례 실시
9	건조	상온
10	최종 전기시험	상온

2. **전력 사이클(PRCL)** : 자동차에서처럼, 수천회의 켜짐/꺼짐 작동이 솔리드-스테이트 디바이스에 미치는 영향을 평가하기 위해서 전력 사이클 시험이 수행된다. 다수의 켜짐/꺼짐 사이클에 의해서 유발되는 반복적인 가열/냉각 효과가 디바이스 내에서 피로크랙과 여타의 열 퇴화나 전기적 변화를 초래하여 (전압 레귤레이터나 고전류 드라이버의) 최대 부하 조건하에서 현저한 내부가열이 발생할 수 있다. 이 시험에서는 시간당 약 30 사이클의 비율로 접점온도를 변화시킨다(전형적으로 소형 WLCSP 패키지에 적용됨).

3. **고온 역편향시험(HTRB)** : 고온 역편향시험은 디바이스 시편의 주전력 취급접점에 대한 역편향시험이다. 디바이스는 전형적으로 최대 역방향 파괴전압 또는 전류나 이에 근접한 수준의 정적상태로 작동한다. 디바이스 내의 최대 숫자의 솔리드-스테이트 접점들에 대해서 바이어스를 부가하기 위해서 특정한 편향조건을 결정해야만 한다. 고온 역편향시험

은 전형적으로 전력용 디바이스에 적용된다.

스트레스조건 : 150[°C] Tj, 바이어스 부가

참조산업표준 : JESD22-A108B

4. **고온 게이트 편향시험(HTGB)** : 고온 게이트 편향시험에서는 디바이스 샘플의 게이트나 여타 산화물들에 바이어스를 부가한다. 디바이스는 일반적으로 최대 산화물 파괴전압이나 이에 근접한 수준의 정적상태로 작동한다. 디바이스 내의 최대숫자의 게이트들에 대해서 바이어스를 부가하기 위해서 특정한 편향 조건을 결정해야 한다. 고온 게이트 편향시험은 전형적으로 전력용 디바이스에 적용된다.

스트레스조건 : 150[°C] Tj, 바이어스 부가

참조산업표준 : JESD22-A108B

5. **온습도편향시험(THBT)** : 다습한 환경하에서 작동하는 비-밀폐식 패키지 디바이스의 신뢰성을 평가하기 위해서 정상상태 온습도편향 수명시험이 수행된다. 수분의 외부 보호소재(밀봉 또는 실) 투과나 외부 보호소재와 금속 도전체 사이의 계면 통과를 가속시키기 위해서 가혹한 조건의 온도, 습도 및 바이어스 등을 부가한다. 수분이 다이의 표면에 도달하면, 부가전압으로 인하여 전해전지가 형성되어, 알루미늄의 부식이 발생하며, 전도에 의하여 DC 계수값들이 변하고, 결과적으로는 금속 연결이 끊어지는 파손이 유발된다. 염소와 같은 오염물질이 존재한다면 인규산 유리층(부동화, 절연 또는 필드산화물 층)에 과도한 인이 함유되었을 때와 마찬가지로, 반응이 크게 가속화된다.

스트레스조건 : 상대습도 85%, 85[°C]

참조산업표준 : JESD22-A101B

6. **고가속 스트레스시험(HAST)** : 고가속 스트레스시험은 다습한 환경하에서 비-밀폐식 패키지 디바이스의 수분저항성을 평가하기 위해서 수행된다. 가능한 한도 내에서 교류전압

을 사용하며 전류소모를 최소화하도록 바이어스가 부가된다. 이 시험은 온습도편향시험을 크게 가속화한 형태이다. 외부 보호층(밀봉이나 실)의 투과나 외부 보호소재와 금속 도전체 사이의 계면 통과를 가속시키기 위해서 바이어스와 더불어서 가혹한 조건의 온도, 습도 및 바이어스 등을 부가한다. 수분이 다이의 표면에 도달하면 부가전압으로 인하여 전해전지가 형성되어 알루미늄의 부식이 발생하며, 전도에 의하여 DC 계수값들이 변하고, 결과적으로는 금속 연결이 끊어지는 파손이 유발된다. 염소와 같은 오염물질이 존재한다면 인규산 유리층(부동화, 절연 또는 필드산화물 층)에 과도한 인이 함유되었을 때와 마찬가지로 반응이 크게 가속화된다.

고가속 스트레스시험을 T_g값이 작은 폴리이미드 층이나 몰드 컴파운드을 갖춘 WLCSP의 응력부가기법으로 활용하는 경우에는 불의의 파손이 발생할 우려가 있기 때문에, 이에 대한 주의가 필요하다.

스트레스조건 : 상대습도 85%, 130[°C], 128[kPa] 또는 상대습도 85%, 110[°C], 21[kPa]

참조산업표준 : JESD22-A110B

7. **가압멸균(ACLV)** : 비-밀폐식 패키지 디바이스의 수분 저항성을 평가하기 위해서 가압멸균(또는 압력솥) 시험이 수행된다. 이 시험을 수행하는 동안은 디바이스에 바이어스가 부가되지 않는다. 외부 보호소재(밀봉재나 폴리이미드)의 투과나 외부 보호소재와 금속 도전체 사이의 계면 통과를 가속시키기 위해서 실제 사용환경보다 가혹한 조건의 압력, 습도 및 온도 등을 부가한다. 수분이 다이의 표면에 도달하면, 반응물질이 다이 표면에 누설경로를 형성하며 다이금속을 부식시켜서 DC 인자들에 영향을 미치며, 결과적으로는 파손이 유발된다.

가압멸균 시험은 파괴적이며, 반복적으로 부가되면 파손율이 증가한다. 로트 합격판정, 공정 모니터링 그리고 견실성 평가 등과 같은 단기간 내로 수행되는 비교평가에 유용하지만, 작동환경과 관련된 가속인자들이 잘 확립되어 있지 않기 때문에 절대정보를 제공해주지는 못한다. 게다가 가압멸균시험은 챔버오염이 과도하기 때문에 디바이스 신뢰성을 대표하지 못하는 엉뚱한 파손을 유발할 수도 있다. 이 조건은 일반적으로 부식된 디바이스

터미널/리드 또는 터미널들 사이에 도전성 물질의 생성 등을 포함하는 심각한 외부 패키지 퇴화를 유발한다. 그러므로 패키지의 품질이나 신뢰성의 측정에는 가압멸균 시험이 적합지 않다.

표준 WLCSP 제품의 평가에는 가압멸균 시험이 필요 없다. 그런데 WLCSP의 개발단계에서, 적용 기술의 본질적인 취약점을 이해하기 위해서 가압멸균시험을 사용할 수도 있다. 하지만 파손 메커니즘이 패키지의 수용능력을 넘어섰기 때문에 발생하는 비현실적인 소재파손일 가능성이 있기 때문에 시험결과를 해석하는 과정에서 주의가 필요하다. 자동차 시장과 같은 일부 소비자나 시장에서는 가압멸균 시험이 필요할 수도 있다.

> 스트레스조건 : 상대습도 100%, 121[°C], 103[kPa]
> 참조산업표준 : JESD22-A102C

8. **냉열시험(TMCL)** : 디바이스가 극도로 높고 낮은 온도에 반복적으로 노출될 때의 저항성을 평가하기 위해서 냉열시험이 수행된다. 냉열시험 과정에서 발생하는 전기적 특성의 영구적인 변화와 물리적인 손상은 이론적으로는 열팽창과 수축에 따라 기계적인 응력이 유발되기 때문이다. 냉열시험이 미치는 영향에는 땜납 크랙이나 다이 구멍, 부동층의 크랙, 금속층의 탈착 그리고 다양한 전기적 특성변화 등과 같은 열-기계적으로 유발된 손상들이 포함된다.

> 스트레스조건 : 전형적으로 -40[°C] ↔ 125[°C] 또는 -65[°C] ↔ 150[°C]
> 참조산업표준 : JESD22-A104D

9. **보드레벨 냉열시험(BTMCL)** : 디바이스와 회로기판을 연결하는 납땜 조인트의 피로파괴와 관련된 마모정보를 얻기 위해서 냉열시험이 수행된다. 데이지체인 구조 시험용 디바이스가 회로기판에 설치되며, 전형적으로 0[°C] ↔ 100[°C] 사이의 극한온도에서 온도 사이클을 부가한다. 스트레스를 받는 동안 연속적으로 조인트 저항을 모니터링하여, 저항값의 증가(1,000[Ω] 초과)가 5회 이상 검출되면 디바이스가 파손되었다고 판정한다. 이상적으로는 시편의 63%가 파손될 때까지 시험을 지속하여야 한다.

스트레스조건 : 0[°C] ↔ 100[°C], 2[cycle/h]

참조산업표준 : IPC-SM-785

10. **고온보관수명(HTSL)** : 전기적인 스트레스를 부가하지 않은 고온상태에서 디바이스를 보관하는 경우에 발생하는 영향을 평가하기 위해서 고온보관시험(**안정화 베이크시험**이라고도 부른다)이 적용된다. 이 시험은 (알루미늄 패드에 부착된 금 와이어본드와 같이) 금속 간 기공이 발생하기 쉬운 와이어본드의 장기간 신뢰성 시험에도 유용하다.

시험대상 디바이스는 150[°C]로 가열된 공기가 순환되는 챔버에 연속적으로 보관된다. 지정된 스트레스 부가기간이 끝나고 나면, 디바이스를 챔버에서 꺼내어 냉각한 다음에 전기적 시험을 수행한다. 만일 상세한 시험과정이 적시되어 있으면 중간측정을 수행한다.

스트레스 조건 : 150[°C] 또는 175[°C]

참조산업표준 : JESD22-A103B

11. **납땜성질** : 납땜성질 시험의 목적은 일반적으로 납땜 작업을 통해서 연결하는 WLCSP 단자들의 납땜성질을 평가하기 위한 것이다. 이 단자들이 땜납 의해서 적셔지거나 코팅되는 특성에 대한 평가가 시행된다. 이 과정을 통해서 납땜이 용이하게 만들기 위해서 제조공정 내에서 사용된 처리가 만족스럽고 납땜 연결을 수용하기 위해서 설계된 부품이 필요한 부분에 적용되었는지를 검증한다. 이 시험방법에는 가속화된 노화시험이 포함된다.

참조산업표준에서는 디바이스 활용과정에서 사용될 납땜공정에 대한 시뮬레이션을 수행하기 위해서 노화와 납땜에 대한 옵션조건들을 제공하고 있다. 여기에서는 관통구멍, 축방향 및 표면실장착 디바이스들의 납땜성질시험과 표면실장착 패키지의 사용환경 모사에 사용될 표면실장착 디바이스와 리플로우 과정을 제공해준다. 시험에 사용될 WLCSP 디바이스들을 일차적으로 8시간 동안 스팀에 노출하여 노화를 진행시킨다. 디바이스 범프들을 노화시킨 다음에 215[°C](SnPb 보드 조립공정) 또는 245[°C](무연보드 조립공정)로 가열한 땜납용기 속에서 5시간 동안 액화시킨다.

참조산업표준 : JESD22-B102C

12. **보드레벨 낙하시험** : 이 시험은 회로기판의 과도한 휨이 제품의 파손을 유발하는 가속시험환경하에서 휴대용 전자제품에 사용되는 WLCSP의 낙하성능을 평가 및 비교하기 위하여 수행된다. 특히 이 시험은 전력용 MOSFET와 아날로그 웨이퍼레벨 칩스케일 패키지에 적용된다.

서로 다른 보드 낙하방향에 대한 경험에 따르면, 컴포넌트들이 아래를 향하고 보드가 수평으로 낙하하는 경우에 프린트회로기판의 휨이 가장 크게 발생하며, 따라서 가장 파손이 잘 발생하는 자세이다. 그러므로 시험을 수행하는 동안 컴포넌트들이 아래로 향하도록 보드를 수평으로 위치시켜서 낙하시험을 수행한다. 여타의 보드 설치방향에 대한 시험은 필요 없지만 필요하다고 간주되면 시험을 수행할 수 있다. 그런데 이는 추가적인 시험 옵션일 뿐이며 필요한 방향에 대한 시험을 대체할 수는 없다.

낙하시험은 JEDEC B조건(1,500[G], 지속시간 0.5[ms], 절반 정현파)을 필요로 하며, 프린트회로기판 조립체의 입력 충격파에 대해서는 JESD22-B110이나 JESD22-B104-B에 제시되어 있다. 이 충격파를 바닥판에 부가하며 바닥판의 중앙이나 보드 지지기둥에 인접한 위치에 설치한 가속도계를 사용하여 측정한다. H조건(2,900[G], 지속시간 0.3[ms])과 같은 여타의 충격조건을 기본조건에 추가하여 사용할 수 있다. 낙하시험을 수행할 때마다 파손검사를 위하여 데이지체인 네트워크에 대한 현장 전기측정이 필요하다. 이벤트 검출기나 고속 데이터 수집 시스템을 사용하여 모든 연결부위의 전기적 연속성을 검출하여야 한다. 이벤트 검출기는 1[ms] 이상의 기간 동안 1,000[Ω] 이상으로 유지되는 모든 일시적인 불연속 저항값을 기록할 수 있어야 한다. 고속 데이터 수집 시스템은 초당 50,000개 이상의 샘플링 속도로 저항값을 측정할 수 있어야만 한다.

참조산업표준 : JESD22-B111

10.2 WLCSP용 땜납볼의 전단성능과 파괴모드

서로 다른 변형률 조건하에서 열접착 방식으로 부착된 땜납볼들의 파괴거동을 고찰하기 위해서 높은 변형률하에서의 전단시험을 일반적으로 사용하게 되었다. 이 절에서는 전단하

중 부가속도의 영향에 대한 실험결과를 살펴본 다음에 볼 충격을 받는 땜납 조인트의 동적 응답을 고찰하기 위한 3차원 유한요소 해석에 대해서 살펴본다. 복합모델을 사용한 3차원 유한요소해석을 사용하여 고속 충격시험과정에서 발생하는 파손과 분열 메커니즘, 땜납 조인트의 파손 과도응답 등에 대해서 살펴본다.

10.2.1 서 언

고속 전단시험은 WLCSP 다이에 부착되어 있는 땜납볼의 강도를 평가하는 방법이다. 비록 이 시험이 단순하며 구현하기가 용이하지만, 지금까지도 볼 전단시험의 수행과 관련된 세부사항들이 표준화되지 못하였다.

차이[2]는 볼그리드어레이용 땜납볼의 전단시험에 대해서 연구하였으며, 전단각도와 반력 사이의 상관관계를 발견하였다. 편의상 파괴모드들을 그림 10.1에 도시되어 있는 것처럼, **벌크파손**(3번 모드), **벌크-금속간화합물 부분파손**(2번 모드) 그리고 **금속간화합물 파손**(1번 모드)와 같이 몇 가지 범주로 분류하였다. 실제의 경우, 전단시험 과정에서 발생하는 대부분의 파괴모드들은 벌크-금속간화합물 부분파손이다. 이 현상은 더 복잡하며 수치 시뮬레이션으로 묘사하기가 어렵다. 더욱이 소수의 연구자들만이 실험과 수치해석을 병행하여 심도 있는 연구를 수행하였다.

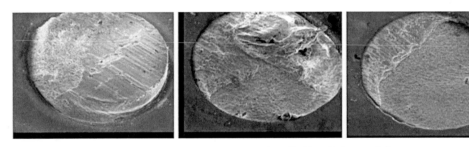

그림 10.1 전단시험 과정에서 관찰되는 파괴모드들[2]

일반적으로 과거의 연구들은 시험이나 시뮬레이션에 관계없이 대부분이 볼그리드어레이 모듈을 기반으로 하였다. 수치해석의 경우 연구자들은 주로 순수 벌크 파손이나 순수한 금속간화합물 파손을 대상으로 삼았으며, 더 중요한 파손유형인 벌크-금속간화합물 부분파손을 무시하였다. 더욱이 자신의 수치해석결과를 검증하기 위한 실험 데이터가 거의 제시되지 않았다.

본 연구에서는 충격작용에 대한 WLCSP 모듈의 기계적 응답에 대한 고찰을 수행하였다. 전단작용이 부가되는 동안 WLCSP 모듈의 응력을 신뢰성 있게 평가하기 위해서, 고속전단시험과 유한요소 시뮬레이션을 조합하여 SAC405 땜납볼의 동역학적 거동을 구하였다. 시험결과에 따르면 대부분의 파괴모드는 벌크-금속간화합물 부분파손이었다. 본 연구에서는 이런 전형적인 파괴모드를 모사하기 위해서 ANSYS/LS-DYNA를 기반으로 하는 동적 3차원 유한요소 시뮬레이션이 사용되었다. 시험결과와 수치해석 결과에 대한 비교를 통해서, 본 연구에서 사용된 유한요소해석이 신뢰성이 있으며, 시험적 관찰결과를 모사할 수 있음을 확인하였다.

10.2.2 시험과정과 시편

시험과정에 사용된 WLCSP 시편은 주로 SAC405 땜납볼(직경 $300[\mu m]$)과 CuNiAu 소재의 범프하부금속(총 두께 $2[\mu m]$)으로 구성되어 있다. 약 $2[\mu m]$ 두께의 범프하부금속은 **그림 10.2**와 **그림 10.3**에 도시되어 있는 것처럼, 일반적으로 볼과 범프하부금속 사이에 형성된다. 특히 충돌속도가 빠른 경우에 금속간화합물의 파손이 자주 목격된다. 그런 이유에서 금속간화합물의 **무효 영역**을 서로 다른 파손모드들을 비교하는 지표로 간주한다. 일반적으로 금속간화합물이 볼 합금이나 범프하부금속 성분들보다 강도가 높으며 취성이 더 크다. 순수한 금속과 금속간화합물의 영계수가 **표 10.2**에 제시되어 있다[3].

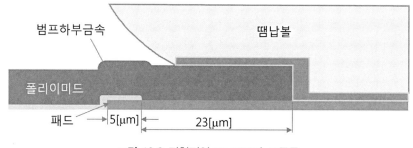

그림 10.2 전형적인 WLCSP의 모듈들

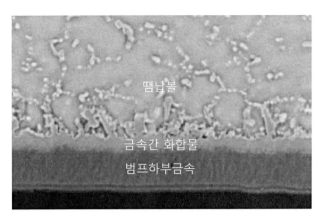

땜납볼

금속간 화합물

범프하부금속

그림 10.3 땜납 상호연결부위 내의 금속간화합물층의 확대영상

표 10.2 순수금속과 금속간화합물들의 영계수

금속	영계수[GPa]	출처	금속간화합물	영계수[GPa]	출처
니켈	200~214	순수금속 데이터표	Cu6Sn5	112.3±5.0	나노인덴테이션
주석	50	순수금속 데이터표	(Cu,Ni)6Sn5	157.82±5.69	나노인덴테이션
구리	110~128	순수금속 데이터표	Cu3Sn	134.2±6.7	나노인덴테이션
금	78	순수금속 데이터표	Ag3Sn	78.9±3.7	나노인덴테이션
은	83	순수금속 데이터표	Ni3Sn4	140~152	나노인덴테이션
납	16	순수금속 데이터표	(Ni,Cu)3Sn4	175.14±4.12	나노인덴테이션

충격시험을 수행한 다음에 파손모드 구분을 위해서 현미경을 사용하여 전단시편의 검사를 수행한다. 시험과정에서 의미 있는 전단속도 범위를 결정하기 위해서, 금속간화합물 무효 영역 범위가 50%에서 10% 사이가 되도록 초기전단시험이 수행되었다. 벌크-금속간화합물 부분파손을 유발하기 위해서, 본 연구에서는 400[mm/s]에서 800[mm/s] 사이의 속도를 공구속도로 선정하였다.

10.2.3 시험검사와 충격시험

시험을 통해 전단이 발생한 시편들의 파괴 영역을 광학 현미경과 주사전자현미경을 사용하여 검사하였다. 표 10.3에는 일부 시험 데이터가 제시되어 있다. 1번 모드, 2번 모드 그리고 3번 모드는 각각, 파손된 표면 위에 잔류하는 땜납합금의 세 가지 영역에 대한 백분율을 나타낸다. 마지막 열의 데이터는 서로 다른 속도로 전단을 일으킨 이후에 범프하부금속 위에 잔류하는 땜납합금의 평균 면적 백분율을 나타낸다. 표 10.3에 설명되어 있는 파괴모드 분석으로부터, 전단속도가 증가함에 따라서 땜납합금의 잔류량이 감소한다는 결론을 내릴 수 있다. 그러므로 벌크땜납합금 내부에 비해서 금속간화합물층에서 더 많은 계면파손이 발생한다.

표 10.3 파손모드의 시험통계데이터

속도[mm/s]	고속전단 후에 범프하부금속 위의 잔류땜납			잔류땜납(%)
	1번 모드(10%)	2번 모드(50%)	3번 모드(100%)	
400	7	2	6	51
600	7	2	1	34.7
800	12	4	–	20

그림 10.4에 도시되어 있는 것처럼, SAC405 시편을 사용하여 다양한 전단속도에 대해서 시험과정에서의 힘-변위 곡선을 기록하였다[3]. 전단 속도가 400[mm/s] 이하로 낮아지게 되면, 피크 곡선은 매끄럽고 평평해진다. 전단속도가 증가함에 따라서 피크가 비교적 뾰족해진다. 이 곡선들로부터 발견할 수 있는 피크 작용력에 대한 또 다른 규칙은, 전단속도가 증가함에 따라서 피크 작용력도 증가하지만, 최종 변위는 감소한다는 점이다.

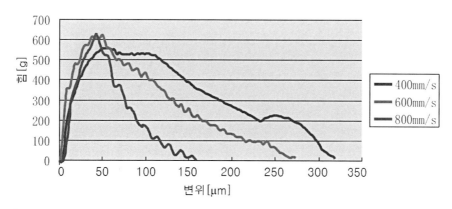

그림 10.4 서로 다른 충돌속도에 따른 힘-변위 응답곡선의 상호비교[3] (컬러 도판 423쪽 참조)

10.2.4 유한요소 해석에 기초한 시뮬레이션과 해석

유한요소 시뮬레이션을 통해서 납땜 조인트의 거동을 잘 가시화시킬 수 있으며, WLCSP

모듈의 모든 부분에서 발생하는 응력성분들의 크기를 구할 수 있다. 그런데 이런 가시화 방법의 정확도는 소재와 구조의 적합한 거동을 나타내는 모델의 적합성, 포괄성 그리고 신뢰도 등에 의해서 결정된다.

본 연구에서는 ANSYS/LS-DYNA를 기반으로 하여 3차원 동적 시뮬레이션을 수행하였다. 충격하중을 받는 계면(금속간화합물층)의 파손을 시뮬레이션하기 위해서, 일반적인 탄소성 **구조모델**[4]과 더불어서, **복합영역모델**[5]이 사용되었다. 두께가 얇고 형태가 복잡하여 금속간화합물층의 소재특성을 얻기 힘들지만, 금속간화합물층에 대하여 서로 다른 모델을 가정하여 반복계산을 수행함으로써, 실험결과와의 근사화를 수행하였다. 그런 다음 앞서 추정한 인자들이 다양한 경우에 대해서 유효한지를 검증하기 위해서 서로 다른 전단속도를 적용하였다.

10.2.4.1 유한요소모델

그림 10.5에서는 알루미늄 패드 위에 범프하부금속이 배치되어 있으며, 땜납 마스크층으로

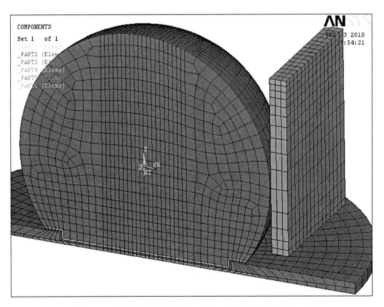

그림 10.5 땜납 상호연결에 대한 비대칭 유한요소모델

---

4   constitutive model.
5   cohesive zone model.

둘러싸인 단일 땜납볼의 전단시험에 대한 절반 유한요소모델을 보여주고 있다. 금속간화합물층은 범프하부금속과 땜납볼 사이에 위치한다. 전단공구는 강체로서, 땜납볼과 정속으로 충돌한다고 가정하였다. 금속간화합물층은 중요한 관찰대상이므로, 그림 10.6에서는 이를 확대하여 보여주고 있으며, 금속간화합물층 전체의 모델링에 사용된 요소의 숫자도 표기되어 있다.

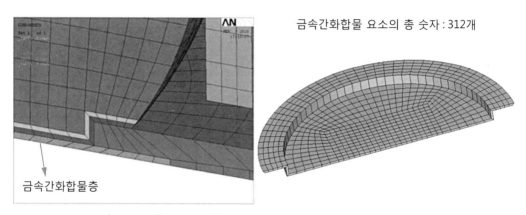

그림 10.6 복합요소를 사용하여 시뮬레이션이 수행되는 금속간화합물층

10.2.4.2 소재의 계수값들

표 10.4에는 구성요소들의 탄성계수값들이 제시되어 있다. 표에서 E는 영계수이며, ν는 푸아송비 그리고 ρ는 질량밀도를 나타낸다. 전단공구는 강체라고 가정하였다.

땜납볼의 소재는 변형속도 의존성 **쌍일차 탄소성 구조방정식**으로 모델링하였다. 동적 해석의 경우, 변형률 의존성 소재의 **변형경화**를 고려한 **쿠퍼－시먼즈**[6] 모델이 널리 사용된다. 동적 유동응력과 정적 유동응력 사이의 비율을 충돌문제의 변형속도로 나타낸다. 땜납합금이 변형속도에 크게 의존적이라는 점은 잘 알려져 있다. 그런 이유 때문에 이 시뮬레이션에서는 쿠퍼－시먼즈 모델이 사용되었다. 모델의 지배방정식에 대해서 두 가지 소재상수값들을 결정해야 한다. 본 연구에서는 B＝106, q＝2.35로 결정하였다. 소성변형률이 0.6에 이르면 손상이 발생했다고 판정한다.

---

6   Cowper-Symonds.

표 10.4 구성요소들의 탄성계수값들

소재	$\rho[kg/m^3]$	$E[GPa]$	ν
SAC405	7.5×10^3	26	0.4
Al-Cu 패드	2.7×10^3	69	0.33
땜납마스크	1.47×10^3	3.5	0.35
범프하부금속	9.7×10^3	200	0.3
전단공구	7.9×10^3	강체	−

전단 충격을 받는 땜납볼의 파손 여부를 판정하기 위해서 등가 소성변형 기준이 적용되었다. 누적 또는 전류등가 소성변형률이 임계값에 도달하게 되면 해당 요소를 제거한다. 더 복잡한 계면파손(금속간화합물층의 파손)의 경우, 이 파손을 모사하기 위해서 복합영역모델이 사용되었다.

최근 들어서 고체 내에서 파손과 탈착을 모사하기 위해서 **복합영역모델**(CZM)이 널리 사용되고 있다. 이 방법은 덕데일[4]과 바렌블랫[5]의 복합영역 개념에 기반을 두고 있다. 복합영역모델은 원래, 시뮬레이션에 금속 매트릭스의 탈착을 포함시키기 위해서 니들맨[6]이 제안하였다. 등방성 연성소재 내에서의 크랙성장, 계면탈착[7], 취성소재의 충돌손상 그리고 샌드위치 구조[8]의 해석 등과 같은 다양한 수치해석 사례에 대해서 복합영역모델이 성공적으로 사용되었다. 기하학적 두께와 구조적 두께를 개별적으로 정의한 복합영역모델은 크랙성장을 모델링하기 위한 매력적인 개념이 되었다.

복합영역모델에서는 복합요소가 매립되어 있는 계면에 **견인−분리 법칙**이 적용된다. 복합요소들의 소재특성은 **최대견인력**과 **최대분리력**이라는 두 가지 중요한 인자들에 의해서 주로 결정된다. 본 연구에서는 **그림 10.7**에 도시되어 있는 복합영역모델이 선정되었으며, 이 모델은 Tvergaad와 허친슨이 최초로 제안하였다[7]. 앞서 제시한 두 가지 인자들 이외에 파괴에너지 G도 중요한 인자이며, 여타의 인자들로부터 직접 유도할 수 있다. 파괴에너지는 **그림 10.7**의 가로좌표와 곡선 사이의 면적과 동일하다. 여기서, σ_c는 최대반력을 나타낸다. 변위 δ가 δ_{cn}에 도달하게 되면, 소재가 완전히 파단되어버린다. 표 10.5에는 초기 계수값들이 제시되어 있다.

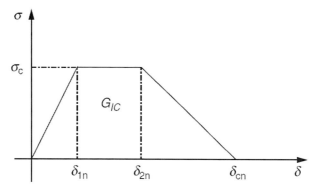

그림 10.7 분리영역모델의 견인-분리응답

표 10.5 분리소재의 초깃값

σ_c	δ_{1n}	δ_{2n}	δ_{cn}
600	0.05	0.95	1

10.2.4.3 시뮬레이션 결과

시뮬레이션을 통해서 땜납볼 내에서 전단공구의 선단부와 땜납볼 사이의 접촉점에서 초기에 큰 소성변형이 발생하는 영역이 발견되며, 땜납 속에서 패드와 평행한 방향으로 이 영역이 확대된다. 이는 그림 10.8에 도시된 것처럼 이 영역을 통해서 크랙이 발생하여 성장할 가능성이 크다는 것을 의미한다.

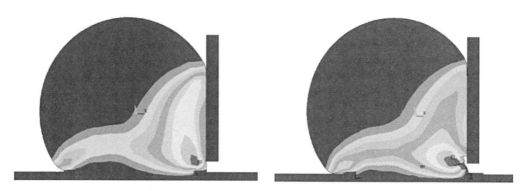

그림 10.8 등가소성변형의 등고선도 (컬러 도판 423쪽 참조)

그림 10.9와 그림 10.10에서는 400[mm/s]와 800[mm/s]의 충돌속도에 의해서 발생하는 파단의 전체 과정을 보여주고 있다.

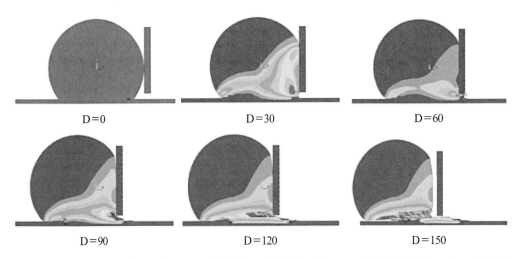

그림 10.9 충돌속도가 400[mm/s]인 경우의 전체 충돌과정. D[μm]는 공구변위이다. (컬러 도판 423쪽 참조)

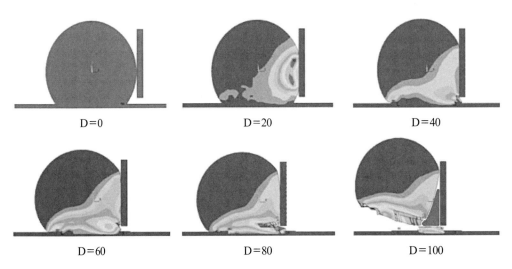

그림 10.10 충돌속도가 800[mm/s]인 경우의 전체 충돌과정. D[μm]는 공구변위이다. (컬러 도판 424쪽 참조)

그림 10.11과 그림 10.12 그리고 그림 10.13에서는 서로 다른 충돌속도하에서 전체파단이 발생한 이후의 벌크-금속간화합물 부분파손의 다양한 형태를 보여주고 있다. 이 그림들에서 그

림 10.11, 그림 10.12 및 그림 10.13의 좌측 그림에서는 서로 다른 속도하에서 소성변형량을 보여주고 있으며, 땜납볼의 파손정도를 함께 표시하고 있다. 그림 10.11, 그림 10.12 및 그림 10.13의 우측 그림에서는 해당 충돌속도에서 파손되지 않고 남아 있는 금속간화합물 요소들을 보여주고 있다. 계산에 따르면 400[mm/s]의 충돌속도하에서 파손되지 않고 남아 있는 금속간화합물 요소의 숫자는 164개이다. 그림 10.6에 도시되어 있는 금속간화합물층과 비교해보면, 남아 있는 약 50%의 요소들이 남아 있음을 알 수 있다. 이와 동일한 계산을 통해서, 600[mm/s]와 800[mm/s]의 속도에서는 각각 28.8%와 7.4%의 요소들이 남아 있음을 알 수 있다. 충돌속도가 증가하면, 금속간화합물층 또는 땜납볼의 잔류 요소 숫자는 감소한다. 이런 경향은 표 10.3에 제시되어 있는 실험결과와 일치하고 있다.

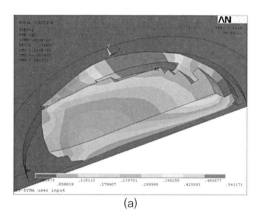
(a)

잔류 금속간화합물 요소의 숫자 : 164개

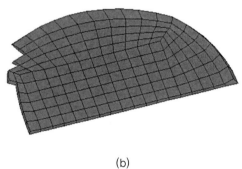
(b)

그림 10.11 파손표면형상 (a) 잔류 금속간화합물, (b) 400[mm/s] (컬러 도판 424쪽 참조)

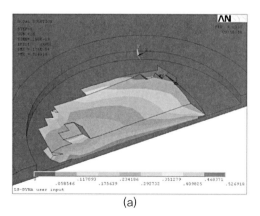
(a)

잔류 금속간화합물 요소의 숫자 : 90개

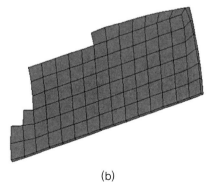
(b)

그림 10.12 파손표면형상 (a) 잔류 금속간화합물, (b) 600[mm/s] (컬러 도판 424쪽 참조)

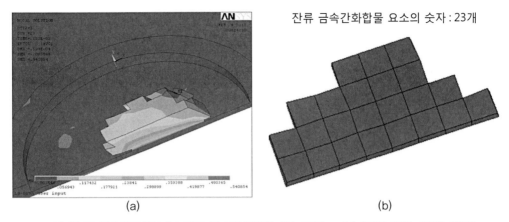

잔류 금속간화합물 요소의 숫자 : 23개

(a)　　　　　　　　　　　　　(b)

그림 10.13 파손표면형상 (a) 잔류 금속간화합물, (b) 800[mm/s] (컬러 도판 425쪽 참조)

그림 10.14에서는 400[mm/s], 600[mm/s] 및 800[mm/s]의 속도에 대한 부하－변형응답 계산결과를 보여주고 있다. 이 그림에 나타난 경향은 그림 10.4의 실험결과와 일치함을 알 수 있다. 속도가 증가함에 따라서 최종적인 파손변위는 감소하는 반면에 최대 작용력은 증가한다. 게다가 저속에서의 곡선은 훨씬 더 완만하게 변함을 알 수 있다.

앞서 설명한 결과들로부터, 본 연구에서 사용된 유한요소 시뮬레이션이 실험결과를 모사할 수 있다고 결론지을 수 있다. 그런데 만일 이 방법을 산업계에서 활용하기 위해서는 정확한 모델 계수들을 구하고, 더 낮은 파손기준을 결정하기 위해서 추가적인 연구가 필요하다.

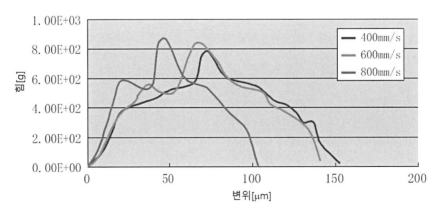

그림 10.14 시뮬레이션된 부하곡선 (컬러 도판 425쪽 참조)

10.2.5 논 의

벌크−금속간화합물 부분파손은 벌크땜납과 금속간화합물층의 파손이 결합된 훨씬 더 복잡한 혼합파손현상이다. 현재 이 문제에 대한 수치해석 연구는 여전히 개발 초기단계에 머물러 있는 실정이다.

이 절에서는 WLCSP 상호연결부위에 대하여 서로 다른 충돌속도를 사용한 전단시험을 통한 실험적 연구에 대해서 살펴보았다. 다음으로 실험결과를 모사하기 위해서 상용 유한요소해석 코드인 ANSYS/LS−DYNA를 사용하여 3차원 다이내믹 시뮬레이션을 수행하였다. 이를 통해서 일부 의미 있는 결과를 얻게 되었다. 이를 통해서 다음과 같은 결론을 얻게 되었다.

1. 등가소성응력을 기반으로 하는 파괴기준과 변형속도 의존적 구조관계를 조합한 복합영역모델을 사용하여 서로 다른 충돌속도하에서 시행된 전단시험 과정에서 자주 발생하는 서로 다른 파손모드들을 성공적으로 예측할 수 있었다.
2. 시뮬레이션과 실험결과에 다르면 충돌속도가 증가하면 금속간화합물층 내에서 취성파단이 더 많이 발생한다.
3. 시뮬레이션과 실험을 통해서 구한 부하−변위 응답곡선에 따르면 고속에서 필요한 파괴에너지는 저속의 경우보다 더 작다. 하지만 최대견인력은 명확히 증가하였다.

앞으로 더 좋은 소재의 파괴모델을 도출하기 위해서는, 금속간화합물층의 소재계수값들을 더욱 조절 및 검증하여야 하며, 더 적합한 모델이나 기준을 적용해야만 한다.

10.3 WLCSP 조립 리플로우의 신뢰성과 PCB 설계

이 절에서는 시험용 프린트회로기판 위에 설치되어 있는 WLCSP의 땜납 조인트 파손에 대해서 살펴본다. 특히 조립 리플로우 공정에서 발생하는 응력에 대해서 고찰하기로 한다[9]. 연구의 대상인 WLCSP의 땜납볼은 5×5 볼 어레이를 갖추고 있으며, 이는 16개의 외곽 땜납 조인트들과 9개의 내부 땜납 조인트들로 구성되어 있다는 것을 의미한다. 이들 모두는 시험용 프린트회로기판 위의 구리소재 패드들에 납땜질되었다.

비아 배열을 통해서 전달되는 프린트회로기판에 가해진 충격이 조립 리플로우 공정을 수행하는 동안 땜납 조인트 내의 응력에 이해하기 위해서 세 가지 유형의 프린트회로기판이 모델링되었다. 1번 설계의 경우에는 프린트회로기판에 관통비아들이 전혀 없다. 2번 설계에서는 부 측 9개의 프린트회로기판 구리소재 패드들 하부에 도금된 관통비아가 사용되었다. 3번 설계의 경우에는 프린트회로기판 내 25개의 구리소재 피드들 모두에 도금된 관통비아가 사용되었다. 시뮬레이션 결과에 따르면, 프린트회로기판 내부 측 9개의 구리소재 패드 하부에만 도금된 관통비아들이 사용된 2번 설계의 경우에 다른 설계들에 비해서 가장 큰 땜납응력이 유발되었다. 실리콘과 프린트회로기판의 열팽창계수 불일치로 인해서 모서리 땜납 조인트에 더 높은 응력이 부가된다는 일반 상식과는 달리, 2번 설계의 경우에 최대 응력은 내부 땜납 조인트에서 발생하였다. 시뮬레이션 결과는 실험적 관찰결과와 잘 일치하였다. 1번 설계와 3번 설계를 사용한 프린트회로기판의 경우, 땜납 내에서 발생한 최대 응력은 2번 설계의 경우보다 낮게 나타났다. 게다가 두 경우 모두 모서리의 땜납 조인트에서 최대응력이 발생하였다. 이러한 시뮬레이션 결과를 참조하여 새로운 프린트회로기판 설계지침이 만들어졌다. 이러한 설계개선으로 인하여 땜납 조인트의 조기파손은 발생하지 않았다.

10.3.1 서 언

마이크로 땜납 조인트를 사용하는 웨이퍼레벨 칩스케일 패키지(WLCSP)는 모든 반도체 디바이스 패키지들 중에서 형상계수가 가장 작기 때문에 널리 사용되고 있다. 작은 크기와 짧은 신호/단자 경로길이로 인하여 월등한 전기/열 성능을 장점으로 가지고 있다. 현재 WLCSP 기술의 경향은 더 가볍고 더 빠른 휴대용 전자제품의 빠른 시장성장을 지원하기 위해서, 본체의 크기를 더 크고 얇게 만들며 더 좁은 땜납 피치를 구현하려고 노력하고 있다. 이러한 WLCSP 기술의 개발수요 성장으로 인하여 땜납 금속간화합물의 성장, 패키지 구조의 영향 그리고 패키지/프린트회로기판 상호작용 등에 대한 더 많은 이해가 필요하게 되었다.

패키지/프린트회로기판 사이의 상호작용의 경우, 실리콘과 유기소재 적층의 열팽창계수 차이로 인하여 반도체 디바이스 조립체에서 휨과 같은 변형이 유발된다는 사실이 잘 알려져 있다. 또한 WLCSP와 프린트회로기판 사이의 잘 알려진 열팽창계수 불일치도 보드레벨에서의 신뢰성 저하의 주요 원인들 중 하나이다.

과거에는 프린트회로기판의 설계가 땜납 조인트의 신뢰성에 미치는 영향에 대한 연구가 거의 수행되지 않았었다. 프린트회로기판의 레이아웃과 비아의 배치가 조립 리플로우 공정의 신뢰성에 미치는 영향에 대한 연구는 더욱더 드물다. 그럼에도 불구하고 WLCSP 디바이스가 더 커지고 얇아지며 피치가 좁아지고 있기 때문에, 조립공정을 수행하는 동안 땜납 조인트 내부에 발생하는 응력에 대한 이해가 필요하다.

전형적인 WLCSP 디바이스 평가에서는 가압멸균(ACLV), 고가속 스트레스시험(HAST), 냉열시험(TMCL), 작동수명(OPL) 그리고 고온보관수명(HTSL)과 같은 환경 스트레스를 부가하기 전후의 기능시험에 WLCSP 디바이스를 수동소자와 함께 설치한 쿠폰형 프린트회로기판이 자주 사용된다. 비용과 시간을 고려해야 하므로, 도금된 관통비아를 갖춘 프린트회로기판이 여전히 컴포넌트 시험에 주로 사용되며, 이와 동시에 충분한 전력/신호 라우팅 능력을 제공해준다.

5×5, 0.4[mm] 피치 WLCSP의 평가에서 가압멸균과 고가속 스트레스시험을 수행하는 과정에서 불의의 조기파손이 발생하였다. 전기시험과 뒤이은 파손분석에 따르면 5×5 어레이의 내부 땜납 조인트들에서 특이한 파손모드가 발견되었다. 모서리 땜납 조인트에서 먼저 파손이 일어나는 전형적인 열-기계적 피로파손과는 달리, 모서리 조인트들의 파손발생 징후가 전혀 나타나지 않은 상황에서 모든 내부 땜납 조인트의 파손이 발생하였다(그림 10.15).

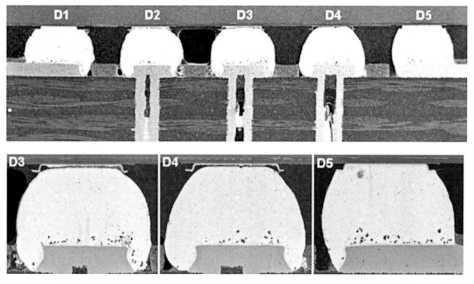

그림 10.15 가압멸균 시험과정에서 발생한 내부 땜납 조인트들의 파손현상

추가적인 해석을 통해서 이런 특이한 파괴모드의 주요 원인이 밝혀졌다. (환경 스트레스를 부가하지 않고) 시험용 프린트회로기판 위에 단지 설치되어 있기만 한 컴포넌트의 내부 땜납 조인트에서 이미 크랙이 시작되어 있었다는 사실을 재빨리 인식하게 되었다. 또한 이 특정한 WLCSP에 대해서 특정한 프린트회로기판의 직선/간격 요구조건에 의거한 라우팅을 수행하기 위해서 (조기파손과 크랙 발생이 일어나는) 아홉 개의 중앙부 땜납 조인트들 하부에만 프린트회로기판을 관통하는 비아를 성형한 시험용 프린트회로기판이 설계되었다. 이 프린트회로기판 레이아웃의 특이성과 프린트회로기판 관통비아와 땜납 조인트파손 사이의 높은 상관관계 때문에, 프린트회로기판 관통비아에 땜납 리플로우 조립공정에서 발생하는 응력이 미치는 영향에 대하여 연구의 초점을 맞추게 되었다.

10.3.2 세 가지 PCB 설계와 이들에 대한 유한요소해석 모델

5×5, 0.4[mm] 피치 WLCSP에 대해서 세 가지 유형의 프린트회로기판이 고려되었다. 첫 번째 모델의 경우, 프린트회로기판 상부 표면에 배치되어 있는 25개의 구리패드들 중 어느 것도 보드관통비아를 통해서 프린트회로기판 바닥표면과 연결되어 있지 않는다. 두 번째 모델의 경우에는 프린트회로기판 상부 표면의 아홉 개의 내부 측 구리패드들은 보드관통비아를 통해서 프린트회로기판 바닥표면의 대응패드들과 연결되어 있다. 하지만 16개의 외부 측 프린트회로기판 패드들은 보드관통비아와 연결되어 있지 않는다. 세 번째 모델의 경우에는 프린트회로기판 상부 표면의 25개 구리패드들 모두가 25개의 보드관통비아를 통해서 프린트회로기판 바닥표면의 구리패드들과 연결되어 있다. 그림 10.16에서는 WLCSP와 프린트회로기판 보드에 대한 유한요소모델을 보여주고 있다. WLCSP 다이의 크기는 2.1×2.42[mm]이며 두께는 약 0.38[mm]이다. 그림 10.17에서는 프린트회로기판 위에 설치되어 있는 WLCSP의 유한요소모델이 도시되어 있다.

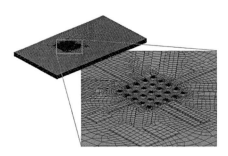
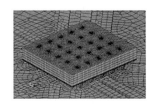

그림 10.16 상부에 5×5 WLCSP가 설치된 프린트회로기판의 유한요소모델

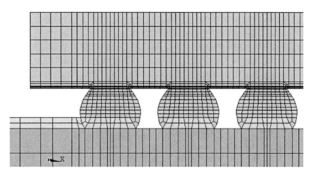

그림 10.17 프린트회로기판 위에 설치되어 있는 5×5 WLCSP의 단면도

그림 10.18에서는 WLCSP의 확대단면도를 보여주고 있다. 기본 세팅에는 $2.7[\mu m]$ 두께의 알루미늄 패드, 질화부동층 그리고 알루미늄 패드를 뒤덮는 폴리이미드 재부동층, 부착금속층과 도금시드층 그리고 $2[\mu m]$ 두께의 상부가 금으로 덮인 니켈 기반 범프하부금속(하나의 범프하부금속층으로 표시되어 있다) 등이 포함된다. 폴리이미드 재부동층의 측벽각도는 $60°$로 설정되었다. 폴리이미드 구멍을 통하여 범프하부금속이 알루미늄 패드에 연결되며, 범프하부금속 위에 땜납을 주입 및 리플로우시켜서 구리패드를 프린트회로기판에 부착한다.

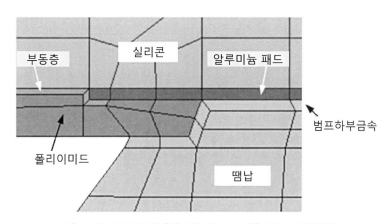

그림 10.18 WLCSP의 (범프하부금속 근처) 국부 상세단면도

그림 10.19에서는 프린트회로기판의 유한요소모델과 상부 트레이스의 상세한 모습을 보여주고 있다. 실제 프린트회로기판의 치수는 $21.6 \times 39 \times 1.52[mm]$이다. 상부층에는 폭이 $0.55[mm]$인 구리소재 트레이스가 배치되어 있으며 하부층에는 폭이 $0.25[mm]$인 구리소재

트레이스들이 배치되어 있다. 모델링 과정에서는 단순화를 위해서 6×6[mm] 범위 내의 상부트레이스와 하부트레이스만을 대상으로 삼았다. 이 모델에서는 두 층의 매립된 구리소재 금속층들도 고려되었다.

그림 10.20에서는 하부 구리층과 하부에 매립된 구리층들에 대한 유한요소모델을 보여주고 있다. 노란색 요소들은 구리배선이나 구리패드를 나타낸다. 녹색의 요소들은 FR4를 나타낸다.

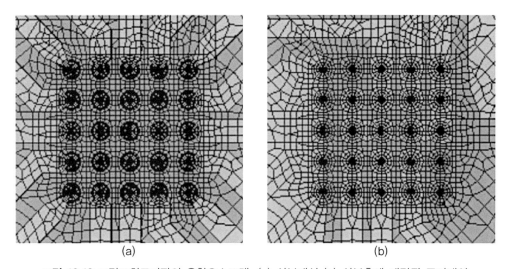

그림 10.19 프린트회로기판의 유한요소모델. (a) 상부배선 (b) 상부층에 매립된 구리배선

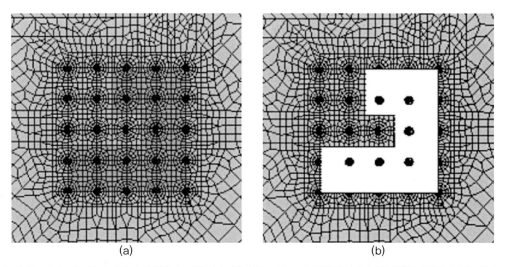

그림 10.20 프린트회로기판의 유한요소모델. (a) 하부층에 매립된 구리배선 (b) 하부배선 (컬러 도판 425쪽 참조)

표 10.6, 표 10.7, 표 10.8 그리고 표 10.9는 유한요소 시뮬레이션에 사용된 소재의 특성들을 보여주고 있다. 표 10.6에서는 각 소재들의 탄성계수, 푸아송비 그리고 열팽창계수 등을 제시하고 있다. FR4, 프린트회로기판, 실리콘, 질화부동층, 폴리이미드 그리고 범프하부금속 등은 모두 선형탄성소재로 간주하였다. 범프하부금속은 2[μm] 두께의 니켈 기반 소재로서, 하부에 부착된 금속 위에 시드층을 도금한 다음에 상부를 금도금으로 마무리되어 있다. 유한요소모델에서는 범프하부금속을 소재특성이 니켈, 금, 도금된 시드층 그리고 부착금속 등의 성질이 조합되어 있는 단순화된 단일층으로 모델링하였다.

표 10.6 시뮬레이션에 사용된 소재들의 탄성계수, 푸아송비 그리고 열팽창계수

소재	탄성계수[GPa]	푸아송비	열팽창계수($\times 10^{-6}$[ppm/°C])
실리콘	131	0.278	2.4
땜납 조인트	표 4 참조	0.4	21.9
부동층	314	0.33	4
폴리이미드	3.5	0.35	35
FR4	Ex=25.42	ν_{xy}=0.11	α_x=14
	Ey=25.42	ν_{xz}=0.39	α_y=16
	Ez=11	ν_{yz}=0.39	α_z=45(<180[°C])
	Gxz=4.97	—	
	Gyz=4.97	—	α_z=220(>180[°C])
	Gxy=11.45	—	
구리	117	0.33	16.12
알루미늄 패드	68.9	0.33	20
범프하부금속	124.5	0.299	15

알루미늄 패드는 **쌍일차 특성**을 갖는 소재라고 간주하였다. 표 10.7에서는 서로 다른 온도에서의 알루미늄의 항복응력과 접선계수들을 제시하고 있다. 구리소재를 기반으로 하는 프린트회로기판의 패드와 비아들도 역시 쌍일차 특성을 갖는 소재로 간주하였다. 표 10.8에서는 이들의 항복응력과 접선계수들을 제시하고 있다.

표 10.7 알루미늄 패드의 항복응력과 접선계수

온도[°C]	25	125
항복응력[MPa]	200	164.7
접선계수[MPa]	300	150

표 10.8 구리배선, 패드 및 비아의 항복응력과 접선계수

항복응력[MPa]	70
접선계수[MPa]	700

표 10.9에서는 땜납 소재의 온도에 따른 탄성계수값들을 보여주고 있다. 표 10.10에서는 땜납 조인트의 비율 의존성 **아난드모델**[7]을 보여주고 있다.

표 10.9 서로 다른 온도에서 땜납의 탄성계수

온도[°C]	35	70	100	140
탄성계수[GPa]	26.38	25.80	25.01	24.15

표 10.10 땜납합금에 대해서 실험적으로 구해지고 교정된 아난드모델[8]

항목	심벌	상수값
초깃값 s	s_0	1.3[MPa]
활성화 에너지	Q/R	9,000[K]
지수 앞자리 인자	A	500[1/s]
응력계수	ξ	7.1
응력의 변형률 민감도	m	0.3
경화계수	h_0	5,900[MPa]
변형저항 포화계수	$\hat{s}$	39.4[MPa]
포화값의 변형률 민감도	n	0.03
경화계수의 변형률 민감도	a	1.4

그림 10.21(a)~(c)에서는 세 가지 서로 다른 관통비아를 사용하여 프린트회로기판 위에 WLCSP를 설치한 경우의 유한요소모델 단면도를 보여주고 있다. 그림 10.21(a)에서는 25개의 땜납 조인트들 하부에 프린트회로기판을 관통하는 비아가 없는 첫 번째 모델을 보여주고 있다. 그림 10.21(b)의 두 번째 모델에서는 중앙부 3 × 3개의 땜납 조인트 어레이들에 대해서 구리패드 하부의 아홉 개의 프린트회로기판 관통비아들이 사용되었다. 그림 10.21(c)에서는 상부 프린트회로기판 표면상의 25개 구래패드들 모두가 하부 프린트회로기판 패드들과 도금된 관

---

7   Anand model.

통비아로 연결된 경우를 보여주고 있다.

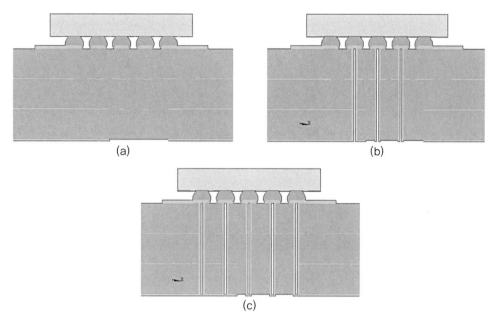

그림 10.21 프린트회로기판 관통비아의 세 가지 구조모델에 대한 단면도. (a) 1번 모델 : 프린트회로기판 관통비아 없음, (b) 2번 모델 : 프린트회로기판에 아홉 개의 관통비아 적용, (c) 3번 모델 : 프린트회로기판에 25개의 관통비아 적용

그림 10.22에서는 모델에 부가되는 온도부하를 보여주고 있다. 최고 리플로우 온도인 246[°C]를 기준온도로 설정하였다. 그런 다음 상온까지 온도를 낮추었다. 일정 시간 동안 상온을 유지한 다음 두 번째 고온상태인 210[°C]까지 온도를 상승시켰다.

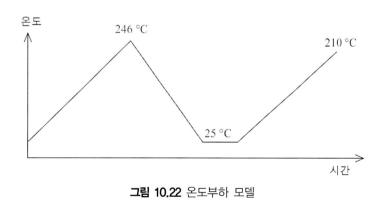

그림 10.22 온도부하 모델

10.3.3 시뮬레이션 결과

그림 10.23(a)~(c)에서는 고온상태에서 세 가지 모델들의 땜납 조인트에서 발생하는 응력의 Z방향 성분을 비교하여 보여주고 있다. 우선 땜납 조인트에서 발생하는 응력의 Z방향 최대성분은 땜납과 범프하부금속의 계면에서 발생한다는 것이 명확하다. 또한 2번 모델의 경우 상부 및 하부 프린트회로기판의 구리패드들을 서로 연결하는 아홉 개의 프린트회로기판 관통비아들 위에 위치한 땜납 조인트들에서 발생하는 Z방향 응력성분들이 가장 크다는 것을 알 수 있다. 프린트회로기판을 관통하는 비아들이 사용되지 않은 1번 모델의 경우에는 땜납 조인트에 부가되는 응력의 Z방향 성분이 가장 작다. 모든 조인트와 연결된 25개의 관통비아를 사용

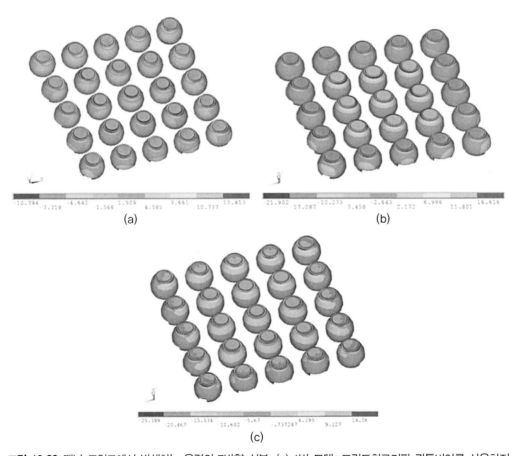

(a)

(b)

(c)

그림 10.23 땜납 조인트에서 발생하는 응력의 Z방향 성분. (a) 1번 모델 : 프린트회로기판 관통비아를 사용하지 않음. 5×5 어레이의 모서리 부위에서 최대 S_z(16.9[MPa]) 발생 (b) 2번 모델 : 프린트회로기판 관통비아 9개 사용. 내부 3×3 어레이의 모서리 부위에서 최대 S_z(21.4[MPa]) 발생. (c) 프린트회로기판 관통비아 25개 사용. 5×5 어레이의 모서리 부위에서 최대 S_z(19[MPa]) 발생 (컬러 도판 426쪽 참조)

하는 3번 모델의 경우에 발생한 응력의 Z방향 성분의 크기는 1번 모델과 2번 모델의 중간값을 가지고 있다. 2번 모델의 경우 3×3 땜납 조인트 어레이의 모서리 부위에서 응력의 Z방향 성분이 최대가 된다는 점이 명확하지만, 1번 모델과 3번 모델의 경우에는 5×5 땜납 조인트 어레이의 모서리 조인트에서 응력의 Z방향 성분이 최대가 된다.

그림 10.24(a)에서는 모델링된 WLCSP의 단면위치를 보여주고 있다. 그림 10.24(b)에서는 땜납 조인트 하부에 프린트회로기판 관통비아들이 사용되지 않은 1번 모델의 땜납 조인트 단면에서 발생하는 응력의 Z방향 성분을 보여주고 있다. 그림에 따르면, 가장 바깥쪽 땜납의 응력이 내부 측 조인트의 응력에 비해서 훨씬 더 높다는 것을 알 수 있다. 또한 땜납과 범프하부금속 계면에 인접한 부위에서의 응력이 땜납과 프린트회로기판 사이의 계면에서 발생하는 응력보다 더 높았다. 그림 10.24(c)에서는 중앙의 3×3 땜납 어레이 하부에 프린트회로기판 관통비아를 갖추고 있는 2번 모델의 땜납 조인트 단면에서 발생하는 응력의 Z방향 성분을 보여주고 있다. 이 경우 땜납/범프하부금속 사이의 계면과 땜납/프린트회로기판 패드 사이의 계면 모두의 경우에 대해서 내부 땜납 조인트에서 발생하는 응력이 외부 땜납 조인트에서 발생

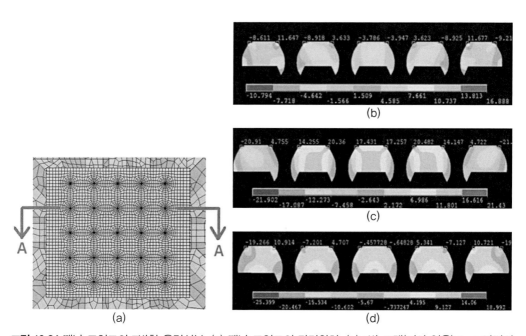

그림 10.24 땜납 조인트의 Z방향 응력성분. (a) 땜납 조인트의 단면위치, (b) 1번 모델(비아 없음) A-A 단면의 Z방향 응력. 모서리 조인트에서 최대 Sz(16.8[MPa]) 발생. (c) 2번 모델(비아 9개) A-A 단면의 Z방향 응력. 모서리 조인트에서 최대 Sz(21.4[MPa]) 발생. (d) 3번 모델(비아 25개) A-A 단면의 Z방향 응력. 모서리 조인트에서 최대 Sz(18.9[MPa]) 발생 (컬러 도판 427쪽 참조)

하는 응력보다 더 높게 나타났다. 그림 10.24(d)에서는 25개의 땜납 조인트들 모두의 하부에 프린트회로기판 관통비아가 설치되어 있는 3번 모델의 땜납 조인트 단면에서 발생하는 응력의 Z방향 성분을 보여주고 있다. 1번 모델에서와 유사하게 가장 바깥쪽 조인트에서 최대 응력이 발생하였다. 그런데 땜납/범프하부금속 사이의 계면과 땜납/프린트회로기판 패드 사이의 계면 모두에서 발생하는 응력이 1번 모델의 경우보다 더 높게 발생하였다.

그림 10.25(a)~(c)에서는 그림 10.24(a)에서와 동일한 단면상에서 발생하는 1차 주응력 S1을 보여주고 있다. 그림 10.25(a)에 따르면 1번 모델의 경우, 중앙에 위치한 조인트에서 약간의 압축응

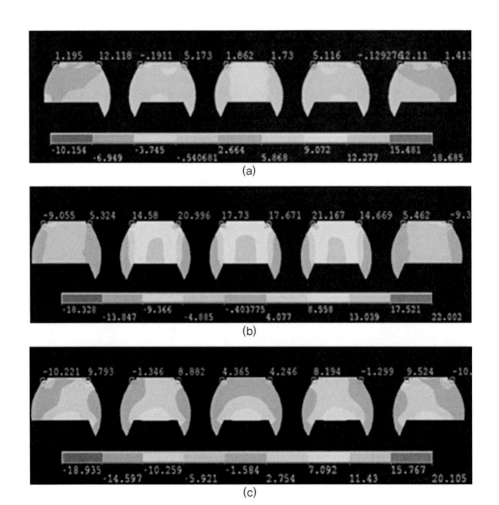

그림 10.25 땜납 조인트 내에 생성된 1차 주응력의 단면도. (a) 1번 모델(비아 없음)에 생성된 S1 응력의 A-A 단면도. 최대 S1 : 18.7[MPa], (b) 2번 모델(비아 9개)에 생성된 S1 응력의 A-A 단면도. 최대 S1 : 22[MPa], (c) 3번 모델(비아 25개)에 생성된 S1 응력의 A-A 단면도. 최대 S1 : 20.1[MPa] (컬러 도판 427쪽 참조)

력이 발생하며, 바깥쪽 조인트들은 부분적으로는 인장응력을 그리고 부분적으로는 압축응력을 받고 있음을 알 수 있다. 가장 바깥쪽 조인트에서 땜납 조인트의 1차 주응력은 18.8[MPa]이다. 그림 10.25(b)에 따르면 2번 모델의 경우, 내부 측 아홉 개의 조인트들은 인장응력을 받고 있으며, 바깥쪽 16개의 조인트들은 압축응력을 받고 있다. 땜납 조인트의 최대 1차주응력(S1)은 22[MPa]로서 세 가지 모델들 중에서 가장 높게 나타났다. 그림 10.25(c)에 따르면 3번 모델의 경우, 모든 땜납 조인트가 부분적인 인장응력과 부분적인 압축응력을 동시에 받고 있다. 모든 땜납 조인트는 땜납/프린트회로기판 계면에서 인장응력을 받고 있다. 바깥쪽 16개 조인트들에 부가되는 응력이 아홉 개의 내부 측 조인트들에 부가되는 응력보다 더 크다. 최대응력은 20.1[MPa]이다.

이런 단순한 설계원칙이 적용되어왔으며, 다음의 평가용 프린트회로기판 설계 사이클에 적용되었다. 최근에 만들어진 9 × 9 WLCSP 칩에 대한 시험용 프린트회로기판 설계의 경우에는 81개의 땜납 조인트들 모두의 하부에 관통비아를 배치하였으며, 컴포넌트들은 규정된 신뢰성 시험을 성공적으로 통과하였다(그림 10.26).

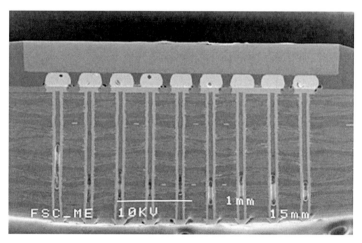

그림 10.26 프린트회로기판 위에 납땜된 9 × 9 WLCSP 디바이스의 단면도. 불균일 응력의 발생을 방지하기 위해서 모든 땜납 조인트의 아래에는 구리로 도금된 관통비아가 설치되어 있다.

10.3.4 논의와 개선계획

시뮬레이션 결과에 따르면 구리도금 관통비아를 사용하면 높은 응력이 발생할 수 있다. 일부의 솔더 조인트 하부에 관통비아가 설치된 경우에는 하부에 구리도금 관통비아가 설치된 솔더 조인트에 과도한 응력이 초래될 수 있다.

시뮬레이션 결과를 살펴보면 PCB 내의 FR4는 이방성 팽창을 한다는 것을 직관적으로 알 수 있다. XY 평면에 대한 FR4의 열팽창 계수는 유리섬유를 함유한 구리 소재의 열팽창 계수(약 17[ppm/℃])와 일치하지만, Z방향의 열팽창 계수는 전형적으로 40~60[ppm/℃])이며, 유리전이온도 이상에서는 훨씬 더 크다(220[ppm/℃]).

특정한 솔더 조인트들의 하부에 구리가 도금된 관통비아를 배치한 경우에는, 비아 내부의 구리에 의해서 비아를 둘러싼 PCB의 팽창이 제한된다. 인접한 솔더 조인트 하부에 도금된 관통비아가 없다면, 고온에서 인접한 솔더 조인트들의 Z방향 팽창이 WLCSP를 들어 올려버리므로, 하부에 도금된 관통비아가 설치되어 있는 솔더 조인트들에는 높은 인장력이 부가된다. 시뮬레이션 결과(그림 10.24(b))가 이를 정확히 지적해주고 있으며, 5×5 WLCSP의 고온보관 수명 시험과정에서 예기치 않은 조기파손이 발생하는 주요 원인이다.

반면에, 수분에 의해서 유발되는 부풀어 오름이 가압멸균 시험과정에서의 파손현상을 설명하는 데에 더 적합하다. 열팽창의 경우와 마찬가지로, 유리섬유를 함유한 FR4로 인한 이방성 함수팽창도 하부에 구리가 도금된 관통비아가 설치되어 있는 솔더 조인트에 유사한 응력을 유발하여 고온 보관수명 시험에서와 마찬가지로 갑작스러운 조기파손을 초래하게 된다.

25개의 볼들을 사용한 WLCSP의 평가과정에서 발생한 조기파손을 방지하기 위해서 PCB에 대한 설계변경이 수행되었다. 만일 라우팅에 문제가 없다면, 관통비아를 사용하지 않는 PCB 설계를 추천한다. 만일 신호/전원/접지 연결을 위해서 하나 이상의 층이 필요하다면, 관통비아 대신에 끝이 막힌 비아를 사용할 것을 추천한다. 다른 이유 때문에 관통비아를 사용해야 한다면, 모든 솔더볼들에 관통비아를 설치할 것을 추천한다. 25개의 볼들을 사용한 WLCSP의 경우에 대한 시뮬레이션 결과에 따르면, 일부분의 솔더 조인트들에 대해서만 관통비아를 사용한 경우에 비해서 모든 솔더 조인트들에 관통비아를 사용한 경우에 응력과 변형이 50[%] 이상 감소하였다.

이 간단한 설계원칙이 이후의 평가용 PCB 설계 사이클에 적용되었다. 9×9 WLCSP칩을 시험하기 위한 최신의 평가용 PCB 설계에서는 81개의 솔더 조인트들 모두의 하부에 관통비아가 설치되었으며, 사전에 정의된 신뢰성 시험을 성공적으로 통과하였다(그림 10.26).

10.4 WLCSP 보드레벨에서의 낙하시험

보드레벨 낙하시험은 WLCSP의 신뢰성에서 매우 중요한 위치를 차지하고 있다. 이 절에서는 서로 다른 범프하부금속 형상, 서로 다른 폴리이미드 측벽각도와 두께, 서로 다른 금속 적층 두께 그리고 서로 다른 땜납 조인트 높이 등을 적용한 WLCSP 변수설계에 따른 동적 응답에 대한 연구결과를 살펴보기로 한다. 이를 위해서 JEDEC 표준에 의거한 낙하시험이 수행되었다. 낙하시험과 이에 대한 모델링 결과에 따르면, WLCSP의 각 모서리 부위에 위치한 모서리 조인트들이 여타 위치의 조인트들에 비해서 먼저 파손되는 것으로 나타났다. 파손모드와 파손발생위치의 경우에 시험 결과는 시뮬레이션 결과와 잘 일치하였다.

10.4.1 서 언

차세대 WLCSP는 더 얇아지고 마이크로범프를 사용하여 피치가 더 좁아지는 경향이다. 운반과정이나 소비자가 사용하는 과정에서 취급 부주의에 의해서 발생하는 기계적인 충격이 WLCSP 패키지의 땜납 조인트 파손을 유발할 우려가 있다. 보드레벨 낙하시험이 휴대용 전자제품 품질시험의 핵심이기 때문에, 많은 연구자가 큰 관심을 가지고 있는 주제가 되었다. 이 절에서는 WLCSP의 보드레벨 낙하시험에 대해서 소개한다.

10.4.2 WLCSP 낙하시험과 모델설치

낙하시험장치의 셋업은 JEDEC 표준인 JESD22−B111을 기반으로 하고 있다. $132 \times 77 \times 1.0$[mm] 크기의 보드는 동일한 유형의 칩들 15개를 3행×5열의 배치로 장착할 수 있다.

대칭성을 적용하여, WLCSP 칩들을 장착한 JEDEC 보드에 대한 1/4 크기의 유한요소모델 ($66 \times 38.5 \times 1$[mm])이 선정되었다[10]. 그림 10.27(a)에서는 시험용 시스템과 U1, U2, U3, U6, U7 및 U8의 여섯 소자들을 갖춘 시험용 보드의 좌측 하부 1/4에 대한 유한요소모델을 보여주고 있다. 여기서 소자들에 부여된 번호들은 JEDEC 표준에 따른 것이다.

그림 10.27(b)에서는 WLCSP 구조의 모서리 조인트 단면에 대한 유한요소모델을 보여주고 있다. 기본 세팅에는 $2.7[\mu m]$ 두께의 알루미늄 패드, $0.5[\mu m]$ 두께의 Au와 $0.2[\mu m]$ 두께의 Cu 층을 포함한 $2[\mu m]$ 두께의 범프하부금속, 그리고 알루미늄 패드의 테두리를 $5[\mu m]$만

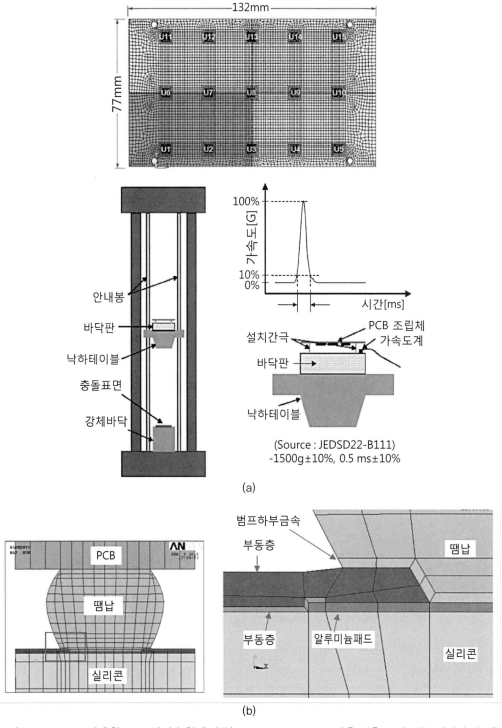

그림 10.27 WLCSP의 유한요소모델. (a) 칩 유닛들(U1, U2, U3, U6, U7, U8)을 갖춘 프린트회로기판의 사분할 유한요소모델과 낙하시험장치, (b) 단면도와 설계인자들

큼 덮고 있는 $0.9[\mu m]$ 두께의 부동층 등이 포함되어 있다. 부동층과 알루미늄 패드 위에는 $10[\mu m]$ 두께의 폴리이미드 층이 도포된다. 폴리이미드 층에는 직경이 $200[\mu m]$인 비아구멍이 성형된다. 이 구멍의 측벽각도(바닥면과 측벽이 이루는 각도)는 $60°$이다. 비아를 통해서 범프하부금속은 비아를 통해서 알루미늄 패드와 연결되어 있으며, 범프하부금속 위의 땜납이 프린트회로기판 위의 구리기둥과 연결시켜준다.

표 10.11에서는 각 소재들의 탄성계수, 푸아송비 그리고 밀도값들을 제기하고 있다. 실리콘, 부동층, 폴리이미드, 프린트회로기판 그리고 범프하부금속들은 선형 탄성재료라고 간주하는 반면에, 땜납볼, 알루미늄 패드 그리고 프린트회로기판의 구리패드들은 비선형 소재특성을 가지고 있다고 간주한다. 표 10.12에서는 식 (10.8)에서와 같이 속도의존성 **퍼스모델**[8]로 간주한 SAC405 땜납의 비선형 특성을 제시하고 있다. **홉킨슨 동적소재 충격시험**을 통해서 이 데이터를 구했다.

$$\sigma = \left(1 + \frac{\dot{\varepsilon}^{pl}}{\gamma}\right)^{m} \sigma_0 \qquad\qquad (10.8)$$

여기서 σ는 동적소재의 항복응력, $\dot{\varepsilon}^{pl}$은 동적 소성변형속도, σ_0는 정적 항복응력, m은 경화된 소재의 변형속도 그리고 γ는 소재의 점성계수이다.

표 10.11 소재의 탄성계수, 푸아송비, 밀도

소재	탄성계수[GPa]	푸아송비	밀도[g/cm³]
실리콘	131	0.278	2.33
땜납	26.38	0.4	7.5
부동층	314	0.33	2.99
폴리이미드	3.5	0.35	1.47
프린트회로기판	Ex = Ey = 25.42 Ez = 11 Gxz = Gyz = 4.91 Gxy = 11.45	$\nu_{xy} = 11$ $\nu_{xz} = \nu_{yz} = 0.39$	1.92
구리소재 패드	117	0.33	8.94
알루미늄 패드	68.9	0.33	2.7
범프하부금속	196	0.304	9.7

---

8   Peirce model.

표 **10.12** SAC405 땜납의 속도의존성 퍼스모델

소재	정적항복응력[MPa]	γ	m
땜납(SAC405)	41.85	0.00011	0.0953

본 연구에서는 **직접가속입력**(DAI)법이 사용되었다[11]. 이 방법의 경우, 각 시간단계마다 부가되는 선형가속의 형태로 정의되어 있는 **가속 임펄스**를 부가한다. 동적 충격이 부가되는 동안 표면설치구멍들은 구속되어 있다. 그러므로 문제는 다음과 같이 정의된다.

$$\{M\}[\ddot{u}] + (C)[\dot{u}] + \{K\}[u] = \left\{ \begin{array}{cc} -\{M\}1{,}500g\sin\dfrac{\pi t}{t_w} & \text{for } t \le t_w, \ t_w = 0.5 \\ 0 & \text{for } t \ge t_w \end{array} \right\} \quad (10.9)$$

초기조건은 다음과 같다.

$$[u]|_{t=0} = 0 \quad\quad (10.10)$$
$$[\dot{u}]|_{t=0} = \sqrt{2gh}$$

여기서 h는 낙하높이이며, 구속 경계조건은 다음과 같다.

$$[u]|_{at\ holes} = 0 \quad\quad (10.11)$$

10.4.3 서로 다른 설계변수에 대한 낙하충격 시뮬레이션/시험과 논의

10.4.3.1 폴리이미드의 측벽각도가 미치는 영향

그림 10.27(b)에 도시되어 있는 것처럼, 폴리이미드층은 알루비늄 패드와 범프하부금속을 서로 연결시켜준다.

그림 10.28에서는 U1칩 위치에 대해서 서로 다른 폴리이미드 측벽각도에 따른 땜납, 구리소재 패드 그리고 알루미늄 패드의 최대 **박리응력**을 비교하여 보여주고 있다. 구리소재 패드, 알루미늄 패드 그리고 구리소재 패드와 연결되어 있는 땜납 계면 내에서의 응력들은 폴리이

미드 측벽각도의 변화에 대해서 별다른 차이를 나타내지 않았다. 그런데 범프하부금속에 부착되어 있는 땜납 조인트 계면에는 영향을 미치고 있다.

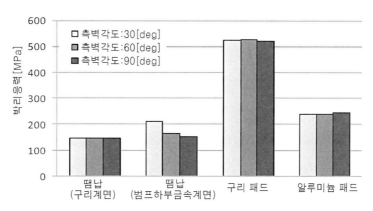

그림 10.28 폴리이미드 측벽각도에 따라 U1 칩에서 발생하는 최대 박리응력의 비교

10.4.3.2 폴리이미드 두께가 미치는 영향

폴리이미드의 두께는 5[μm], 10[μm] 및 15[μm]로 선정되었다. 그림 10.29에서는 U1 칩 위치에 대해서 서로 다른 폴리이미드 두께에 대해서 땜납, 구리패드 및 알루미늄 패드의 박리응력을 비교하여 보여주고 있다. 폴리이미드의 두께가 5[μm]에서 15[μm]로 증가함에 따라서 알루미늄 패드에 부가되는 박리응력이 증가한다. 폴리이미드의 두께가 5[μm]에서 15[μm]로 증가함에 따라서 범프하부속과의 계면에서 땜납에 부가되는 응력은 감소한다. 하지만 현저한 차이는 발생하지 않는다.

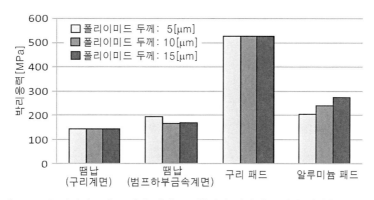

그림 10.29 폴리이미드의 두께에 따라 U1 칩에서 발생하는 최대 박리응력의 비교

10.4.3.3 범프하부금속이 미치는 영향

0.5[μm] 두께의 금과 0.2[μm] 두께의 구리가 도금되어 있는 2[μm] 두께의 표준 니켈소재 범프하부금속을 비교하기 위해서 구리소재 범프하부금속 구조를 설계하였다. 구리소재 범프하부금속의 두께는 8[μm]이다.

그림 10.30에서는 U1 칩 위치에 대해서 땜납 조인트, 구리패드, 구리소재 범프하부금속을 갖춘 알루미늄 패드 그리고 표준 범프하부금속의 박리응력을 비교하여 보여주고 있다. 그림 10.30에 따르면, 표준 범프하부금속에 부착되어 있는 땜납 조인트 계면에 발생하는 박리응력이 구리소재 범프하부금속에 부착되어 있는 경우에 비해서 더 크다는 것을 확인할 수 있다. 그런데 구리소재 범프하부금속에 부착된 알루미늄 패드의 박리응력은 표준 범프하부금속에 비해서 더 크다.

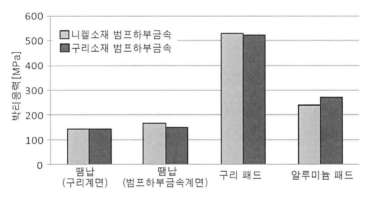

그림 10.30 서로 다른 범프하부금속 구조에 따라 U1 칩에서 발생하는 최대 박리응력의 비교

10.4.3.4 알루미늄 패드의 두께가 미치는 영향

0.8[μm], 2[μm], 2.7[μm] 및 4[μm] 두께의 알루미늄 패드에 대하여 시뮬레이션이 수행되었다.

그림 10.31에서는 알루미늄 패드 두께에 따른 폴리이미드 응력과 그에 따른 낙하시험수명과의 연관관계(검은색 점선)를 비교하여 보여주고 있다. 모델링과 낙하시험 결과에 따르면 알루미늄 패드 두께에는 최적값이 존재한다.

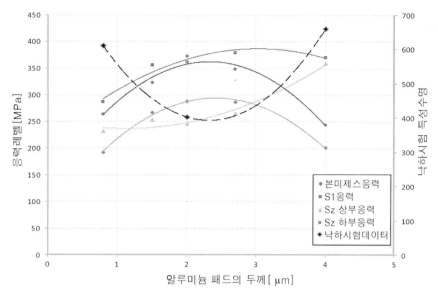

그림 10.31 알루미늄 패드의 두께에 따른 폴리이미드 응력

10.4.3.5 땜납 조인트의 높이가 미치는 영향

50[μm], 100[μm], 200[μm] 및 300[μm] 두께의 서로 다른 땜납 조인트의 높이에 따른 영향에 대한 고찰이 수행되었다. 그림 10.32에서는 서로 다른 높이에 따른 땜납 조인트 소성에너지 밀도의 변화경향을 보여주고 있다. 세 가지 패키지 위치들 모두에 대해서 땜납 조인트의 높이가 높아질수록, 소성에너지 밀도가 낮아진다. 이는 땜납 조인트의 높이가 높아질수록 WLCSP 낙하시험의 동적 소성에너지 성능 향상에 도움이 된다는 것을 의미한다.

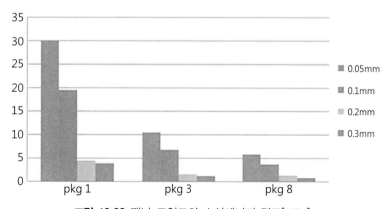

그림 10.32 땜납 조인트의 소성에너지 밀도[MPa]

10.4.4 낙하시험

JEDEC 표준인 JESD22-B111에 의거하여 낙하시험이 수행되었다. 시험조건은 1,500[G]의 절반정현파형을 0.5[ms] 동안 부가하는 것이다. 낙하횟수는 1,000회이다. 8개의 JEDEC 프린트회로기판 위에 설치된 총 90개의 유닛들에 대해 시험을 수행하였으며, 이들은 구리소재 패드 하부에 비아가 설치된 경우와 설치되지 않은 경우의 두 그룹으로 나누어져 있다. 낙하시험결과는 그림 10.33과 그림 10.34에 도시되어 있다. 그림 10.33에 따르면, 모서리 위치인 U5, U11 및 U15 위치에서 대부분의 낙하파손이 발생하였다. 그림 10.34에서는 구리소재 패드와 땜납과 프린트회로기판의 구리 사이의 계면에서 발생한 크랙을 보여주고 있다. 시험결과는 시뮬레이션 결과와 일치하며, 모델의 대칭성으로 인하여 U1 위치에서 발생한 최대 1차 주변형은 U5, U11 및 U15에서와 동일한 거동을 타나낸다. 그림 10.35에서는 U1, U3 및 U8과 같은 서로 다른 패키지 위치에서 구리패드, 땜납 그리고 프린트회로기판의 계면에서 발생하는 1차 주변형률 곡선을 보여주고 있다. U1 > U3 > U8의 순서로 파손이 발생하였다. 동적 1차 주변형률이 파손변형률에 이르게 되면, 구리소재 패드/트레이스는 그림 10.34에 도시되어 있는 것처럼 파손/크랙을 일으킨다.

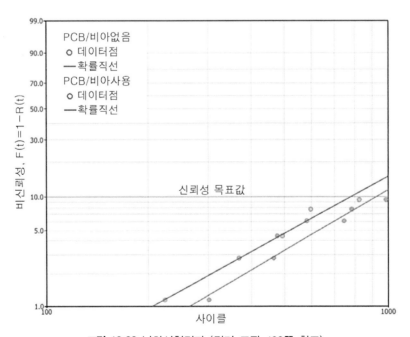

그림 10.33 낙하시험결과 (컬러 도판 428쪽 참조)

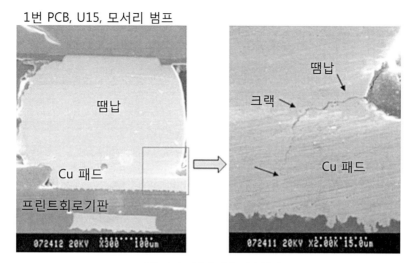

1번 PCB, U15, 모서리 범프

땜납

Cu 패드

프린트회로기판

땜납

크랙

Cu 패드

그림 10.34 낙하시험 파손형상

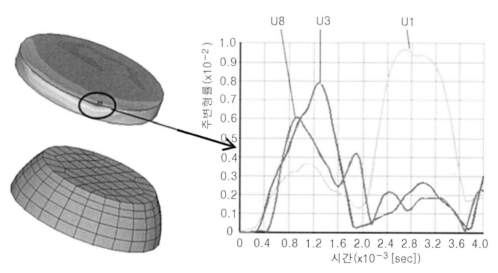

그림 10.35 U1, U3 및 U8 패키지 위치에서 땜납, 구리패드 그리고 프린트회로기판의 계면에서 발생하는 구리 패드의 1차 주응력 (컬러 도판 428쪽 참조)

10.4.5 논 의

이 절에서는 낙하충격이 부가되었을 때에 WLCSP의 동적 거동을 고찰하기 위해서 폴리이미드 측벽각도, 두께, 범프하부금속의 형상, 알루미늄 금속의 적층 두께 그리고 땜납의 높이 등과 같은 WLCSP 설계변수에 대한 모델링과 시험연구가 수행되었다. 낙하시험과 모델링에 따르면, 프린트회로기판의 나사구멍에 인접하여 설치되어 있는 각 WLCSP 칩들(U1, U5 U11 및 U15)의 모서리 조인트들이 여타 위치의 칩들에 비해서 먼저 파손된다. U3와 U13 칩 위치의 모서리 땜납 조인트들이 파손된 다음에는, U8칩(중앙)과 나머지 칩들이 차례로 파손된다. 낙하시험 결과는 파손모드와 서로 다른 알루미늄 패드 두께에 대한 폴리이미드 응력에 대해서 시뮬레이션 결과와 일치하였다. 게다가 땜납 조인트 높이와 같은 설계변수는 WLCSP의 낙하시험 시 발생하는 소성에너지 성능을 현저하게 개선시켜준다.

10.5 신뢰성을 갖춘 WLCSP의 설계

이 절에서는 **신뢰성** 향상을 위한 WLCSP에 대한 포괄적인 연구에 대해서 살펴보기로 한다. WLCSP 설계의 성능 향상을 위해서 유한요소 시뮬레이션이 수행되었다. 주요 연구에는 WLCSP에 대해서 (1) 노출된 범프하부금속 영역 내에 에칭된 홈이 있는 단일층 형태의 구리소재 재분배층과 서로 다른 폴리이미드 배치, 구리두께, 포켓 변수 그리고 노출된 범프하부금속 직경 등에 대한 단일층 폴리이미드 구조(1Cu1Pi 설계) 설계, (2) 재분배 구리층과 그 위에 스퍼터링으로 적층한 구리소재 범프하부금속 그리고 이들 사이에 하나의 폴리이미드 층을 삽입한(2Cu1Pi) 금속설계 등이 포함되어 있다. 동일한 땜납체적에 대해서 서로 다른 범프하부금속의 직경이 미치는 영향과 동일한 땜납 조인트 높이에 대해서 서로 다른 범프하부금속 직경이 미치는 영향 등에 대한 변수연구가 수행되었다.

10.5.1 서 언

WLCSP의 땜납 조인트 신뢰성은 많은 연구자가 관심을 기울이는 주제들 중 하나이다. 휴대용 전자제품에 대해서는 냉열시험과 보드레벨 낙하시험이 핵심 인증시험으로 사용된다. WLCSP에 대하여 현재 수행되고 있는 대부분의 연구들은 땜납 조인트의 소재, 땜납 조인트의 형상 그리고 땜납 조인트 어레이 등에 집중되어 있다. 소수의 연구들만이 범프하부금속 설계와 폴리이미드 같은 범프하부금속 적층의 주요 설계변수들에 대한 신뢰성 설계 분야를 다루고 있을 뿐이다. 실제로 범프하부금속 구조는 땜납범프와 최종적인 칩 금속층 사이의 직접적인 경계면을 형성한다. 이는 WLCSP 내에서 땜납 상호연결의 중요한 설계요소이다. 땜납범프와 범프하부금속층 사이의 계면에서 수많은 땜납 조인트 파손이 발생한다. 폴리이미드 층은 땜납용 마스크로 작용할 뿐만 아니라, 땜납 조인트의 신뢰성을 향상시켜주는 버퍼층으로도 작용한다. 이 절에서는 구리금속 재분배층, 범프하부금속 그리고 폴리이미드 배치 등을 포함하는 WLCSP의 주요 설계에 대해서 살펴본다. 우선, 1Cu1Pi 구조를 사용하는 WLCSP 설계에 대해서 살펴보기로 한다. 땜납 조인트는 구리소재 범프하부금속의 노출된 영역에 연결된다. 땜납범프와의 계면위치에서 구리소재 범프하부금속을 포켓 형태로 에칭한다. 모델링을 통해서 폴리이미드 배치, 구리소재 범프하부금속의 두께 그리고 포켓 변수들에 대한 검토를 수행한다. 서로 다른 폴리이미드 배치를 가지고 있는 세 가지 모델들에 대한 냉열시험과 낙하시험을 수행하였으며 결과에 대하여 논의하였다. 1번 모델의 경우, 폴리이미드가 땜납범프와 접촉하면서 땜납범프가 변형된다. 2번 모델의 경우, 폴리이미드가 땜납범프와 접촉을 시작하며 땜납범프가 약간 변형된다. 3번 모델의 경우, 폴리이미드는 땜납범프와 멀리 떨어져 있다. 따라서 폴리이미드와 땜납범프 사이에는 접촉이 일어나지 않는다. 신뢰성 검증을 위하여 범프하부금속 위의 에칭된 포켓 개념에 대한 고찰이 수행되었다. 에칭을 시행하지 않은 범프하부금속, 약간의 에칭을 시행한 범프하부금속, 그리고 깊게 에칭을 시행한 범프하부금속 모델들에 대하여 살펴보았다. 1Cu1Pi 구조를 사용하는 WLCSP의 마지막 변수는 노출된 범프하부금속의 지름이다. 범프하부금속의 지름이 서로 다른 두 가지 모델에 대한 고찰을 수행하였다. 두 번째로는 스퍼터링된 구리를 기반으로 하는 범프하부금속(2Cu1Pi 설계)을 사용하는 WLCSP에 대한 연구를 수행하였다. 땜납 조인트의 높이는 동일하며 땜납의 체적은 동일하지만 범프하부금속의 직경은 서로 다른 경우에 대하여 낙하시험과 냉열시험 성능의 비교를 통한 변수연구를 수행하였다. 마지막으로는 파손 메커니즘에 대한 모델 해석과 시험결과 사이의 연관성과 차이점에 대하여 논의하였다[12~14].

10.5.2 유한요소모델 구축

10.5.2.1 낙하시험 모델

낙하시험은 JEDEC 표준인 JEDEC22-B111에 기초하고 있다. $132 \times 77 \times 1.0$[mm] 크기의 시험용 보드에는 3행 5열의 포맷으로 동일한 유형의 칩들을 15개 설치할 수 있다(10.4절의 그림 10.27 참조).

그림 10.36에서는 U1 칩은 조밀하게 메쉬를 분할한 반면에 여타의 칩들은 간단하게 메쉬를 분할한 유한요소모델을 보여주고 있다. U1 칩의 모든 땜납볼은 세밀한 구조로 모델링한 반면에 여타의 단순화된 모델에 대해서는 모든 땜납볼을 사각형 요소로 단순화시켰다.

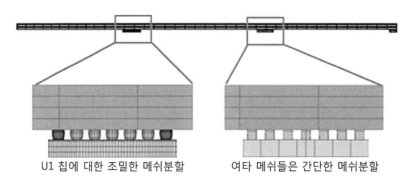

U1 칩에 대한 조밀한 메쉬분할   여타 메쉬들은 간단한 메쉬분할

그림 10.36 U1 칩에 대해서는 조밀하게 메쉬를 분할하며, 여타 칩들(U2, U3, U6, U7 및 U8)은 간단하게 메쉬를 분할한 프린트회로기판 사분할 모델

그림 10.37(a)에서는 패키지 크기가 2.8×2.8[mm]이며 땜납볼의 피치는 0.4[mm]인 웨이퍼레벨 칩스케일 패키지(WLCSP)의 평면도를 보여주고 있다. 그림 10.37(b)에서는 두 개의 땜납볼들에 대한 단면도를 보여주고 있다. 모서리에 위치한 땜납범프에서 파손이 발생하기 때문에, 모서리에 위치한 A1 범프(A7, G1 및 G7도 동일)에 대해서는 조밀하게 메쉬를 분할하였다. 시뮬레이션 속도를 높이기 위해서 여타의 땜납범프들에 대해서는 큰 요소들을 사용하여 메쉬를 분할하였다. 소재 데이터는 표 10.11과 표 10.12에 제시되어 있다.

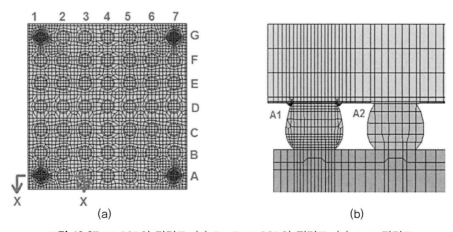

(a)   (b)

그림 10.37 WLCSP의 단면도. (a) 7×7 WLCSP의 평면도, (b) A-A 단면도

10.5.2.2 냉열시험 모델

JEDEC 사양에 의거하여 **냉열시험**이 수행되었다. 시험온도범위는 −40~125[°C]이다. 열부하는 모델의 모든 요소에 대해서 균일한 온도로 부가된다고 간주한다.

그림 10.38에서는 냉열시험용 보드를 보여주고 있다. 이 보드에는 25개의 소형 유닛들로 구성되어 있다. 각 유닛들에는 WLCSP 패키지를 장착한다. 각 유닛들은 세 개의 연결막대를 사용하여 전체 시험용 보드와 연결되어 있다. 이 보드는 대칭구조를 가지고 있기 때문에, 사분할 유닛들에 대해서만 유한요소 모델링을 수행하였다. 그림 10.39에서는 이런 사분할 모델에

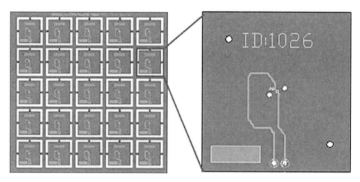

그림 10.38 냉열시험용 보드

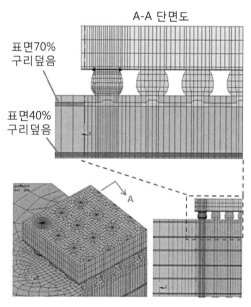

그림 10.39 냉열시험에 대한 유한요소모델

대한 유한요소모델을 보여주고 있다. 프린트회로기판에는 40% 또는 70%의 표면이 구리로 덮여 있는, 표면층과 여섯 개의 매립된 구리판들로 이루어진 두 개의 구리소재 배선층을 포함하고 있다. 모서리 볼 A1(A7, G1 및 G7도 동일)은 조밀하게 메쉬를 분할하였다. 단순화를 위해서 여타의 땜납볼들은 큰 요소들을 사용하여 메쉬를 분할하였다.

표 10.13, 표 10.14, 표 10.15에서는 WLCSP와 프린트회로기판의 소재특성을 보여주고 있다. 온도에 따른 영계수 데이터는 표 10.14에 제시되어 있다. 표 10.13에서는 각 소재의 열팽창계수 값들을 제시하고 있다. 표 10.15에서는 땜납볼의 비선형 특성을 제시하고 있다.

표 10.13 소재의 열팽창계수

소재	열팽창계수($\times 10^{-6}$)
실리콘	2.4
땜납 조인트	21.9
부동층	4
폴리이미드	35
FR4	$\alpha_x = 16$, $\alpha_y = 16$, $\alpha_z = 60$
구리	16.12

표 10.14 다양한 온도에서 땜납의 영계수

온도[°C]	35	70	100	140
영계수[GPa]	26.38	25.80	25.01	24.15

표 10.15 땜납합금의 아난드모델 상수

항목	심벌	계수값
초깃값 s	s_0	1.3[MPa]
활성에너지	Q/R	9,000[K]
지수앞자리	A	500[1/s]
응력계수	ζ	7.1
응력의 변형속도 민감도	m	0.3
경화계수	h_0	5,900[MPa]
변형저항 포화값	$\hat{s}$	39.4[MPa]
포화값의 변형속도 민감도	n	0.03
경화계수의 변형속도 민감도	a	1.4

10.5.3 낙하시험과 열 사이클링 시뮬레이션의 결과

10.5.3.1 1Cu1Pi WLCSP의 폴리이미드 배치, 범프하부금속 두께 그리고 에칭된 범프하부 금속 구조

세 가지 서로 다른 폴리이미드 배치에 대해서 냉열시험 모델과 낙하시험 모델을 사용한 연구가 수행되었다. 그림 10.40에서는 서로 다른 폴리이미드 배치에 대한 실제의 주사전자현미경 사진을 보여주고 있다. 사진 속의 점선은 리플로우 공정을 수행한 다음에 폴리이미드가 땜납과 접촉하지 않을 때에 최종적인 땜납 조인트의 자유테두리를 나타낸다. 그림 10.40(a)에서는 리플로우 내에서 땜납의 변형을 유발하는 땝납 볼과 폴리이미드의 접촉을 보여주고 있다. 그림 10.40(b)에서는 땜납볼이 폴리이미드와 접촉하기 시작하는 순간을 보여주고 있다. 땜납볼이 약간 변형되었음을 알 수 있다. 그림 10.40(c)에서는 폴리이미드가 땜납과 접촉하지 않는다. 최종적인 땜납볼의 외형에는 변형이 발생하지 않았다.

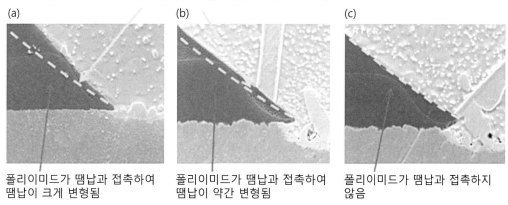

(폴리이미드가 범프와 접촉하지 않는 경우의) 범프테두리

(a) 폴리이미드가 땜납과 접촉하여 땜납이 크게 변형됨

(b) 폴리이미드가 땜납과 접촉하여 땜납이 약간 변형됨

(c) 폴리이미드가 땜납과 접촉하지 않음

그림 10.40 세 가지 서로 다른 폴리이미드 배치에 대한 주사전자현미경사진. (a) 1번 폴리이미드 배치, (b) 2번 폴리이미드 배치, (c) 3번 폴리이미드 배치

그림 10.41에서는 그림 10.40에 도시되어 있는 세 가지 폴리이미드 배치에 대한 유한요소모델을 보여주고 있다. 이들 세 가지 폴리이미드 배치들에 대해서 땜납과 폴리이미드 사이의 접촉쌍이 설정되었다.

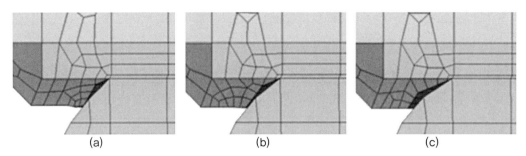

(a)   (b)   (c)

그림 10.41 세 가지 서로 다른 폴리이미드 배치에 대한 유한요소모델. (a) 1번 폴리이미드 배치, (b) 2번 폴리이미드 배치, (c) 3번 폴리이미드 배치

서로 다른 구리소재 범프하부금속 두께와 에칭된 포켓의 설계가 미치는 영향에 대한 연구가 수행되었다. 그림 10.42에서는 $10[\mu\mathrm{m}]$ 두께의 구리소재 범프하부금속과 $7.5[\mu\mathrm{m}]$ 두께의 구리소재 범프하부금속을 사용하는 두 가지 모델을 보여주고 있다. 그림 10.43에서는 $1[\mu\mathrm{m}]$ 깊이의 포켓이 에칭된 범프하부금속 모델을 보여주고 있다.

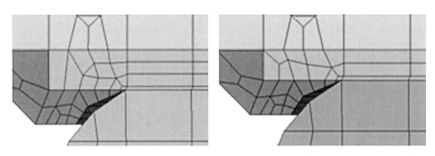

그림 10.42 두 가지 서로 다른 구리소재 범프하부금속 두께에 따른 유한요소모델

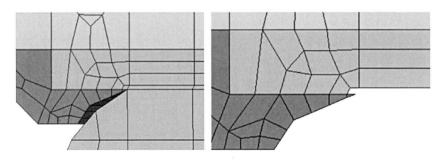

그림 10.43 $1[\mu\mathrm{m}]$ 두께의 포켓을 갖춘 구리소재 범프하부금속의 유한요소모델

폴리이미드 배치, 범프하부금속 두께 그리고 범프하부금속 포켓설계 등에 따라서 12개의 서로 다른 유한요소모델을 만들어서 시뮬레이션을 수행하였다. 표 10.6에서는 12개의 모델들을 4개의 그룹으로 나누어 제시하고 있다. 각각의 그룹들은 3개의 서로 다른 폴리이미드 배치를 사용하는 반면에, 동일한 범프하부금속 두께와 범프하부금속 포켓 설계를 사용하고 있다.

표 10.16 서로 다른 폴리이미드 배치, 범프하부금속 두께 그리고 범프하부금속 포켓 설계에 따른 네 가지 그룹 모델

그룹	폴리이미드 배치	범프하부금속 두께	범프하부금속 포켓
1번 그룹	3가지 폴리이미드 배치	$10[\mu m]$	$1[\mu m]$
2번 그룹	3가지 폴리이미드 배치	$10[\mu m]$	없음
3번 그룹	3가지 폴리이미드 배치	$7.5[\mu m]$	$1[\mu m]$
4번 그룹	3가지 폴리이미드 배치	$7.5[\mu m]$	없음

그림 10.44에서는 낙하시험 시뮬레이션에서 땜납범프의 단면 내에 발생하는 1차 주응력 S1의 분포를 보여주고 있다. 범프하부금속의 두께는 $10[\mu m]$이며, 폴리이미드는 땜납볼과 접촉하지 않는다. 그림 10.44(a)에서는 포켓이 없는 모델에서의 응력분포를 보여주고 있다. 땜납의 최대 1차 주응력은 땜납, 폴리이미드 및 범프하부금속이 서로 만나는 곳에서 발생하였다. 그림 10.44(b)에서는 포켓이 있는 모델의 땜납에서 발생하는 응력을 보여주고 있다. 포켓의 선단부에는 땜납이 채워져 있어서, 포켓이 없는 경우에 비해서 더 급격한 응력상승이 초래되었다. 따라서 포켓의 선단부에서부터 파손이 시작될 것이다.

그림 10.45, 그림 10.46, 그림 10.47 그리고 그림 10.48에서는 낙하시험 시뮬레이션을 통해서 얻어진 범프하부금속과의 계면에서 땜납의 1차 주응력 S1, 본미제스응력, Z방향 박리응력 S_z 그리고 최대전단응력 S_{xz}를 각각 보여주고 있다. 에칭된 포켓을 갖추고 있는 설계는 포켓이 없는 경우보다 동적 응력이 더 크게 발생한다. 낙하충격의 경우, 1차 주응력과 박리응력이 땜납 조인트의 파괴를 지배한다는 것을 알 수 있다. 그러므로 에칭된 포켓이 없는 설계의 경우, 두꺼운 범프하부금속을 통하여 폴리이미드가 땜납 볼과 접촉을 이루는 1번 폴리이미드 배치가 최적이다. 반면에, 에칭된 포켓을 사용하는 경우에는 폴리이미드가 땜납볼과 접촉을 이루기 시작하는 2번 폴리이미드 배치가 더 좋은 설계이다.

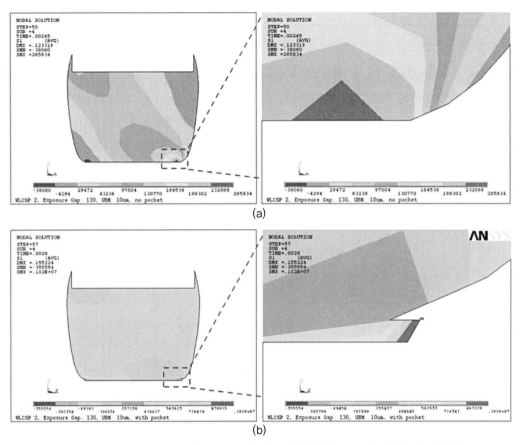

그림 10.44 낙하시험에 대한 시뮬레이션에서 포켓이 있는 경우와 없는 경우에 대한 1차 주응력 S1 분포도. (a) 땜납의 최대 S1 : 265.8[MPa](범프하부금속에 포켓 없음), (b) 땜납의 최대 S1 : 1,020[MPa] (범프하부금속에 1[μm] 깊이의 포켓) (컬러 도판 429쪽 참조)

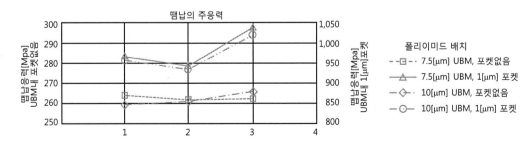

그림 10.45 낙하시험 시뮬레이션에서 발생한 각 설계별 1차 주응력

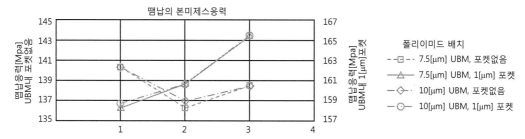

그림 10.46 낙하시험 시뮬레이션에서 발생한 각 설계별 본미제스응력

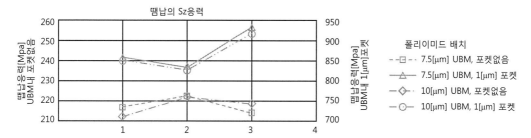

그림 10.47 낙하시험 시뮬레이션에서 발생한 각 설계별 Z방향 박리응력

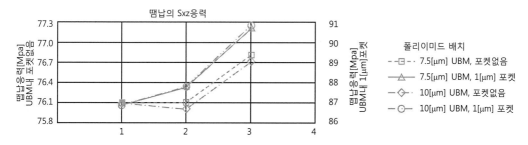

그림 10.48 낙하시험 시뮬레이션에서 발생한 각 설계별 XZ방향 전단응력

　그림 10.49에서는 냉열시험 시뮬레이션을 통해서 구한 땜납과 범프하부금속 사이 계면에서 발생하는 땜납볼의 **1차 파손수명**을 서로 비교하여 보여주고 있다. 포켓 설계에서 범프하부금속이 두꺼워질수록, 1차 파손수명이 증가하였다. 마찬가지로 폴리이미드와 땜납볼 사이의 공극이 커질수록 1차 파손수명의 숫자가 증가하였다. 세 가지 폴리이미드 배치들 중에서 3번 폴리이미드 배치의 1차 파손수명이 가장 길었다. 에칭된 포켓을 갖춘 더 두꺼운 범프하부금속이 가장 긴 냉열수명을 나타내었다. 그림 10.50에서는 냉열시험 과정에서 땜납과 범프하부금속 사이의 계면에서 발생하는 땜납볼의 **특성수명**을 보여주고 있다. 이 특성수명의 경향은 그

림 10.49에 도시되어 있는 1차 파손수명과 유사한 경향을 나타내었다.

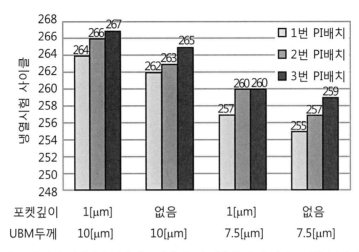

그림 10.49 범프하부금속과의 계면에서 발생하는 땜납의 1차 파손수명 비교(서로 다른 폴리이미드 배치, 범프 하부금속 두께 그리고 범프하부금속 포켓설계 적용)

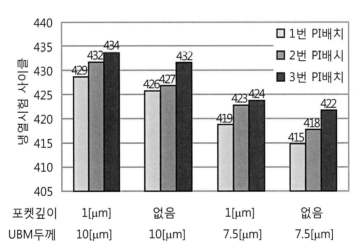

그림 10.50 범프하부금속과의 계면에서 발생하는 땜납의 특성수명 비교(서로 다른 폴리이미드 배치, 범프하부 금속 두께 그리고 범프하부금속 포켓설계 적용)

그림 10.51에서는 범프하부금속의 서로 다른 에칭깊이에 따른 영향을 고찰하기 위한 유한요소모델을 보여주고 있다. 범프하부금속에 0[μm](에칭하지 않음), 1[μm] 및 4[μm] 깊이로 에칭한 세 가지 설계들에 대하여 냉열시험조건을 부가하였다. 그림 10.52에서는 범프하부금속

과 땜납볼 사이의 계면에서 발생하는 1차 파손수명과 특성수명을 비교하여 보여주고 있다. 그림에 따르면 냉열시험의 경우 범프하부금속 포켓의 깊이가 깊어질수록, 1차 파손수명과 특성수명이 약간 증가하는 경향을 나타내었다. 하지만 그 영향은 미미하였다.

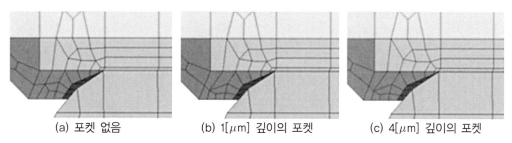

(a) 포켓 없음 (b) 1[μm] 깊이의 포켓 (c) 4[μm] 깊이의 포켓

그림 10.51 WLCSP의 범프하부금속의 포켓깊이에 따른 유한요소모델의 단면도

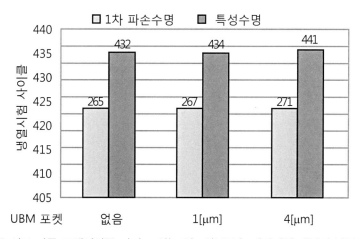

그림 10.52 서로 다른 포켓깊이를 가지고 있는 범프하부금속 계면에서 땜납의 냉열수명 비교

10.5.3.2 1Cu1Pi WLCSP에서 노출된 범프하부금속 직경의 영향

위의 모델링에서는 땜납 조인트에 대한 폴리이미드 배치가 냉열시험과 낙하시험 결과에 미치는 영향을 보여주고 있다. 새롭고 단순한 폴리이미드 배치를 사용한 WLCSP에 대한 연구가 수행되었다. 그림 10.53(a)에서는 새로운 폴리이미드 배치를 사용한 WLCSP에 대한 주사전자현미경 사진을 보여주고 있다. 그림 10.53(b)에서는 WLCSP에 단순한 폴리이미드 배치를 적용한 유한요소모델을 보여주고 있다. 노출된 구리소재 범프하부금속의 직경은 $205[\mu m]$이며, 땜납볼의 직경은 $280[\mu m]$, 땜납볼의 높이는 $185[\mu m]$이다. 그림 10.53(c)에서는 노출된

구리소재 범프하부금속의 직경이 더 큰 모델을 보여주고 있다. 땜납의 직경은 이전의 모델과 동일하다. 노출된 범프하부금속의 직경이 205[μm]에서 255[μm]로 증가함에 따라서 땜납볼의 직경은 310[μm]이 되며, 땜납볼의 높이는 150[μm]이 된다. 그림 10.53(b)와 (c)에서는 4[μm] 깊이로 에칭된 구리소재 범프하부금속을 보여주고 있다.

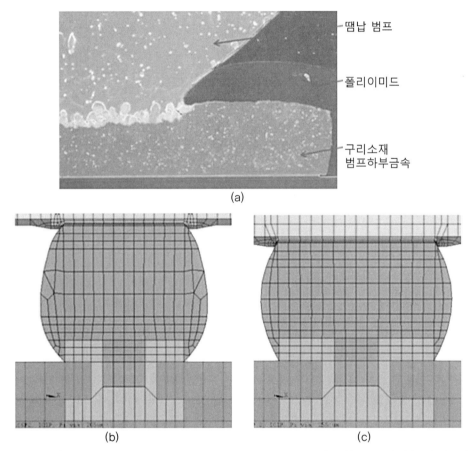

그림 10.53 노출된 범프하부금속의 직경이 서로 다른 1Cu1Pi WLCSP의 유한요소모델. (a) 새로운 단순한 형상의 폴리이미드를 갖춘 WLCSP, (b) 노출된 범프하부금속의 직경=205[μm], (c) 노출된 범프하부금속의 직경=255[μm]

그림 10.54에서는 냉열시험 과정에서 범프하부금속 계면에서 발생하는 땜납 조인트의 1차 파손수명과 특성수명을 비교하여 보여주고 있다. 노출된 범프하부금속의 직경이 205[μm]에서 225[μm]로 증가함에 따라서 땜납 조인트의 높이는 185[μm]에서 150[μm]로 줄어들었지

만, 1차 파손수명은 267 사이클에서 281 사이클로 증가하며, 특성수명은 435 사이클에서 457 사이클로 증가하였다.

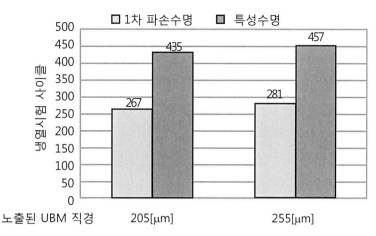

그림 10.54 (노출된 구리소재 범프하부금속 직경에 따른) 범프하부금속 계면에서 땜납의 냉열수명 비교

10.5.3.3 동일한 땜납볼 체적을 가지고 있는 2Cu1Pi WLCSP에서 범프하부금속 직경의 영향

그림 10.55에서는 구리소재 범프하부금속이 스퍼터링된 표준 WLCSP(2Cu1Pi)의 주사전자현미경 사진을 보여주고 있다. 부동층과 5.5[μm] 두께의 구리소재 재분배층 위에 10[μm] 두께의 폴리이미드가 코팅되어 있다. 폴리이미드 층에는 비아구멍이 성형된다. 폴리이미드 측벽의 각도(바닥면과 벽체 사이의 각도)는 43°이다. 7.5[μm] 두께의 구리소재 범프하부금속이 노출된 재분배층과 폴리이미드 코팅 위에 스퍼터링된다.

그림 10.56에서는 2Cu1Pi WLCSP의 범프하부금속 직경에 따른 유한요소모델을 보여주고 있다. 이들 세 가지 모델 전체에서 땜납의 체적은 동일하게 유지된다. 그림 10.56(a)에서는 직경이 230[μm]인 범프하부금속을 사용하는 2Cu1Pi WLCSP의 유한요소모델을 보여주고 있다. 여기서 폴리이미드 비아의 직경은 195[μm]이며 땜납볼의 높이는 156[μm]이다. 그림 10.56(b)에서는 직경이 245[μm]인 범프하부금속을 사용하는 2Cu1Pi WLCSP의 유한요소모델을 보여주고 있다. 폴리이미드 비아의 직경은 205[μm]이며 땜납볼의 높이는 150[μm]이다. 그림 10.56(c)에서는 직경이 255[μm]인 범프하부금속을 사용하는 2Cu1Pi WLCSP의 유한요소모델을 보여주고 있다. 폴리이미드 비아의 직경은 212[μm]이며 땜납볼의 높이는 146[μm]이다.

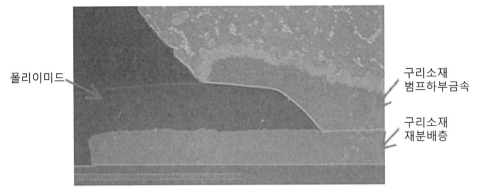

그림 10.55 2Cu1Pi WLCSP의 주사전자현미경 사진

폴리이미드

구리소재
범프하부금속

구리소재
재분배층

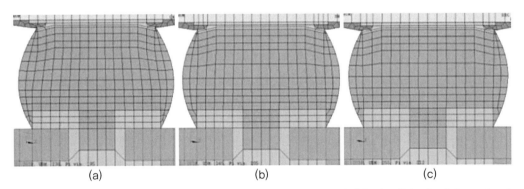

그림 10.56 범프하부금속의 직경에 따른 2Cu1Pi WLCSP의 유한요소모델. (a) 범프하부금속 직경=230[μm], (b) 범프하부금속 직경=255[μm]

그림 10.57에서는 낙하시험 모델링 결과를 보여주고 있다. 그림에 따르면, 범프하부금속의 직경이 증가함에 따라서 범프하부금속 계면에서의 1차 주응력, 본미제스응력, Z방향 박리응력 그리고 XZ방향 전단응력 등이 감소하는 경향을 보여주고 있다.

그림 10.58에서는 범프하부금속 계면에서 땜납 조인트의 냉열시험 1차 파손수명과 특성수명을 비교하여 보여주고 있다. 범프하부금속의 직경이 230[μm]인 모델의 경우, 땜납의 1차 파손수명과 특성수명은 각각 270회와 439회이다. 범프하부금속의 직경 245[μm]로 6.5% 증가함에 따라서 땜납 조인트의 1차 파손수명은 320회로 18.5% 증가하였다. 이와 동시에 특성수명도 520회로 18.5% 증가하였다. 범프하부금속의 직경이 255[μm]로 10.9% 증가함에 따라서 땜납 조인트의 1차 파손수명은 355 사이클로 31.5% 증가하였으며, 특성수명은 578회로 31.7% 증가하였다.

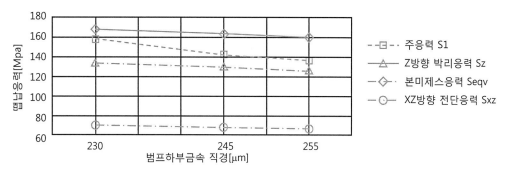

그림 10.57 낙하시험에 의해서 범프하부금속과 땜납 계면에서 발생하는 최대응력 비교

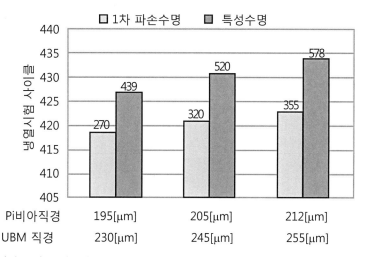

| Pi비아직경 | 195[μm] | 205[μm] | 212[μm] |
| UBM 직경 | 230[μm] | 245[μm] | 255[μm] |

그림 10.58 (서로 다른 범프하부금속직경에 따른) 범프하부금속 계면에서 땜납의 냉열수명 비교

10.5.3.4 땜납볼 높이가 동일한 경우에 범프하부금속 직경의 영향

그림 10.59에서는 1Cu1Pi WLCSP의 노출된 범프하부금속 직경(폴리이미드 비아직경)과 2Cu1Pi WLCSP의 범프하부금속 직경에 따른 유한요소모델을 보여주고 있다. 다섯 가지 모델의 땜납볼 높이는 동일하다. 폴리이미드 비아의 직경이 증가하거나 범프하부금속의 직경이 증가하면 땜납의 체적은 증가한다.

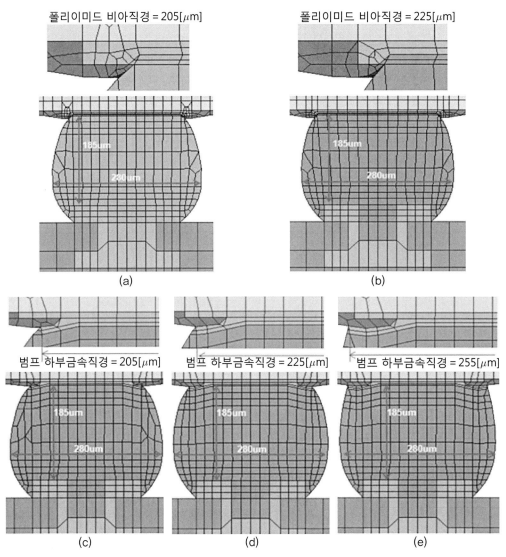

폴리이미드 비아직경 = 205[μm]

185um
280um

(a)

폴리이미드 비아직경 = 225[μm]

185um
280um

(b)

범프 하부금속직경 = 205[μm]

185um
280um

(c)

범프 하부금속직경 = 225[μm]

185um
280um

(d)

범프 하부금속직경 = 255[μm]

185um
280um

(e)

그림 10.59 1Cu1Pi WLCSP의 노출된 범프하부금속 직경(폴리이미드 비아직경)과 2Cu1Pi WLCSP 범프하부금속직경에 대한 유한요소모델. (a) 폴리이미드 비아직경=205[μm], (b) 폴리이미드 비아직경=225[μm], (c) 범프하부금속 직경=230[μm], (d) 범프하부금속 직경=245[μm], (e) 범프하부금속 직경=255[μm]

그림 10.60에서는 냉열시험 시뮬레이션 결과를 보여주고 있다. 그림에 따르면, 범프하부금속 계면과 인접한 땜납의 1차 파손수명과 특성수명은 폴리이미드 비아의 직경 증가와 범프하부금속 직경증가에 따라서 증가하는 경향을 나타낸다. 범프하부금속의 직경이 증가함에 따라서 땜납 조인트의 1차 파손수명과 특성수명은 증가하며, 255[μm] 직경의 범프하부금속을

갖춘 2Cu1Pi WLCSP는 특성수명이 1,000회 이상에 이를 정도로 가장 긴 수명을 나타냈다.

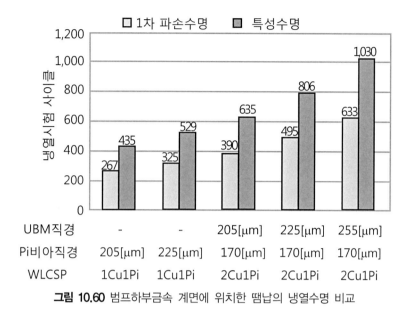

그림 10.60 범프하부금속 계면에 위치한 땜납의 냉열수명 비교

10.5.4 낙하시험과 열 사이클링시험

JEDEC표준인 JESD22-B111에 의거하여 낙하시험이 수행되었다. 시험조건은 1,500[G] 의 절반정현파형을 0.5[ms] 동안 부가하는 것이다. 그림 10.61에서는 1Cu1Pi 설계를 적용한 WLCSP의 땜납 크랙이 발생한 낙하시편의 주사전자현미경 영상과 유한요소모델링된 **응력단 면도**를 보여주고 있다. 응력단면도에 따르면 최대 땜납응력은 땜납, 폴리이미드 그리고 범프 하부금속 접합부에서 발생하였다. 크랙이 발생한 위치는 낙하시험결과와 시뮬레이션 결과가 서로 일치하였다. 그림 10.62에서는 2Cu1Pi 설계를 적용한 WLCSP의 낙하시험 파손영상과 유 한요소모델링된 응력단면도를 보여주고 있다. 모델링 결과에 따르면 최대응력은 범프하부금 속의 테두리에 위치한 구리소재 재분배층과의 접점에서 발생하였다. 낙하시험결과에 따르 면, 파손은 범프하부금속과 구리소재 재분배층 사이의 계면에서 발생하며, 이는 시뮬레이션 결과와도 일치하는 것이었다.

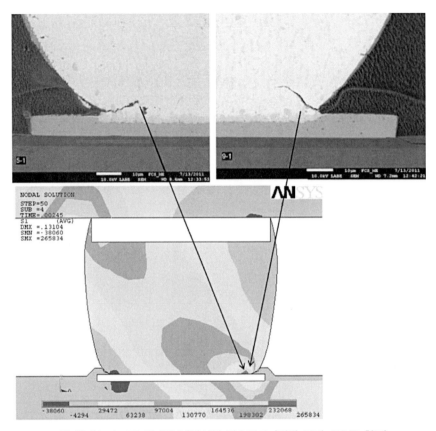

그림 **10.61** 1Cu1Pi 설계의 낙하시험 파손모드 (컬러 도판 430쪽 참조)

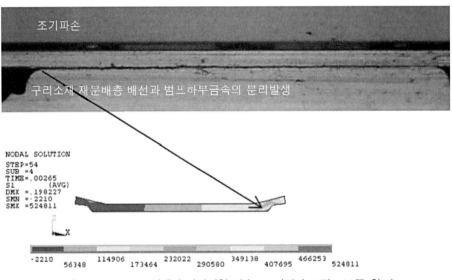

그림 **10.62** 2Cu1Pi 설계의 낙하시험 파손모드 (컬러 도판 430쪽 참조)

그림 10.62와 그림 10.63에서는 냉열시험 결과를 보여주고 있다. EDEC 사양의 시험조건에 따라서 WLCSP 패키지에 냉열시험을 수행하였다. 시험에 적용된 온도범위는 −40~125[°C]이다. 그림 10.63에서는 노출된 범프하부금속의 직경이 205[μm]이며 폴리이미드는 땜납과 접촉하지 않는(3번 폴리이미드 배치) 1Cu1Pi WLCSP의 모서리 땜납에서 발생한 파손형상을 보여주고 있다. 두 그룹의 시편에 대해서 1차 파손은 102회와 346회 만에 각각 발생하였다. 땜납의 크랙은 범프하부금속 계면에 인접한 땜납 영역에서 발생하였다. 동일한 1Cu1Pi WLCSP에 대한 모델링 결과에 따르면, 1차 파손이 265 사이클 만에 발생하였다. 그림 10.64에서는 범프하부금속의 직경이 245[μm]이며 폴리이미드 구멍의 직경은 205[μm]인 2Cu1Pi WLCSP의 모서리 땜납 조인트 파손을 보여주고 있다. 땜납의 크랙은 범프하부금속 계면과 인접한 땜납 조인트에서 시작된다. 최초의 파손은 348회 만에 발생하였다. 동일한 2Cu1Pi WLCSP에 대한 모델링 결과에 따르면 1차 파손은 320회 만에 발생하였다.

102회 만에 파손 발생

346회 만에 파손 발생

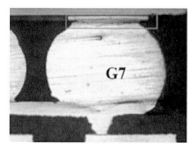

컴포넌트 측의 땜납 파손 발생

그림 10.63 1Cu1Pi 설계의 냉열시험 과정에서 발생한 땜납 파손

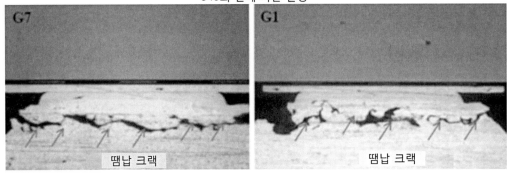

그림 10.64 2Cu1Pi 설계의 냉열시험 과정에서 발생한 땜납 파손

10.5.5 논 의

1Cu1Pi WLCSP와 2Cu1Pi WLCSP 설계에 대한 낙하시험성능과 냉열시험 신뢰성을 고찰하기 위해서 포괄적인 모델링이 수행되었다.

1. 1Cu1Pi 설계의 낙하시험과 냉열시험에 대한 모델링 결과에 따르면, 땜납 크랙의 파손모드는 땜납과 범프하부금속 사이의 계면에서 발생한다. 반면에 2Cu1Pi 설계의 낙하시험에서는 구리소재 재분배층과 범프하부금속 사이의 계면에서 파손이 발생하였으며, 냉열시험에서는 범프하부금속 아래에 위치한 땜납 조인트에서 파손이 발생하였다.

2. 1Cu1Pi WLCSP 설계의 경우 범프하부금속이 두꺼울수록, 폴리이미드와 땜납 사이의 공극이 클수록, 냉열수명 신뢰성이 향상되었다. 깊게 에칭된 범프하부금속의 냉열시험 성능이 더 좋은 것처럼 보인다. 하지만 그 효과는 명확치 않다.

3. 1Cu1Pi WLCSP 설계의 노출된 범프하부금속 직경이 증가할수록, 땜납 조인트의 냉열수명 신뢰성이 개선된다. 노출된 범프하부금속의 직경이 $205[\mu m]$에서 $255[\mu m]$로 증가하여도, 1차 파손수명은 267회에서 281회로 증가하였으며, 특성수명은 435회에서 457회로 증가하였다.

4. 2Cu1Pi WLCSP의 범프하부금속 직경이 증가하면 땜납의 냉열수명을 현저하게 증가시킬 수 있다. 범프하부금속의 직경이 6.5% 증가하면 땜납볼의 1차 파손수명과 특성수명은 18.5% 증가한다. 범프하부금속의 직경이 $245[\mu m]$로 10.9% 증가하면, 땜납볼의 1차 파손수명과 특성수명은 31.5% 증가한다.

5. 2Cu1Pi WLCSP의 범프하부금속 직경이 증가하면 땜납과 범프하부금속 계면에서의 땜납 조인트 응력을 감소시킬 수 있다. 범프하부금속의 직경이 230[μm]에서 255[μm]로 증가하면 1차 주응력, 본미제스응력, Z방향 박리응력 그리고 전단응력 등의 최댓값은 감소한다.

10.6 요 약

이 장에서는 WLCSP의 전형적인 신뢰성 시험에 대해서 논의하였다. 10.1절에서는 서로 다른 신뢰성 요구조건들과 시험표준을 충족시켜주는 기본 신뢰성 시험방법에 대해서 논의하였다. 그런 다음 10.2절에서는 WLCSP 땜납볼의 전단성능과 파손모드들에 대해서 실험 및 시뮬레이션을 통한 고찰을 수행하였다. 이에 따르면, 충돌속도가 증가하면 금속간화합물층 내에서 취성파단이 더 쉽게 발생한다. 시뮬레이션 및 실험을 통해서 도출한 부하－변위응답곡선에 따르면 고속에서 필요한 파단에너지는 저속의 경우에 비해서 더 작다. 하지만 최대 견인력은 명확히 증가하였다. 10.3절에서는 WLCSP 조립을 위한 리플로우 공정의 신뢰성과 프린트회로기판 설계에 대해서 살펴보았다. 시뮬레이션 결과에 따르면 구리도금 관통비아를 사용하면 높은 응력이 유발된다. 관통비아가 일부 땜납 조인트들의 하부에만 배치되어 있는 경우, 구리가 도금된 관통비아들 위에 배치된 땜납 조인트들에는 과도한 응력이 유발된다. 25개의 볼들을 사용하는 WLCSP의 평가과정에서 조기파손이 발생하는 것을 방지하기 위해서는 시험용 프린트회로기판의 설계변경이 필요하다. 만일 라우팅이 문제가 되지 않는다면, 관통비아를 사용하지 않는 프린트회로기판이 추천된다. 만일 신호/전력/접지의 연결을 위해서 하나 이상의 층이 필요하다면, 관통비아 대신에 끝이 막힌 비아를 사용해야 한다. 만일 여타의 이유 때문에 관통비아를 사용해야만 한다면, 모든 땜납볼 아래에 관통비아를 배치하는 것이 바람직하다. 10.4절에서는 서로 다른 설계변수와 형상 및 소재를 사용하는 WLCSP의 보드레벨에서의 낙하시험에 대한 동적응답을 실험 및 시뮬레이션을 통해서 살펴보았다. 10.5절에서는 차세대 WLCSP 설계에 대한 보드레벨 냉열시험과 낙하시험을 통한 신뢰성 연구에 대해서 더 포괄적으로 살펴보았다. 이 연구를 통해서 1Cu1Pi 및 2Cu1Pi 구조를 갖는 금속 적층과 폴리이미드의 상세한 설계배치를 구할 수 있었다.

참고문헌

1. Liu, Y. : Power electronic packaging : Design, assembly process, reliability and modeling. Springer, Heidelberg (2012).

2. Chai, T. C., Yu, D. Q., Lau, J., et al. : Angled high strain rate shear testing for SnAgCu solder balls. In : Proceedings of 58th Electronic Components and Technology Conference, pp.623~628 (2008).

3. Zhang,Y., Xu, Y., Liu,Y., Schoenberg, A. : The experimental and numerical investigatio.

4. Dugdale, D.S. : Yielding of steel sheets containing slits. J. Mech. Phys. Solids 8, pp.100~108 (1960).

5. Barenblatt, G.I. : The mathematical theory of equilibrium of crack in brittle fracture. Adv. Appl. Mech. 7, pp.55~129 (1962).

6. Needleman, A. : A continuum model for void nucleation by inclusion debonding. ASME J. Appl. Mech. 54, pp.525~531 (1987).

7. Tvergaard, V., Hutchinson, J.W. : The influence of plasticity on mixed mode interface toughness. J. Mech. Phys. Solids 41, pp.1119~1135 (1993).

8. Tvergaard, V., Hutchinson, J.W. : On the toughness of ductile adhesive joints. J. Mech. Phys. Solids 44, pp.789~800 (1996).

9. Liu, Y., Qian, Q., Qu, S., Martin, S., Jeon, O. : Investigation of the assembly reflow process and PCB design on the reliability of WLCSP. ECTC62 (2012).

10. Liu, Y., Qian, Q., Kim, J., Martin, S. : Board level drop impact simulation and test for development of wafer level chip scale package. ECTC 60 (2010).

11. Dhiman, H.S., Fan, X.J., Zhou, T. : JEDEC board drop test simulation for wafer level packages (WLPs). ECTC59 (2009).

12. Liu, Y., Qian, Q., Ring, M., et al. : Modeling for critical design and performance of wafer level chip scale package. ECTC62 (2012).

13. Liu, Y.M., Liu, Y. : Prediction of board level performance of WLCSP. ECTC63 (2013).

14. Liu, Y.M., Liu, Y., Qu, S. : Bump geometric deviation on the reliability of BOR WLCSP. ECTC 64 (2014).

▲ 약어 색인

AC	교류	alternating current
ACF	이방성 도전필름	anisotropic conductive film
ACLV	가압멸균	autoclave
ADG	원자밀도구배	atomic density gradient
AFD	원자유량확산	atomic flux divergence
AXI	자동 2차원 엑스선검사	automated 2D X-ray inspection
BCB	벤조시클로부텐	benzocyclobutene
BCB	비스벤조시클로부텐	Bisbenzocyclobutene
BCD	쌍극기반기술	bipolar based technology
BCDMOS	이진, 상보성, 확산형 금속산화물반도체	binary, complementary, and depletion metal oxide semiconductor
BCT	체심정방	body centered tetragonal
BGA	볼그리드어레이	ball grid array
BLR	보드레벨 신뢰성	board level reliability
BOM	부품표	bill of material
BON	범프온 질화물	bump on nitride
BoP	범프온패드	bump on pad
BOR	범프온 재부동층	bump on repassivation
BPOA	접착패드와 중첩된 능동소자	bond pad overlap active
BPSG	붕소인규산염 유리	borophosphosilicate glass
BSI	후방조사	backside illumination
BSL	뒷면접합층	backside lamination
BTMCL	보드레벨 냉열시험	board level temperature cycle test
CAGR	연평균성장률	compound annual growth rate
CMOS	상보성 금속산화물반도체	complementary metal-oxide-semiconductor
CMP	화학적 기계연마	chemical mechanical planarization
CoC	칩온칩	chip on chip
COW	칩 온 웨이퍼	chip on wafer
CPK	공정능력지수	process capability index
CSAM	공초점 주사초음파현미경	Confocalscanningacousticmicroscope
CSP	칩스케일 패키지	chip scale package
CTE	열팽창계수	coefficient of thermal expansion
CVD	화학적 기상증착	chemical vaphor deposition
CZM	복합영역모델	cohesive zone model
DAI	직접가속입력	direct acceleration input
DFN	이중플랫 무리드	dual flat no-lead
DIRE	반응성이온 심부식각	deep reactive ion etching

DMOS	이중확산 금속산화물반도체	double diffused metal oxide semiconductor
DNP	중립점으로부터의 거리	distance to neutral point
DOE	실험계획	design of experiment
DOPL	동적옵션수명	dynamic optional life
DoW	다이온 웨이퍼	die on wafer
DPAK	데카와트 패키지	Decawatt Package
DrMOS	드라이버 내장형 금속산화물반도체	
DUT	시험용 디바이스	device under test
ECTC	전자요소 및 기술 컨퍼런스	Electronic Components and Technology Conference
EEPROM	전기휘발성 프로그래머블 읽기전용 메모리	electrically erasable programmable read-only memory
EIS	손떨림보정	electronic image stabilization
EM	일렉트로마이그레이션	electromigration
EMC	에폭시몰딩 화합물	epoxy molding compound
EMI	전자기간섭	electromagnetic interference
ENIG	무전해니켈금도금	Electroless nickel immersion gold
ESD	정전기방전	electro static discharge
ETM	전기시험방법	electrical test method
eWLB	매립된 웨이퍼레벨 볼그리드어레이	EmbeddedWaferLevelBallGridArray
EWM	전자풍력에 의해서 유발되는 마이그레이션	electron force wind induced migration
FA	고장분석	failure analysis
FAB	프리에어볼	free air ball
FIB	집속적외선	focused infrared beam
FLIR	전방감시적외선장치	forward looking infrared
FPY	일차생산수율	first pass yield
FSC	부반송파주파수	subcarrier frequency
GGI	금 상호연결	gold to gold interconnection
HASL	고온공기 표면처리	hot air surface leveling
HAST	고가속 스트레스시험	highly accelerated stress test
HAST	고가속 스트레스	highly accelerated stress
HDI	고밀도 상호접속	high density interconnection
HDP	고밀도 패키징	high density packaging
HDP	고밀도 플라즈마	high density plasma
HS	고전압 측	high side
HTGB	고온 게이트 바이어스	high temperature gate bias
HTRB	고온 역 바이어스	hightemperaturereversebias
HTS	고온보관	high temperature storage
HTSL	고온보관수명	high temperature storage life
ICEPT-HDP	전자 패키징 기술과 고밀도 패키징 국제 컨퍼런스	International Conference on Electronic Packaging Technology and High Density Packaging
ICP	유도결합 플라즈마	inductively coupled plasma

ICT	회로 내 검사	in circuit test
IEEE	전기전자학회	Institute of Electrical and Electronic Engineers
IGBT	절연게이트 쌍극성 트랜지스터	insulated gate bipolar transistor
IMC	금속간화합물	intermetallic compound
IPGA	핀 그리드 중간 어레이	interstitial pin grid array
JEDEC	합동전자장치엔지니어링협회	Joint Electron Device Engineering Council
KGD	기지양품다이	known good die
LCD	액정디스플레이	liquid crystal display
LDMOS	측면확산방식 금속산화물반도체	laterally diffused metal oxide semiconductor
LF	리드프레임	lead frame
LS	저전압 측	low side
MCM	다중칩 모듈	multi chip module
MCSP	몰딩된 칩스케일 패키지	molded chip scale package
MCU	마이크로컨트롤러	micro controller unit
MFCP	몰딩된 플립칩 패키지	molded flip chip package
MLP	노리드몰딩패키지	molded leadless package
MOSFET	금속산화물반도체 전계효과트랜지스터	metaloxidesemiconductorfieldeffecttransistor
MSL	수분민감도	moisture sensitivity level
MTTF	평균파손시간	mean time to failure
NSMD	비-땜납마스크 정의방식	non solder mask defined
OCP	과전류 보호	overcurrent limit protection
OPL	작동수명	operational life
OR	유기	organic
OSP	유기땜납보존제	organic solderability preservative
PBGA	플라스틱 볼그리드어레이	plastic ball grid array
PBO	폴리페닐렌 벤조비속사졸	Poly-phenylene benzobisoxazole
PCB	프린트회로기판	print circuit board
PGA	핀 그리드어레이	pin grid array
PI	폴리이미드	polyimide
PoP	패키지온패키지	package on package
PQFN	전력용 4변 노리드	power quad flat pack no lead
PRCL	전력 사이클	power cycle
PRECON	땜납 리플로우 사전준비	solder reflow preconditioning
PSG	인규산유리	phosphosilicateglass
PVD	물리적 기상증착	physical vaphor deposition
PWB	프린트배선판	printed wiring board
QFN	4변 노리드	quad flat no lead
QFP	4변 패키지	quad flat package
RCC	레진코팅 구리판	resin coated copper
RCP	재분배식 칩 패키지	redistributed chip package

RDL	재분배층	redistribution layer
RE	레진	resin coated copper
RLC	저항, 인덕터 및 커패시터	resistor, inductor and capacitor
RO	로진	rosin
SIP	시스템인패키지	system in package
SM	응력구배에 의해서 유발되는 마이그레이션	stress gradient induced migration
SMD	땜납마스크 정의방식	solder mask defined
SMT	표면실장착기술	surface mounting technology
SO	소형윤곽	small outline
SOC	시스템온칩	system on chip
SOI	실리콘 온 절연체	silicon on insulator
SPI	땜납 페이스트 검사	solder paste inspection
TGV	유리관통비아	through glass via
THBT	온습도편향시험	temperature humidity bias test
TM	온도구배에 의해서 유발되는 마이그레이션	temperature gradient induced migration
TMCL	냉열시험	temperature cycle test
TMV	몰드관통비아	through mold via
TSOP	박소형 패키지	thin small outline package
TSP	열셧다운 보호	thermal shutdown protection
TSP	온도민감계수	temperature sensitive parameter
TSSOP	수축박소형 패키지	thin srink small outline package
TSV	실리콘관통비아	through silicon via
TTF	파손시간	time to failure
UBM	범프하부금속	under bump metallization
ULC	신뢰상한	upper confidence limit
UVLO	부족전압차단	undervoltage lockout
VDMOS	수직확산방식 금속산화물반도체	verticallydiffusedmetaloxidesemiconductor
WLCSP	웨이퍼레벨 칩스케일 패키징	wafer level chip scale packaging
WoW	웨이퍼온 웨이퍼	wafer on wafer

◆ 컬러 도판

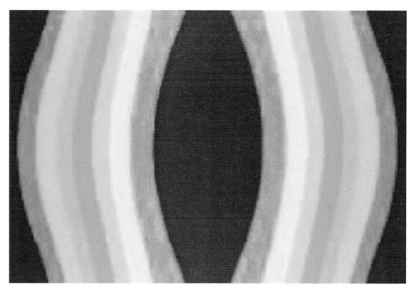

그림 2.6 낙하시험 중에 프린트회로기판에 발생하는 굽힘모드. 4개의 고정용 나사를 사용하여 낙하용 치구에 프린트회로기판을 고정했다고 가정하였다. (본문 30쪽 참조)

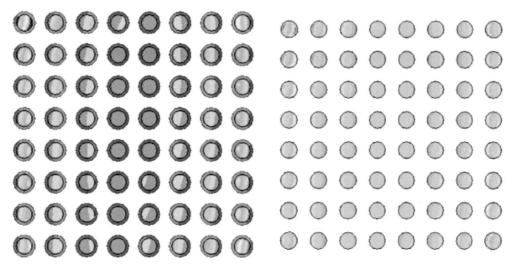

그림 2.7 WLCSP의 칩쪽 납땜 조인트에 부가되는 1차 주응력 S1의 분포와 범프온패드용 알루미늄 패드에 부가되는 수직응력 Sz. 시뮬레이션에 사용된 낙하용 프린트회로기판은 8개의 구리층을 갖추고 있으며, 길이 대 폭의 종횡비율은 1.71이다. (본문 31쪽 참조)

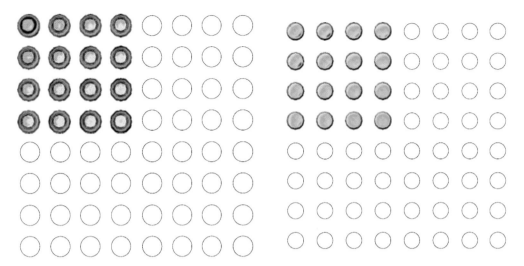

그림 2.8 WLCSP의 칩 쪽 납땜 조인트에 부가되는 본미제스응력(Svm, 좌측)과 범프온패드용 알루미늄 패드에 부가되는 1차 주응력 S1의 분포. 냉열시험 시뮬레이션에 사용된 프린트회로기판은 8개의 구리층을 갖추고 있으며, 종횡비는 1.71이다. (본문 32쪽 참조)

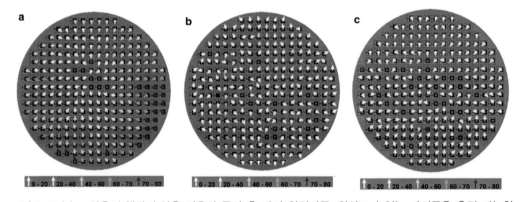

그림 3.12 (a) 보상을 수행하지 않은 경우의 몰딩 후 다이 위치이동. 화살표가 없는 다이들은 측정 가능한 수준의 다이 위치이동이 발생하지 않은 다이들이다. 모든 다이가 중앙 쪽으로 이동하는 경향을 보였다. 이동량은 웨이퍼 중심으로부터의 거리에 비례하였다. (b) 픽앤드플레이스 공정을 수행하는 과정에서 몰딩 후 다이 위치이동에 대해서 100% 보상을 수행하였다. 특정한 다이 위치에 대해서 x, y 방향으로 (a, b)만큼의 위치이동이 발생하였다면, 팩앤플레이스 공정에서 (−a, −b)만큼의 사전 위치보상을 수행하였다. (c) 픽앤드플레이스 공정을 수행하는 과정에서 몰딩 후 다이 위치이동에 대해서 50% 보상을 수행하였다. 특정한 다이 위치에 대해서 x, y 방향으로 (a, b)만큼의 위치이동이 발생하였다면, 팩앤드플레이스 공정에서 (−a/2, −b/2)만큼의 사전 위치보상을 수행하였다. (본문 70쪽 참조)

선비아방식 실리콘관통비아 제조공정

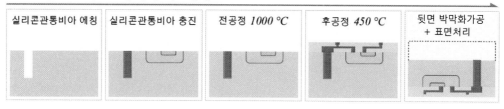

| 실리콘관통비아 에칭 | 실리콘관통비아 충진 | 전공정 1000 °C | 후공정 450 °C | 뒷면 박막화가공
+ 표면처리 |

중간비아방식 실리콘관통비아 제조공정

| 전공정 1000 °C | 실리콘관통비아 에칭 | 실리콘관통비아 충진 | 후공정 450 °C | 뒷면 박막화가공
+ 표면처리 |

후비아방식 실리콘관통비아 제조공정

| 전공정 1000 °C | 후공정 450 °C | 뒷면 박막화가공 | 실리콘관통비아 에칭 | 실리콘관통비아 충진
+ 표면처리 |

그림 4.12 선비아, 중간비아 및 후비아 방식의 실리콘관통비아 생성을 위한 공정흐름도, 연회색으로 채워진 칸들은 웨이퍼 팹 공정을 나타내며, 노란색으로 채워진 칸들은 후단 패키징 공정들을 나타낸다. (본문 102쪽 참조)

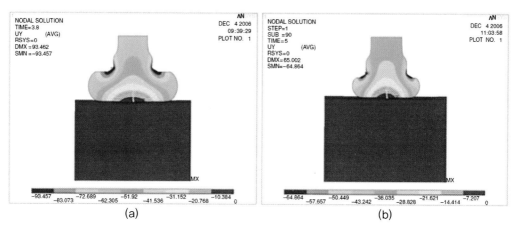

그림 5.21 서로 다른 크기의 프리에어볼을 사용한 접착공정에 대한 변형모델. (a) 190[μm], (b) 145[μm] (본문 138쪽 참조)

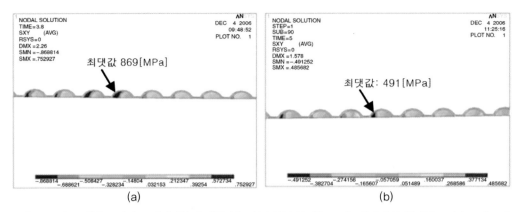

그림 5.22 서로 다른 크기의 프리에어볼에 대한 붕소인규산염 유리/TiW 층 내에서의 응력분포. (a) 190[μm], (b) 145[μm] (본문 139쪽 참조)

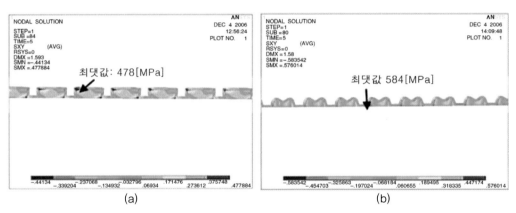

그림 5.23 서로 다른 붕소인규산염 유리 프로파일에 대한 붕소인규산염 유리/TiW 층 내에서의 응력분포. (a) 사각형상, (b) M자 형상 (본문 139쪽 참조)

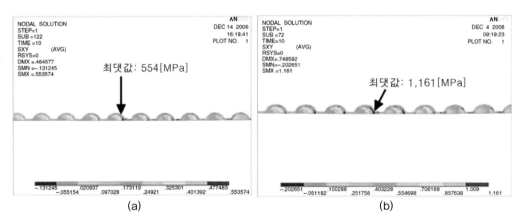

그림 5.25 서로 다른 프리에어볼 크기에 따른 붕소인규산염 유리/TiW 등 내부의 전단응력 분포. (a) 190[μm], (b) 145[μm] (본문 141쪽 참조)

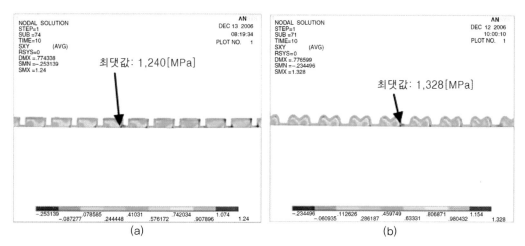

그림 5.26 서로 다른 붕소인규산염 유리소재 프로파일에 대한 붕소인규산염 유리/TiW 층 내에서 발생하는 전단응력 분포. (a) 사각형상, (b) M자 형상 (본문 141쪽 참조)

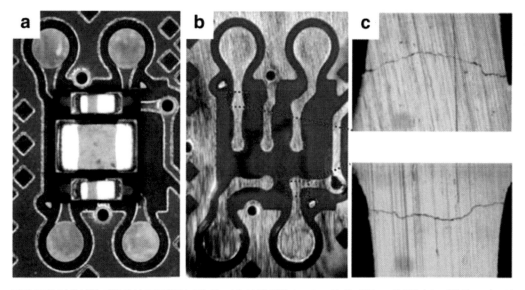

그림 5.32 낙하시험 과정에서 559회의 낙하 후 파손이 발생한 2×3 모듈에 대한 고장분석. (a) 시험용 프린트회로기판 위에 설치되어 있는 모듈, (b), (c) 두 모서리 납땜 조인트에서 발생한 구리소재 트레이스 크랙 (본문 149쪽 참조)

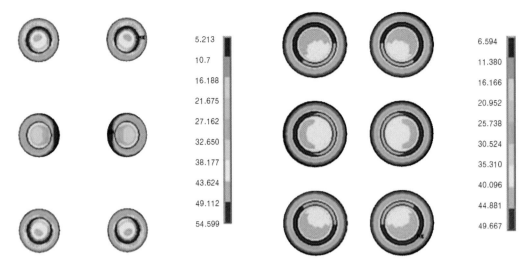

그림 6.11 -40[°C]의 냉열시험 중 마이크로범프와 표준범프에 발생한 본미제스응력. (a) 마이크로범프(최대 54.6[MPa]), (b) 표준범프(최대 49.7[MPa]) (본문 167쪽 참조)

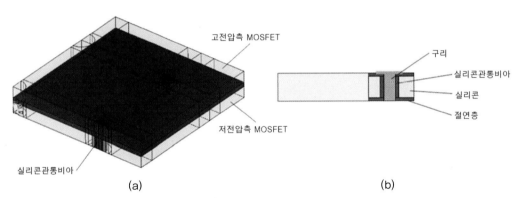

그림 6.13 다이적층방식 3차원 실리콘관통비아기술을 사용한 웨이퍼레벨 벅 컨버터의 개념도. (a) 웨이퍼레벨 벅 컨버터의 4분할 모델, (b) 저전압 측 다이 내에 성형된 실리콘관통비아 (본문 170쪽 참조)

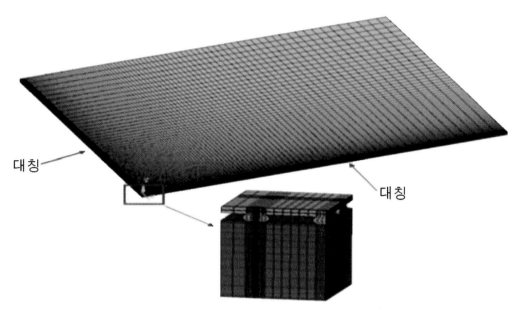

그림 6.15 JEDEC 1s0p 프린트회로기판 위에 비아를 사용하여 설치한 웨이퍼레벨 벅 컨버터의 사분할 모델 (본문 172쪽 참조)

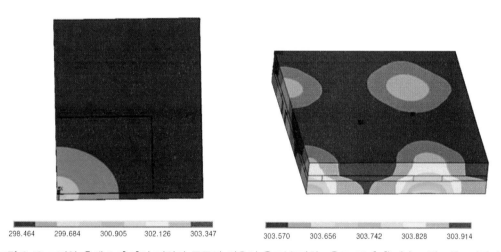

298.464	299.684	300.905	302.126	303.347

303.570	303.656	303.742	303.828	303.914

그림 6.16 고전압 측에 0.1[W]의 전력이 공급된 경우의 온도분포(최고온도 304[K]). (a) 프린트회로기판과 다이의 온도, (b) 다이적층형 패키지상의 온도분포 (본문 172쪽 참조)

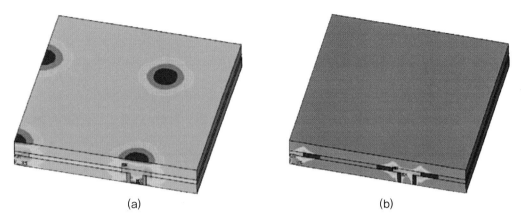

(a)   (b)

그림 6.18 다이적층형 전력용 패키지의 적층공정이 끝난 후, 25[°C]에서의 주응력. (a) S1 1차 주응력(인장)(최대 130[MPa]), (b) S3 3차 주응력(압축)(최대 429[MPa]) (본문 175쪽 참조)

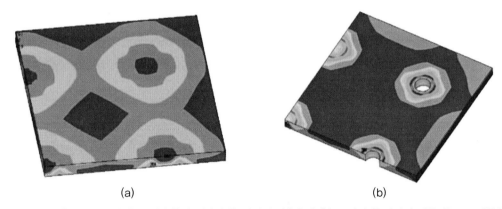

(a)   (b)

그림 6.19 적층공정이 끝난 후 고전압 측과 저전압 측 다이의 압축응력. (a) 고전압 측 다이에 작용하는 S3 압축응력(최대 160[MPa]), (b) 저전압 측 다이에 작용하는 S3 압축응력(최대 172[MPa]) (본문 176쪽 참조)

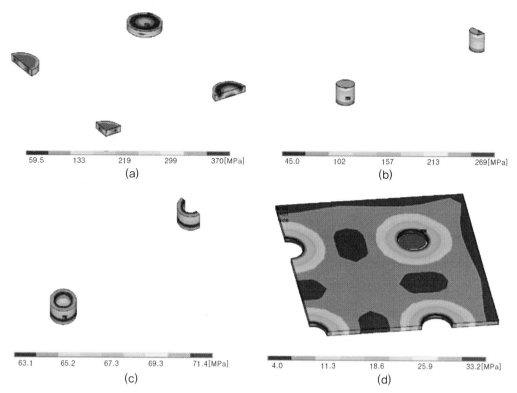

그림 6.20 다이적층 공정이 수행된 이후에 구리소재 스터드 범프, 실리콘관통비아/차폐층 그리고 이방성 도전 필름층의 응력분포. (a) 구리소재 스터드 범프의 본미제스응력(최대 418[MPa]), (b) 구리소재 실리 콘관통비아의 본미제스응력(최대 297[MPa]), (c) 차폐층의 인장응력(최대 72.4[MPa]), (d) 이방성 도전필름층의 본미제스응력(최대 36.9[MPa]) (본문 176쪽 참조)

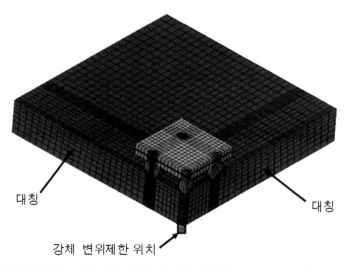

그림 6.25 프린트회로기판 위에 설치된 웨이퍼레벨 다이적층형 전력용 패키지의 사분할 모델 (본문 179쪽 참조)

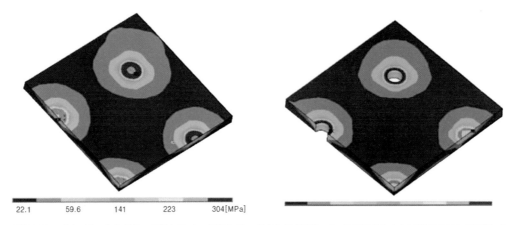

그림 6.26 리플로우 과정에서 고전압 측과 저전압 측 다이에 발생하는 S1 인장응력. (a) 리플로우시 고전압 측 다이의 S1 인장응력(외대 345[MPa]), (b) 리플로우시 저전압 측 다이의 S1 인장응력(최대 378[MPa]) (본문 181쪽 참조)

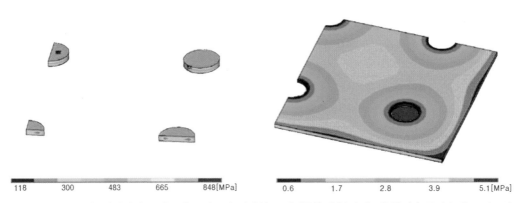

그림 6.27 리플로우 과정에서 구리소재 스터드와 이방성 도전필름층의 본미제스응력. (a) 구리소재 스터드의 본미제스응력(최대 939[MPa]), (b) 이방성 도전필름층의 본미제스응력(최대 5.66[MPa]) (본문 181쪽 참조)

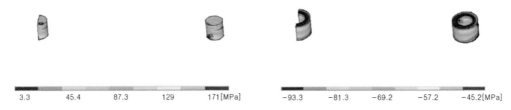

그림 6.28 리플로우 과정에서 구리소재 실리콘관통비아와 차폐층에 발생한 응력. (a) 구리소재 실리콘관통비아의 본미제스응력(최대 192[MPa]), (b) 차폐층의 S3 압축응력(최대 93.3[MPa]) (본문 181쪽 참조)

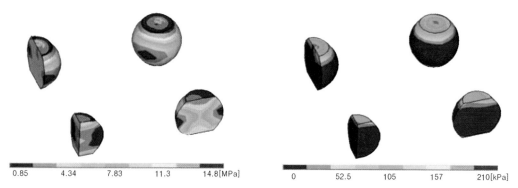

그림 6.29 리플로우 과정에서 땜납볼에 발생한 본미제스응력과 소성에너지. (a) 땜납범프의 본미제스응력(최대 16.6[MPa]), (b) 땜납범프의 소성에너지밀도(최대 0.236[MPa]) (본문 182쪽 참조)

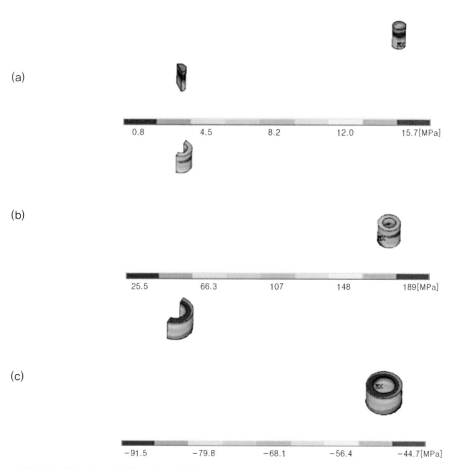

그림 6.30 리플로우 과정에서 에폭시가 충진된 실리콘관통비아에 발생한 응력분포. (a) 실리콘관통비아 에폭시 코어의 본미제스응력(최대 17.6[MPa]), (b) 구리소재 실리콘관통비아에 발생한 본미제스응력(최대 209[MPa]), (c) 차폐층의 S3 압축응력(91.5[MPa]) (본문 183쪽 참조)

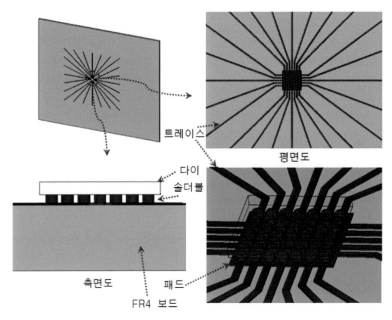

트레이스

평면도

다이
솔더볼

측면도   패드

FR4 보드

그림 7.10 JEDEC 1s0p 열시험용 보드에 설치되어 있는 WLCSP(볼 49개) (본문 207쪽 참조)

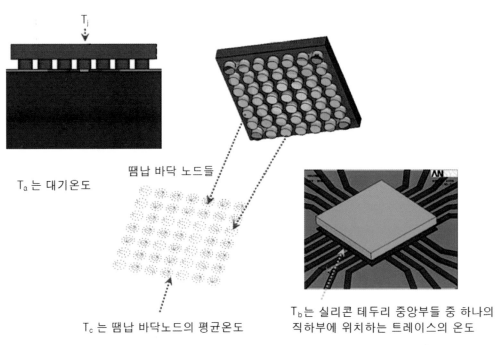

T_j

T_a 는 대기온도

땜납 바닥 노드들

T_c 는 땜납 바닥노드의 평균온도

T_b는 실리콘 테두리 중앙부들 중 하나의 직하부에 위치하는 트레이스의 온도

그림 7.15 서로 다른 온도들에 대한 정의 (본문 212쪽 참조)

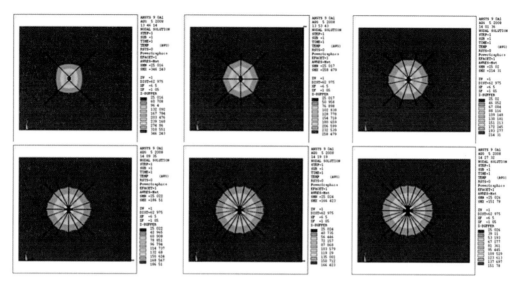

그림 7.16 서로 다른 볼 어레이들의 온도분포(최선의 내부 트레이스 설계, 1s0p) (본문 213쪽 참조)

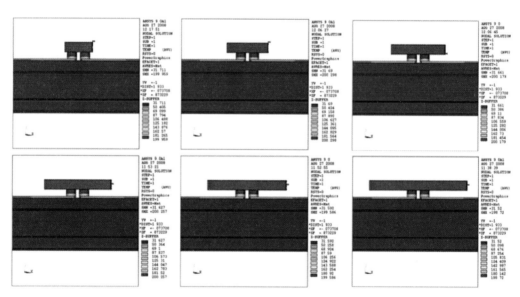

그림 7.18 서로 다른 다이크기에 따른 온도분포(2s2p 프린트회로기판을 사용한 최선의 트레이서 설계). (a) 다이크기 0.85×0.85[mm²], (b) 다이크기 1.25×1.25[mm²], (c) 다이크기 1.65×1.65[mm²], (d) 다이크기 2.05×2.05[mm²], (e) 다이크기 2.4×2.4[mm²], (f) 다이크기 3×3[mm²] (본문 215쪽 참조)

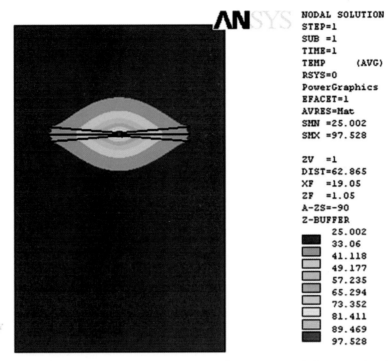

NODAL SOLUTION
STEP=1
SUB =1
TIME=1
TEMP   (AVG)
RSYS=0
PowerGraphics
EFACET=1
AVRES=Mat
SMN =25.002
SMX =97.528

ZV =1
DIST=62.865
XF =19.05
ZF =1.05
A-ZS=-90
Z-BUFFER

	25.002
	33.06
	41.118
	49.177
	57.235
	65.294
	73.352
	81.411
	89.469
	97.528

그림 7.22 0.25[W]의 전력이 투입되는 경우에 6개의 볼들을 사용하는 WLCSP의 온도분포 시뮬레이션 결과 (본문 219쪽 참조)

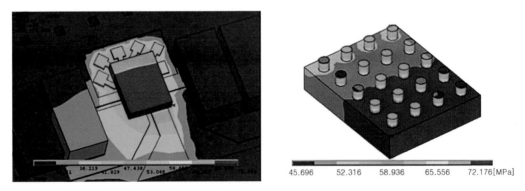

45.696   52.316   58.936   65.556   72.176[MPa]

그림 7.26 1[s]가 지난 후에 보드 위에 설치된 WLCSP의 온도분포(다이에 공급된 전력=1.5[W]). (a) 시스템 온도, (b) WLCSP의 온도(최고 75.5[°C]) (본문 221쪽 참조)

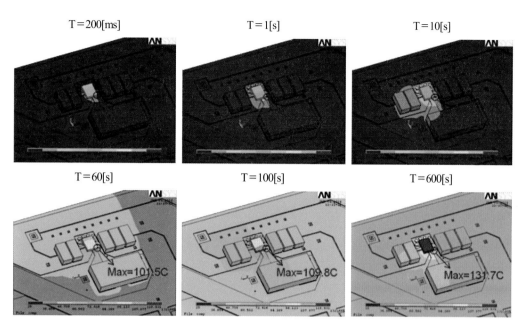

T=200[ms] T=1[s] T=10[s]

T=60[s] T=100[s] T=600[s]

Max=101.5C Max=109.8C Max=131.7C

그림 7.27 다이에 1.5[W]의 전력을 공급될 때 시스템의 과도 온도상승 (본문 222쪽 참조)

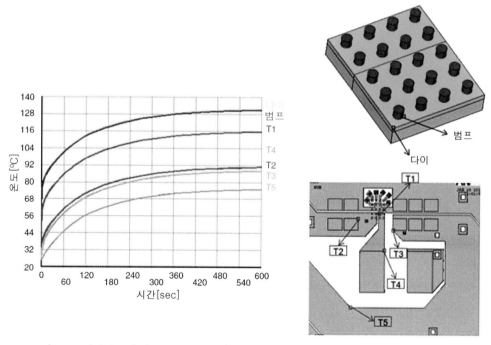

그림 7.28 다이에 1.5[W]의 전력을 공급될 때 다양한 위치의 온도곡선 (본문 222쪽 참조)

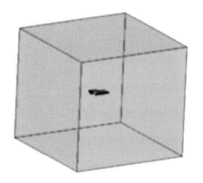

그림 8.3 도전체와 패키지 절연체 주변을 감싸고 있는 공기체적 (본문 231쪽 참조)

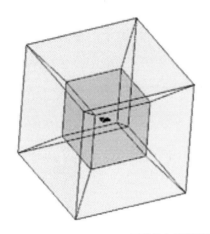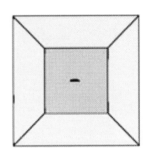

그림 8.4 무한경계 (본문 231쪽 참조)

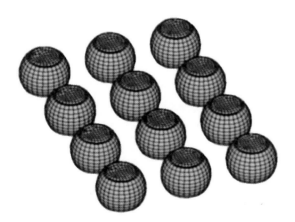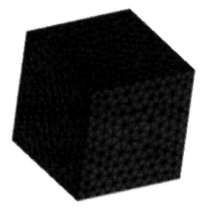

그림 8.5 도전체와 공기체적의 메쉬분할 (본문 232쪽 참조)

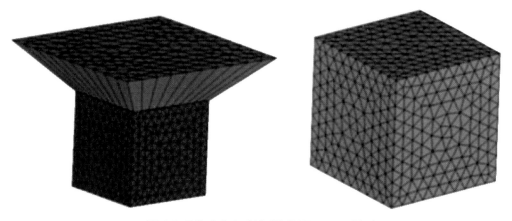

그림 8.6 무한경계의 메쉬분할 (본문 232쪽 참조)

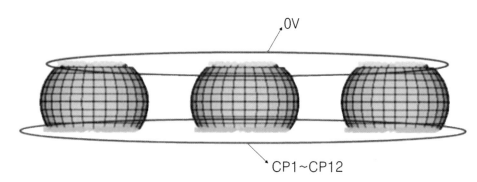

그림 8.7 범프 끝단에 0[V] 부하를 부가하며, 범프 반대쪽 끝단의 전압자유도와 커플링한다. (본문 233쪽 참조)

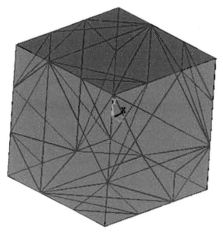

그림 8.8 여섯 개의 외부 영역에 적용한 무한경계 플래그 (본문 233쪽 참조)

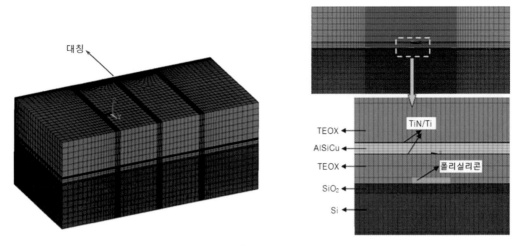

그림 8.37 화학적 기계연마 이후의 SWEAT구조. (a) 전체모델, (b) 단면도 (본문 262쪽 참조)

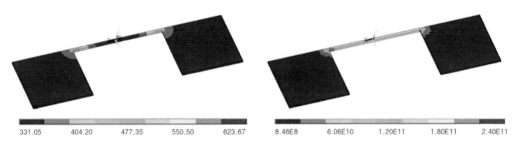

| 331.05 | 404.20 | 477.35 | 550.50 | 623.67 | | 8.46E8 | 6.06E10 | 1.20E11 | 1.80E11 | 2.40E11 |

그림 8.38 초기온도와 전류밀도분포. (a) 온도분포, (b) 전류밀도분포 (본문 264쪽 참조)

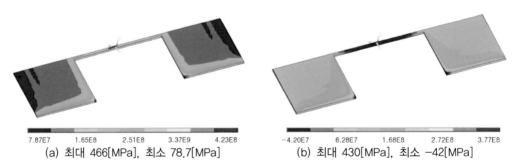

| 7.87E7 | 1.65E8 | 2.51E8 | 3.37E9 | 4.23E8 | | −4.20E7 | 6.28E7 | 1.68E8 | 2.72E8 | 3.77E8 |

(a) 최대 466[MPa], 최소 78.7[MPa]   (b) 최대 430[MPa], 최소 −42[MPa]

그림 8.39 상온과 초기시간 상태에서 전류부하 응력 부가 시의 정수압응력분포. (a) 상온조건, (b) 전류부하
응력 부가의 초기상태 (본문 264쪽 참조)

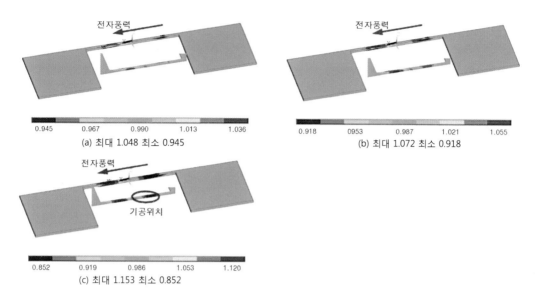

(a) 최대 1.048 최소 0.945

(b) 최대 1.072 최소 0.918

(c) 최대 1.153 최소 0.852

그림 8.40 시간경과에 따른 AlSiCu 배선의 정규화된 원자밀도분포 (a) t=10[s], (b) 20[s], (c) 50[s] (본문 265쪽 참조)

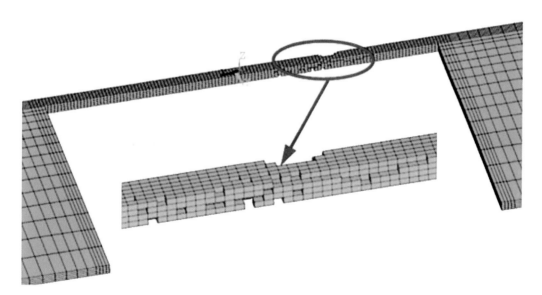

그림 8.41 AlSiCu 배선의 음극 측에서 18.8[s]가 지난 후에 기공생성 (본문 265쪽 참조)

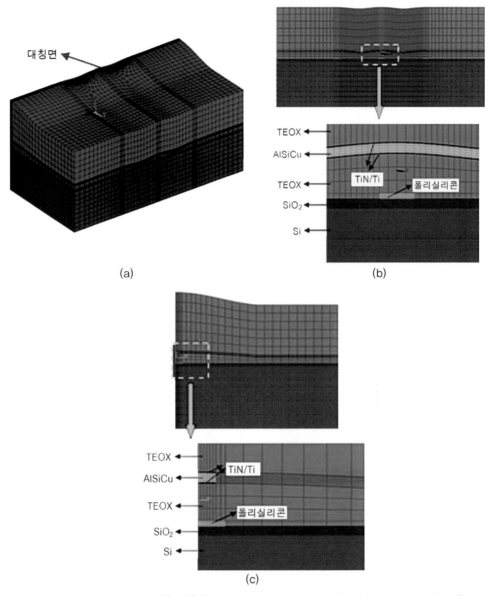

그림 8.43 비화학적 기계연마 공정을 사용한 SWEAT 구조. (a) 전체모델, (b) 금속배선의 길이방향 단면도, (c) 금속배선의 폭방향 단면도 (본문 267쪽 참조)

그림 8.47 사분할 글로벌 모델 (본문 274쪽 참조)

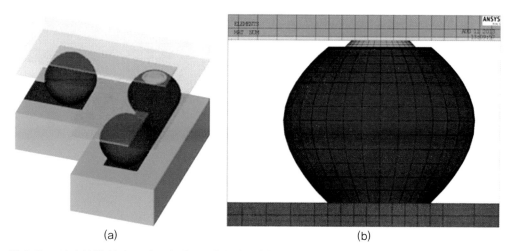

(a)   (b)

그림 8.48 모서리 부위 설더 조인트의 서브모델과 메쉬. (a) 국부 모서리 조인트의 서브모델, (b) 작은 메쉬들로 분할된 땜납범프의 정면도 (본문 274쪽 참조)

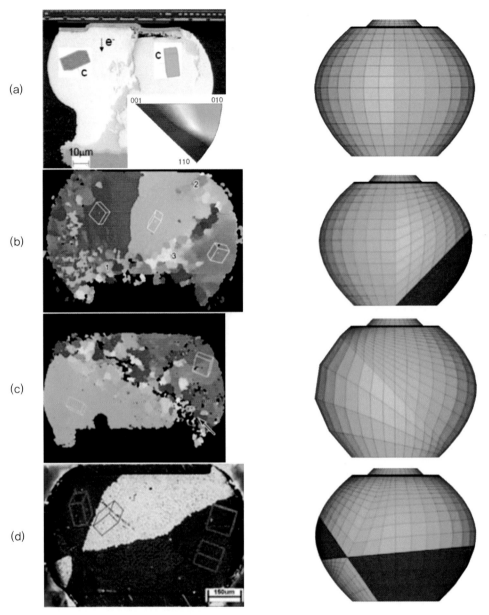

그림 8.50 WLCSP 땜납범프의 네 가지 마이크로구조들. (a) 이중결정 범프의 SEM영상[24], 3차원 ANSYS 유한요소모델, (b) 삼중결정 범프의 EBSD 배향[25]과 3차원 ANSYS 유한요소모델, (c) 그레인 경계가 기판과 45° 각도로 기울어진 범프의 EBSD 배향[26]과 3차원 ANSYS 유한요소모델, (d) 비치 볼 범프의 교차편광 광학영상[26]과 3차원 ANSYS 유한요소모델 (본문 277쪽 참조)

그림 8.51 네 가지 서로 다른 마이크로구조들의 온도분포 (본문 278쪽 참조)

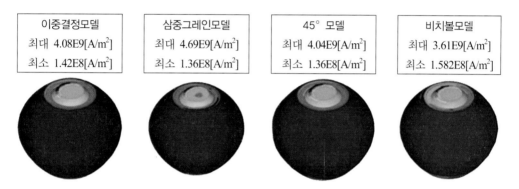

그림 8.52 네 가지 서로 다른 마이크로구조들의 전류분포 (본문 278쪽 참조)

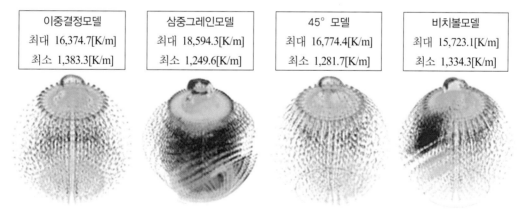

그림 8.53 네 가지 서로 다른 마이크로구조들의 열구배 (본문 279쪽 참조)

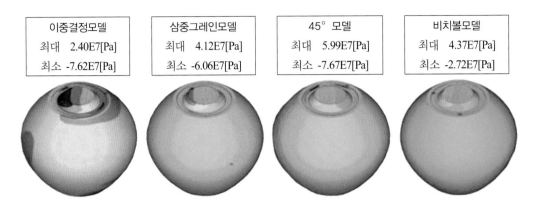

그림 8.54 네 가지 서로 다른 마이크로구조들의 정수압 응력 (본문 279쪽 참조)

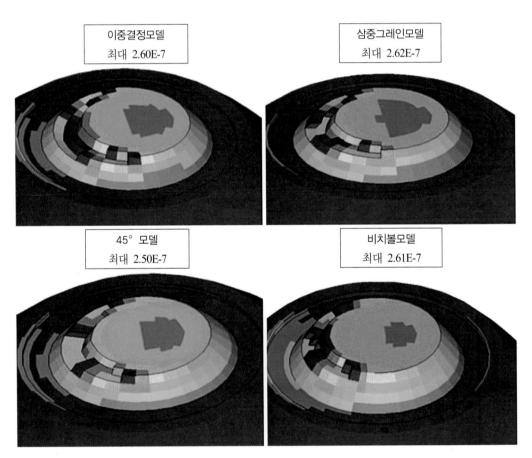

그림 8.55 네 가지 서로 다른 마이크로구조들의 원자유량확산 (본문 280쪽 참조)

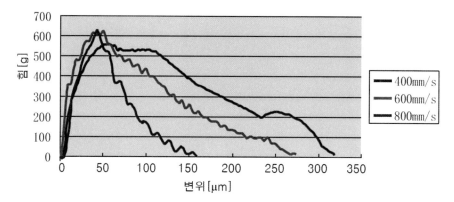

그림 10.4 서로 다른 충돌속도에 따른 힘−변위 응답곡선의 상호비교[3] (본문 341쪽 참조)

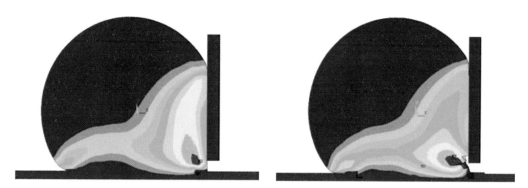

그림 10.8 등가소성변형의 등고선도 (본문 345쪽 참조)

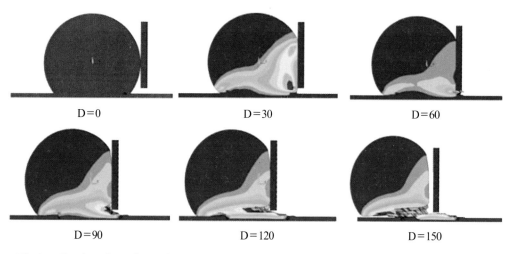

D=0   D=30   D=60

D=90   D=120   D=150

그림 10.9 충돌속도가 400[mm/s]인 경우의 전체 충돌과정. D[μm]는 공구변위이다. (본문 346쪽 참조)

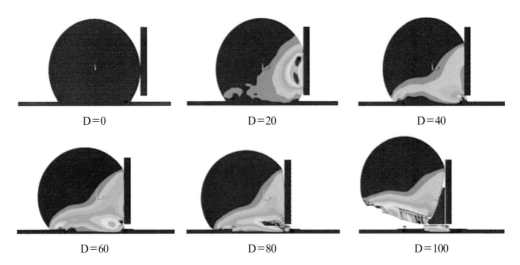

D=0 D=20 D=40

D=60 D=80 D=100

그림 10.10 충돌속도가 800[mm/s]인 경우의 전체 충돌과정. D[μm]는 공구변위이다. (본문 346쪽 참조)

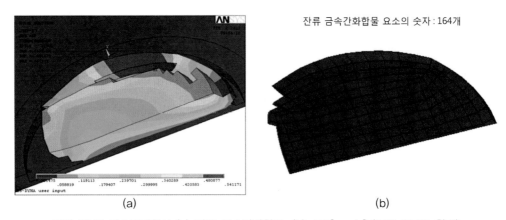

잔류 금속간화합물 요소의 숫자 : 164개

(a)   (b)

그림 10.11 파손표면형상 (a) 잔류 금속간화합물, (b) 400[mm/s] (본문 347쪽 참조)

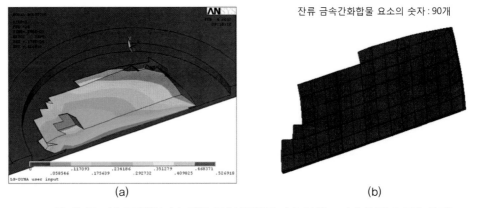

잔류 금속간화합물 요소의 숫자 : 90개

(a)   (b)

그림 10.12 파손표면형상 (a) 잔류 금속간화합물, (b) 600[mm/s] (본문 347쪽 참조)

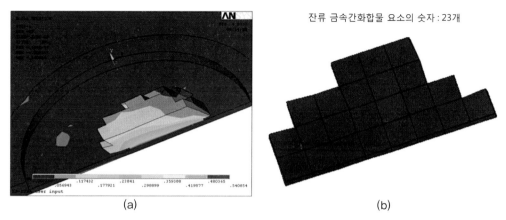

(a)   (b)

그림 10.13 파손표면형상 (a) 잔류 금속간화합물, (b) 800[mm/s] (본문 348쪽 참조)

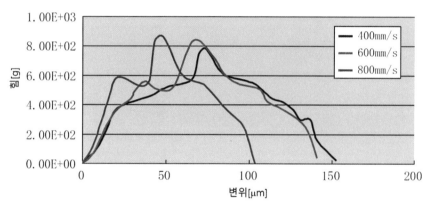

그림 10.14 시뮬레이션된 부하곡선 (본문 348쪽 참조)

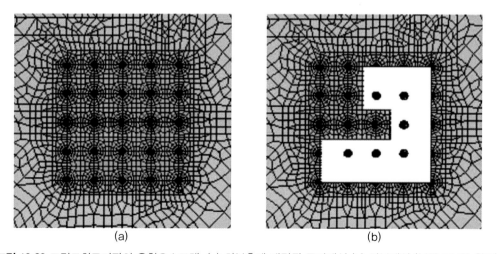

(a)   (b)

그림 10.20 프린트회로기판의 유한요소모델. (a) 하부층에 매립된 구리배선 (b) 하부배선 (본문 354쪽 참조)

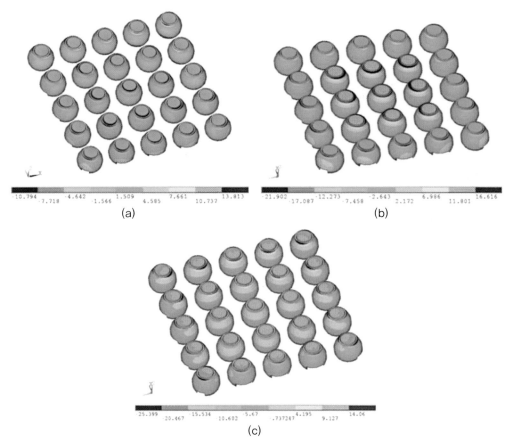

그림 10.23 땜납 조인트에서 발생하는 응력의 Z방향 성분. (a) 1번 모델 : 프린트회로기판 관통비아를 사용하지 않음. 5×5 어레이의 모서리 부위에서 최대 SZ(16.9[MPa]) 발생. (b) 2번 모델 : 프린트회로기판 관통비아 9개 사용. 내부 3×3 어레이의 모서리 부위에서 최대 Sz(21.4[MPa]) 발생. (c) 프린트회 로기판 관통비아 25개 사용. 5×5 어레이의 모서리 부위에서 최대 Sz(19[MPa]) 발생 (본문 358쪽 참조)

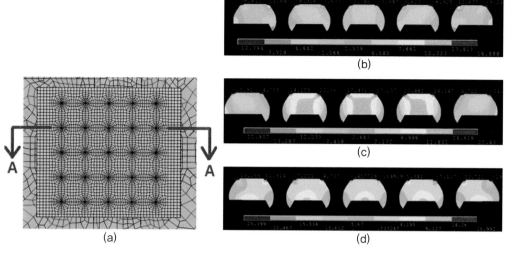

그림 10.24 땜납 조인트의 Z방향 응력성분. (a) 땜납 조인트의 단면위치, (b) 1번 모델(비아 없음) A-A 단면의 Z방향 응력. 모서리 조인트에서 최대 Sz(16.8[MPa]) 발생. (c) 2번 모델(비아 9개) A-A 단면의 Z방향 응력. 모서리 조인트에서 최대 Sz(21.4[MPa]) 발생. (d) 3번 모델(비아 25개) A-A 단면의 Z방향 응력. 모서리 조인트에서 최대 Sz(18.9[MPa]) 발생 (본문 359쪽 참조)

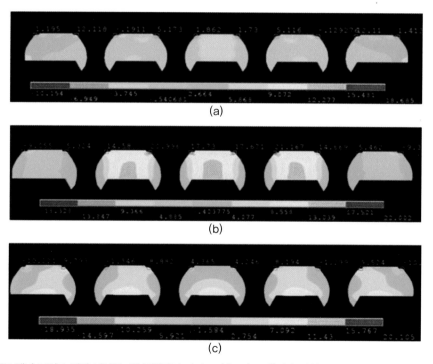

그림 10.25 땜납 조인트 내에 생성된 1차 주응력의 단면도. (a) 1번 모델(비아 없음)에 생성된 S1 응력의 A-A 단면도. 최대 S1 : 18.7[MPa], (b) 2번 모델(비아 9개)에 생성된 S1 응력의 A-A 단면도. 최대 S1 : 22[MPa], (c) 3번 모델(비아 25개)에 생성된 S1 응력의 A-A 단면도. 최대 S1 : 20.1[MPa] (본문 360쪽 참조)

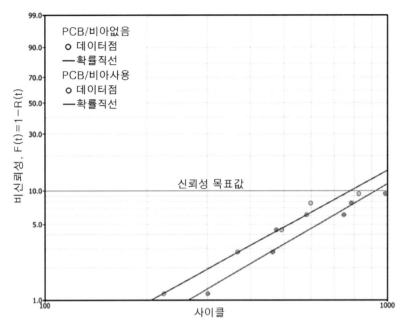

그림 10.33 낙하시험결과 (본문 370쪽 참조)

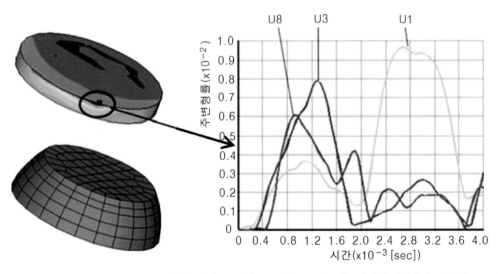

그림 10.35 U1, U3 및 U8 패키지 위치에서 땜납, 구리패드 그리고 프린트회로기판의 계면에서 발생하는 구리 패드의 1차 주응력 (본문 317쪽 참조)

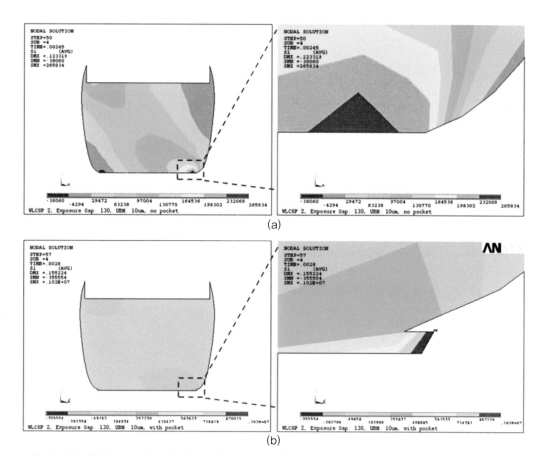

그림 10.44 낙하시험에 대한 시뮬레이션에서 포켓이 있는 경우와 없는 경우에 대한 1차 주응력 S1 분포도.
(a) 땜납의 최대 S1 : 265.8[MPa](범프하부금속에 포켓 없음), (b) 땜납의 최대 S1 : 1,020[MPa]
(범프하부금속에 1[μm] 깊이의 포켓) (본문 380쪽 참조)

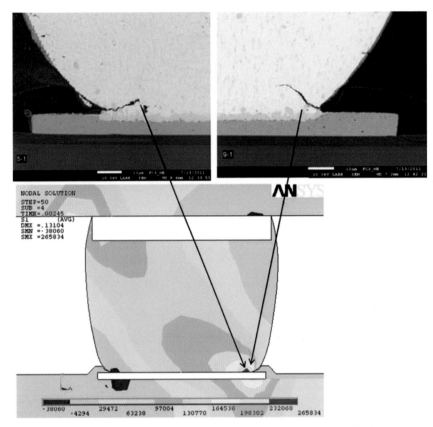

그림 10.61 1Cu1Pi 설계의 낙하시험 파손모드 (본문 390쪽 참조)

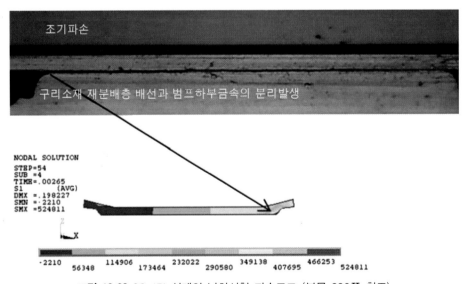

그림 10.62 2Cu1Pi 설계의 낙하시험 파손모드 (본문 390쪽 참조)

▲ 찾아보기

ㅇ

▲ 저자 및 역자 소개

저자 소개

시춘쿠(Shichun Qu)

칭화대학교 재료과학 및 공학과에서 공학사, 공학석사학위 취득
뉴욕주립대학교 스토니브룩캠퍼스 재료과학 및 공학과에서 박사학위 취득

용리우(Yong Liu)

난징과학기술대학교에서 1983년에 학사, 1987년에 석사, 1990년에 박사학위 취득

역자 소개

장인배

서울대학교 기계설계학과 학사, 석사, 박사
현 강원대학교 메카트로닉스공학전공 교수

저서 및 역서
『표준기계설계학』(동명사, 2010)
『전기전자회로실험』(동명사, 2011)
『고성능 메카트로닉스의 설계』(동명사, 2015)
『포토마스크 기술』(씨아이알, 2016)
『정확한 구속: 기구학적 원리를 이용한 기계설계』(씨아이알, 2016)
『광학기구 설계』(씨아이알, 2017)
『유연메커니즘: 플랙셔 힌지의 설계』(씨아이알, 2018)
『3차원 반도체』(씨아이알, 2018)
『유기발광다이오드 디스플레이와 조명』(씨아이알, 2018)

웨이퍼레벨 패키징

초판인쇄 2019년 4월 3일
초판발행 2019년 4월 10일

저　　　자 시춘쿠(Shichun Qu), 용리우(Yong Liu)
역　　　자 장인배
펴 낸 이 김성배
펴 낸 곳 도서출판 씨아이알

책임편집 박영지, 김동희
디 자 인 김진희, 윤미경
제작책임 김문갑

등록번호 제2-3285호
등 록 일 2001년 3월 19일
주　　　소 (04626) 서울특별시 중구 필동로8길 43(예장동 1-151)
전화번호 02-2275-8603(대표)
팩스번호 02-2265-9394
홈페이지 www.circom.co.kr

I S B N 979-11-5610-744-6 93550
정　　　가 23,000원